中国国家标准汇编

2008年修订-14

中国标准出版社　编

中国标准出版社
北京

图书在版编目（CIP）数据

中国国家标准汇编：2008年修订．14/中国标准出版社编．—北京：中国标准出版社，2009

ISBN 978-7-5066-5357-2

Ⅰ.中…　Ⅱ.中…　Ⅲ.国家标准-汇编-中国-2008
Ⅳ.T-652.1

中国版本图书馆CIP数据核字（2009）第099336号

中国标准出版社出版发行
北京复兴门外三里河北街16号
邮政编码:100045
网址 www.spc.net.cn
电话:68523946　68517548
中国标准出版社秦皇岛印刷厂印刷
各地新华书店经销

*

开本 880×1230　1/16　印张 38　字数 1 132 千字
2009年7月第一版　2009年7月第一次印刷

*

定价 200.00 元

出 版 说 明

1.《中国国家标准汇编》是一部大型综合性国家标准全集。自1983年起，按国家标准顺序号以精装本、平装本两种装帧形式陆续分册汇编出版。它在一定程度上反映了我国建国以来标准化事业发展的基本情况和主要成就，是各级标准化管理机构，工矿企事业单位，农林牧副渔系统，科研、设计、教学等部门必不可少的工具书。

2.《中国国家标准汇编》收入我国每年正式发布的全部国家标准，分为"制定"卷和"修订"卷两种编辑版本。

"制定"卷收入上年度我国发布的、新制定的国家标准，顺延前年度标准编号分成若干分册，封面和书脊上注明"20××年制定"字样及分册号，分册号一直连续。各分册中的标准是按照标准编号顺序连续排列的，如有标准顺序号缺号的，除特殊情况注明外，暂为空号。

"修订"卷收入上年度我国发布的、被修订的国家标准，视篇幅分设若干分册，但与"制定"卷分册号无关联，仅在封面和书脊上注明"20××年修订-1,-2,-3,……"字样。"修订"卷各分册中的标准，仍按标准编号顺序排列(但不连续)；如有遗漏的，均在当年最后一分册中补齐。需提请读者注意的是，个别非顺延前年度标准编号的新制定的国家标准没有收入在"制定"卷中，而是收入在"修订"卷中。

读者配套购买《中国国家标准汇编》"制定"卷和"修订"卷则可收齐上一年度我国制定和修订的全部国家标准。

3. 由于读者需求的变化，自1996年起，《中国国家标准汇编》仅出版精装本。

4. 2008年制修订国家标准共5946项。本分册为"2008年修订-14"，收入新制修订的国家标准37项。

中国标准出版社

2009年5月

目　　录

ICS 01.040.17;27.120.01
F 80

中华人民共和国国家标准

GB/T 2900.82—2008/IEC 60050-394:2007

电工术语　核仪器 仪器、系统、设备和探测器

Electrotechnical terminology Nuclear instrumentation Instruments, systems, equipment and detectors

(IEC 60050-394:2007,IDT)

2008-06-18 发布　　2009-05-01 实施

中华人民共和国国家质量监督检验检疫总局
中国国家标准化管理委员会　发布

前　言

本部分为 GB/T 2900 的第 82 部分。

本部分等同采用 IEC 60050-394:2007《国际电工词汇　第 394 部分　核仪器仪器、系统、设备和探测器》。

本部分中术语条目编号与 IEC 60050-394:2007 保持一致。

本部分由全国电工术语标准化技术委员会(SAC/TC 232)提出。

本部分由全国电工术语标准化技术委员会和全国核仪器仪表标准化技术委员会共同归口。

本部分起草单位:机械科学研究院中机生产力促进中心、核工业标准化研究所。

本部分主要起草人:杨芙、张京长、牛祝年、姬世平。

电工术语　核仪器
仪器、系统、设备和探测器

1　范围

本部分规定了核仪器技术领域用术语和定义。

本部分适用于涉及核仪器——仪器、系统、设备和探测器等科学技术领域。

2　规范性引用文件

下列文件中的条款通过本部分的引用而成为本部分的条款。凡是注日期的引用文件，其随后所有的修改单(不包括勘误的内容)或修订版均不适用于本部分，然而，鼓励根据本部分达成协议的各方研究是否可使用这些文件的最新版本。凡是不注日期的引用文件，其最新版本适用于本部分。

GB/T 2900.56—2008　电工术语　控制技术(idt IEC 60050-351:2006)

GB/T 2900.65—2004　电工术语　照明(mod IEC 60050-845:1987)

GB/T 2900.66—2004　电工术语　半导体器件和集成电路(idt IEC 60050-521:2002)

IEC 60050-151:2001　国际电工词汇　第151部分　电的和磁的器件

IEC 60050-311:2001　国际电工词汇　电工电子测量和仪器仪表　第311部分　测量的通用术语

ISO 921:1997　核能

IAEA 2　核电厂工作安全重要的仪器和控制系统 ID NS 252: 1999

IAEA 3　安全术语　用于核，辐射，放射性废料和运输安全的术语:2000

IAEA　导则 NS-G-1.3　核电厂安全重要的仪器和控制系统:2002

IVM(国际计量术语)(1993)

GUM(测量不确定度的表示导则)(1995)

3　术语和定义

3.1　辐射测量装置——通用术语

394-21-01

核仪器　nuclear instrumentation

用于测量电离辐射量和控制涉及电离辐射的设备或过程的仪器或设备。

394-21-02

功能单元　function unit

执行一个或一个以上基本功能的部件或部件组合。

注：例如在“定标器”中，“成形单元”、“脉冲幅度甄别单元”、“定标单元”都是功能单元。

394-21-03

机箱(核仪器的)　crate(for nuclear instrumentation)

用于容纳可更换插件的一种机械安装单元，通常在其背部有连接总线，可通过配套的连接器为插件提供电源和信号连接。

注：CAMAC、NIM 或快总线(FASTBUS)系统。

394-21-04

NIM 机箱　bin

设计用于容纳核仪器插件的机箱。

394-21-05

核仪器插件　Nuclear Instrumentation Module；NIM(abbreviation)

在科学和工业应用中使用的一种标准化插件式核仪器系统。

394-21-06

插件　module

通常具有前面板并能单独或多个一起插入机箱的插拔式单元，例如 NIM 插件。

394-21-07

计算机自动测量和控制插件　Computer Automated Measurement and Control；CAMAC(abbreviation)

在科学和工业应用中使用的一种标准化插件式仪器和数字接口系统。

394-21-08

CAMAC 机箱控制器　CAMAC crate-controller

安装在控制站中或者安装在一个或多个 CAMAC 机箱标准站中的功能单元，它控制数据通路运行。

注 1：标准站是 CAMAC 机箱中插入单元的安装位置，它提供通向数据通路的路径。

注 2：控制站是 CAMAC 机箱中容纳该机箱控制器的一个安装位置，它提供通向所有站编码和"中断信号(LAM)"线的路径。

394-21-09

总线　bus

计算机或数字仪表的元器件之间的电气连接，通过总线信息可以从任一信息源传输至任一目的地。

394-21-10

快总线　FASTBUS

一种标准化模块式的数据高速采集和控制系统。该系统具有大量的地址域且可能按单机箱系统或多机箱系统配置，在多机箱系统中机箱能够与多个处理器一起自动运行，也可以为实现数据传输、控制和整个系统寻址信息提供路径。

394-21-11

辐射探测装置　radiation detection assembly

用于对入射电离辐射产生响应信号的装置。

注 1：这一信号携带与辐射物理特性有关的信息。

注 2：在同一单元中可以包括一个或多个部件。

394-21-12

测量通道　measuring channel

由一个或多个探测器和有关电子线路组成、用于产生相关信息的装置。

3.2　辐射测量仪器

394-22-01

辐射(测量)仪　radiation meter

用于测量电离辐射的仪器。

394-22-02

探头(辐射测量仪的)　**probe**(of a radiation meter)

与测量仪相连的辐射探测器。

注：探头可以包括一个前置放大器和其他功能单元。

394-22-03

(辐射)监测仪　**(radiation)monitor**

用于测量电离辐射水平并能发出报警信号的装置。

注：辐射监测仪也可以提供定量信息。

394-22-04

辐射报警系统　**(radiation)alarm system;(radiation)warning apparatus**

当超过预置的辐射水平时能提供视觉或听觉信号的仪器。

注：辐射报警系统可以由监测系统触发。

394-22-05

辐射谱仪　**(radiation)spectrometer**

由一个或多个辐射探测器和与其连接的分析器组成、用于确定电离辐射能谱的辐射测量设备。

394-22-06

质谱仪　**mass spectrometer**

根据荷质比，按物质中各种成分的相对的质量丰度来分析物质的仪器。

394-22-07

核磁共振谱仪　**nuclear magnetic resonance spectrometer**

利用核磁共振的方法确定特定核素单位体积核子数的设备。

394-22-08

剂量计　**dosimeter;dosemeter**

用于测量吸收剂量或剂量当量等辐射量的辐射仪表。

注1：从广义上讲，用于测量其他有关辐射的量(例如照射量、注量等)的仪表也使用这条术语，但不推荐用此法。

注2：这种装置可要求一个单独的读数器，以读出吸收剂量或剂量当量。

3.3　信息的处理、存储和显示装置

394-23-01

定标器　**scaler**

是计数装置的一部分，用于测量在给定时间内电脉冲的数目。

394-23-02

静电计　**electrometer**

测量少量电荷或弱电流的仪器。

394-23-03

率表　**ratemeter**

连续指示平均计数率的仪器。

注：例如：

——线性率表；

——对数率表；

——差分线性率表；

——模拟率表；

——数字率表。

394-23-04

稳谱器 spectrum stabilizer

通过对谱仪中某些部件(例如探测器、高压电源、放大器、分析器)的漂移进行补偿来减少谱畸变的装置。

394-23-07

幅度-时间变换器 amplitude-to-time converter

用输出信号的时间来表征输入信号的幅度的装置:或输出一个信号,其持续时间正比于输入信号的幅度;或输出两个信号,其中一个信号相对于另一个信号延迟的时间间隔正比于输入信号的幅度。

394-23-08

时间-幅度变换器 time-to-amplitude converter

用输出信号的幅度来表征输入信号的时间的装置:输出信号的幅度正比于两个输入信号的时间间隔,或正比于一个输入信号的持续时间。

394-23-09

时间-数字变换器 time-to-digital converter

用输出的数字信号来表征输入信号的时间的装置:该数字代表两个输入脉冲(例如启动脉冲和停止脉冲)之间的时间间隔,或代表一个输入信号的持续时间。

394-23-10

甄别器 discriminator

只有当输入信号超过一个预定阈值时才产生一个输出逻辑脉冲的部件。

394-23-11

单道分析器 single channel analyzer

只有当输入信号的幅值落在其设置的上、下阈值之间时才产生一个输出逻辑脉冲的装置。

394-23-12

多道分析器 multichannel analyzer

产生正比于输入脉冲幅度的数码并可显示其分布的装置。

394-23-13

符合电路 coincidence circuit

只有在规定的时间间隔内在规定的几个输入端按预定的组合出现信号时,才产生一个输出信号的装置。

394-23-14

脉冲选择器 (pulse) selector

每当输入脉冲的某一规定特性处于规定的限值之内时就产生输出信号的装置。

注:例如:

——脉冲高度选择器;

——时间选择器。

394-23-15

脉冲成形器 pulse shaper

对应输入信号输出具有规定形状特征脉冲的装置。

394-23-16

偏置放大器 biased amplifier

对所有在阈值幅度以下的输入产生(几乎是)零输出的放大器。

注:对于幅度超过偏置阈直至规定的最大值的输入信号部分,偏置放大器具有恒定增益。

3.4 辐射探测器——通用术语

394-24-01

辐射探测器 radiation detector

用于将入射电离辐射能量转换为适合于指示和/或测量的信号的仪器或材料。

394-24-02

线性探测器 linear detector

输出信号与入射粒子能量呈线性关系的辐射探测器。

注：输出信号是一个与在探测器灵敏体积中损失的能量有关的量。

394-24-03

非线性探测器 non-linear detector

输出信号与入射粒子能量呈非线性关系的辐射探测器。

394-24-04

自给能探测器 self-powered detector

无需外加电源，通过中子和γ射线活化产生弱电信号的中子或γ射线探测器。

注：弱电信号是由中子俘获和γ射线吸收而引起的电子发射产生的。

394-24-05

热电中子探测器 neutron thermopile

其热电偶的热结点与材料有热接触的中子探测器，该材料由于吸收中子诱发反应产生的粒子而变热。

394-24-06

2p/4p 辐射探测器 2p/4p radiation detector

在球面度为2p或4p的立体角范围内，用于探测放射源辐射的探测器。

394-24-07

化学探测器 chemical detector

一种辐射探测器，其信号是电离辐射在探测器灵敏体积材料中诱发的化学反应产物的度量值。

394-24-08

量能器 calorimetric detector

一种辐射探测器，其信号是在探测器灵敏体积材料中吸收电离辐射而产生热能的度量值。

394-24-09

径迹探测器 track detector

揭示电离辐射在探测器灵敏体积材料中造成的缺陷的辐射探测器。

394-24-10

浸入式探测器 dip detector

浸入活度待测的液体中的辐射探测器。

394-24-11

井型探测器 well-type detector

其灵敏体积中具有井型结构的辐射探测器，将被测核素置于井型结构中，这样可提供接近4p球面度的大立体角用于α、β、γ或X发射体的高效探测。

394-24-12

蚀刻径迹探测器 track etched detector

由一种轻材料(例如CR39)构成的探测器，入射的电离粒子实际上置换了轻材料的原子核。

注：观察由化学蚀刻产生的径迹可以建立径迹数目与入射注量之间的关系。

394-24-13

核乳胶 nuclear emulsion

用于记录单个致电离粒子径迹的照相乳胶。

注：使用反冲质子的方法，核乳胶也可用于探测快中子。

394-24-14

蚀刻斑痕 etch pit

在某些塑料表面因蚀刻而可察觉的斑痕，系由质子和原子核径迹造成。

注：这些径迹实际上是由塑料中较轻原子核被置换而造成的。

3.5 电离室

394-25-01

电离探测器 ionization detector

一种辐射探测器，其信号是由探测器灵敏体积中的电离产生的。

注：也称为“电离室”，但不推荐使用。

394-25-02

电离室 ionization chamber

是内充合适的气体或混合气体并加有电场的电离探测器，所加电场不足以产生气体放大作用，却能将电离辐射在探测器灵敏体积中产生的离子和电子收集到电极上。

注：例如：

——脉冲电离室。

——积分电离室。

——电流电离室。

394-25-03

脉冲电离探测器 pulse ionization detector

能探测单个致电离事件的电离探测器。

注：通常分为三种工作模式：

——电离模式：对应的工作电压范围是未发生气体中的放大的区域，脉冲幅度是一次电离事件在灵敏体积中产生的离子总数的直接度量。

——正比模式：对应的工作电压范围是气体中放大因数与初始电离无关的区域，脉冲幅度正比于一次电离事件在灵敏体积中产生的离子总数。

——盖革-弥勒模式：对应的工作电压范围是每次电离事件都给出一个输出脉冲，其幅度与这次电离事件在灵敏体积中初次产生的离子数无关。

394-25-04

脉冲电离室 pulse ionization chamber

对每次探测到的电离事件都产生一个输出脉冲的电离室。

394-25-05

电子收集脉冲(电离)室 electron collection pulse chamber

主要由收集电子而获得输出信号的脉冲电离室，它利用电子迁移率比离子迁移率高得多这一现象。

394-25-06

离子收集脉冲(电离)室 ion collection pulse chamber

由全部收集离子和电子而获得输出信号的脉冲电离室。

394-25-07

屏栅电离室 grid ionization chamber

由一对平板电极和处于其间的一个称为 Frisch 栅极的附加电极组成的电离室，附加电极保持在中间电位以减少重离子的影响。

注：屏栅电离室是一种脉冲电离室，通常用于测量 α 粒子或裂变碎片的能量。

394-25-08

三氟化硼电离室　boron trifluoride ionization chamber

使用三氟化硼气体来探测热中子的电离室。

注：电离是由中子与硼进行核反应所产生的 α 粒子和锂核引起的。

394-25-09

衬硼电离室　boron-lined ionization chamber

使用电离室壁上或形状适宜的电极上的硼灵敏层来探测热中子的电离室。

注：电离是由中子与衬层中的硼进行核反应所产生的 α 粒子和锂核引起的。

394-25-10

裂变电离室　fission ionization chamber

使用可裂变物质作灵敏层来探测中子的电离室。

注 1：电离是由中子和可裂变物质进行核反应所产生的裂变碎片引起的。

注 2：根据所使用的可裂变物质，探测热中子、快中子或所有中子都是可能的。

注 3：见裂变[IEC 60050-393 中的 393-11-26]和可裂变[IEC 60050-393 中的 393-11-28]的定义。

394-25-11

积分电离室　integrating ionization chamber

用于测量在预定时间间隔内出现的多次独立电离事件产生的累积电荷的电离室。

394-25-12

电流电离室　current ionization chamber

由于电离辐射而产生电离电流的电离室。

394-25-13

自由空气电离室　free air ionization chamber

与大气相通、主要用作照射量绝对测量一级标准的电离室。

注 1：离室的设计要准确规定计算照射量所依据的空气体积，并且辐射束及其产生的大部分次级电子都不会打到电极上。

注 2：离室的设计要保证：可以准确规定计算照射量所依据的空气体积，并且辐射束及其产生的可观数量的次级电子都不会打到电极上。

394-25-14

布拉格-戈瑞空腔电离室　Bragg-Gray cavity ionization chamber

用于确定介质中 X 或 γ 辐射或中子的吸收剂量或空气比释动能的电离室。

注：该电离室的特性(例如：灵敏体积、气体压力、室壁的性质和厚度)满足布拉格-戈瑞空腔的规定条件，即其体积必须小于电离粒子的路径。

394-25-15

空气等效电离室　air-equivalent ionization chamber

室壁材料和所充气体与空气具有相同有效原子序数的电离室。

注：当空气等效电离室是以自由空气电离室校准时，可用它确定空气中的吸收剂量或空气比释动能。在该电离室内产生的电离与有电离室的情况下在同一点的空气中产生的电离实质上是一样的。

394-25-16

液体壁电离室　liquid-wall ionization chamber

使液体的表面构成室壁，用于测量该液体的 α 或 β 放射性活度的电离室。

394-25-17

无壁电离室　wall-less ionization chamber

灵敏体积不是由电离室壁限定,而是由电场的电力线所限定的电离室,该电场取决于电极的形状、排列方式和电极间的电位差。

394-25-18

生物组织等效电离室　tissue-equivalent ionization chamber

用于测量生物组织中吸收剂量的电离室,其中电离室壁的材料、电极和所充气体与生物软组织具有相同的有效原子序数。

394-25-19

差分电离室　differential ionization chamber

结构上分为两部分的电离室,其配置使输出电流为两部分电离电流之差。

394-25-20

补偿电离室　compensated ionization chamber

其设计实际上可消除叠加在被测辐射上的其他辐射影响的差分电离室。

注:通常,设计补偿是为了有效降低中子—γ 混合场中 γ 辐射的影响。

394-25-21

外推电离室　extrapolation ionization chamber

可改变某一特性(通常是电极间的距离)的电离室,目的是为了外推出电离室对灵敏质量为零时的响应。

394-25-22

反冲核电离室　recoil nuclei ionization chamber

利用快中子与低原子序数核碰撞形成的反冲核产生的电离来探测快中子的电离室。

注:当所充气体是氢时,反冲核电离室称为反冲质子电离室。

394-25-23

指套形电离室　thimble ionization chamber

外部电极的形状和尺寸类似于套筒的电离室。

394-25-24

井型电离室　well-type ionization chamber

用于测量辐射体放射性活度的电离室,其中包括一个安放被测放射源的同心圆柱形井,几何形状适合于接近 4p 球面度的立体角的探测。

394-25-25

内充气体源电离室　ionization chamber with internal gas source

所充气体全部或部分源于活度待测的气体的电离室。

394-25-26

电容电离室　capacitive ionization chamber

测量因辐射诱发的电容放电所致电容极间电位差变化的电离室。

394-25-27

2p/4p 电离室　2p/4p ionization chamber

用于在球面度为 2p 或 4p 的立体角范围内探测放射源辐射的电离室。

394-25-28

驻极体电离室　electret ionization chamber

一种电离室,其中高压电极用具有永久性表面电位的驻极体代替,由于所充气体的电离,驻极体的表面电位降低,可用来测量待测的辐射剂量。

394-25-29

流气式电离室　gas-flow ionization chamber

其内部有气体连续流过的电离室。

394-25-30

流气式探测器　gas-flow detector

借助于气体在探测器中的低速流动，以保持其中充有合适气体介质的辐射探测器。

注：例如：

——流气式电离室；

——流气式计数管。

394-25-31

反冲质子电离室　proton recoil ionization chamber

利用快中子与氢核碰撞产生质子来探测快中子的含氢电离室。

3.6　径迹室和火花室

394-26-01

径迹室　track chamber

辐射在其中产生可见粒子径迹的探测器。

394-26-02

气泡室　bubble chamber

在过热液体中、沿致电离粒子的路径液体沸腾时形成气泡的径迹室。

394-26-03

云室　cloud chamber

含有过饱和蒸汽、沿电离粒子路径产生的离子作为凝结中心的径迹室。

394-26-04

扩散室　diffusion chamber

由于室壁间的温差引起饱和蒸汽连续扩散而产生过饱和蒸汽的云室。

394-26-05

威尔逊云室　Wilson cloud chamber

由于快速膨胀，在短时间内产生过饱和蒸汽的云室。

394-26-06

火花室　spark chamber

在电势不同的几个顺序排列的电极之间产生的一连串火花表明电离粒子路径的径迹室。

394-26-07

电荷发射探测器　charge emission detector

由于带电粒子从一个极板转移到另一个极板而改变极板间电位差的电容辐射探测器。

3.7　闪烁探测器和发光探测器

394-27-01

闪烁探测器　scintillation detector

由闪烁体构成的辐射探测器，该闪烁体通常直接或通过光导与光敏器件光耦合。

注：闪烁体由闪烁物质组成，电离粒子在闪烁物质中沿其路径产生光辐射猝发。

394-27-02

空气等效闪烁探测器　air-equivalent scintillation detector

由有效原子序数等于或近似等于空气的材料构成的辐射闪烁探测器。

394-27-03

生物组织等效闪烁探测器　tissue-equivalent scintillation detector

由有效原子序数近似于生物软组织的材料构成的辐射闪烁探测器。

注：有些塑料闪烁体与生物组织近似等效。

394-27-04

热释光探测器　thermoluminescent detector;TLD(abbreviation)

使用热释光介质的辐射探测器，当其受热激发时能放出发光辐射，其值是探测器在电离辐射照射过程中贮存的能量的函数。

394-27-05

光致发光探测器　photoluminescent detector

使用光致发光介质的辐射探测器，所发射的给定波长的光信号是该介质与较短波长的光辐射(例如紫外线)发生相互作用后发出的。

注：发射的信号通常在可见光谱内。

3.8　半导体辐射探测器及其元器件和特性

394-28-01

半导体探测器　semiconductor detector

利用在半导体电荷载流子耗尽区中电子-空穴对的产生和运动来探测和测量核辐射的半导体装置。

注：见 394-28-33。

394-28-02

表面势垒探测器　surface barrier detector

由表面反型层形成电荷载流子耗尽区(势垒)的半导体探测器。

394-28-03

扩散结探测器　diffused junction detector

用施主(N)型或受主(P)型杂质扩散的方法产生结的半导体探测器。

394-28-04

注入结探测器　implanted junction detector

用施主(N)型或受主(P)型杂质注入的方法产生结的半导体探测器。

394-28-05

补偿型半导体探测器　compensated semiconductor detector

在 P 型区和 N 型区之间存在施主(N)和受主(P)几乎彼此平衡的区域(补偿型半导体)的半导体探测器。

394-28-06

锂漂移半导体探测器　lithium drifted semiconductor detector

在外加电场和高温的作用下，使锂(N 型)离子在 P 型晶体中移动以平衡(补偿)束缚杂质，从而获得补偿区的补偿型半导体探测器。

394-28-07

内放大半导体探测器　amplifying semiconductor detector

由雪崩之类的次级过程产生电荷倍增的半导体探测器。

394-28-08

透射式半导体探测器　transmission semiconductor detector

包括入射窗和出射窗在内，其厚度薄到足以允许粒子完全穿过的半导体探测器。

394-28-09

dE/dx 半导体探测器　differential dE/dx semiconductor detector

其灵敏体积厚度远小于入射粒子射程，且入射和出射死层又小于探测器灵敏体积厚度的透射式半导体探测器。

394-28-10

全耗尽半导体探测器　totally depleted semiconductor detector

耗尽层厚度与半导体材料厚度实质上相等的半导体探测器。

394-28-11

涂硼半导体探测器　boron coated semiconductor detector

表面涂有硼-10、用于探测热中子的半导体探测器。

注：电离是由中子在涂层内的核反应所产生的带电粒子引起的。

394-28-12

涂锂半导体探测器　lithium coated semiconductor detector

表面涂有锂-6、用于探测热中子的半导体探测器。

注：电离是由中子在涂层内的核反应所产生的带电粒子引起的。

394-28-13

裂变半导体探测器　fission semiconductor detector

表面涂有裂变物质、用于探测热中子的半导体探测器。

注：电离主要是由中子与裂变物质进行核反应所产生的裂变碎片引起的。

394-28-14

高纯半导体探测器　high purity semiconductor detector

采用高纯度（例如高电阻率）半导体材料的半导体探测器。

394-28-15

辐照掺杂半导体探测器　radiation compensated semiconductor detector

经过预先对半导体材料大剂量辐照，其电子结构是由辐射损伤掺杂造成的补偿型半导体探测器。

394-28-16

变换体（中子探测器的）　**converter**(for neutron detectors)

包含轻原子（例如氢）的物质，将其涂敷在中子探测器的内壁或渗入探测器的灵敏体积内以提高探测效率。

394-28-17

多结型半导体探测器　multi-junction semiconductor detector

采用几个 PN 结组合的半导体探测器。

394-28-18

平面型半导体探测器　planar semiconductor detector

其灵敏体积为平板型的半导体探测器。

394-28-19

同轴型半导体探测器　coaxial semiconductor detector

其灵敏体积对称环绕中心轴的半导体探测器。

394-28-20

保护环半导体探测器　guard-ring semiconductor detector

为了降低表面电流和噪声，有一个围绕探测器灵敏面的辅助 PN 结的半导体探测器。

394-28-21

镶嵌式半导体探测器　mosaic semiconductor detector

为了增加灵敏面积,用镶嵌式结构将几个独立的探测器并联的半导体探测器。

394-28-22

位置灵敏半导体探测器　position-sensitive semiconductor detector

能够在一维或二维范围内确定承受电离辐射的区域中心的半导体探测器。

394-28-23

结　junction

半导体的不同电性能区域之间的过渡层,或者是不同类型半导体之间的过渡层,其特性由阻止电荷载流子从一个区域流到另一个区域的势垒来表征。

[GB/T 2900.66—2004,521-02-72]

394-28-24

PN 结　PN junction

P 型和 N 型半导体材料之间的结。

[GB/T 2900.66—2004,521-02-78]

394-28-25

正向(PN 结的)　**forward direction**(of a PN junction)

P 型半导体区相对 N 型区电压为正时产生的电流方向。

[GB/T 2900.66—2004,521-05-03]

394-28-26

反向(PN 结的)　**reverse direction**(of a PN junction)

N 型半导体区相对 P 型区电压为正时产生的电流方向。

[GB/T 2900.66—2004,521-05-04]

394-28-27

击穿(反向偏置 PN 结的)　**breakdown**(of reverse biased PN junction)

当反向电压增加时,由高电阻状态向明显低的电阻状态的跃变。

[GB/T 2900.66—2004 521-05-06 MOD]

394-28-28

雪崩击穿(结的)　**avalanche breakdown**(of a junction)

在强电场作用下,一些载流子获得足够的能量而产生新的空穴电子对,使半导体中载流子累积倍增所引起的击穿。

[GB/T 2900.66—2004,521-05-07 MOD]

注:也称场致碰撞电离。

394-28-29

雪崩电压　avalanche voltage

发生雪崩击穿时施加的反向电压。

[GB/T 2900.66—2004,521-05-08]

394-28-30

耗尽层(半导体探测器的)　**depletion layer**(of a semiconductor detector)

构成半导体探测器灵敏体积的一层。

注:光子或粒子在这一区域损失的绝大部分能量都可能对形成的信号作出贡献。

394-28-31

全耗尽电压(半导体探测器的) **total depletion voltage**(of a semiconductor detector)

使耗尽层基本上扩散到半导体整个厚度的反向电压。

394-28-32

电荷收集时间(半导体探测器的) **charge collection time**(of a semiconductor detector)

当电离粒子通过半导体探测器后,由电流积分收集的电荷从其最终值的10%增加到90%所需的时间。

394-28-33

半导体 semiconductor

正常情况总电导率在导体与绝缘体之间的物质,总电导率由两种符号的载流子形成,载流子密度可以用外部手段加以改变。

[GB/T 2900.66—2004,521-02-01]

注:"半导体"一词通常适用于载流子是电子或空穴的情况。

394-28-34

本征半导体 intrinsic semiconductor

近似纯净和理想的半导体,在热平衡条件下其导电的电子和空穴密度基本相等。

[GB/T 2900.66—2004,521-02-07]

394-28-35

补偿半导体 compensated semiconductor

半导体中一种给定类型的杂质对载流子密度的影响能部分或全部抵消另一类型杂质影响的半导体。

[GB/T 2900.66—2004,521-02-11]

394-28-36

非本征半导体 extrinsic semiconductor

载流子密度取决于杂质或其他缺陷的半导体。

[GB/T 2900.66—2004,521-02-08]

394-28-37

N型半导体 N-type semiconductor

导电电子密度超过空穴密度的非本征半导体。

[GB/T 2900.66—2004,521-02-09]

394-28-38

P型半导体 P-type semiconductor

空穴密度超过导电电子密度的非本征半导体。

[GB/T 2900.66—2004,521-02-10]

3.9 计数管

394-29-01

计数管 counter tube

工作在正比区或盖革-弥勒区的脉冲电离探测器。

394-29-02

正比计数管 proportional counter tube

工作在正比区的计数管。

394-29-03

三氟化硼正比计数管　boron trifluoride proportional counter tube

含有三氟化硼、用于探测热中子的正比计数管。

394-29-04

衬硼计数管　boron lined counter tube

在壁上或适当形状的电极上有灵敏硼衬、用于探测热中子的计数管。

注：初始电离是由中子与衬中的硼进行核反应所产生的α粒子和锂核引起的。

394-29-05

氦计数管　helium counter tube

含有氦-3、用于探测中子的正比计数管。

注：初始电离是由中子与氦-3进行核反应所产生的质子和氚核引起的。

394-29-06

反冲核计数管　recoil nuclei counter tube

利用快中子和低原子序数的原子核碰撞产生的反冲核引起电离来探测快中子的计数管。

注1：如果初始电离是由反冲质子引起的，这种计数管称为反冲质子计数管。

注2：见[394-25-22]。

394-29-07

盖革-米勒计数管　Geiger-Müller counter tube

工作在雪崩区(盖革-弥勒区)的计数管。

394-29-08

自猝灭计数管　self-quenched counter tube

仅靠所充气体而不采取其他措施就能猝灭的盖革-弥勒计数管。

注：例如：

——卤素计数管；

——有机蒸汽计数管。

394-29-09

薄壁计数管　thin wall counter tube

管壁的吸收低到足以能探测低能辐射的计数管。

394-29-10

窗计数管　window counter tube

外壁上被称为"窗"的部分吸收低到足以能探测低能辐射的计数管。

注：例如：

——侧窗计数管；

——钟罩计数管。

394-29-11

裂变计数管　fission counter tube

含有可裂变物质的灵敏衬里、用于探测热中子和快中子的计数管。

注：初始电离主要由中子和灵敏衬里进行核反应所产生的裂变碎片引起。

394-29-12

浸入式计数管　dip counter tube

可浸入或淹没在液体中测量其活度的计数管。

394-29-13

液体计数管　liquid counter tube

用于测量液体放射性活度的计数管，其典型结构为圆柱形管，外面套有一个固定的或可移动的同轴圆柱形杯。

注：被测放射性液体置于杯与计数管之间的环状空间内。

394-29-14

外阴极计数管　external cathode counter tube

管壳一般为玻璃、其外表面涂覆碳或金属构成阴极的计数管。

394-29-15

电晕计数管　corona counter tube

因电离粒子经过，引起电流急剧变化，能维持电晕放电的计数管。

394-29-16

火花计数管　spark counter

当一种强电离粒子通过时，能在电极间产生火花的辐射探测器。

394-29-17

切伦科夫探测器　Cerenkov detector

使用能产生切伦科夫效应的介质、用于探测相对论粒子的辐射探测器。

注：介质直接或通过光导与光敏器件进行光耦合。

3.10　辐射探测器的元器件

394-30-01

闪烁物质　scintillating material

在电离辐射作用下，能以闪烁方式发出光辐射的物质。

394-30-02

激活剂　activator

用于提高闪烁物质发光效率的杂质或移位原子。

394-30-03

移波剂　wavelength shifter

与闪烁物质共用以便吸收光子并发射波长更长的光子的荧光化合物。

注：使用移波剂的目的是使光电倍增管或其他光电器件更有效地利用光子。

394-30-04

收集电极　collecting electrode

电离室或计数管的电极，用于收集电离辐射产生的电子或离子。

394-30-05

保护环　guard ring

电离室或计数管的辅助电极，用于降低电离室或计数管的收集电极与其他电极间的漏电流和/或限定电位梯度及灵敏体积。

394-30-06

热释光物质　thermoluminescent material

呈现热释光特性的物质。

394-30-07

中子灵敏材料　neutron sensitive material

中子探测器的衬里所用物质或所充气体，由核反应直接生成电离粒子（包括裂变碎片）。

394-30-08

猝灭电路 quenching circuit

通过降低、抑制或反向加在盖革-弥勒计数管电极上的电位来实现猝灭的电路。

394-30-09

猝灭气体 quenching gas

盖革-弥勒计数管内充入的混合气体的一种成分，以确保放电的自猝灭。

394-30-10

闪烁体 scintillator

一定量的、做成适当形状的闪烁物质。

394-30-11

电子倍增器 electron multiplier

在真空中，加有递增电压的一组倍增极，通过级联过程放大电子电流。

394-30-12

光电倍增管 photomultiplier tube；multiplier phototube；PMT（abbreviation）

由光阴极和电子倍增器组成、用于把光信号转换为电信号的真空管。

394-30-13

无窗光电倍增管 windowless photomultiplier tube；windowless multiplier phototube

在光源和作为光阴极的靶之间没有插入其他物质的光电倍增管。

注：无窗光电倍增管的一种特殊应用是探测短波长的紫外辐射。

394-30-14

倍增极 dynode

与其他电极的位置和工作情况有关的次级发射电极，使离开其表面的次级电子数超过入射到其表面的初级电子数。

394-30-15

光导 light guide

用于光的无明显损失传输的光学器件。

注：可以将光导置于闪烁体和光电倍增管之间。

394-30-16

窗（探测器的） **window**（of a detector）

探测器中保护灵敏体积不受外部有害影响并允许被测辐射穿透的部分。

394-30-17

表面势垒触点 surface barrier contact

是金属-半导体接触或金属-绝缘体-半导体接触的一种结构，其整流特性决定于接触界面上和绝缘体中捕获的电荷。

394-30-18

光电二极管 photodiode

在两个半导体间的PN结附近或半导体与金属间的结附近，吸收光辐射而产生光电流的光电探测器。[845-05-39]

3.11 辐射防护仪器-注量、照射量、吸收剂量或剂量当量的测量仪和率表

394-31-01

辐射防护仪器 radiation protection instrumentation

为了辐射防护目的，用于探测和/或测量电离辐射和放射性活度的电气和电子系统。

394-31-02

热释光剂量计　thermoluminescence dosimeter;thermoluminescence dosemeter

由一个或多个热释光探测器组成的无源器件,可装在一个合适的夹持盒内,可佩戴在身上或放在环境中,目的是用于评定它所在位置或其附近的相应剂量当量。

394-31-03

热释光剂量系统　thermoluminescence dosimetry system

由热释光剂量计、读数器和有关设备组成的系统。

394-31-04

热释光剂量计读数器　reader for thermoluminescence dosimeter(reader for thermoluminescence dosemeter)

在选定的温度范围内,在剂量计加热期间,通过测量热释光探测器的发射光来读出热释光剂量计的仪器。

394-31-05

粒子注量率仪　particle fluence ratemeter

用于测定粒子注量率的装置。

394-31-06

粒子注量率监测仪　particle fluence rate monitor

用于测量粒子注量率的辐射监测仪,当粒子注量率超过预定值或测得的值在规定限值之外时能给出可觉察的报警。

394-31-07

粒子注量率指示仪　particle fluence rate indicator

给出粒子注量率估计值的辐射指示仪。

394-31-08

吸收剂量率仪　(absorbed)dose ratemeter

用于测量致电离辐射引起的吸收剂量率的辐射仪表。

394-31-09

剂量当量仪　dose equivalent meter

用于评估剂量当量的辐射仪。

注:如果这种装置能估算剂量当量值,则称之为剂量当量监测仪。

394-31-10

剂量当量率仪　dose equivalent ratemeter

用于评估剂量当量率的辐射仪。

394-31-11

个人剂量计　personal dosimeter;personal dosemeter

用于测定佩戴者个人所接受的剂量当量的剂量计。

注1:例如,胶片剂量计,笔型剂量计,热释光剂量计。

注2:个人剂量计可以直接或间接读数。

394-31-12

剂量计充电器　dosimeter charger;dosemeter charger

为剂量计能工作做准备的充电装置。

394-31-13

剂量计读数器　dosimeter reader;dosemeter reader

用于剂量计读出的仪表。

394-31-14

光致荧光剂量计　photoluminescence dosimeter;photoluminescence dosemeter

使用光致荧光探测器来测量剂量的剂量仪表。

394-31-15

光致荧光剂量计读数器　reader for photoluminescence dosimeter;reader for photoluminescence dosemeter

当剂量计在接受某些波长的辐射时,通过测量剂量计所发出的光来读出其读数的仪器。

394-31-16

胶片剂量计　film dosimeter;film dosemeter;film badge

用受辐照后显影的照相胶片作为辐射探测器的剂量计。

注:显影后胶片变黑的程度就是吸收剂量的指示。

394-31-17

反照中子剂量计　albedo neutron dosemeter;albedo neutron dosemeter

人体受中子照射时,能测量被人体反射的中子注量份额的中子剂量计。

注:这个份额可以用于估计佩戴者的剂量当量。

394-31-18

剂量率监测仪　dose rate monitor

具有剂量率仪和/或剂量率报警装置功能的仪表。

394-31-19

剂量率报警装置　dose rate warning assembly

用于辐射剂量率超过某一规定值时给出视觉和/或听觉报警的装置。

394-31-20

环境剂量仪　environmental dosimeter;environmental dosemeter

用于测量环境辐射的剂量仪。

3.12　污染或活度的测量设备或装置

394-32-01

放射性表面污染测量仪　radioactive surface contamination meter

通过测量物体表面发射率来确定物体表面放射性污染程度的辐射仪。

394-32-02

放射性表面污染监测仪　radioactive surface contamination monitor

通过测量和检查物体表面发射率来确定物体放射性污染程度的辐射监测仪,如果放射性发射率超过预定值该监测仪能给出报警。

注:示例:

——洗衣房污染监测仪;

——地面污染监测仪。

394-32-03

β-γ 门框式监测仪　beta-gamma doorway monitor

由设在通道周围的探测器组成的用于测量通过该通道的人或物体因污染产生的β或γ发射率的辐射监测仪。

394-32-04

放射性空气污染测量仪　radioactive air contamination meter

用于测量在给定的时间间隔内空气中的尘埃、微粒、悬浮颗粒物、气溶胶、蒸汽或气体放射性体积活度的辐射仪表。

394-32-05

放射性空气污染监测仪　radioactive air contamination monitor

用于测量和检查在给定时间间隔内空气中尘埃、微粒、悬浮颗粒物、气溶胶、蒸汽或气体的放射性体积活度的辐射仪表，并且在超过预定值时发出报警。

注：示例：

——碘监测仪；

——氚监测仪。

394-32-06

放射性空气污染指示仪　radioactive air contamination indicator

用于探测空气中是否存在放射性尘埃、微粒、悬浮颗粒物、气溶胶、蒸汽或气体污染的辐射指示仪表。

394-32-07

空气取样器　air sampler

在预定的时间间隔内，将通过过滤器或吸附器的已知体积的空气中所含有的放射性污染物收集在过滤器或吸附器上的一种装置。

注：示例：

——连续移动过滤器型；

——间断移动型；

——固定过滤器型；

——滤筒型。

394-32-08

气载尘埃或微粒监测仪　airborne dust or particle monitor

用于测量大气中尘埃、微粒或悬浮颗粒物的体积活度的辐射监测仪。

394-32-09

α总潜能测量仪　total (potential) alpha energy meter (detector); potential alpha energy meter monitor

用于测量通常在空气中由氡-222和氡-220短寿命的衰变产物（氡子体）释放的α粒子总能量的辐射仪。

注1：氡-220有时称钍射气。

注2：有时也叫α潜能监测仪。

394-32-10

放射性气溶胶测量仪　radioactive aerosol meter

用于测量在给定时间间隔内的气溶胶体积活度的放射性空气污染测量仪。

394-32-11

放射性碘测量仪/监测仪　radioactive iodine meter/monitor

用于测量放射性碘的辐射测量仪/监测仪。

394-32-12

液体放射性活度计　liquid radioactivity meter/monitor

用于测量在给定时间间隔内液体放射性体积活度的辐射仪表或监测仪。

394-32-13

蒸发后样品放射性活度计　evaporated liquid sample activity meter

通过测量液体样品蒸发后的残渣来测量给定时间间隔内该液体的放射性体积活度的仪表或监测仪。

394-32-14

气体放射性活度计　gas radioactivity meter

用于测量在给定时间间隔内气体放射性的辐射仪表。

394-32-15

氡含量测量仪/监测仪　radon content meter/monitor

用于测量空气中氡和氡子体浓度的辐射仪表或监测仪。

394-32-16

生物组织放射性活度探测器　tissue activity detector

用合适的探头测定生物组织内部固定位置的放射性核素的装置。

394-32-17

全身计数器　whole body counter

用于测量人体中放射性核素的设备及其连接的组件，包括一个或多个对环境电离辐射重屏蔽的辐射探测器。

注：有时，这种设备包括伽马能谱分析仪。

394-32-18

放射性生物测量仪　radio-bioassay meter

用于测量人体内或人体排泄物或排出物中放射性物质总量或浓度并加以分析的装置，以便估计人体内放射性物质的总量。

394-32-19

临界事故监测仪　criticality accident monitor

用于测量与可能的临界事故有关的辐射监测仪。

注：示例：

——由倍增因子表示辐射；

——辐射水平。

394-32-20

事故监测仪　accident moniter

用于测量事故和事故后核设施内辐射水平的辐射监测仪。

394-32-21

事故惰性气体排出流监测仪　noble gas effluent monitor for accident conditions

用于连续测量事故和事故后排放到环境中的惰性气体排出流的总放射性体积活度的辐射监测仪。

394-32-22

液态排出流监测仪　liquid effluent monitor

用于监测排放到环境中的液态排出流的放射性活度的装置。

3.13　核反应堆运行和安全有关的系统、设备和装置

394-33-01

核反应堆仪表　nuclear reactor instrumentation

为保证适当地监测和控制核反应堆所需的电气和电子设备或仪表，包括安全重要的所有控制和仪表系统。

注：对于试验堆，核反应堆仪表也可用于反应堆运行期间进行试验的控制与分析。

394-33-02

核反应堆安全组合　safety group(of nuclear reactor)

用于完成某一假设始发事件下所必需的各种动作的设备组合，以确保不超过预计运行事件和设计基准事故规定的限值。

394-33-03

基于活化的功率测量装置　power measuring assembly based on activation

通过测量某种合适材料的活化程度来确定核反应堆热功率的测量装置。

394-33-04

周期计　period meter

与一个或多个探测器相连接、用于指示核反应堆时间常数(反应堆周期)的电子装置。

注：周期计可以按时间常数单位、倍增时间或每分钟功率增加 10 倍等进行刻度。

394-33-05

反应性仪　reactivity meter

与一个或多个探测器相连接、用于指示核反应堆反应性的电子装置。

394-33-06

破损燃料元件监测仪　failed fuel element monitor

用于探测和定位燃料包壳上可能出现破损的设备。包壳用于密封燃料并将燃料与核反应堆冷却剂隔开。

注 1：有时，探测和定位分成两个独立的系统。

注 2：在核安全术语中，"包壳"被认为是第一道屏障。

394-33-07

燃料通道活度比较器　fuel channel activity comparator

利用预先测得的燃料通道或燃料通道组的裂变产物浓度作为基准浓度，将每一个燃料通道或通道组的裂变产物浓度与该通道或该通道组的基准浓度进行自动比较的测量装置。

394-33-08

静电收集型破损燃料元件监测仪　electrostatic collector failed fuel element monitor

利用测量负电极上收集的气态裂变产物放射性活度来监测破损燃料元件的监测仪。

注：例如，铷和铯。

394-33-09

切伦科夫效应破损燃料元件监测仪　Cerenkov effect failed fuel element monitor

利用裂变放射性核素的β辐射在水中产生的切伦科夫效应监测破损燃料元件的监测仪。

394-33-10

裂变产物分离型破损燃料元件监测仪　fission product separator failed fuel element monitor

利用从反应堆冷却剂中分离出一种或几种裂变产物，测量其放射性活度来确定破损燃料元件的监测仪。

394-33-11

缓发中子型破损元件监测仪　delayed neutron failed element monitor

基于探测反应堆冷却剂中某些裂变产物产生的缓发中子的破损元件的监测仪。

394-33-12

破损燃料元件指示器　failed fuel element indicator

快速显示燃料元件破损情况的装置，包括置于主冷却剂环路中的测量裂变产物活度的探测器。

394-33-13

故障容限　fault tolerance

当系统的硬件或软件存在某一限定数量的故障时，该系统能保证连续正确地执行其功能的固有能力。

394-33-14

功能适度劣化　graceful degradation

系统对探测到的故障响应的功能逐渐下降，但能维持其基本功能。

394-33-15

软件寿命周期　software life cycle

某一软件产品从编制技术规格需求阶段开始到该产品不能继续使用终止时间的时间间隔。

注：典型的软件寿命周期包括技术需求阶段、设计阶段、完成阶段、测试阶段、安装和调试阶段以及运行和维修阶段。

394-33-16

软件模块化　software modularity

是软件的结构属性之一，它提供高度独立的计算机程序单元结构，这些程序单元在译码、测试以及与其他单元组合方面是离散且可识别的。

394-33-17

软件验证　software verification

通过检验和提供客观证明对软件开发结果是否满足确定的目标和要求的认可过程。

注：是确定软件开发过程每一阶段的产品是否满足前一阶段提出的全部要求的过程。

394-33-18

设计验证　design verification

确定已完成的系统是否与设计要求相一致的过程。

394-33-19

人机接口　man machine interface

操作人员和仪表以及连接到设备上的计算机系统之间的接口。

394-33-20

辅助操作控制系统　auxiliary operating control system

控制室外(例如设备就地控制点和就地停堆系统)的操作系统。

394-33-21

[控制室内]显示器　displays(in control room)

用于显示核电厂工况和状态的监测信息的装置。

注：显示的信息包括过程状态、设备状态等。

394-33-22

操纵员支持系统　operator support system；OSS(Abbreviation)

支持高级思维信息处理任务的系统，这些任务是分配给控制室工作人员的。

394-33-23

[核设施用]广播系统　public address system(for nuclear facilities)

呼叫现场人员的扬声器系统。

394-33-24

视觉显示单元　visual display unit；VDU(abbreviation)

将计算机处理的图像组合在屏幕上的显示装置。

394-33-25

安全有关仪表和控制系统　safety-related instrumentaion and control systems

安全重要的但实际上又不属于安全系统的仪表和控制系统。

394-33-26

安全重要物项 item important to safety

是安全组合的一部分，其误动作或故障可能导致现场人员或公众受到放射性照射。

394-33-27

配置管理 configuration management

标识设施的构筑物、系统和部件(包括计算机系统和软件)的特性并形成文件，以及确保这些特性的改进能得到适当地开发、评价、批准、发布、完成、验证、记录和编入设施文件的过程。

3.14 核反应堆报警、安全、保护系统和装置

394-34-01

安全系统(核反应堆的) **safety system**(of nuclear reactor)

安全上重要的系统，用于保证反应堆安全停堆、从堆芯排出余热或限制预计运行事件和设计基准事故的后果。

394-34-02

安全组件 safety member;safety element

单独或与其他组件一起为反应堆紧急停堆提供负反应性的控制组件。

394-34-03

安全系统支持设施 safety system support features

为保护系统和安全执行系统提供所需的冷却、润滑和动力源等功能服务的设备组合。

394-34-08

保护系统(核反应堆的) **protection system**(of nuclear reactor)

监测反应堆运行，依据探测到的异常工况自动触发动作，以防止发生非安全或潜在的非安全工况的系统。

注：该系统包括从传感器到驱动装置输入端的所有电气、机械装置和电路系统。

394-34-09

安全执行系统 safety actuation system

在保护系统触发时，完成要求的安全动作所必需的设备组合。

394-34-12

安全重要的联锁系统 interlock system important for safety

电气、仪表和控制系统的一部分，除非满足所有规定的条件，否则它将禁止某些可能影响反应堆安全的操作。

394-34-13

安全报警系统 safety alarm system

保护系统的一部分，由所有安全报警组成。

注：安全报警警告操纵员采取必需的保护动作。

394-34-14

驱动装置 actuation device

直接控制执行装置动力源的设备，例如对电源的配置和使用进行控制的断路器和继电器，以及控制液体或气体流的调节阀。

394-34-15

声响报警系统 audible warning system

对要求采取安全动作的事故状态，如需要(人员)撤离安全壳或其他构筑物时，提供声响报警的系统。

394-34-16

推荐规范　code of(best)practice;recommended practices

一组推荐性的要求,不是必须遵守的,从法律意义上讲,偏离它也不会被认为是过失,但它代表良好的或最好的工业实践。

394-34-17

功能性　functionality

一个系统或设备能完成的功能的范围或作用域的定性表示。

注:能完成许多复杂功能的系统具有"高功能性";只能完成少数简单功能的系统具有"低功能性"。

394-34-18

联锁功能　interlock function

作为核电厂仪表和控制系统执行功能的一部分,它能防止非安全的运行工况,保护人员且防止危险。

394-34-19

紧急停堆棒　emergency shutdown rod

执行紧急停堆动作的棒状安全组件。

注:也称之为安全棒。

394-34-20

报警系统　alarm system

用于提醒操纵人员存在异常情况(例如,某个系统或过程偏离)可能需要采取纠正行动的系统。

3.15　用于核反应堆的各种测量装置和设备

394-35-01

包壳温度计算机　cladding temperature computer

根据核反应堆的功率和在堆芯内某些点测得的温度,计算反应堆包壳最热部分的温度的计算机。

394-35-02

气流式中子注量率测量装置　gas-flow neutron fluence rate measuring assembly

用于测量核反应堆内中子注量率的设备,由一个裂变材料靶和一个探测器组成,在靶上产生的裂变产物由惰性气体流带到反应堆外的探测器。

394-35-03

热功率测量装置　thermal power measuring assembly

包括测量冷却剂温度和流速的配套设备,并与计算机相连接用于测量核反应堆热功率的设备组合。

394-35-04

堆芯中子注量率测量系统　in-core neutron fluence rate mapping system

用于测量核反应堆堆芯中中子注量率分布的设备组合。

394-35-05

冷却剂总活度监测仪　coolant gross activity monitor

用于测量核反应堆冷却剂活度并且在活度超过预定值时能发出报警的仪器。

394-35-06

传递函数(核反应堆的)　**transfer function**(of a nuclear reactor)

特定的反应堆参数(例如功率)对反应性变化响应的数学表达式。

394-35-07

传递函数仪(核反应堆的)　**transfer function meter**(of a nuclear reactor)

确定传递函数的装置。

394-35-08

重水含量仪　heavy water content meter

用于连续或间断测量核反应堆中重水与轻水混合物中重水含量的仪器。

394-35-09

电气贯穿件(核反应堆的)　**electric penetration assembly**(of nuclear reactor)

由绝缘导体、导体密封件和开孔密封件构成的组件，它为导体穿过安全壳结构的单一开孔提供通道，同时在安全壳结构的内外侧之间提供压力边界。

394-35-10

堆芯测温传感器　in-core temperature measuring sensor

用于提供反应堆堆芯或主包壳内预定点的温度测量信号的一种固定式或可移动的器件。

注：示例：

——铠装热电偶；

——接点绝缘型热电偶；

——接点非绝缘型热电偶；

——同轴热电偶；

——电阻温度计。

394-35-11

堆芯温度测量系统　in-core temperature measuring system

利用堆芯测温传感器测量反应堆一次冷却剂、燃料和堆内构件温度的系统。

注：该系统为反应堆正常运行提供必需的信息，它可以是一个独立的系统，或是整个堆芯监测系统的一部分。

394-35-12

噪声诊断系统(核反应堆的)　**noise diagnostic system**(of a nuclear reactor)

为早期探测过程异常或反应堆堆芯部件潜在的缺陷，用于监测和分析反应堆稳态运行期间参数涨落(如中子注量涨落、冷却剂压力波动及力学振动等)的系统。

394-35-13

安全参数显示系统　safety parameter display system;SPDS(abbreviation)

用于显示与核反应堆关键安全功能有关的主要参数的系统。

注：这些安全参数尤其涉及到反应性控制、反应堆冷却剂系统的完整性、堆芯冷却、从反应堆主系统排出热量以及放射性控制。

394-35-14

中子监测的坎贝尔系统　Campbell system for neutron monitoring

根据裂变电离室产生的信号涨落来测量核反应堆内中子注量率的装置。

注：中子注量率与其信号涨落的方差成正比。

394-35-15

补偿组件　shim member;shim element

用以补偿反应堆内反应性和中子注量密度分布的长期变化的控制部件。

394-35-18

控制组件驱动机构(核反应堆的)　**control member drive mechanism**(of a nuclear reactor)

用于移动控制组件的装置。

394-35-19

控制组件　control member

核反应堆内本身能影响反应性且用于核反应堆控制的可移动部分。

394-35-20

控制棒　control rod

棒状的控制组件。

394-35-21

增益棒　booster rod

临时插入反应堆堆芯以提供氙中毒补偿的燃料元件。

394-35-22

灰棒　grey rod

用具有一定中子吸收能力的材料制作的控制棒，用于部分补偿燃料消耗且能不改变硼浓度跟踪反应堆功率变化(负荷跟踪)。

394-35-23

黑棒　black rod

用中子吸收材料制作的控制棒，用于核反应堆启动、停堆和安全。

3.17　工业用辐射测量设备和装置

394-37-01

辐射量测计　radiation gauge

由电离辐射源、辐射仪表和必要的机械部件组成的测量装置，用于工业上无损检测。

394-37-02

厚度计　thickness gauge

由电离辐射源和辐射仪表组成的测量装置，用于材料厚度的非破坏性测量。

394-37-03

透射式测量系统　transmission measurement system

利用穿过被测材料的电离辐射进行测量的辐射仪表。

394-37-04

反散射式测量系统　back-scatter measurement system

利用被测材料及其母材反射的电离辐射进行测量的辐射仪表。

394-37-05

X荧光测量系统　X ray fluorescence measurement system

利用X射线荧光对材料进行分析的辐射仪表。

394-37-06

密度计　density gauge

由电离辐射源和辐射探测器组成的测量装置，用于测量材料的平均密度。

394-37-07

透射式密度计　transmission density gauge

利用穿过被测材料的辐射进行测量的密度计。

394-37-08

反散射式土壤密度计　back-scatter soil density gauge

通过测量土壤反散射的辐射来测定土壤密度的便携式密度计。

394-37-09

透射式土壤密度计　transmission soil density gauge

通过测量穿过土壤的辐射来确定土壤密度的便携式密度计。

394-37-10

料位计　level gauge

由电离辐射源和仪表组成的测量装置，用于指示容器内物料的高度。

注：这种测量装置可以是透射式的，也可以是反散射式的。

394-37-11

物料检测仪　material presence gauge

由电离辐射源和探测器组成的测量装置，用于确定辐射源和探测器之间的路径上是否存在物料。

394-37-12

随动式料位计　level following gauge

由物料检测仪和有关的机械部分组成的料位计，使辐射源和探测器能跟踪料位。

394-37-13

碳氢比值仪　carbon to hydrogen ratio gauge

带有β辐射源的测量装置，通过测量穿过已知密度的碳氢化合物样品的辐射来确定该样品中碳氢的比值。

3.18　辐射探测器的特性

394-38-01

闪烁　scintillation

由分子退激引起的、持续时间很短的闪光。

注：闪光持续时间约几纳秒到几微秒。

394-38-02

闪烁持续时间　scintillation duration

闪烁从发射10%光子的瞬间到发射90%光子的瞬间之间的时间间隔。

394-38-03

闪烁上升时间　scintillation rise time

闪烁体受单次激发后，发射光的强度从其最大值的10%上升到90%所需的时间。

394-38-04

闪烁下降时间　scintillation fall time

闪烁体受单次激发后，发射光的强度从其最大值的90%下降到10%所需的时间。

394-38-05

闪烁衰减时间　scintillation decay time

闪烁体受单次激发后，发射光子的强度下降到其最大值的1/e所需的时间。

注：e=2.718…

394-38-06

发射光谱（闪烁体的）　**emission spectrum**(of a scintillator)

闪烁体发射的光子数随光子的波长或能量变化的分布曲线。

394-38-07

光子发射曲线（闪烁体的）　**photon emission curve**(of a scintillator)

表示闪烁体单次激发所发射光的强度随时间变化的曲线。

394-38-08

能量转换效率（闪烁体的）　**energy conversion efficiency**(of a scintillator)

闪烁体发射光子的总能量与其吸收的入射能量之比。

394-38-09

量子转化效率（光阴极的）　**conversion quantum efficiency**(of a photocathode)

光阴极发射的电子数与给定能量的入射光子数之比。

394-38-10

光谱响应曲线(光阴极的) **spectral response curve**(of a photocathode)

量子转化效率随入射辐射波长变化的曲线。

394-38-11

光阴极灵敏度 **photocathode sensitivity**

在规定的光照条件下,光阴极的光电发射电流与入射光通量之比。

394-38-12

渡越时间(光电倍增管中的) **transit time**(in a photomultiplier tube)

从发射一个光电子到该电子产生的输出电流脉冲在一个指定点上出现所经历的时间。

注:例如峰值。

394-38-13

渡越时间分散(光电倍增管中的) **transit time jitter**(in a photomultiplier tube)

与不同光电子相对应的渡越时间的变化。

394-38-14

暗电流(光电倍增管的) **dark current**(of a photomultiplier tube)

在光阴极无光照条件下流过光电倍增管阳极回路的电流。

394-38-15

增益(光电倍增管的) **gain**(of a photomultiplier tube)

在规定的电极电压下,阳极输出电流与光阴极发射电流之比。

394-38-16

收集效率(光电倍增管的) **collection efficiency**(of a photomultiplier tube)

到达第一个倍增极的可测量的电子数与光阴极发射的电子数之比。

394-38-17

探测器效率 **detector efficiency**

探测器测到的光子数或粒子数与同一时间间隔内入射到探测器上的同一类型光子数或粒子数之比。

394-38-18

探测效率 **detection efficiency;instrument efficiency**

在规定的几何条件下,仪表每单位时间探测到的粒子数与源的表面发射率之比。

注:见 IEC 60050-393 中的 393-14-87(辐射源的)表面发射率 。

394-38-19

全吸收峰探测器效率 **total absorption detector efficiency**

对于给定的光子能量,在全吸收峰内探测到的光子数与同一时间间隔内入射到探测器上的光子数之比。

注:全吸收探测器效率等于峰总比与探测器效率之积。

394-38-20

全吸收峰探测效率 **total absorption detection efficiency**

在规定的几何条件下,对于给定的探测装置和光子能量,每单位时间在全吸收峰内探测到的光子数与一个辐射源的发射率之比。

注:全吸收峰探测效率等于峰总比与探测效率之积。

394-38-21

选择性(探测器的) **selectivity**(of a detector)

探测器对被测电离辐射的灵敏度与其对总的入射辐射灵敏度之比。

394-38-22

灵敏体积(探测器的)　**sensitive volume**(of a detector)

探测器中对辐射灵敏且用于探测的那部分。

394-38-23

壁效应　**wall effect**

探测器壁材料的组分和厚度对测量结果的影响。

394-38-24

电离电流　**ionization current**

在被电离的介质中收集所产生的离子和电子而形成的电流。

394-38-25

剩余电流(探测器的)　**residual current**(of a detector)

在探测器不再承受外辐射以后继续产生的电流。

注：剩余电流是由于探测器组成材料的活化、其污染及探测器绝缘质量不好而产生的电流。

394-38-26

漏电流　**leakage current**

探测器在工作电压下无辐照时产生的电流。

394-38-27

离子收集时间　**ion collection time**

由电离辐射在给定点产生离子对到收集极收集相应的离子之间的时间间隔。

394-38-28

电子收集时间　**electron collection time**

由电离辐射在给定点产生离子对到收集极收集相应的电子之间的时间间隔。

394-38-29

猝发(电离室中的)　**burst**(in an ionization chamber)

短时间内突然生成大量离子对的过程。

394-38-30

饱和电流(电离室的)　**saturation current**(in an ionization chamber)

当所加电压高到基本上足以收集释放的全部离子时所得到的电离电流。

注：电离室所加电压应低于气体放大所需电压。

394-38-31

饱和电压(电离室的)　**saturation voltage**(in an ionization chamber)

电离室内为得到饱和电流所必须施加的最低电压。

注：引伸之，实际上所用的"95%(或 90%)饱和电压"这类术语是为得到"95%(或 90%)饱和电流"所必须的设计电压。

394-38-32

饱和曲线(电流电离室的)　**saturation curve**(of a current ionization chamber)

在给定的辐照下，电流电离室输出电流随所加电压变化的特征曲线，用于确定饱和电流与饱和电压。

394-38-33

布拉格-戈瑞空腔　**Bragg-Gray cavity**

在固体介质内含有气体的理想空腔，它小到不足以干扰初级或次级辐射在介质内的分布。

394-38-34

补偿因子(补偿电离室的)　**compensation factor**(of a compensated ionization chamber)

补偿电离室对伴生辐射的灵敏度与它在无补偿情况下对同一伴生辐射的灵敏度之比。

394-38-35

补偿比(补偿电离室的) **compensation ratio**(of a compensated ionization chamber)

补偿因子的倒数。

注：用它表示补偿电离室的一个性能指标。

394-38-36

气体放大 **gas multiplication**

由入射电离辐射在气体中产生的离子对，在足够强的电场作用下生成更多离子对的过程。[ISO 921/528]

394-38-37

汤森雪崩 **Townsend avalanche**

一个带电粒子因碰撞而迅速产生大量次级带电粒子的气体放大过程。

394-38-38

临界电场(计数管的) **critical field**(of a counter)

引起气体放大所需的最小电场强度。

394-38-39

气体放大因子 **gas multiplication factor**

初始的离子对数乘以此因子即是气体放大过程的结果。

394-38-40

边缘效应(计数管的) **end effect**(of a counter)

由于靠近计数管收集极边缘的电场畸变而引起的效应，并且影响测量的结果。

394-38-41

正比区 **proportional region**

计数管所加的电压范围，在此范围内气体放大因子大于1且实际上与单次电离事件在计数管灵敏体积内最初生成的离子对总数无关，其脉冲幅度正比于此离子对总数。

394-38-42

有限正比区 **region of limited proportionality**

计数管所加的电压范围，它处于正比区与盖革-弥勒区之间，在此范围内气体放大因子与计数管灵敏体积内最初生成的离子对总数有关。

394-38-43

盖革-弥勒区 **Geiger-Müller region**

计数管所加的电压范围，在此范围内气体放大因子大到足以使脉冲幅度基本上与计数管灵敏体积内最初生成的离子对总数无关。

394-38-44

盖革-弥勒阈 **Geiger-Müller threshold**

计数管工作在盖革-弥勒区所需施加的最低电压。

394-38-45

过电压(盖革-弥勒计数管的) **overvoltage**(of a Geiger-Müller counter)

工作电压与盖革-弥勒阈之间的差。

394-38-46

特性曲线(辐射探测器的) **characteristic curve**(of any radiation detector)

所有其他参数都不变的情况下，表示计数率作为辐射探测器外加电压函数的关系曲线。

注1：这条曲线是所有探测器在脉冲模式下工作的一种特性。

注2：对于在电流模式下工作的探测器，此特性曲线是饱和曲线。

394-38-47

坪　plateau

辐射探测器特性曲线的一部分，在此区间测得的电流或计数率与外加电压无关。

394-38-48

坪斜　plateau relative slope

坪区的斜率，表示外加电压每变化 100V 计数率变化的百分数。

394-38-49

猝灭　quenching

盖革-弥勒计数管内单次电离事件之后，为阻止其后的连续放电或多次放电，终止电离雪崩的过程。

394-38-50

死时间(探测器在脉冲模式下工作的)　**dead time**(in a detector operating in pulse mode)

探测器在脉冲模式下工作时，单次电离事件产生一个脉冲之后，不能响应后继的电离事件的时间间隔。

394-38-51

电离径迹　ionization track

电离粒子路径的一部分，在径迹室、核乳胶等处可见。

394-38-52

敏感时间(径迹室的)　**sensitive time**(of a track chamber)

在某些径迹室(例如威尔逊云室或气泡室)内允许处于电离径迹形成状态的持续时间。

394-38-53

甄别器曲线　discriminator curve

计数率作为甄别器电压函数的关系曲线。

注 1：这条曲线用于确定甄别阈。

注 2：见[394-38-57]。

394-38-54

信息损失　fading

在贮存、传输或温度变化等情况下的信息损失。

394-38-55

康普顿连续谱　Compton continuum

探测器中释放的康普顿电子形成的连续脉冲幅度谱。

394-38-56

光电峰　photoelectric peak

在辐射探测器中，由光电效应产生的那部分能谱响应曲线。

注：通常，与光电峰最大强度相对应的能量是唯一可测量的近似于全吸收峰的能量。

394-38-57

全吸收峰　total absorption peak

在辐射探测器中，能谱响应曲线对应光子能量全吸收的那部分。

注：全吸收峰代表所有相互作用过程所产生的光子能量全被吸收，即：a)光电吸收，b)康普顿效应和 c)电子对生成。

394-38-58

最大可接受辐照率(探测器的)　**maximum acceptable irradiation rate**(of a detector)

探测器能在规定条件下工作的最高剂量率或粒子注量率。

394-38-59

磷光　phosphorescence

撤去激励辐照后继续保持相当长时间的发光现象。

[GB/T 2900.65—2004 中的 845-04-23]

注：在[GB/T 2900.65—2004 中的 845-04-18]中有发光的定义。

394-38-60

荧光　fluorescence

仅在辐照期间可观测的发光现象。

[GB/T 2900.65—2004 中的 845-04-20]

注：在[GB/T 2900.65—2004 中的 845-04-18]中有发光的定义。

394-38-61

热释光　(radio)thermoluminescence

当某些晶体物质受到电离辐照或紫外线辐照后受热时出现的发光现象。

394-38-62

光灵敏度(光电倍增管的)　**light sensitivity**(of a photomultiplier)

光电倍增管的阴极电流除以给定波长的入射光通量的商。

394-38-63

光谱灵敏度(光电倍增管的) **spectral sensitivity** (of a photomultiplier)

作为波长函数的光灵敏度。

394-38-64

光灵敏度不均匀性(光电倍增管的)　**light sensitivity non-uniformity**(of a photomultiplier)

在光阴极表面上光灵敏度的变异。

394-38-65

放电噪声(光晕计数管的)　**discharge noise**(of a corona counter tube)

当不存在电离辐射时，由电晕效应引起的一次稳定放电的电流或电压的波动。

394-38-66

光谱峰　**spectral peak**

光谱中包含一个局部最大值的那部分。

注：通常是一次单能辐射的全部能量。

394-38-67

偏置(辐射探测器的)　**bias**(of a radiation detector)

为了探测器能产生收集信号电荷所需的电场而施加的电压。

394-38-68

甄别阈(辐射探测器的)　**discrimination threshold**(of a radiation detector)

脉冲不能被收集的下限。

394-38-69

谱(脉冲高度分布)　**spectrum**(of a pulse height distribution)

脉冲的数量作为脉冲高度的函数。

394-38-70

能量窗　**energy window**

在能量上、下限之内的那部分能谱。

394-38-71

剂量反射率　dose albedo

在给定的表面上,反射辐射剂量与入射辐射剂量之比。

[ISO 921/354]

394-38-72

微分剂量反射率　differential dose albedo

从表面向某一方向反射辐射剂量与入射辐射剂量之比。

[ISO 921/317]

3.19　辐射测量装置的特性

394-39-01

计数　count

辐射计数装置对单一事件的响应。

394-39-02

假计数　spurious count

除被测辐射外任何其他因素引起的计数。

394-39-03

计数率　count rate;counting rate

单位时间的计数。

394-39-04

飞行时间(粒子的)　**time-of-flight**(of a particle)

粒子在两个给定点之间运动所用的时间。

394-39-05

迁移率(带电粒子的)　**mobility**(of a charged particle)

带电粒子在规定的介质中沿电场方向的速度除以该电场场强的商。

394-39-06

定标因子(定标器的)　**scaling factor**(of a scaler)

为了产生输出脉冲,在定标器的输入端所需的脉冲数。

394-39-07

灵敏度(测量装置的)　**sensitivity**(of a measuring assembly)

对于被测量的一个给定值,被测量观测值的变化与被测量的变化之比。

注:对于核电厂中的一个测量系统,术语灵敏度可能具有另外的含义。

394-39-08

本底水平(测量装置的)　**background level**(of a measuring assembly)

源于被测辐射之外的信号。

注:本底可归因于:

a)　由探测器内、外被关注的测量之外的源辐射产生的信号。

b)　由于该测量系统的电子电路及其电源的缺陷导致的信号。

394-39-09

响应时间(测量装置的)　**response time**(of a measuring assembly)

从被测量发生阶跃变化到输出信号第一次达到其最终值的某一给定百分数(通常取90%)时所经历的时间。

394-39-10

建立时间(测量装置的)　**settling time**(of a measuring assembly)

从一个输入变量发生阶跃变化到输出变量的偏离不超过其最终值与初始稳态值之差的某一规定误

差(例如5%)所经历的时间。(GB/T 4960.6—1996,3.2.18)

注1:通常的允差值是±2%和±5%;

注2:对于非线性特性,宜规定输入变量的幅度和位置。

394-39-11

上升时间(测量装置的) **rise time**(of a measuring assembly)

对于一个阶跃响应,输出信号达到其最终值与初始稳态值之差规定的一个很小百分值,与其第一次达到同一差值规定的一个很大百分值之间所经历的时间。

注:通常规定值是5%~95%或10%~90%。[GB/T 2900.56—2008,351-14-41 MOD]

394-39-12

能量分辨率(辐射谱仪的) **energy resolution**(of a radiation spectrometer)

两个粒子能量之间可探测的最小差值。

注:通常情况下能量分辨率用一个因子表示,该因子是在单能粒子分布曲线峰的半高宽除以峰所在位置的能量。

394-39-13

计数损失(计数装置的) **counting loss**(of a counting assembly)

由于分辩时间引起被测计数率减少,或某些现象(例如脉冲堆积或死时间)引起的被测计数率的损失而导致的误差。

394-39-14

堆积(计数装置中的) **pile-up**(in a counting assembly)

第一个脉冲与随后一个脉冲之间的间隔时间非常短,使得放大器不能正确响应这个后续脉冲,此时发生的现象。

注:堆积可能导致分辩力降低。

394-39-15

脉冲符合 **pulse coincidence**

在预定的时间间隔内,符合电路输入端的两个或更多的探测通道中都有脉冲出现。

394-39-16

真符合 **true coincidence**

来源于单一事件的脉冲的符合。

394-39-17

偶然符合 **random coincidence**

假符合 **false coincidence**

来源于不相关事件的脉冲的符合,这些脉冲意外地在符合分辨时间之内出现在符合电路的输入端。

394-39-18

符合分辨时间 **coincidence resolving time**

在认为脉冲是符合的情况下,在符合选择器规定的两个或更多的输入端中每一输入端处,脉冲出现之间可能经历的最长时间间隔。

394-39-19

反符合 **anticoincidence**

在规定的时间间隔内,在规定的一个或多个输入端出现一个或多个信号时,产生一个事件或一个脉冲用于阻止电路或仪器提供与上述输入信号相对应的输出信号。

394-39-20

响应阈(对脉冲的) **response threshold**(to pulses)

使给定的电路对脉冲响应,执行其功能所需该脉冲的最小幅度。

394-39-21

分辨时间　resolving time

在相继出现且仍然可以分辨的两个脉冲之间必须经历的最小时间间隔。

394-39-22

分辨时间校正　resolving time correction

死时间校正　dead time correction

适用于对观测到的脉冲计数进行校正，以便考虑分辨时间或死时间引起的脉冲计数损失。

394-39-23

恢复时间　recovery time

使放大器在一个后续脉冲幅度达到其前面那个脉冲幅度的某一规定百分数时做出响应所经历的最小时间间隔。

394-39-24

滞后时间　latent time

粒子到达探测器与探测器电路被触发之间的时间间隔。

394-39-25

峰总比　peak-to-total ratio；photofraction

在单能 γ 辐射的脉冲高度谱上，全能吸收峰内包含的计数与整个谱包含的计数之比。

394-39-26

逃逸峰　escape peaks

在 γ 射线谱上，以下情况产生的峰：

a)　由于探测器中产生电子对，及一个或两个 511 keV 的湮灭光子从探测器敏感部分逃逸。

b)　由于探测器中的光电效应，及作为光电效应结果而发射的 X 射线光子从探测器敏感部分逃逸（X 射线逃逸峰）。

394-39-27

输入等效噪声（线性放大器）　**equivalent noise referred to input**（of a linear amplifier）

输入端的噪声值，它能在输出端产生与实际噪声源所产生的相同的噪声值。

394-39-28

限幅时间　clipping time

a)　具有 RC 微分器的脉冲成形电路的时间常数。

b)　脉冲成形电路中的脉冲宽度。

394-39-29

实时间（多道分析器的）　**real time**（in case of multi-channel analyser）

实际测量的工作时间。

394-39-30

极零相消　pole-zero cancellation

在单极性脉冲的 RC 脉冲成形网络中为防止上冲或下冲而采用的电子学技术。

394-39-31

活时间　live time

探测装置对输入信号灵敏的那段时间。

394-39-32

峰康比　peak-to-Compton ratio

在单能 γ 辐射的脉冲高度谱上，在全能吸收峰处道计数与康普顿连续谱刚好低于康普顿限平坦部分的道计数之比。

394-39-33

死时间(分析器的)　**dead time**(for analyser)

分析器对输入脉冲不响应的那段时间。

394-39-34

采样时间(探测装置的)　**sampling time**(of a detection assembly)

为测量目的而适当采集放射性材料所需的时间。

394-39-35

预热时间　**warm-up time**

从测量仪表加电时开始到该仪表满足所有规定的性能要求时为止所经历的时间。

注：通常由制造商规定。[IEC 60050(300-311)中的 311-03-18 MOD]

394-39-36

下降时间(测量装置的)　**fall time**(of a measuring assembly)

输出量从其幅度的 90%下降到 10%所需的时间，另有规定时除外。

394-39-38

道宽　**individual channel width**

多道分析器相邻两个通道的输入信号水平之间的差。

394-39-39

变换时间(模-数变换器的)　**conversion time**(of an analogue-to-digital converter)

从触发模-数变换器的时刻开始到输出数据可用的时刻为止之间的时间间隔。

394-39-40

复原时间　**restoration time**

设备输出饱和后恢复其性能特性所需的时间。

394-39-41

校准曲线　**calibration curve**

用解析、图形或表格的形式表示系统响应与被测变量标准值的函数关系。

394-39-42

额定范围　**rated range**

指定给仪器的测量、观察、输入或设定的量值范围。

394-39-43

额定使用范围　**rated range of use**

影响量的数值范围，在此范围内满足相关工作误差的要求。

394-39-44

等效窗厚度(探测系统的)　**equivalent window thickness**(of a detector system)

用单位面积的质量(mg/cm^2)表示的厚度，垂直入射到探测器的一个粒子应穿过此厚度到达该探测器灵敏体积的表面。

394-39-45

采样收集效率　**sampling collection efficiency**

对于给定量的放射性材料，在规定的时间间隔内收集的放射性活度与供给的放射性活度之比。

394-39-46

允许计数率　**admissible count rate**

与某一给定的时间分布有关的输入脉冲的计数率，相对于此值，被测得的计数率偏离约定真值不超过规定的一个百分比。

394-39-47

报警整定值　alarm set point

触发报警的设定值。

注：例如，该值可能是辐射剂量和/或剂量率。

394-39-48

随机波动　random variation

在规定的时间间隔内，当所有整定值和其他的量都保持恒定，而被测量也应在测量范围之内且保持恒定时，输出信号的波动。

[982.3.3.8]

394-39-49

康普顿剥离　Compton stripping

在一个给定的能量窗，剥离因高能光子康普顿散射而导致的对计数率的贡献。

394-39-50

信号饱和　signal saturation

输出信号对输入值的增加不再响应的状态。

394-39-51

死区　dead band；dead zone

输入变量的变化不致引起输出变量有任何可觉察变化的有限数值区间。

注：当这种特性是特意安排时，有时称死区为中性区。[GB/T 2900.56—2008 中的 351-24-14]

394-39-52

脉冲率　pulse rate

单位时间的脉冲数。

3.20　与核仪表有关的试验、测量误差和各种参数

394-40-01

试验　test

根据规定的程序，对给定的产品、过程或服务的一种或多种特性进行测定的技术操作。

注：进行试验就是对某一物项施加一组环境条件和运行条件和/或要求，以便测量该物项的性能或特性，或将其进行归类。例如：

原型试验(验证设计)；

型式试验(验证最终设计和制造工艺)；

可接受的制造厂试验(验证单个部件)；

验收检查(验证已经收到的产品是否符合订货方的要求)；

现场接收试验(验证产品在系统中的工作)；

监督试验(验证产品仍能工作)；

维护或恢复使用试验。

394-40-02

型式试验　type test

对代表产品的一个或多个物项进行的符合性试验。

[151-16-16]

394-40-03

例行试验

常规检验　routine test

对制造中或完工后的每一个产品所进行的符合性试验。

[151-16-17]

394-40-04

试运行试验　commissioning test

在现场对产品进行的,用以证明其正确安装且能正确运行的试验。

394-40-05

验收试验　acceptance test

向顾客证明产品符合其某些规范要求,按合同规定进行的试验。

[151-16-23 MOD]

394-40-06

寿命试验　life test

确定某个部件或装置在规定条件下可能具有的寿命所进行的试验。

[151-16-21 MOD]

394-40-07

定期试验　periodic test

为了保证一个装置或设备的性能保持在规定的限值内,定期在该装置或设备上所进行的试验,以便确定是否需要进行某些调整并且在必要时进行调整。

394-40-08

维护试验　maintenance test

特定维护后要求进行的试验。[IEC 60050-151:2001,151-16-25 MOD]

394-40-09

抗震鉴定试验　seismic qualification testing

证明设备和/或设施承受规定地震应力的能力的活动。

394-40-10

量的约定真值　conventionally true value of a quantity

赋予一个特定量的值,按该值用于某一给定目的时具有的不确定度,有时按惯例可以接受。

注:"量的约定真值"有时称为给定值、最佳估算值、约定值或参考值。[GUM B 2.4]

394-40-11

相对误差　relative error

测量误差除以被测量的真值的商。

注:因为不可能确定一个真值,实际上采用约定真值。[VIM 3.12]

394-40-12

固有误差　intrinsic error

在参考条件下确定的测量仪器的误差。

[VIM 5.24]

394-40-13

测量误差　error(of measurement)

被测量的测量结果减去其真值。

注1:因为不可能确定一个真值,实际上采用约定真值。

注2:当必须区分"误差"和"相对误差"时,有时前者就称为测量的绝对误差。这不应与误差的绝对值相混淆,误差的绝对值是误差的模数。[GUM B 2.19]

394-40-14

变异系数　coefficient of variation

标准偏差 s 与一组 n 个测量值 x_i 的算术平均值 x 之比值,由下式给出:

$$v=\frac{s}{\overline{x}}=\frac{1}{\overline{x}}\sqrt{\frac{1}{n-1}\sum_{1}^{n}(x_i-\overline{x})^2}$$

394-40-15

参考点　reference point

在设备上作出的标记，仪表置于该处进行校准。

注：从此点测量到辐射源的距离。

394-40-16

有效测量范围　effective range of measurement(proof)

量程　span

标称范围的两个限值之差的绝对值。

注：在某些领域，最大值与最小值之差被称为范围。[VIM 5.2 MOD]

394-40-17

动态范围　dynamic range

量的最大可测量指示信号值，除以该量的最小可测指示信号值的商。

注：在某些情况下，动态范围可用上述相应值的一个区间表示。

394-40-18

检查源　check source

用于验证测量仪表正常工作的辐射源。

注：这是离开探测器给定距离，能产生稳定和可重复指示的源。

394-40-19

参考源　reference source

在校准测量仪表时所用的次级标准辐射源。

394-40-20

探测阈　detection threshold

探测下限　lower detection limit

测量的指示值，对于该值相对随机不确定度等于±100%的概率为95%。

394-40-21

响应(辐射测量装置的)　**response**(of a radiation measuring assembly)

在规定的条件下由下式给出的比值：

$R=\nu/\nu_C$

式中 ν 是试验用设备或装置测得的量值，ν_C 是这个量的约定真值。

注1：对测量系统来说，输入信号可称为激励；输出信号可称为响应(VIM)。

注2：响应可能有不同的定义，上述辐射测量装置响应的定义只是一个例子。

394-40-22

参考响应　reference response

测量装置在参考条件下对参考剂量率或放射性活度的响应，表示为：

$R_{ref}=\nu/\nu_C$

式中 ν 是试验用设备或装置测得的量值，ν_C 是参考源的约定真值。

注：通过测量系统中的算法可自动计入本底值。

394-40-23

分辨力(辐射测量装置的)　**resolution**(of a radiation measuring assembly)

显示装置能有意义区分的指示之间的最小差值。

注1：对于数字显示装置来说，这是最低位有效数字±1在显示中引起的变化。

注2：分辨力的概念也适用于记录装置。[VIM 5.12]

394-40-24

稳定性(辐射测量装置的) **stability**(of a radiation measuring assembly)

在指定的不变条件下，辐射测量装置在规定的时间间隔内保持稳定的能力。

注：稳定性通常用单位时间内指示值的变化除以指示值所得的百分数给出。

394-40-25

最小可探测(测量)活度 **minimum detectable(measurable)activity;MDA**(abbreviation)

在规定的本底噪声存在的情况下能给出辐射量的计数，该计数不是只由本底噪声产生的概率为95%。

394-40-26

最小可探测(测量)浓度 **minimum detectable(measurable) concentration;MDC**(abbreviation)

在规定的本底噪声存在的情况下能给出放射性浓度的一个计数，该计数不是只由本底噪声产生的概率为95%。

394-40-27

影响量 **influence quantity**

不是被测量却能影响测量结果的量。

注：例如用于长度测量的千分尺的温度。[GUM B.2.10]

394-40-28

参考条件 **reference conditions**

为了试验测量仪表的性能或比较多次测量结果而规定的使用条件。

注：一般情况下参考条件包括影响测量仪表的影响量的参考值或参考范围。[VIM 5.7]

394-40-29

试验条件 **test conditions**

制造商为检查设备的性能而选择的条件。

394-40-30

抽样试验 **sampling test**

为检查仪表的性能从一批产品随机抽取若干样本所进行的试验。

394-40-31

线性误差 **linearity error**

代表输出量与输入量函数关系的曲线对一条直线的偏离。

394-40-32

系统误差 **systematic error**

在可重复的条件下，同一被测量无穷多次测量值的平均值与该被测量约定真值的差值。

注：详见[GUM B.2.22]。

394-40-33

随机误差 **random error**

在可重复的条件下，同一被测量的一次测量值与无穷多次测量值的平均值的差值。

注1：随机误差等于测量误差减去系统误差。

注2：因为只能作有限次数的测量，所以只能测出随机误差的估算值。[GUM B.2.21]

394-40-34

偏移(测量仪表的) **bias**(of a measuring instrument)

测量仪表显示的系统误差。

注：测量仪表的偏移通常用适宜次数的测量指示误差的平均值来估算。[VIM 5.25]

394-40-35

测量的准确度　accuracy of measurement

被测量的测量结果与其约定真值之间的符合程度。

注 1：“准确度”是一个概念。

注 2：术语“精确度”不能用作“准确度”。

394-40-36

测量的不确定度　uncertainty of measurement

与测量结果有关的参数，它标志被测量的值可能合理分布的分散程度。

注 1：例如，不确定度可能是一个标准偏差(或其给定倍数)，或是具有给定置信度的区间半宽。

注 2：详见[GUM B.2.18]

394-40-37

重复性(测量仪表的)　**repeatability**(of a measuring instrument)

在同样的测量条件下，测量仪表对同一被测量重复测量给出最类似指示的能力。

注：详见[VIM 5.27]。

394-40-38

重复性(测量结果的)　**repeatability**(of results of measurements)

在同样的测量条件下，同一被测量的连续测量结果相符的接近程度。

注：详见[GUM B.2.15]和 [VIM 3.6]。

394-40-39

可再现性(测量结果的)　**reproducibility**(of results of measurements)

在变化的测量条件下多次测量同一被测量，其结果之间符合程度。

注：详见[GUM B.2.16]。

394-40-40

试验标准偏差　experimental standard deviation

对于同一被测量的 n 次系列测量，量 s 标志测量结果的分散程度并且由下式给出：

$$s=\sqrt{\frac{\sum_{i=1}^{n}(x_i-\overline{x})^2}{n-1}}$$

式中，x_i 是第 i 次测量结果，$\overline{x}$ 是所考虑的 n 次测量结果的算术平均值。

注 1：表达式 $s/\sqrt{n}$是 $\overline{x}$ 标准分布的估算值，称之为试验平均标准偏差。

注 2：“试验平均标准偏差”有时误称为平均标准误差。

注 3：详见[GUM B.2.17]。

394-40-41

验证　verification

保证某一设备满足规定要求的过程。[IAEA 2]

394-40-42

确认　validation

证明被定型的仪表和控制系统(硬件和软件)完全符合其功能、性能和接口要求的过程。[IAEA 2]

394-40-43

校准　calibration

在规定的条件下，确定测量仪表或测量系统的指示值、或某一物质测量代表的值、或某一参考物质代表的值与相应标准规定值之间关系的一组活动。

注：详见[VIM 6.11]

394-40-44

校准检查　calibration check

为保证仪表、部件或系统的响应准确度是可以接受的所进行的检查。

394-40-45

可溯源性　traceability

辐射量相对它的适当参考量有不间断的测量链。

注1：参考量通常是一个国家标准。

注2：这个概念常用形容词“可追溯的”表示。

注3：不间断地系列比较称之为可追溯链。

注4：详见[VIM 6.10]。

中 文 索 引

G

H

J

T

W

X

Y

Z

英 文 索 引

A

B

C

F

G

M

O

P

T

STANDARDS PRESS OF CHINA

ICS 01.040.29;29.020;29.100
K 04

中华人民共和国国家标准

GB/T 2900.83—2008/IEC 60050-151:2001

电工术语　电的和磁的器件

Electrotechnical terminology—
Electrical and magnetic devices

(IEC 60050-151:2001,International electrotechnical vocabulary—
Part 151:Electrical and magnetic devices,IDT)

2008-06-18 发布　　2009-05-01 实施

中华人民共和国国家质量监督检验检疫总局
中国国家标准化管理委员会　发布

前　　言

本部分为 GB/T 2900 的第 83 部分。

本部分等同采用国际电工委员会 IEC 60050-151:2001《国际电工词汇　第 151 部分:电的和磁的器件》。

本部分中术语条目编号与 IEC 60050-151:2001 保持一致。

本部分由全国电工术语标准化技术委员会(SAC/TC 232)提出并归口。

本部分起草单位:机械科学研究院中机生产力促进中心、邮电工业标准化研究所、中国标准出版社、西安高压电器研究所、广州电器科学研究所、中国电子标准化研究所、北京全路通信信号研究设计院。

本部分主要起草人:杨芙、蒋利群、张宁、李鹏、柳荣贵、刘春勋、韩秋月。

电工术语　电的和磁的器件

1　范围

本部分规定了电气技术领域中使用的通用术语(如电学、磁学、电子学),用于连接和连接器件的通用术语,用于一般目的的电的和磁的器件的术语,如:电阻器、变压器、继电器等及与这些器件的试验运行条件相关的术语。

2　规范性引用文件

下列文件中的条款通过 GB/T 2900 的本部分的引用而成为本部分的条款。凡是注日期的引用文件,其随后所有的修改单(不包括勘误的内容)或修订版均不适用于本部分,然而,鼓励根据本部分达成协议的各方研究是否可使用这些文件的最新版本。凡是不注日期的引用文件,其最新版本适用于本部分。

GB/T 2900.5—2002　电工术语　绝缘固体、液体和气体(eqv IEC 60050-212:1990)

GB/T 2900.10—2001　电工术语　电缆(idt IEC 60050-461:1984)

GB/T 2900.23—2008　电工术语　工业电热装置(IEC 60050-841:2004,IDT)

GB/T 2900.25—2008　电工术语　旋转电机(IEC 60050-411:1996,IDT)

GB/T 2900.33—1996　电工术语　电工术语　电力电子技术(idt IEC 60050-551:1998)

GB/T 2900.36—1996　电工术语　电力牵引(mod IEC 60050-811:1991)

GB/T 2900.50—1998　电工术语　发电、输电及配电　通用术语(neq IEC 60050-601:1985)

GB/T 2900.51—1998　电工术语　架空线路(idt IEC 60050-466:1990)

GB/T 2900.54—2002　电工术语　无线电通信:发射机、接收机、网络和运行(IEC 60050-713:1998,IDT)

GB/T 2900.61—2008　电工术语　物理和化学(IEC 60050-111:1996,MOD)

GB/T 2900.60—2002　电工术语　电磁学(eqv IEC 60050-121:1998)

GB/T 2900.66—2004　电工术语　半导体器件和集成电路(IEC 60050-521:2002,IDT)

GB/T 2900.74—2008　电工术语　电路理论(IEC 60050-131:2002,MOD)

GB/T 2900.13—2008　电工术语　可信性和服务质量(IEC 60050-191:1990,IDT)

GB 3101—1993　有关量、单位和符号的一般原则(eqv ISO 31-0:1992)

GB/T 4597—1996　电子管词汇(mod IEC 60050-531:1974)

GB/T 4210—2001　电工术语　电子设备用机电元件(idt IEC 60050-581:1978)

GB/T 9637—2002　电工术语　磁性材料与元件(eqv IEC 60050-221:1990)

GB/T 14733.2—1993　电信术语　传输线和波导(eqv IEC 60050-726:1982)

GB 17285—1998　电气设备电源额定值的标记　安全要求(idt IEC 1293:1994)

GB/T 20000.1—2002　标准化和相关活动的通用词汇(ISO/IEC 导则 2:1996,MOD)

IEC 60027-1:1992　电工技术用字母符号　通用符号
第一次修改单(1997)

IEC 60050-101:1998　国际电工词汇　数学

IEC 60050-195:1998　国际电工词汇　接地与电击防护

IEC 60050-441:1984　国际电工词汇　开关、控制器和熔断器

IEC 60050-702:1992　国际电工词汇　振荡、信号和相关器件

IEC 60050-704:1993 国际电工词汇 传输

IEC 60050-731:1991 国际电工词汇 光纤通信

IEC 60050-801:1994 国际电工词汇 声学和电声学

IEC 60050-891:1998 国际电工词汇 电生物学

IEC 60417-1:2000 设备用图形符号 概述和应用

ISO 3534-1:1993 统计学术语和符号 第一部分:概率和一般统计术语

3 术语和定义

3.1 通用术语

151-11-01

电 electricity

与电荷和电流有关的现象的集合。

[GB/T 2900.60—2002,121-11-76,MOD]

注1:使用此概念的例子:静电、电的生物效应。

注2:在英语中,术语"electricity"也用于表示"electric energy"。

151-11-02

电学 electricity

研究电现象的科学分支。

[GB/T 2900.60—2002,121-11-76,MOD]

注:使用此概念的例子:电学手册,电工学校。

151-11-03

电[**的**],形容词 **electric**,adj

包含电的,产生电的,由电引起的或由电驱动的。

注:使用术语"电的"的例子:电能,电灯,电动机,电量。

151-11-04

电[**气**][**的**](1),形容词 **electrical**(1),adj

用于表述涉及电气技术的人员。

注:使用此概念的例子:电气工程师。

151-11-05

电[**气**][**的**](2),形容词 **electrical**(2),adj

用于表述电学的,但不具有电性能或电特征。

注:使用此概念的例子:电气手册。

151-11-06

磁 magnetism

与磁场有关的现象的集合。

[GB/T 2900.60—2002, 121-11-75,MOD]

151-11-07

磁[**的**],形容词 **magnetic**,adj

用于表述磁现象。

151-11-08

电磁 electromagetism

与电磁场有关的现象的集合。

[GB/T 2900.60—2002,121-11-74,MOD]

151-11-09

电磁[的],形容词 **electromagnetic**,adj

用于表述电磁现象。

151-11-10

机电[的],形容词 **electromechanical**,adj

用于表述电现象和机械现象间的相互作用。

151-11-11

电气工程 electrical engineering

电气技术 electrotechnology

电、磁和电磁现象的实际应用技术。

151-11-12

电气技术[的],形容词 **electrotechnical**,adj

用于表述电气技术。

151-11-13

电子学,名词 **electronics**,noun

研究载流子在真空、气体或半导体中的运动,以及由此产生的导电现象及其应用的科学和技术的分支。

注:诸如电弧焊、发动机中的点火火花、电晕效应等现象及其应用通常不被包括在电子学中。

151-11-14

电子[的],形容词 **electronic**,adj

用于表述电子学。

151-11-15

电力电子技术 power electronics

电力电子学

研究在对电力控制或不控制下进行的功率变换或切换的电子学领域。

151-11-16

电化学 electrochemistry

研究化学反应和电现象之间关系的科学和技术分支。

[GB/T 2900.61—2002,111-15-01]

151-11-17

电生物学 electrobiology

生物电学

研究生物系统和电现象之间关系的科学和技术分支。

[IEC 60050-891:1998,891-01-01,MOD]

151-11-18

电热[学] electroheat

研究有目的的将电能转换成热的科学和技术分支。

[GB/T 2900.23—2008,841-21-22,MOD]

151-11-19

电热[的],形容词 **electrothermal**,adj

用于表述电热学。

151-11-20

器件 device

装置(1)

为实现所需的功能的实体元件或此种元件的组合。

注：一个器件可以是更大器件的组成部分。

151-11-21

元件 component

元器件

器件的构成部分，在不失去其特定功能的条件下，不能再被分成更小的部分。

151-11-22

电器 apparatus

器件或多个器件的组合，它能作为实现特定的功能的独立单元使用。

注：在英语中，术语"apparatus"有时意味着由熟练人员专业性目的使用的仪器或设备。

151-11-23

家用电器 appliance

为家用或类似用途而设计的电器。

151-11-24

附件 accessory

附加于主要器件或电器的器件，它不是主件的组成部分，但为主件的运行或为使主件具有特定的特性所必需。

151-11-25

设备 equipment

单个电器或一组器件或电器，或一个设施的主要器件的组合，或为执行特定任务所需的所有器件。

注：设备的例子：电力变压器，变电站设备，测量设备。

151-11-26

装置(2)installation

设施

安装在一个给定地点以实现特定目的的一个电器或相互关联的一组器件和/或电器，包括使它们运行良好的所有器具。

151-11-27

系统 system

在规定的含意上看成是一个整体并与其环境分开的相互关联的所有元件的集合。

注1：系统一般是着眼于它能达到的给定目的而定义的，例如：执行某项确定的功能。

注2：系统的元件既可以是天然材料的或人造材料的物体，也可以是思维模式及其结果(例如，组织形式、数学方法、编程语言)。

注3：系统可看成是用一个假想面将其与环境和外部系统分开，此假想面切断了该系统与他们之间的联系。

注4：当从上下文中看不清楚系统是指什么时，应加限定语说明，例如控制系统，量热系统，单位制，传送系统。

151-11-28

运行 operation

操作

一个设施发挥其功能所必需的动作的组合。

注：运行中包含着诸如切换、控制、监控和维护等事项以及任何工作活动。

3.2 连接与连接装置

151-12-01

电路 electric circuit

器件、媒质或二者的布置构成一条或多条导电路径，且这些器件和媒质可以有电容性或电感性耦合。

注：GB/T 2900.74—2008 中，术语“电路”有与电路理论相关的另外的含义。

151-12-02

[电]网络 electric network

一个电路或若干电路的组合，其中各电路相互连接或彼此之间具有电容性或电感性耦合。

注1：一个电网络可以是更大的电网络的组成部分。

注2：在 GB/T 2900.74—2008 中，术语“electric network”有与电路理论相关的另外的含义。

151-12-03

电接触 electric contact

两个导电部分之间有意的或偶然的互相接触，而形成单一持续导电通路的状态。

151-12-04

短路 short circuit

两个或更多的导电部分之间形成的偶然的或有意的导电通路，迫使这些导电部分之间的电位差等于或接近于零。

151-12-05

导体 conductor

用以载荷电流的元件。

注1：术语“导体”常用以表达长度甚大于截面尺寸的电气元件，例如线路或电缆内中的导体。

注2：英文术语“conductor”也有“导电介质”的含义。（见 GB/T 2900.60—2002）

151-12-06

连接，动词 connect，verb

将导体接合使之电接触或将波导接合以建立电磁波的连续通路。

151-12-07

连接(1) connection(1)；connexion(1)

导体间的有目的的电接触或波导，包括光纤间的有目的的接合。

151-12-08

连接(2) connection(2)；connexion(2)

用于接合端子或其他导体的导体或电路。

151-12-09

连接(3) connecting

建立连接的行为。

151-12-10

互联 interconnection；interconnexion

不同电路或电网络彼此间的连接。

151-12-11

…组 …bank；battery of…

连接着一起动作的同类型器件的组合。

注：使用这一概念的例子为电容器组、滤波器组、电池组。

151-12-12

端子　terminal

引出端

器件、电路或电网络的导电部分，用以使该器件、电路或电网络与一个或多个外部导体连接。

注：在电路理论中，“端子”一词也用于连接点。（见 GB/T 2900.74—2008）

151-12-13

二端器件　two-terminal device

有两个端子的器件，或有两个以上端子，但只用其中作为一对的两个端子的功能的器件。

151-12-14

***n* 端器件　*n*-terminal device**

具有 *n* 个端子的器件，*n* 一般大于 2。

151-12-15

触头　contact(1)

触点

一组导电元件，它们彼此接触时能建立电路的连续性，而且，由于它们在运行中的相对运动，可断开或闭合一个电路或在某些铰接或滑动元件的情形下，能维持电路的连续性。

注：也参见 151-12-03“电接触”概念。

151-12-16

接触件　contact member；contact(2)；make electric engagement

用来建立电接触的导电元件。

151-12-17

插孔接触件　socket contact

阴接触件　female contact

预定用其外表面与另一接触件的内表面配合形成电接触的接触件。

[GB/T 4210—2001，581-02-07，MOD]

151-12-18

插针接触件　pin contact

阳接触件　male contact

用其外表面与另一个接触件的内表面插合，建立电接触的接触件。

[GB/T 4210—2001，581-02-10，MOD]

151-12-19

连接器　connector

用以与适当的相配部件进行连接和分离的器件。

[GB/T 4210—2001，581-06-01，MOD]

注：一个接触器有一个或多个接触件。

151-12-20

插座　socket

附属于电器或结构元件或相似元件上的连接器。

注：插座的接触件可以是插套或插销，或二者都有。

151-12-21

插头　plug

连接于电路(缆、线)上的连接器件。

151-12-22

开关　switch

改变其端子间电连接状态的器件。

151-12-23

[通-断]开关　(on-off)switch

交替闭合和断开一个或多个电路的开关。

[GB/T 4210—2001,581-10-01,MOD]

151-12-24

转换开关　change-over switch;selector switch

从与一组端子的连接改为与另一组端子连接的开关。

151-12-25

倒向开关　reversing switch

换向开关

在电路的一个部分中改变其电流方向的开关。

151-12-26

电隔离　galvanic separation

用于阻止交换电力和/或信号的两个电路之间的电传导的一种防护方式。

注:电隔离可以由诸如隔离变压器或光耦合器等器件来获得。

151-12-27

线路　line

连接两个点,以便在其间输送电磁能的装置。

[GB/T 2900.51—1998,2.2.1,MOD]

注1:在线路中途某点可以从其抽取或向其供应电磁能。

注2:线路的例子有:双线线路、多相线路、同轴线路、波导。

151-12-28

电线　wire

导线

有或无外包绝缘的柔性圆柱形导体,其长度远大于其截面尺寸。

注:导线的截面可能有任何形状,但"导线"一词一般不用于条状或带状导体。

151-12-29

杆状导体　bar

有或无外包绝缘的钢性圆柱形导体,其长度远大于其截面尺寸。

注:杆状导体的截面可能有任何形状,但"杆状导体(bar)"一词一般不用于条状或带状导体。

151-12-30

母线　busbar

汇流排

低阻抗导体,可以在其上分开的各点接入若干个电路。

注:在大多数情况下,母线由杆状导体构成。

151-12-31

输电线路(用于电力系统)　**transmission line**(in electric powersystems)

传送大量电能的线路。

[GB/T 2900.51,466-01-13,MOD]

151-12-32

传输线[路](用于电信与电子学)　**transmission line**(in telecommunication and electronics)

主要用于传送信号的线路。

[IEC 60050-704:1993，704-12-02,MOD;GB/T 14733.2—1993,726.01.01,MOD]

注1：这种传输线路以有最小的辐射损耗为其特征。

注2：术语“传输线路”和带有限定词的“线路”，常常限于指 TEM 模式的电磁波的线路，通常是双线或同轴导体。

151-12-33

架空线路　**overhead line**

用绝缘子和杆塔架设在地面以上的有一根或多根导体或绝缘导体的线路。

[GB/T 2900.51—1998,466-01-02;GB/T 2900.50—1998,2.3.4,MOD]

注1：当导体与大地构成电路时，架空线路可仅由一根导体构成。

注2：架空线路通常可用由绝缘子支承的裸导体或绝缘导体建成。

注3：架空线路的概念通常包括支承构件。

151-12-34

波导　**waveguide**

由物质边界或物质结构的系统构成的用于引导电磁波的线路。

注：波导通常用于引导除 TEM 模式外的其他模式电磁波。其例子是，金属管、介质棒、光纤、电介质或半导体薄膜，或导电和电介质材料的混合结构。(IEC 60050-704:1993，704-12-06,MOD;GB/T 14733.2—1993,726.01.02,MOD)

151-12-35

光纤　**optical fibre**

由电介质材料制成的用于引导光波的细丝状波导。

[IEC 60050-704:1993，704-02-07,MOD;IEC 60050-731:1991,731-02-01,MOD]

151-12-36

绞合导体　**stranded conductor**

由多根导线绞合的导体，其全部或部分导线绕成螺旋形。

[GB/T 2900.10,461-01-07,MOD;GB/T 2900.51—1998,2.10.2,MOD]

151-12-37

股线　**strand**

绞合线

绞合导体的多根导线中的一根导线。

[GB/T 2900.51—1998,466-10-02,MOD]

151-12-38

电缆/光缆　**cable**

具有外保护层并且可能有填充、绝缘和保护材料的一个或多个导体和/或光纤的组合体。

151-12-39

线对　**pair**

在电信中，由两个导体构成的结构均匀的线。

注：线对的例子：对称线对、同轴线对。

151-12-40

星绞对　**quad**

在电信中，由四个绝缘导体绞合在一起的结构均匀的导线。

注：星绞对可能或由两组对绞线对绞合在一起(复对绞四线组)，或由四个导体围绕一公共轴线胶合(星绞四线组或螺旋四线组)。

151-12-41

护套　sheath;jacket(north America)

由导电的或绝缘的材料制成的均匀、连续的管状包覆层。

[GB/T 2900.10,461-05-03,MOD]

注：在北美，术语“sheath”通常仅用于金属包覆层，而术语“jacket”用于非金属包覆层。

3.3　特殊电器件

151-13-01

电极　electrode

与较低电导率的介质有电接触的导电部件，用于完成一项或几项下述功能：向介质发射或从介质接收载流子，或在介质中建立电场。

151-13-02

阳极　anode

能向较低电导率介质发射正载流子，和/或从较低电导率介质中接收负载流子的电极。

注1：电流的方向是从外电路经过阳极流入较低电导率介质。

注2：在某些场合下(例如电化学电池)，“阳极”一词是用于这个电极或另一个电极，取决于电池的运行情况。而在其他场合下(例如电子管和半导体器件)，“阳极”一词指用于一个特定的电极。

151-13-03

阴极　cathod

能向较低电导率介质发射负载流子，和/或从较低电导率介质中接收正载流子的电极。

注1：电流的方向是从较低电导率介质中经过阴极流向外电路。

注2：在某些场合下(例如电化学电池)，“阴极”一词用于这个电极或另一个电极，取决于电池的运行情况。而在另外的场合下(例如电子管和半导体器件)，“阴极”一词指用于一个特定的电极。

151-13-04

负[电]极　negative electrode

有两个电极的器件中的具有较低电位的电极。

注：在某些场合中(例如电子管和半导体器件)，“负极”一词用于这一或另一电极，视器件的电气运行情况而定。而在其他场合下(例如电化学电池)，“负极”一词指用于一个特定的电极。

151-13-05

正[电]极　positive electrode

有两个电极的器件中的具有较高电位的电极。

注：在某些场合中(例如电子管和半导体器件)，“正电极”一词用于这一或另一电极，视器件的电气运行情况而定。在另外的场合下(例如电化学电池)，“正极”一词指用于一个特定的电极。

151-13-06

机箱　chassis

用来安装相关的电和电子元器件的机械构件。

注：在很多场合中，机箱是用导电材料制成并且具有一定电功能的结构件，例如用来接地。

151-13-07

[等电位]机架　(equipotential) frame

一个设备或设施的导电部分，其电位被用作为参考电位。

注：在很多场合中，用导电材料制成的机架可用作等电位机架。

151-13-08

外壳　enclosure

能提供预期应用上相适应的防护类型和防护等级的外罩。

[IEC 60050-195:1998,195-02-35]

151-13-09

屏蔽[体]　screen;shield(US)

用以减弱电场、磁场或电磁场透入给定区域的构件。

[IEC 60050-195,195-02-37]

151-13-10

电屏蔽[体]　electric screen;electric shield(US)

由导电材料制成的,用来减弱电场透入给定区域的屏蔽体。

151-13-11

磁屏蔽[体]　magnetic screen;magnetic shield(US)

由铁磁材料或亚铁磁材料制成的,用以减弱磁场透入给定区域的屏蔽体。

[IEC 60050-195:1998,195-02-39]

151-13-12

电磁屏蔽[体]　electromagnetic screen;electromagnetic shield(US)

由导电材料制成的,用以减弱时变的电磁场透入给定区域的屏蔽体。

[IEC 60050-195,195-02-40,MOD]

151-13-13

防护物　shield

用作机械防护的栅栏或外壳,它也可能具有屏蔽功能。

151-13-14

[线]匝　turn

制作成曲线形的导体,其端点紧靠但并不重合。

151-13-15

线圈　coil

通常是同轴的一组串联的线匝。

151-13-16

螺线管　solenoid

长度比横向尺寸大得多的,用于产生磁场的圆筒形线圈。

151-13-17

绕组　winding

用于共同工作的互联的线匝和/或线圈的组合。

注:绕组上配有端子,并用来在通电流时产生磁场,或放置在时变的磁场中或移过磁场时在适当的点之间产生电压。

151-13-18

双线绕组　bifilar winding

两个线圈的组合,线圈的各线匝由两个相邻的彼此绝缘的导体构成。

注:双线绕组的两个线圈间的感性泄漏因数通常可以忽略不计。

151-13-19

电阻器　resistor

基本上以其电阻为特征的两端器件。

151-13-20

n 端电阻器　n-terminal resister

基本上以任意两端子间的电阻为特征的 n 端器件。

151-13-21

电位器　potentiometer

有两个外接端子和一个或多个固定的或滑动的中间端子的 n 端电阻器。

注：电位计可允许从它获得两个外接端子之间电压的各个分数电压。

151-13-22

变阻器　rheostat

可不中断电流而调节其电阻值的电阻器。

151-13-23

[电]压敏电阻器　varistor

电阻值随所加电压剧烈变化的电阻器。

151-13-24

热敏电阻器　thermistor

电阻值随温度剧烈变化的电阻器。

151-13-25

电感器　inductor；reactor

电抗器

基本上以其电感为特征的两端器件。

注：在英语中，"reactor"一词用于工作于固定频率下的电感器。

151-13-26

***n* 端电感器　*n*-termincl inductor**

基本上以任意两个端子间的电感为特征的 n 端器件。

151-13-27

平滑电感器　smoothing inductor

扼流器(拒用) choke(deprecated)

用于降低有非零直流分量的周期性电流的交变分量的电感器。

151-13-28

电容器　capacitor

基本上以其电容为特征的两端器件。

151-13-29

***n* 端电容器　*n*-terminal capacitor**

基本上以任何两个端子间的电容为特征的 n 端器件。

151-13-30

隔离电容器　blocking capacitor

主要用来隔断脉动电流的直流分量的电容器。

151-13-31

[电气]继电器　(electric) relay

当控制它的输入电路达到规定条件时，在其一个或多个输出电路中产生预定的跃变的器件。

151-13-32

[电]分流器　(electric) shunt

与电路的一部分并联连接，并从该部分分出电流的导体。

151-13-33

火花间隙　spark-gap

在规定条件下，电极间会发生放电的有两个或更多个电极的器件。

151-13-34

[能量]转换器　(energy) transducer

使能量在两种不同形式间转换的器件。

注：能量的形式之一为电能，其转换器的例子有电机、温差发电器、太阳能电池。

151-13-35

发电机　(electric) generator

把非电能转换成电能的能量转换器。

151-13-36

[电能]变流器　electric energy converter

[电能]变换器

改变与电能相关的一个或几个特性的器件。

[GB/T 2900.36—1996,19.1,MOD]

注：与电能相关的特性有：例如电压、相数和频率(包括零频率)等。

151-13-37

[信号]传感器　(signal) transducer

将一种表示信息的物理量转换成另一种表示同样信息的物理量的器件，两个物理量中有一个是电量。

[IEC 60050-702:1992,702-09-13,MOD;IEC 60050-801,801-25-04,MOD]

151-13-38

[信号]转换器　(signal) converter

将一种表示信息的电量转换成另一种表示同样信息的电量的器件。

151-13-39

电机　electric machine

将电能转换成机械能，或将机械能转换成电能的能量转换器。

注："电机"一词也用于同步补偿机和力矩电动机。

151-13-40

[旋转]发电机　(rotating) generator

将机械能转换为电能的旋转电机。

151-13-41

电动机　(electric)motor

将电能转换成机械能的电机。

151-13-42

变压器　transformer

无运动部件的电能变换器，它改变与电能相关联的电压及电流而不改变频率。

151-13-43

变频器(1)　frequency converter

改变与电能相关的频率(不包括零频率)的电能变换器。

[GB/T 2900.36—1996,19.7,MOD]

151-13-44

变相器　phase converter

改变与电能相关的相数的电能变换器。

[GB/T 2900.36—1996,19.6,MOD]

151-13-45

整流器　rectifier

将单相或多相交流电流变换成单一方向电流的电能变换器。

151-13-46

逆变器　inverter

将直流电流变换成单相或多相交流电流的电能变换器。

151-13-47

移相器　phase shifter

在输入和输出正弦量之间产生确定的相位移，但并不改变其他特性的器件。

151-13-48

[电]传感器　(electric) sensor

[电]敏感器

被某一物理现象激发后产生一个电信号来表征此物理现象的器件。

151-13-49

[电动]执行机构　(electric) actuator

受电信号激发时产生规定运动的器件。

151-13-50

放大器　amplifier

用于增大信号功率的器件。

[IEC 60050-702:1992,702-09-19,MOD]

151-13-51

振荡器　oscillator

产生周期性的量的有源器件，该量的基频取决于本器件的特性。

[IEC 60050-702:1992,702-09-22]

151-13-52

通频带　pass-band

整个频带上衰减都小于规定值的频带。

151-13-53

阻频带　stop-band

整个频带上衰减都大于规定值的频带。

151-13-54

截止频率　cut-off frequency

通频带或阻频带的上、下限频率。

151-13-55

滤波器　filter

按规定法则设计用来传递输入量的各频谱分量的一种线性二端口器件。通常是为了通过某些频带的频谱分量而衰减在其他一些频带内的频谱分量。

[IEC 60050-702:1992,702-09-17,MOD]

151-13-56

低通滤波器　low-pass filter

具有从零频率到一个特定截止频率的单一通频带的滤波器。

151-13-57

高通滤波器　high-pass filter

具有从一个特定截止频率向上展延的单一通频带的滤波器。

151-13-58

带通滤波器　band-pass filter

具有特定截止频率不是零或无限大的单一通频带的滤波器。

151-13-59

带阻滤波器　band-stop filter

具有特定截止频率不是零或无限大的单一阻频带的滤波器。

151-13-60

电子管　electronic tube

在气密管壳内，由电极之间的电子或离子的运动造成真空或气体媒质中电传导的电子器件。

[GB/T 4597—1996,531-11-02,MOD]

151-13-61

真空管　vacuum tube

管内真空度达到使其电特性基本上不受任何残余蒸气或气体的电离影响的电子管。

[GB/T 4597—1996,531-11-03]

151-13-62

充气管　gas-filled tube

电特性基本上由人为引入的气体或蒸气的电离作用所决定的电子管。

[GB/T 4597—1996,531-11-05,MOD]

151-13-63

半导体器件　semiconductor device

基本电特性归因于一个或多个半导体材料中的载流子流动的器件。

151-13-64

光电器件　photoelectric device

基本电特性归因于光子的吸收的器件。

151-13-65

延迟线　delay line

设计用来在信号的传输中引入所需的迟延而不改变信号的其他特性的器件。

151-13-66

匹配网络　matching network

设计成用以在两个不同阻抗的电路之间插入的网络，使信号传输功率最佳或使反射最小。

注：匹配网络的例子有：匹配变压器，波导的匹配段。

151-13-67

调制器　modulator

制约振荡或波的某一特征量，使其随着信号或者另一振荡或波的变化而变化的一种非线性器件。

151-13-68

检波器　detetor

通常为了提取传递的信息，用以识别波、振荡或信号的存在或变化的器件。

151-13-69

混频器　(frequency) mixer

一种非线性器件。它产生的振荡或信号的频率是两个输入振荡或信号频谱分量的频率的整数倍的规定的线性组合。

[IEC 60050-702:1992,702-09-36,MOD;GB/T 2900.54—2002,713-07-23,MOD]

注：通常，输出频率是输入频率的和或差。

151-13-70

频率变换 frequency translation;frequency changing;frequency conversion

将信号的所有频谱分量，从频谱中某一位置向另一位置的转移，转移时任意两个分量的频率差和它们的相对振幅和相对相位保持不变。

[GB/T 2900.54—2002,713-07-20,MOD]

151-13-71

变频器(2) frequency changer

实现产生信号频率变换的信号变换器。

[GB/T 2900.54—2002,713-07-22]

注：变频器由振荡器和混频器组成，通常其后接有带通滤波器。

151-13-72

解调器 demodulator

从调制产生的振荡或波中恢复原调制信号的器件。

[IEC 60050-702:1992,702-09-40]

151-13-73

信号发生器 signal generator

产生规定的电信号且其特性通常为可调的电器或器件。

[IEC 60050-702:1992,702-09-28,MOD]

151-13-74

连锁机构 interlocking device

使设备的一个部件的运行取决于设备的一个或多个其他部件的状况、位置或运行的器件。

151-13-75

电源(1) power supply(1)

从源处供应电能。

151-13-76

电源(2) power supply(2)

从源处获得电能并以一种规定的形式将电能供给负载的电能变换器。

151-13-77

稳定电源 stabilized power supply

具有一个或多个稳定输出量的内部电源。

[GB/T 2900.33—1996,551-19-03,MOD]

3.4 特殊磁性器件

151-14-01

磁路 magnetic circuit

媒质的组合，磁通在给定区域中通过它形成通路。

注：在 IEC 60050-131 中，“磁路”一词另有一个与电路理论相关的含义。

151-14-02

磁[铁]心 (magnetic) core

器件的一部分，由高磁导率材料构成并用以引导磁通。

[GB/T 9637—2002,221-04-24]

注：通常，磁铁心上绕有一个或多个绕组。

151-14-03

叠片磁[铁]心　laminated(magnetic) core

由彼此绝缘的片状软磁材料平行堆叠而成的磁心。

[GB/T 9637—2002,221-04-25,MOD]

注：叠片磁(铁)心降低由涡流产生的损耗。

151-14-04

磁轭　yoke

由磁性材料构成并用以形成完整磁路的器件的一部分。

[GB/T 9637—2002,221-04-32,MOD]

注：通常,磁轭上没有绕组。

151-14-05

[空]气隙　air gap

构成磁路的磁性材料中的小空隙。

[GB/T 9637—2002,221-04-13,MOD]

151-14-06

磁体

磁铁　magnet

用以产生外磁场的器件。

151-14-07

永磁体　permanent magnet

永久磁铁

由固有磁化产生磁场的磁体。

注：永磁体不需要外部电流源。

151-14-08

电磁体　electromagnet

电磁铁

主要由电流产生磁场的磁体。

151-14-09

极化电磁体　polarized electromagnet

极化电磁铁

部分由固有磁化产生、部分由电流产生磁场的磁体。

151-14-10

磁极　pole of a magnet

磁体的一个部分,有效磁通密度由它发出或趋向于它。

151-14-11

磁分路　magnetic shunt

与磁路的一部分并联连接,并从该部分分出磁通的高磁导率材料器件。

151-14-12

衔铁　keeper

一片高磁导率磁性材料,跨置于永久磁铁的两极以防止其意外退磁或用于减弱其外磁场。

3.5　性能与用途

151-15-01

交流,限定词　**AC**,qualifier

AC,限定词

用于表述交流电量例如电压或电流,表述以这些量工作的器件,或表述与这些器件相关的量。

注1：在英语中符号“AC”比符号“a.c.”优先使用,后者是“交流电流(alternating current)”的缩写(见IEC 60050-131)。

注2：用于标志电气设备时，既可以用符号“AC”(见 IEC 61293)，也可以用图形符号“～”(见 IEC 60417 条目 5032)，例如：AC 500 V 或～500 V。

注3：根据 GB 3101—1993 和 IEC 60027-1:1992，单位名称和单位符号不应附以限定词 AC。例：U_{AC}=500 V 是正确的，U=500 V_{AC}或 U=500 V_{AC}是不正确的。

151-15-02

直流，限定词　**DC**，qualifier

DC，限定词

用于表述不随时间变化的电量例如电流或电压，表述以直流电压和电流工作的器件，或表述与这些器件相关的量。

注1：在英语中符号“DC”比符号“d. c.”优先使用，后者是“直流电流(direct current)”的缩写(见 GB/T 2900.74—2008)。

注2：用于标志设备时，既可以用符号“DC”(见 IEC 61293)也可用适当的图形符号(见 IEC 60417 条目 5031)例如 DC 500 V。

注3：根据 GB 3101—1993 和 IEC 60027-1:1992 单位名称和单位符号不可附以限定语“DC”。例如：U_{DC}=500 V 是正确的，U=500 V_{DC}或 U=500 V_{DC}是不正确的。

151-15-03

低〔电〕压(1)　**low voltage(1)；low tension(1)**

LV(1)缩写词 LV(1)，abbreviation

常规采用的限值以下的电压。

[GB/T 2900.50—1998,2.1.26,MOD]

注：对于交流电力的配电，上限值通常认可为 1 000 V。

151-15-04

低〔电〕压(2)　**low voltage(2)；low tension(2)**

LV(2)缩写词 LV(2)，abbreviation

电器或设施中两个或多个电压中最低的电压。

注：一个例子是变压器的低压绕组。

151-15-05

高〔电〕压(1)　**high voltage(1)；high tension(1)**

HV(1)缩写词 HV(1)，abbreviation

常规采用的限值以上的电压。

[GB/T 2900.50—1998,2.1.27 601-01-27,MOD]

注：例子之一是大容量电力系统中使用的较高的电压值系列。

151-15-06

高〔电〕压(2)　**high voltage(2)；high tension(2)**

HV(2)缩写词 HV(2)，abbreviation

电器或设施中两个或多个电压中最高的电压。

注：例子之一是变压器的高压绕组。

151-15-07

〔电能〕损耗　**dissipation(of electric enengy)**

〔电能〕耗散

电能向非旨在使用的热能的转换。

151-15-08

电压降(1)　**voltage drop(1)；tension drop(1)**

作为电路一部分的电阻性元件，因其中流过电流而在其两端产生的电压。

151-15-09

电压降(2)　voltage drop(2);tension drop(2)

电路中两个给定端子之间因运行条件改变产生的电压变化。

151-15-10

转换　change-over switching

从一组导体的连接改为另一组导体的连接。

151-15-11

换向　commutation

不间断电流的周期性自动转换。

151-15-12

操作循环　cycle of operation

运行周期

以同样的顺序和时标重复的运行次序。

151-15-13

输入[的],形容词　**input**,adj

用于表述一个端口或一个器件,器件或设备通过它接收信号、能量、功率或信息。或者引申之,用于表述该信号、能量、功率或信息,或任何与之相关的量。

注:"输入"一词也可作为名词来标示一个输入端口、一个输入信号等。

151-15-14

输出[的],形容词　**output**,adj

用于表述一个端口或一个器件,器件或设备通过它发送信号、能量、功率或信息。或引申之,用于表述该信号、能量、功率或信息。或任何与之相关的量。

注:"输出"一词也作为名词用以标识一个输出端口,一个输出信号等。

151-15-15

负载(1),名词　**load**(1),noun

负荷(1),名词

用以吸收由另一器件或电力系统供应的功率的器件。

151-15-16

负载(2),名词　**load**(2),noun

负荷(2),名词

负载(151-15-15)所吸收的功率。

151-15-17

加载,动词　**load**,verb

使一器件或一电路传送功率。

151-15-18

充电,动词　**charge**,verb

在一个器件中储存能量。

注:例如:给电容器充电,给蓄电池充电。

151-15-19

放电,动词　**discharge**,verb

将储存于一个器件中的能量取出全部或一部分。

注:例如:电容器放电,蓄电池放电。

151-15-20

有载　on-load

描述供应功率的器件或电路的一种运行状态。或引申之，描述与该器件或电路相关的某个量的状态。

注：若输出功率是电功率，系指视在功率。

151-15-21

空载　no-load

描述一个器件或电路不供应功率时的一种运行状态。或引申之，描述与该器件或电路相关的某个量的状态。

注1：若输出功率是电功率，系指视在功率。

注2：空载运行的器件不需要隔离(151-15-37)。

151-15-22

开路运行　open-circuit operation

输出电流为零的空载运行。

注：当输出端子不与外电路连接时，能使输出电流为零。

151-15-23

短路运行　short-circuit operation

输出电压为零的空载运行。

注：当输出端子被短接时，能使输出电压为零。

151-15-24

满载　full load

额定运行条件所规定的负载(151-15-16)最高值。

151-15-25

效率　efficiency

器件的输出功率与输入功率之比。

注：若输出和/或输入功率是电功率，系指有功功率。

151-15-26

[功率]损耗　(power) loss

器件的输入功率与输出功率之差。

注：若输出功率和/或输入功率是电功率，系指有功功率。

151-15-27

过电压　over-voltage；over-tension

超过规定限值的电压。

151-15-28

过电流　over current

其值超过规定限值的电流。

151-15-29

欠电压　under-voltage under-tension

低于规定限值的电压。

151-15-30

过载，名词　overload，noun

过负荷，名词

实际负载(151-15-16)超过满载的超出量，以其差值表示。

151-15-31

同步 synchronism

各量或现象是同步的状况。

注 1：同步的概念在 IEC 60050-101 中给出定义。

注 2：当各个周期量具有相同频率时，它们是同步的。

注 3：对于某些系统的同步，必须满足一些附加条件。

151-15-32

同步，动词 synchronize，verb

使之进入同步状态。

151-15-33

调谐 tuning

改变器件的一个或几个参数值以调整其一个谐振频率的过程。

151-15-34

特性 characteristic

描述在给定条件下器件性能的两个或多个变量之间的关系。

151-15-35

绝缘材料 insulating material;insulant

用于阻止导电元件之间电传导的材料 。

[GB/T 2900.5—2002,212-01-01,MOD]

注：在电磁学领域中，术语“insulant”也用作“insulating medium”的同义词(见 IEC 60050-121)。

151-15-36

绝缘，动词 insulate，verb

用绝缘材料阻止导电元件之间的电传导。

151-15-37

隔断，动词 isolate(1)，verb

使一个器件或电路与其他器件或电路完全隔开。

151-15-38

隔离，动词 isolate(2)，verb

用分开的办法对任何带电电路提供规定程度的保护。

151-15-39

绝缘子 insulator

用于支撑导电元件并使其绝缘的器件。

151-15-40

[绝缘]套管 (insulating) bushing

为导体穿过非绝缘的间隔构成通道的绝缘子。

151-15-41

绝缘体 insulation(1)

使器件的导电元件绝缘的所有材料或零件。

151-15-42

绝缘[性能] insulation(2)

表征一个绝缘体(151-15-41)实现其功能的能力的各种性质。

注：有关性质的例子是，电阻、击穿电压。

151-15-43

绝缘电阻　insulation resistance

在规定条件下，用绝缘材料隔开的两个导电元件之间的电阻。

151-15-44

谐振电路　resonant circuit

能呈现谐振的电路。

注："谐振"一词的概念定义于 IEC 60050-101。

151-15-45

品质因数(1)　quality factor

Q 因数(1)　Q factor

处于周期工况下的电容器或电感器的无功功率绝对值与有功功率之比。

注 1：品质因数是电容器或电感器的通常为无用的损耗的度量。

注 2：品质因数一般与频率和电压有关。

151-15-46

品质因数(2)　quality factor(2)

Q 因数(2)　Q factor(2)

对于谐振频率下的谐振电路，最大储存能量与一周期内消耗能量之比的 2π 倍。

[IEC 60050-801:1994,801-24-12,MOD]

注：品质因数是谐振锐度的度量。

151-15-47

损耗因数　dissipation factor

耗散因数　loss factor

处于周期工况下的电容器或电感器的品质因数的倒数。

151-15-48

损耗角　loss angle

对于处于周期工况下的电容器或电感器，其正切函数为损耗因数的角。

注：对于电介质和磁性材料，损耗角有另外的定义(见 GB/T 2900.60—2002)。

151-15-49

泄漏电流　leakage current

在不希望导电的路径内流过的电流，短路电流除外。

[IEC 60050-195:1998,195-05-15,MOD]

151-15-50

爬电距离　creepage distance

沿两个导电部分之间的固体绝缘材料表面的最短距离。

151-15-51

均压　potential grading

采取结构措施以减小在绝缘子或绝缘物中或其表面的电场强度的显著不均匀性。

151-15-52

电阻性[的]，形容词　resistive, adj

用于表述在给定工况下其主导量为电阻的器件或电路。

151-15-53

电感性[的]，形容词　inductive, adj

用于表述在给定工况下其主导量为电感的器件或电路。

151-15-54

电容性[的],形容词 **capacitive**,adj

用于表述在给定工况下其主导量是电容的器件或电路。

151-15-55

电抗性[的],形容词 **reactive**,adj

用于表述电感性和电容性的器件或电路。

151-15-56

导电[的],形容词 **conductive**,adj

用于表述能承载电流的媒质。

151-15-57

通电[的],形容词 **conducting**,adj

用于表述正在承载着电流的器件或电路。

151-15-58

已充电[的],形容词 **energized**,adj

用于表述相对于参考点有电位差的导电部分。

注:参考电位通常是大地或一个等电位机架。

151-15-59

未带电[的],形容词 **dead**,adj

用于表述未充电的导电部分。

151-15-60

带电[的],形容词 **live**,adj

用于表述正常运行时已充电的导电部分。

注:带电部分在其未充电时可以暂时为未带电的。中性导体被看作是带电的,但接地导体不看作是带电的。

3.6 运行条件与试验

151-16-01

运行条件 **operating condition**

可以影响部件、器件或设备性能的各种特性。

注:运行条件的例子有环境条件、电源的特性、工作循环或工作方式等。

151-16-02

工作循环 **duty cycle**

运行条件的规定顺序。

151-16-03

环境条件 **ambient conditions;environmental conditions**

可以影响器件或系统性能的环境特性。

注:环境条件的例子为气压、气温、湿度、辐射和振动等。

151-16-04

户外条件 **outdoor conditions**

任何建筑物或掩护体之外的环境条件。

151-16-05

户外[的],形容词 **outdoor**,adj

用于表述能在户外条件的规定范围内运行的。

151-16-06

户内[的],形容词 **indoor**,adj

用于表述在建筑物内的正常环境条件下运行的。

151-16-07

标准化值　standardized value

标准中规定的量值。

注：标准是根据一致的意见制定并由公认的团体批准文件。标准各种活动或活动结果的规则、导则或特征，供公共的和重复的使用，其目的是在给定的条文[ISO/IEC 导则 2(3.2)]下达到最佳秩序。IEC 和 ISO 是公认的国际组织。

151-16-08

额定值　rated value

为元件、器件、设备或系统规定的运行条件所制定的用于规范目的的量值。

151-16-09

标称值　nominal value

用以标志和识别一个元件、器件、设备或系统的量值。

注：标称值一般是一个修约值。

151-16-10

限值　limiting value

元件、器件、设备或系统的规范中一个量的最大或最小允许值。

151-16-11

额定数据　rating

额定值与运行条件的组合。

151-16-12

铭牌　name plate;rating plate

永久固定于电器件上的标牌，永久性地说明相关标准要求的额定数据和其他信息。

151-16-13

试验　test

依据规定的程序测定产品、过程或服务的一种或多种特性的技术操作。

[GB/T 20000.1—2002,2.13.1]

注：试验是使产品在一系列环境与运行条件和/或要求下，对产品的特性或性能进行测定或分类。

151-16-14

符合性评价　conformity evaluation

合格评价

对产品、过程或服务达到规定要求的程度所进行的系统的检查。

[GB/T 20000.1—2002,2.14.1]

151-16-15

符合性试验　conformity test

合格试验

为符合性评价所做的试验。

151-16-16

型式试验　type test

根据一个或多个代表生产产品的样本所进行的符合性试验。

[GB/T 20000.1—2002,2.14.5]

151-16-17

例行试验　routine test

常规试验

对制造中或完工后的每一个产品所进行的符合性试验。

151-16-18

抽样单元　sample item

在类似产品的总体中的一个单个产品，或一时从一地取出的形成紧密性整体的材料的一个部分 。

151-16-19

样本　sample

样品

用以提供总体或材料的信息的一个或多个采样单元(份样)。

[ISO 3534-1item4.2,MOD]

151-16-20

样本试验　sampling test

样品试验

对样本进行的试验。

[GB/T 2900.25,411-53-05,MOD]

151-16-21

寿命试验　life test

确定一个产品在规定条件下的可能寿命的试验。

151-16-22

耐久性试验　endurance test

为了研究对产品施加指明的应力及其持续时间或反复作用对产品性能的影响，在一定时间间隔内进行的试验。

[GB/T 2900.13—2008,191-14-06,MOD]

151-16-23

验收试验　acceptance test；hand-over test

接收试验

向用户证明产品符合其某些规范要求的合同试验。

151-16-24

投入运行试验　commissioning test

在现场对产品进行的，用以证明其正确安装且能正确运行的试验。

151-16-25

维护试验　maintenance test

对产品周期地进行的试验，以证明在必要时做一定的调整后，产品在规定的限度内维持其性能的试验。

151-16-26

温升　temperature rise

所考虑部分的温度与参比温度的差。

注：参比温度可以是，例如环境空气的温度或冷却流体的温度。

151-16-27

温升试验　temperature-rise test

在规定运行条件下，确定产品的一个或多个部分的温升的试验。

151-16-28

试验对象　test object

提交试验的产品。除非另有规定，还包括产品所有必需的附件。

151-16-29

破坏性试验 destructive test

使试验对象全部或部分损坏的试验。

151-16-30

非破坏性试验 non-destructive test

不会损伤试验对象性能的试验。

151-16-31

影响量 influence quantity

不表征产品本身性能，但影响其性能的量。

[GB/T 2900.33—1996,551-19-01,MOD]

注：对于电器，典型的影响量可以是温度、湿度、压强等。

151-16-32

稳定 stabilization

降低负载变化(如果有的话)和影响量变化对电路、器件或系统的某输出量的影响。

[GB/T 2900.33,551-19-02,MOD]

151-16-33

热平衡 thermal equilibrium

当一个运行于给定环境中的部件或设备各部分的温度变化不再比规定的限值快时所达到的状态。

151-16-34

可互换[的]，形容词 **interchangeable**，adj

用于表述能够以相同产品更换而不降低其规定性能。

151-16-35

耐[气]候[的]，形容词 **weather-proof**，adj

用于表述能在规定的气候条件下运行。

151-16-36

耐环境[的]，形容词 **environment resistant**，adj

用于表述当暴露于规定的环境条件下时能够运行。

151-16-37

通风[的]，形容词 **ventilated**，adj

用于表述设计成能有足够的空气循环以除去过量的热、烟雾或蒸汽。

151-16-38

密封[的]，形容词 **sealed**，adj

用于表述有防止气体、液体或灰尘漏出或侵入的防保。

注：可以包括安全装置，使得内部压强在超过规定值时使气体、液体漏出。

151-16-39

气密封[的]，形容词 **hermetically sealed**，adj

全密封[的]，形容词

用于表述没有内部压强安全装置的密封。

151-16-40

嵌装[的]，形容词 **flush-mounted**，adj

用于表述装入机械结构的凹入处的器件，这使安装表面的形状基本保持不变。

151-16-41

表面安装[的]，形容词 **surface-mounted**，adj

用于表述安装于机械结构表面上的器件，该器件的躯体整个凸出在结构的安装表面之外。

151-16-42

可浸没[的],形容词　**submersible**,adj

用于表述甚至在规定的条件下浸入规定的液体时还能够运行。

注1：规定的条件包括深度或压强。

注2：一个可浸没的装置的例子是海底电缆。

151-16-43

地下[的],形容词　**underground**,adj

用于表述能够直接埋入地下或在埋在地下的间隔中运行。

151-16-44

固定[的],形容词　**fixed**,adj

用于表述紧固于一个支持物上或用其他方法固定在规定地点。

151-16-45

可搬运[的],形容词　**transportable**,adj

用于表述通常能用运载工具使之从一个地点移到另一地点。

151-16-46

移动[的],形容词　**mobile**,adj

用于表述能在移动中运行。

151-16-47

便携[的],形容词　**portable**,adj

用于表述能够被一个人携带。

注：“便携”一词通常意味着在携带时具有运行的附加能力。

151-16-48

手持[的],形容词　**hand-held**,adj

用于表述便携的并正常使用时是握在手中。

中 文 索 引

E

F

G

H

T

W

X

Y

Z

英 文 索 引

A

B

C

F

G

H

I

K

L

M

N

Q

R

S

T

U

V

W

Y

ICS 83.080.20
G 32

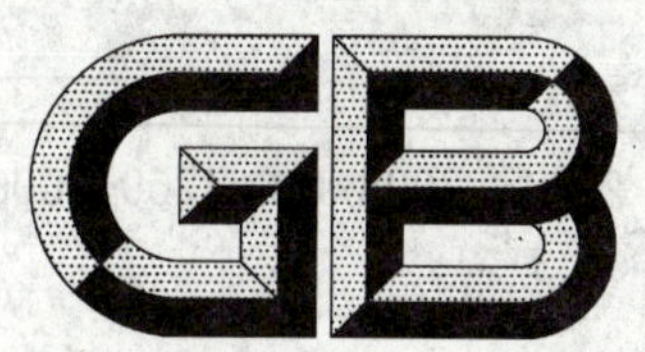

中华人民共和国国家标准

GB/T 2914—2008/ISO 1269:2006
代替 GB/T 2914—1999

塑料　氯乙烯均聚和共聚树脂挥发物(包括水)的测定

Plastics—Homopolymer and copolymer resins of vinyl chloride—Determination of volatile matter (including water)

(ISO 1269:2006,IDT)

2008-05-15 发布　　　　2008-11-01 实施

中华人民共和国国家质量监督检验检疫总局
中国国家标准化管理委员会　发布

前言

本标准等同采用 ISO 1269:2006(E)《塑料　氯乙烯均聚和共聚树脂　挥发物(包括水)的测定》(英文版)。

为便于使用,本标准作了下列编辑性修改:

a) "本国际标准"一词改为"本标准";

b) 用小数点"."代替作为小数点的逗号",";

c) 删除了国际标准的前言。

本标准代替 GB/T 2914—1999《塑料　氯乙烯均聚和共聚树脂　挥发物(包括水)的测定》。

本标准与 GB/T 2914—1999 的主要技术差异如下:

——修改了天平的要求(1999 年版 3.3,本版 3.1.3);

——修改了加热恒重的要求(1999 年版 4.3,本版 4.1);

——增加了方法 B(本标准 3.2,4.2,5.2);

——增加了"偏差"一章(本标准第 6 章)。

本标准由中国石油和化学工业协会提出。

本标准由全国塑料标准化技术委员会聚氯乙烯树脂产品分会(SAC/TC 15/SC 7)归口。

本标准起草单位:锦西化工研究院、青岛海晶化工集团有限公司、福建省东南电化股份有限公司、中国石化股份有限公司齐鲁分公司氯碱厂。

本标准主要起草人:孙丽娟、张英民、郝晶、赵敏、翟怀吉。

本标准于 1982 年首次发布,1999 年第 1 次修订。

请注意本标准的某些内容有可能涉及专利,本标准的发布机构不应承担识别这些专利的责任。

塑料 氯乙烯均聚和共聚树脂挥发物(包括水)的测定

1 范围

本标准规定了两种测定氯乙烯均聚和共聚树脂中挥发物(包括水)的方法。

2 原理

将树脂试样平铺在规定尺寸的称量皿中,在适宜的温度下加热到质量恒定。

3 仪器

3.1 方法 A(使用烘箱和天平)

3.1.1 烘箱,能控制在(110±2)℃并有微弱的自然通风或配备一低速循环风扇。

3.1.2 称量皿,直径约 80 mm,高度大于 5 mm,玻璃、铝或不锈钢(最佳)制的带盖浅称量皿。

3.1.3 天平,准确至 0.001 g。

3.1.4 干燥器,盛有适宜的干燥剂。

3.2 方法 B(使用自动热解重量分析天平)

3.2.1 烘箱,能控制在(110±2)℃。

3.2.2 自动热解重量分析天平,包括一个精密天平和一个红外或卤素加热箱。自动热解重量分析天平通过检测质量读数自动蒸发挥发物到恒定质量。

3.2.3 称量皿,直径约 100 mm,高度大于 5 mm,铝制。

3.2.4 天平,准确至 0.001 g。

3.2.5 干燥器,盛有适宜的干燥剂。

4 步骤

4.1 方法 A

调节烘箱(3.1.1)至(110±2)℃。在烘箱中加热带盖称量皿(3.1.2)约 1 h,加热时打开盖放在烘箱中。移出置于干燥器(3.1.4)中冷却至室温,然后称量称量皿及盖,精确至 0.005 g。

将约 5 g 的试样在称量皿底部均匀铺开,盖上盖称量,精确至 0.005 g。

将成套称量皿放在(110±2)℃的烘箱中,打开盖但要放在烘箱中,加热约 1 h。

把称量皿从烘箱中取出,盖上盖子。在干燥器中冷却至室温后称量,精确至 0.005 g。

按照同样的步骤,再以半小时为一周期在烘箱中进行加热,直至两次连续称量结果相差不大于 0.005 g。

注:在(110±2)℃长时间加热可能引起某些树脂热降解。在这种情况下,推荐蒸发过程控制在(105±2)℃。

对同一试样进行两次测定。

4.2 方法 B

调节烘箱(3.2.1)至(110±2)℃。加热铝制称量皿(3.2.3)约 1 h,移出置于干燥器(3.2.5)中冷却至室温。

将称量皿放在自动热解重量分析天平(3.2.2)上去皮重。

依据树脂类型,将(5～15)g 的试样在称量皿底部均匀铺开,称量,精确至 0.005 g。

设置自动热解重量分析天平的试验温度使其适合于所测树脂。

开启自动热解重量分析天平加热系统，加热至在 2 min 的周期内每秒的质量损失小于 0.02 mg 即为恒重。

注：所选择的操作条件应使热降解的影响减至最低。

对同一试样进行两次测定。

5 结果表示

5.1 方法 A

对每次测定，按式(1)计算挥发物(包括水)的质量分数 w，数值以%表示。

$$w=\frac{m_2-m_3}{m_2-m_1}\times 100 \qquad \cdots\cdots(1)$$

式中：

m_1——空称量皿及盖(经加热并冷却)的质量的数值，单位为克(g)；

m_2——加热前称量皿、盖及试料的质量的数值，单位为克(g)；

m_3——加热后称量皿、盖及试料的质量的数值，单位为克(g)。

计算结果表示到小数点后两位。

如果试样两次测定值之差的绝对值小于 0.10%，用其计算平均值，修约至 0.01%。否则，再次进行测定，直至满足要求。但若两次测定值均小于 0.30%，则忽略其绝对值之差直接计算平均值。

注：对于许多用途，如树脂的命名，表示挥发物质量分数的平均值至一位小数即可。

5.2 方法 B

对每次测定，结果由自动热解重量分析天平计算，以质量分数表示至小数点后两位。

如果试样两次测定值之差的绝对值小于 0.10%，用其计算平均值，修约至 0.01%。否则，再次进行测定，直至满足要求。但若两次测定值均小于 0.30%，则忽略其绝对值之差直接计算平均值。

注：对于许多用途，如树脂的命名，表示挥发物质量分数的平均值至一位小数即可。

6 偏差

——方法 A：再现性绝对偏差为±0.10%。

——方法 B：再现性绝对偏差为±0.10%。

7 试验报告

试验报告至少应包括以下内容：

a) 参照本国家标准；

b) 完整鉴别所测产品的必要说明；

c) 所用的方法，即方法 A 或方法 B；

d) 方法 A 中加热试料的温度；

e) 方法 B 中的试料质量、温度和测定持续时间；

f) 根据 5.1 或 5.2 表示的结果；

g) 任何可能影响结果的情况的详细说明。

ICS 37.040.20
G 80

中华人民共和国国家标准

GB/T 2924—2008/ISO 5800:1987
代替 GB/T 2924—1995

摄影 静止摄影用彩色负性胶片 ISO 感光度的测定

Photography—Colour negative films for still photography—Determination of ISO speed

(ISO 5800:1987,IDT)

2008-06-18 发布 2009-02-01 实施

中华人民共和国国家质量监督检验检疫总局
中国国家标准化管理委员会 发布

前 言

本标准等同采用 ISO 5800:1987《摄影　静止摄影用彩色负性胶片　ISO 感光度的测定》。

本标准等同翻译 ISO 5800:1987。

为便于使用,本标准做了以下编辑性修改:

a) “本国际标准”一词改为“本标准”;

b) 用小数点“.”代替作为小数点的逗号“,”;

c) 删除 ISO 5800:1987 的前言,改为本标准的“前言”;将国际标准的引言直接翻译作为本标准的引言。

本标准代替 GB/T 2924—1995《彩色摄影用负片 ISO 感光度的测定》。

本标准与 GB/T 2924—1995 相比,主要包括以下变化:

——增加了前言和引言;

——对适用范围按国际标准 ISO 5800:1987 的要求,明确规定本标准不适用于电影摄影用彩色负性胶片(本版第 1 章,1995 年版第 1 章);

——对曝光部分的描述完全采用国际标准 ISO 5800:1987,而 GB/T 2924—1995 中引用了 GB/T 15061—1994《银盐感光材料感光测定通则　第一部分　适用于白炽钨光和模拟日光曝光的试样曝光条件》中的相关内容(本版 5.3,1995 年版 5.3);

——密度测定中删除了关于 M 状态漫透射密度的符号标记,以及测量孔最小面积的规定(本版 5.5,1995 年版 5.5)。

本标准由中国石油和化学工业协会提出。

本标准由全国感光材料标准化技术委员会(SAC/TC 102)归口。

本标准起草单位:中国乐凯胶片集团公司。

本标准主要起草人:唐志健、程媛、赵燕燕。

本标准所代替标准的历次版本发布情况为:

——GB/T 2924—1995。

引　言

彩色负性胶片在相当宽的曝光范围内，只要在扩印时作相应调整，一般都能获得满意的照片。按本标准测定负性胶片感光度时，曝光不足的宽容度大约是一个相机曝光值单位(相机光圈即 E_v)。而曝光过度宽容度可大至 3 个 E_v。换句话说，如果一彩色负性胶片的感光度为 ISO 100，则它在 ISO 12 至 ISO 200 的任意条件下曝光都能得到满意的结果。

摄影者普遍倾向于曝光不足，尤其是使用简单相机[1)]，在多云天气或者阴影下拍摄景物时的情况大体如此。有些胶卷相机设计时，充分利用彩色负性胶片过曝光宽容度，改善以上情况下拍摄的效果，具体做法是让阳光条件下过曝光，以此来提高拍摄曝光不足的宽容度。例如：126 规格的暗盒内所装胶片的感光度为 ISO 100，而感光度代码可设为 ISO 64。

本标准是 GB/T 2924—1995 修订版，更新了书写格式，引用新的相关 ISO 标准，对施照体及密度测量作出更精确的描述，对此标准的修订不会使感光度值有任何变化。

1)　例如那些有一档快门速度和两档光圈的相机。

摄影　静止摄影用彩色负性胶片 ISO 感光度的测定

1　范围

本标准规定了用于静止摄影的彩色负性相机胶片 ISO 感光度的测定方法。从这些胶片获得的彩色负片主要用于制作反射彩色照片，也可以用来制作彩色透明片。应用本标准得到的感光度可在实际拍摄时用于曝光表、曝光计算器和曝光对照表。

本标准不适用于电影摄影和航空摄影及制作中间负片用的彩色负性胶片。

2　规范性引用文件

下列文件中的条款通过本标准的引用而成为本标准的条款。凡是注日期的引用文件，其随后所有的修改单(不包括勘误的内容)或修订版均不适用于本标准，然而，鼓励根据本标准达成协议的各方研究是否可使用这些文件的最新版本。凡是不注日期的引用文件，其最新版本适用于本标准。

GB/T 11500　摄影　密度测量　第 2 部分：透射密度的几何条件(GB/T 11500—2008，ISO 5-2：2001，IDT)

GB/T 11501　摄影　密度测量　第 3 部分：光谱条件(GB/T 11501—2008，ISO 5-3：1995，IDT)

ISO 2720　摄影　通用摄影曝光表(光电型)　产品技术条件通则

ISO 7589　摄影　感光测定用施照体　日光和白炽钨光技术规范

3　术语和定义

下列术语和定义适用于本标准。

3.1

感光度　speed

在规定的曝光、冲洗加工、密度测量及评价条件下，照相材料对光能产生的响应的定量计算。

3.2

曝光量(H)　exposure

胶片上照度对时间的积分，以勒克斯秒计量，用符号 H 标记。曝光量经常用 $\log_{10}H$ 单位来表示。

3.3

曝光量值单位　exposure value unit

用来表示曝光量以因子 2 改变的单位，也就是曝光量改变 0.30 $\log_{10}H$ 单位。按 ISO 2720 规定，用 1 E_v 来表示。

改变曝光量可通过改变曝光时间、照明强度或在镜头上加滤光片来实现。

4　取样和储存

在测定产品的 ISO 感光度时，非常重要的是评价的样品能产生用户使用时获得的平均效果。这需要在本标准规定条件下定期地评价几个不同批号的产品。样品评价前应在制造厂推荐条件下储存一段时间，以模拟产品正常使用的平均期限。测定胶片感光度使用的仪器和冲洗设备需进行多次独立评价，确保其准确校正。上面所述样品选择和储存的基本目标是确保测定所得胶片特性能代表摄影者在使用时所获得的胶片性能。

5 测试方法

5.1 原理

样品按下述规定曝光和冲洗，测量形成影像的密度值，并画出感光特性曲线，从特性曲线得出特性值来计算出感光度。

5.2 安全灯

为了消除安全照明可能对感光测定结果的影响，所有胶片样品的制备、曝光及冲洗加工都应在全黑条件下进行，以避免意外的辐射使乳剂曝光。

5.3 曝光

5.3.1 样品条件

曝光时，样品处于温度(23±2)℃和相对湿度(50±5)%的平衡条件。

5.3.2 感光仪类型

感光仪应为非间隙，光强调制类型的。

5.3.3 辐射能质量

适用于所曝光特定类型胶片的施照体应符合 ISO 7589 的规定。ISO 感光度可以使用 ISO 感光测定日光，室内钨光和强光施照体。因为胶片冲洗加工组合的感光度取决于测定 ISO 感光度时使用的施照体类型，在产品说明中可以对施照体加以说明。

5.3.4 滤光器

ISO 感光度是在相机镜头前不加滤光器时使用的。如果胶片在镜头前加上彩色滤光片时使用，可使用"等效"感光度值来测定胶片加上滤色片后的曝光量。ISO 感光度不适用于加滤色片后的条件。

5.3.5 调制

光调制器上所有部位在 400 nm～700 nm 整个波长范围内，相对于胶片平面的光谱漫透射密度的波动范围不得超过同一范围内平均密度的 5%或者密度 0.03，两者中以大的为准。在 360 nm～400 nm 范围内，不超过同一平均密度的 10%或者密度 0.06，取两者中较大的，就可接受。

如果使用梯级调制器，以 10 为底对数的曝光量增加值不能大于 0.20，单级的宽度和长度要足以在密度测量规定的测量孔径下得到均匀密度。

如果使用连续变化的调制器，以 10 为底对数曝光量在沿着试条方向随距离的变化要均匀而且不得大于每毫米 0.04。

5.3.6 曝光时间

曝光时间要与所测试验胶片的实用条件相适应，因为胶片的感光度由于互易律失效而取决于曝光时间，测定 ISO 感光度时使用的曝光时间可以在引用感光度值时注明。

5.4 冲洗加工

5.4.1 样品平衡

在曝光和冲洗加工的间隔时间内，样品应保存在温度(23±2)℃，相对湿度(50±5)%的环境中。普通民用胶片应在曝光 5 天以后及 10 天以内完成冲洗加工，而专业胶片则应在曝光 4 h 以后及 7 天内完成冲洗加工。

5.4.2 冲洗加工条件

考滤到使用的加工化学品和设备种类繁多，本标准对冲洗加工条件不作规定。胶片制造商提供的 ISO 感光度适用于按生产商推荐条件冲洗加工，胶片具有按此加工条件下的照相特性。具体冲洗加工信息可以从生产厂或提供 ISO 感光度的其他单位处获得。具体包括化学品、时间、温度、搅拌设备和加工程序以及获得所述感光特性所需任何附加信息。

使用不同加工程序得到的感光度值也许相差很大。虽然改变冲洗加工条件可以使某种胶片具有不同的感光度，但其他感光性能和物理性能也会随之改变。

5.5　密度测量

使用几何条件符合 GB/T 11500 规定，光谱条件符合 GB/T 11501 规定的密度计测量已加工的影像的 ISO 标准 M 状态漫透射密度。要在影像均匀部位读数，一般距离曝光边缘至少 1 mm。

5.6　评价

5.6.1　感光测定曲线

以红、绿、蓝 ISO 标准 M 状态漫透射密度值对以勒克斯秒为单位的曝光量(H)以 10 为底对数作图，得到类似于图 1 中说明的三条感光测定曲线。

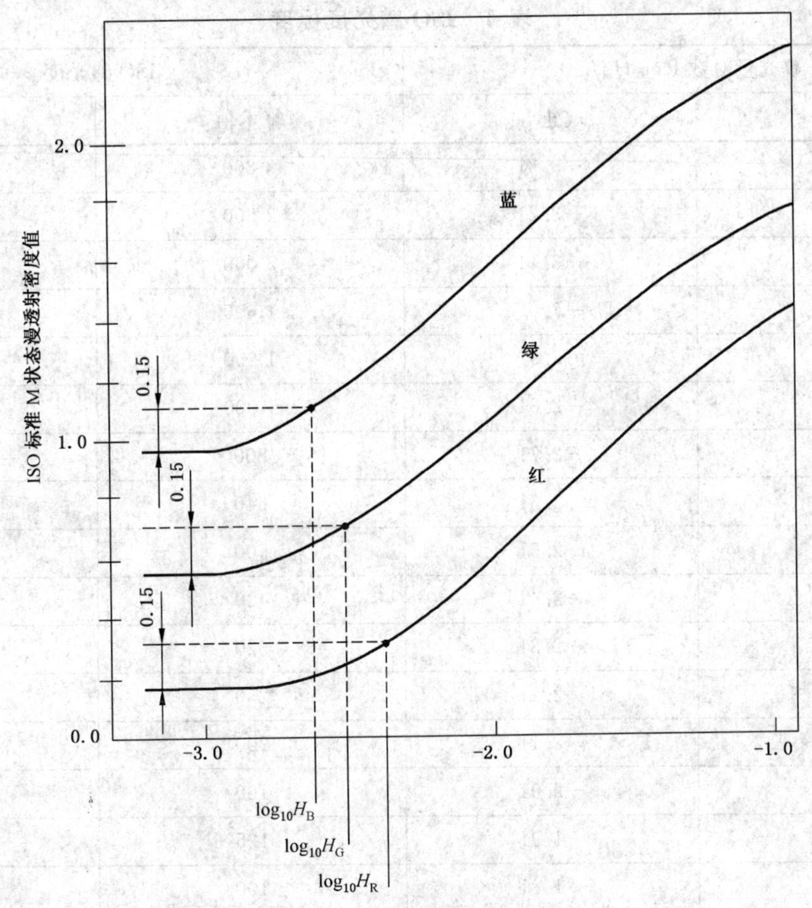

$\log_{10}H$(H 单位为勒克斯·秒)

图 1　测定感光度的方法

5.6.2　最小密度

与用于测定感光特性曲线的已曝光胶片一起加工一条同一胶片的未曝光试样，测量其红、绿和蓝最小密度。

5.6.3　H_m 的确定

感光度是从三条曲线上产生相应最小密度加上 0.15 的红、绿和蓝密度所需要的曝光量计算出来的。曝光量 H_m 的算术值计算公式如式(1)、对数公式如式(2)：

$$H_m = \sqrt{H_G \times H_L} \qquad (1)$$

或

$$\log_{10} H_m = \frac{\log_{10} H_G + \log_{10} H_L}{2} \qquad (2)$$

式中：

H_L——最慢层曝光量。

曝光量 H_m 代表了感光性能参数，由此曝光量求取感光度。

如果感绿层也是最慢层，H_m 等于 H_G。

上图中，感红层最慢，则公式(2)成为：$\log_{10} H_G = \frac{\log_{10} H_G + \log_{10} H_R}{2}$ ……………………………（3）

6 产品分级

6.1 ISO 感光度标度

表 1 中给出的感光度标度算术值从公式(4)求取、对数值从公式(5)求取。

表 1 ISO 感光度标度

曝光量对数 $\log_{10} H_m$		ISO 感光度	
起	止	算术值	对数值
−3.40	−3.31	3 200	36°
−3.30	−3.21	2 500	35°
−3.20	−3.11	2 000	34°
−3.10	−3.01	1 600	33°
−3.00	−2.91	1 250	32°
−2.90	−2.81	1 000	31°
−2.80	−2.71	800	30°
−2.70	−2.61	640	29°
−2.60	−2.51	500	28°
−2.50	−2.41	400	27°
−2.40	−2.31	320	26°
−2.30	−2.21	250	25°
−2.20	−2.11	200	24°
−2.10	−2.01	160	23°
−2.00	−1.91	125	22°
−1.90	−1.81	100	21°
−1.80	−1.71	80	20°
−1.70	−1.61	64	19°
−1.60	−1.51	50	18°
−1.50	−1.41	40	17°
−1.40	−1.31	32	16°
−1.30	−1.21	25	15°
−1.20	−1.11	20	14°
−1.10	−1.01	16	13°
−1.00	−0.91	12	12°
−0.90	−0.81	10	11°
−0.80	−0.71	8	10°
−0.70	−0.61	6	9°

表 1(续)

曝光量对数 $\log_{10} H_m$		ISO 感光度	
起	止	算术值	对数值
−0.60	−0.51	5	8°
−0.50	−0.41	4	7°

算术感光度:$S=\frac{\sqrt{2}}{H_m}$ ……………………………(4)

对数感光度:$S^{\circ}=1+10\log_{10}\frac{\sqrt{2}}{H_m}$ ……………………………(5)

"ISO"感光度从表中用 $\log_{10} H_m$ 直接查得。该感光度表说明了使用的规整方法。

6.2 产品的 ISO 感光度

与特定样品的 ISO 感光度不同,产品的 ISO 感光度是从不同批号产品按上述规定的取样、储存和试验条件所测定的曝光量对数 $\log_{10} H_m$ 求取算术平均后获得的。从表中按 $\log_{10} H_m$ 的平均值确定产品经规整后的 ISO 感光度。

既然感光度有赖于曝光和加工条件,当提供 ISO 感光度值时需说明这些条件。

6.3 准确度

测定感光度所用的设备和加工程序需经标定,确保 $\log_{10} H_m$ 的误差小于 0.05。

7 产品的标志与标签

按本标准所述方法测量及感光度分度表表示的产品感光度可称为 ISO 感光度,以 ISO 100、ISO 21°或 ISO 100/21°的形式标示。但是,因为感光度与所用的施照体、曝光时间和加工方法程序有关,所以只要有可能,最好在提供感光度值时对这些条件都予以明确说明。

ICS 65.020.20
B 21

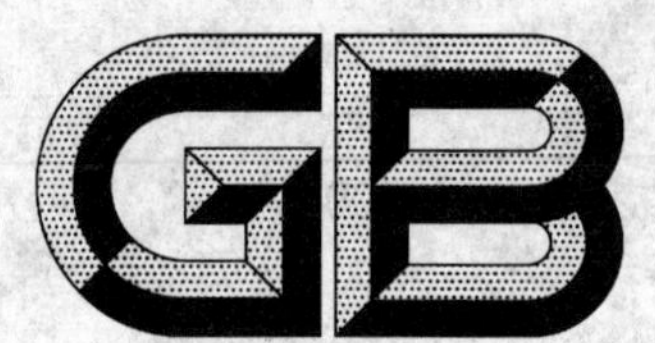

中华人民共和国国家标准

GB/T 2930.11—2008
代替 GB/T 2930.11—2001

草种子检验规程　检验报告

Rules of seed testing for forage, turfgrass and other herbaceous plant in China—Testing report

2008-07-31 发布　　2008-11-01 实施

中华人民共和国国家质量监督检验检疫总局
中国国家标准化管理委员会　发布

前　言

本标准是 GB/T 2930.1～2930.11《牧草种子检验规程》系列标准之一。该系列标准由以下部分组成：

——GB/T 2930.1 牧草种子检验规程　扦样；

——GB/T 2930.2 牧草种子检验规程　净度分析；

——GB/T 2930.3 牧草种子检验规程　其他植物种子数测定；

——GB/T 2930.4 牧草种子检验规程　发芽试验；

——GB/T 2930.5 牧草种子检验规程　生活力的生物化学(四唑)测定；

——GB/T 2930.6 牧草种子检验规程　健康测定；

——GB/T 2930.7 牧草种子检验规程　种及品种鉴定；

——GB/T 2930.8 牧草种子检验规程　水分测定；

——GB/T 2930.9 牧草种子检验规程　重量测定；

——GB/T 2930.10 牧草种子检验规程　包衣种子测定；

——GB/T 2930.11 草种子检验规程　检验报告。

本标准代替 GB/T 2930.11—2001《牧草种子检验规程　检验报告》。

本标准对 GB/T 2930.11—2001 所做的主要修订包括：

——将标准更名为"草种子检验规程"；

——增加了"监督检验"、"委托检验"和"仲裁检验"的"术语和定义"；

——在"签发检验报告的条件"中，修改和增加了部分内容；

——将原"检验报告"的"检验结果"、"质量判定"和"检验结论"总计 3 页简化为 1 页；

——在"检验报告的填写"中，精简和修改了"检验结果"和"质量判定"的填报内容，增加了对"基本信息"和"检验结论"填写的统一规定。

本标准的附录 A 为规范性附录。

本标准由中华人民共和国农业部提出。

本标准由全国畜牧业标准化技术委员会归口。

本标准起草单位：兰州大学草地农业科技学院、农业部牧草与草坪草种子质量监督检验测试中心(兰州)，农业部牧草与草坪草种子质量监督检验测试中心(北京)。

本标准主要起草人：王彦荣、余玲、南志标、孙建华、毛培胜、王赟文、王晓娟、曾彦军、武艳培。

本标准所代替标准的历次版本发布情况为：

——GB 2930—1982，GB/T 2930.11—2001。

草种子检验规程　检验报告

1　范围

本标准规定了草种子检验报告的格式、内容和填写方法。

本标准适用于草类种子检验机构的种子质量检验结果的填写。

2　规范性引用文件

下列文件中的条款通过本标准的引用而成为本标准的条款。凡是注日期的引用文件，其随后所有的修改单(不包括勘误的内容)或修订版均不适用于本标准，然而，鼓励根据本标准达成协议的各方研究是否可使用这些文件的最新版本。凡是不注日期的引用文件，其最新版本适用于本标准。

GB/T 2930.1　牧草种子检验规程　扦样

GB/T 2930.2　牧草种子检验规程　净度分析

GB/T 2930.3　牧草种子检验规程　其他植物种子数测定

GB/T 2930.4　牧草种子检验规程　发芽试验

GB/T 2930.5　牧草种子检验规程　生活力的生物化学(四唑)测定

GB/T 2930.6　牧草种子检验规程　健康测定

GB/T 2930.7　牧草种子检验规程　种及品种鉴定

GB/T 2930.8　牧草种子检验规程　水分测定

GB/T 2930.9　牧草种子检验规程　重量测定

GB/T 2930.10　牧草种子检验规程　包衣种子测定

GB 6141　豆科草种子质量分级

国际种子检验规程(International rules for seed testing)[国际种子检验协会(International Seed Testing Association)]

3　术语和定义

下列术语和定义适用于本标准。

3.1

监督检验　supervisal test

检验机构根据国家有关行政管理部门的指令对草种子进行的扦样检验。

3.2

委托检验　submission test

检验机构按客户委托要求对草种子进行的检验。

3.3

仲裁检验　arbitration test

检验机构对草种子质量指标有争议的双方，依据其合同或协议中有关种子的质量指标规定或生产该种子时所执行的有效标准进行的检验。

4　签发检验报告的条件

检验报告的签发应符合下列条件：

——报告签发机构是种子质量检验机构；

——种子批与 GB/T 2930.1 规定的要求相符合；

——送验样品按 GB/T 2930.1 的要求扦取和处理；

——检验工作按 GB/T 2930.2～2930.10、《国际种子检验规程》或相关的有效技术标准进行；

——质量分级按有效的国家标准、行业标准或地方标准等有关规定执行。

5 检验报告的内容与格式

检验报告由"封面"、"注意事项"和"检验报告"三部分组成，其基本内容与格式见附录 A。

6 检验报告的填写

6.1 封面的填写

6.1.1 种子名称

填写种名，如紫花苜蓿。

6.1.2 受检单位

单位全称。

6.1.3 检验类别

监督检验、委托检验或仲裁检验。

6.2 基本信息的填写

6.2.1 No.

检验报告编号。

6.2.2 种名(学名)

承检植物种子的中文名(拉丁名)，如紫花苜蓿(*Medicago sativa*)。

6.2.3 品种名

按客户提供填写。

6.2.4 受检单位和生产单位

单位全称。

6.2.5 生产日期、扦样日期和到样日期

以××××年××月××日表示。

6.2.6 样品原编号

客户提供的样品编号。

6.2.7 样品状态

主要描述样品的外观和重量。分为"良好"(外观正常和重量符合规定)，"轻度发霉"(轻度发霉、重量符合规定)，"重量低于规定"(外观正常、重量低于规定)或"异常"(轻度发霉，重量低于规定)。

6.2.8 种批编号

检验机构的扦样编号。

6.2.9 扦样地点

实际扦样地点，如×××单位库房。

6.2.10 扦样基数

依据 GB/T 2930.1 扦取的种子批的实际重量。

6.2.11 扦(送)样者

样品扦取人或送样人姓名。

6.2.12 样品重量

送检样品实际重量。

6.2.13 **样品编号**

检验机构样品编号。

6.2.14 **检验项目**

客户要求的全部检验项目，分别表述为：净度、发芽、生活力、水分、重量、其他植物种子、健康、种及品种和包衣种子等。

6.2.15 **检验/分级依据**

按所执行的检验/分级标准号表示。如 GB/T 2930/GB 6141 等。

6.2.16 **主要仪器设备**

检验用的主要仪器设备。

6.2.17 **实验环境条件**

填写“符合检验要求”。但在客户特定要求条件下（如非检验规程方法），填“符合客户要求”。

6.3 **检验结果的填写**

6.3.1 **净度**

净度分析的净种子、杂质和其他植物种子的重量百分率均取一位小数。如果检出的任何一个组分的重量百分率低于或等于 0.05%，则填作“微量”。如果未检出“杂质”或“其他植物种子”，则填作“—0.0—”。

当测定的某一类杂质、某一种其他植物种子、复粒种子单位或者带附属物种子的重量百分率达到或超过 1.0%时，亦应在结果报告备注栏注明。

6.3.2 **发芽**

发芽试验的结果按整数填写，并将发芽率、新鲜未发芽种子、不正常苗和死种子分类填写。对豆科种子须将硬实计入发芽率，并注明硬实率。如果发芽试验中发现任何一类为零，则应在相应栏中填作“—0—”。

6.3.3 **生活力**

生活力的生物化学（四唑）测定结果按整数填写。对豆科种子须将硬实计入有生活力种子，并注明硬实率。

6.3.4 **水分**

水分测定结果保留一位小数。

6.3.5 **重量**

重量测定结果用千粒重(g)表示，小数位数应符合 GB/T 2930.2 的规定。

6.3.6 **其他植物种子数**

其他植物种子数测定应写明检测方法；在完全检验和简化检验中，用实际样品重量或每千克样品重量中发现的所有其他植物种子数表示；在有限检验和简化有限检验中仅用有或无指定种表示。如果所发现的种子不能准确地鉴定到种，可允许鉴定到属。对填写的其他植物种应注明中文名和学名。

6.3.7 **其他**

除上述检验项目外，其他项检验的结果填写在检验报告的“其他”栏内，并在结果前写明检验项目和方法。其结果表示如下：

——健康检验结果以试验样品中被病虫感染种子的百分数表示，并注明检出的病原学名。

——种及品种检验结果以鉴定种或品种的种子（幼苗、植株）占供试种子（幼苗、植株）的百分数表示。也可根据客户要求填报鉴定出的其他种或品种的种子（幼苗、植株）占供试种子（幼苗、植株）的百分率等信息。

——包衣种子检验结果填报见 GB/T 2930.10 的规定。

6.4 质量判定的填写

依据质量分级标准和检测结果分别填写标准值、实测值、单项判定结果和综合判定等级。

6.5 检验结论的填写

6.5.1 监督检验

表述为"该批种子经检验,依据×××(技术标准或实施细则的全代号或名称等)规定,为合格种子(×级)或不合格种子"。

6.5.2 委托检验

综合定级表述为"该送检样品经检验,依据×××(技术标准或实施细则的全代号或名称等)规定,为合格种子(×级)或不合格种子"。

单项定级表述为"该送检样品经检验,依据×××(技术标准或实施细则的全代号或名称等)规定,××(检验项目名称)、××、……和××分别为×级(或不合格)、×级(或不合格)、……和×级(或不合格)"。

不进行质量分级则表述为"该送检样品经检验,××(检验项目名称)、××和××的检测结果分别为×、×和×"。

在委托质检机构扦样检验情况下,将上述"该送检样品经检验"改为"该批种子经检验"。

6.5.3 仲裁检验

在有委托方提供判定依据的情况下,表述为"该批种子(或送检样品)经检验符合(或不符合)×××(双方的合同、协议或生产该产品时所执行的有效标准等)规定"。

在无委托方提供判定依据的情况下,表述为"该送检样品经检验,××(检验项目名称)、××、……和××的检测结果分别为×、×、……和×"。

6.6 其他

对于检验报告中的未检验项目、未要求质量判定、信息不全等空白栏目(包括备注)等,应在相应栏内填入"—"。

6.7 批准、审核、制表

批准、审核、制表分别由检验报告的批准人、审核人和制表人签字和注明日期。

附 录 A
（规范性附录）
检验报告的基本内容和格式

计量认证标志

（报告编号）No.

检 验 报 告

种 子 名 称：____________________

受 检 单 位：____________________

检 验 类 别：____________________

（质检机构全称）

注 意 事 项

1．报告无“检验报告专用章”和检验单位公章无效。
2．复制报告未重新加盖“检验报告专用章”和检验单位公章无效。
3．报告无制表、审核、批准人签字无效。
4．报告涂改无效。
5．对检验报告若有异议，应于收到报告之日起十五日内向检验单位提出，逾期不予受理。
6．委托检验，由送检单位送样的对来样负责，由检验单位扦样的对种批负责。
7．未经本检验单位同意，该检验报告不得用于商业性宣传。

地　　址：　　　　　　　　电　　话：
邮政编码：　　　　　　　　传　　真：
Email：

（质检机构全称）

检　验　报　告

No.　　　　　　　　　　　　　　　　　　　　　　　　第**1**页　　　共**1**页

<table>
<tr><td colspan="6">基　本　信　息</td></tr>
<tr><td>种名(学名)</td><td colspan="3"></td><td>品种名</td><td></td></tr>
<tr><td>受检单位</td><td colspan="2"></td><td>生产单位</td><td colspan="2"></td></tr>
<tr><td>生产日期</td><td></td><td>样品原编号</td><td></td><td>样品状态</td><td></td></tr>
<tr><td>扦样地点</td><td colspan="3"></td><td>扦样日期</td><td></td></tr>
<tr><td>种批编号</td><td></td><td>扦(送)样者</td><td></td><td>扦样基数(kg)</td><td></td></tr>
<tr><td>到样日期</td><td></td><td>样品重量(g)</td><td></td><td>样品编号</td><td></td></tr>
<tr><td>检验项目</td><td colspan="5"></td></tr>
<tr><td>检验/分级依据</td><td colspan="5"></td></tr>
<tr><td>主要仪器设备</td><td colspan="3"></td><td>实验环境条件</td><td></td></tr>
<tr><td colspan="6">检　验　结　果</td></tr>
<tr><td>净度(%)</td><td colspan="5">净种子：　　　　　　杂质：　　　　　　其他植物种子：</td></tr>
<tr><td>发芽(%)</td><td colspan="5">发芽率：　　（其中硬实　）不正常苗：　　新鲜未发芽：　　死种子：</td></tr>
<tr><td>生活力(%)</td><td>（其中硬实　）</td><td>水分(%)</td><td></td><td>重量(g/千粒)</td><td></td></tr>
<tr><td>其他植物种子数</td><td colspan="5"></td></tr>
<tr><td>其他</td><td colspan="5"></td></tr>
</table>

<table>
<tr><td colspan="6">质　量　判　定</td></tr>
<tr><td rowspan="2" colspan="2">检验项目</td><td>标　准　值</td><td rowspan="2">实测值</td><td rowspan="2">单项结论</td><td rowspan="2">综合判定</td></tr>
<tr><td>一级　　二级　　三级</td></tr>
<tr><td>净度(%)</td><td>≥</td><td></td><td></td><td></td><td rowspan="4"></td></tr>
<tr><td>发芽(%)</td><td>≥</td><td></td><td></td><td></td></tr>
<tr><td>水分(%)</td><td>≤</td><td></td><td></td><td></td></tr>
<tr><td>其他植物种子数(粒/kg)</td><td>≤</td><td></td><td></td><td></td></tr>
<tr><td colspan="6">检　验　结　论</td></tr>
<tr><td colspan="6">（检验报告专用章）
签发日期　　年　月　日</td></tr>
<tr><td>备注</td><td colspan="5"></td></tr>
</table>

批准：　　　　　　　　审核：　　　　　　　　制表：

ICS 91.100.10
Q 11

中华人民共和国国家标准

GB 2938—2008
代替 GB 2938—1997

低热微膨胀水泥

Low heat expansive cement

2008-01-09 发布　　　　2008-08-01 实施

中华人民共和国国家质量监督检验检疫总局
中国国家标准化管理委员会　发布

前 言

本标准中第 5 章、第 6.1 条至第 6.8 条、第 8 章为强制性的，其余为推荐性的。

本标准代替 GB 2938—1997《低热微膨胀水泥》。

本标准与 GB 2938—1997 相比主要变化如下：

——水泥标号改为强度等级(1997 年版的第 5 章；本版的第 5 章)；

——增加了氯离子限量的要求，即水泥中氯离子含量不大于 0.06%(本版 6.8)；

——水泥强度检验方法由 GB/T 17671《水泥胶砂强度检验方法(ISO 法)》代替 GB/T 177—1985《水泥胶砂强度检验方法》(1997 年版的 6.4；本版的 7.6)；

——水泥水化热试验方法保留 GB/T 2022—1980《水泥水化热测定方法(直接法)》，同时增加了 GB/T 12959—1991《水泥水化热测定方法(溶解热法)》，采用直接法仲裁(1997 年版的6.5；本版的7.4)。

本标准由中国建筑材料联合会提出。

本标准由全国水泥标准化技术委员会(SAC/TC 184)归口。

本标准负责起草单位：中国建筑材料科学研究总院。

本标准参加起草单位：中国长江三峡工程开发总公司、陕西略阳象山水泥股份有限公司、长江水利委员会长江科学院、华新水泥股份有限公司、云南红塔滇西水泥股份有限公司。

本标准主要起草人：刘云、王显斌、成希弼、李文伟、杨华全、陈文耀、王迎春、李家正。

本标准所代替标准的历次版本发布情况为：

——GB 2938—1982、GB 2938—1997。

低热微膨胀水泥

1 范围

本标准规定了低热微膨胀水泥的定义、材料要求、强度等级、技术要求、试验方法、检验规则、包装、标志、运输和贮存等。

本标准适用于低热微膨胀水泥的生产、检验和验收。

2 规范性引用文件

下列文件中的条款通过本标准的引用而成为本标准的条款。凡是注日期的引用文件，其随后所有的修改单(不包括勘误的内容)或修订版均不适用于本标准，然而，鼓励根据本标准达成协议的各方研究是否可使用这些文件的最新版本。凡是不注日期的引用文件，其最新版本适用于本标准。

GB/T 176 水泥化学分析方法(GB/T 176—1996，eqv ISO 680:1990)

GB/T 203 用于水泥中的粒化高炉矿渣

GB/T 1346 水泥标准稠度用水量、凝结时间、安定性检验方法(GB/T 1346—2001，eqv ISO 9597:1989)

GB/T 2022 水泥水化热测定方法(直接法)

GB/T 5483 石膏和硬石膏(GB/T 5483—1996，eqv ISO 1587:1975)

GB/T 8074 水泥比表面积测定方法(勃氏法)

GB 9774 水泥包装用袋

GB/T 12573 水泥取样方法

GB/T 12959 水泥水化热测定方法(溶解热法)

GB/T 17671 水泥胶砂强度检验方法(ISO 法)(GB/T 17671—1999，idt ISO 679:1989)

JC/T 313 膨胀水泥膨胀率检验方法

JC/T 420 水泥原料中氯离子的化学分析方法

JC/T 667 水泥助磨剂

3 术语和定义

下列术语和定义适用于本标准。

低热微膨胀水泥(low heat expansive cement)

以粒化高炉矿渣为主要成分，加入适量硅酸盐水泥熟料和石膏，磨细制成的具有低水化热和微膨胀性能的水硬性胶凝材料，称为低热微膨胀水泥，代号 LHEC。

4 材料要求

4.1 粒化高炉矿渣

符合 GB/T 203 规定的优等品粒化高炉矿渣。

4.2 石膏

天然石膏：符合 GB/T 5483 规定的 A 类或 G 类二级以上的石膏或硬石膏。

工业副产石膏：工业生产中以硫酸钙为主要成分的副产品。采用工业副产石膏时，应经过试验，证明对水泥性能无害。

4.3 硅酸盐水泥熟料

由主要含 CaO、SiO_2、Al_2O_3、Fe_2O_3 的原料，按适当比例磨成细粉烧至部分熔融所得以硅酸钙为主要矿物成分的水硬性胶凝物质。其中硅酸钙矿物质量分数不小于66%，氧化钙和氧化硅质量比不小于2.0。熟料强度等级要求达到42.5以上；游离氧化钙含量(质量分数)不得超过1.5%；氧化镁含量(质量分数)不得超过6.0%。

4.4 助磨剂

水泥粉磨时允许加入助磨剂，其加入量应不超过水泥质量的0.5%，助磨剂应符合JC/T 667的规定。

4.5 外掺物

经供需双方商定，允许掺加少量改善水泥膨胀性能的外掺物。

5 强度等级

低热微膨胀水泥强度等级为32.5级。

6 技术要求

6.1 三氧化硫

三氧化硫含量(质量分数)应为4.0%～7.0%。

6.2 比表面积

比表面积不得小于300 m^2/kg。

6.3 凝结时间

初凝不得早于45 min，终凝不得迟于12 h，也可由生产单位和使用单位商定。

6.4 安定性

沸煮法检验应合格。

6.5 强度

水泥各龄期的抗压强度和抗折强度应不低于表1数值。

表1 水泥的等级与各龄期强度

强度等级	抗折强度/MPa		抗压强度/MPa	
	7 d	28 d	7 d	28 d
32.5	5.0	7.0	18.0	32.5

6.6 水化热

水泥的各龄期水化热应不大于表2数值。

表2 水泥的各龄期水化热

强度等级	水化热/kJ/kg	
	3 d	7 d
32.5	185	220

6.7 线膨胀率

线膨胀率应符合以下要求：

1 d不得小于0.05%；

7 d不得小于0.10%；

28 d不得大于0.60%。

6.8 氯离子

水泥的氯离子含量(质量分数)不得大于0.06%。

6.9 碱含量

碱含量由供需双方商定。碱含量(质量分数)按 $Na_2O+0.658K_2O$ 计算值表示。

7 试验方法

7.1 三氧化硫(SO_3)、氧化钠(Na_2O)和氧化钾(K_2O)

按 GB/T 176 进行。

7.2 比表面积

按 GB/T 8074 进行。

7.3 凝结时间和安定性

按 GB/T 1346 进行。

7.4 水化热

按 GB/T 2022 或 GB/T 12959 进行,采用直接法仲裁。

7.5 线膨胀率

按 JC/T 313 进行,并作以下补充规定:

a) 试体经 24 h 湿气养护脱模测初长,然后在水中养护至 1 d、7 d、28 d 测长。

b) 终凝时间超过 12 h,试体湿气养护时间按终凝时间后 12 h 脱模测初长。

7.6 强度

按 GB/T 17671 进行。

7.7 氯离子

按 JC/T 420 进行试验。

8 检验规则

8.1 编号及取样

水泥出厂前按同品种编号和取样。袋装水泥和散装水泥应分别进行编号和取样。每一编号为一取样单位,水泥出厂编号按不超过 400 t 为一编号。

取样方法按 GB/T 12573 进行。

取样应有代表性。可连续取,亦可从 20 个以上不同部位取等量样品,总量至少 14 kg。

所取样品按本标准第 7 章规定的方法进行出厂检验。

8.2 出厂水泥

出厂水泥技术要求应符合本标准第 6 章 6.1~6.8 的技术要求。

8.3 判定规则

8.3.1 合格品

符合本标准第 6 章 6.1~6.8 规定的技术要求的为合格品。

8.3.2 不合格品

任一项不符合本标准第 6 章 6.1~6.8 规定的技术要求的为不合格品。

8.4 试验报告

试验报告内容应包括本标准规定的各项技术要求及试验结果,如使用助磨剂、工业副产石膏,应说明其名称和掺加量。水泥厂应在水泥发出日起 11 d 内寄发除 28 d 强度和 28 d 线膨胀率以外的各项试验结果。28 d 强度和 28 d 线膨胀率数值,应在水泥发出日起 32 d 内补报。

8.5 交货与验收

8.5.1 交货

交货时水泥的质量验收可抽取实物试样以其检验结果为依据，也可以水泥厂同编号水泥的检验报告为依据。采取何种方法验收由买卖双方商定，并在合同或协议中注明。

8.5.2 验收

8.5.2.1 以抽取实物试样的检验结果为验收依据时，买卖双方应在发货前或交货地共同取样和签封。取样方法按 GB/T 12573 进行，取样数量为 28 kg，缩分为两等份，一份由卖方保存 40 d，一份由买方按本标准规定的项目和方法进行检验。

在 40 d 以内，买方检验认为产品质量不符合本标准要求，而卖方又有争议时，则双方应将卖方保存的另一份试样送省级或省级以上国家认可的水泥质量监督检验机构进行仲裁检验。

8.5.2.2 以水泥厂同编号水泥的检验报告为验收依据时，在发货前或交货时买方在同编号水泥中抽取试样，双方共同签封后保存 90 d；或委托卖方在同编号水泥中抽取试样，签封后保存 90 d。

在 90 d 内，买方对水泥质量有疑问时，则买卖双方应将共同签封的试样送省级或省级以上国家认可的水泥质量监督检验机构进行仲裁检验。

9 包装、标志、运输、贮存

9.1 包装

水泥可以袋装或散装，袋装水泥每袋净含量 50 kg，且不得少于标志质量的 99%；随机抽取 20 袋总质量不得少于 1 000 kg。其他包装形式由供需双方协商确定，但有关袋装质量要求，应符合上述原则规定。

水泥包装袋应符合 GB 9774 的规定。

9.2 标志

水泥袋上应清楚标明：产品名称、代号、净含量、强度等级、生产许可证编号、生产者名称和地址、出厂编号、执行标准号、包装年、月、日。包装袋两侧应印有水泥名称和等级，用黑色印刷。

散装时应提交与包装袋标志相同内容的卡片。

9.3 运输与贮存

水泥在运输与贮存时，不得受潮和混入杂物。

ICS 83.180
G 38

中华人民共和国国家标准

GB/T 2943—2008
代替 GB/T 2943—1994

胶粘剂术语

Terms of adhesive

2008-06-18 发布　　　　2009-02-01 实施

中华人民共和国国家质量监督检验检疫总局
中国国家标准化管理委员会　发布

前　言

本标准代替 GB/T 2943—1994《胶粘剂术语》。

本标准与 GB/T 2943—1994 相比主要变化如下：

——删去部分术语(1994 版 2.17、2.19、3.18)；

——增加部分术语(本版 2.6、3.6、3.9、3.13、3.15、3.19、4.12、4.17、4.25、4.30、7.14、8.3、8.4、8.5、8.6、8.7、8.19)；

——修订部分术语(本版 2.1、1994 版 2.1；本版 2.8、1994 版 2.7；本版 2.9、1994 版 2.8；本版 2.11、1994 版 2.10；本版 2.13、1994 版 2.12；本版 2.18、1994 版 2.18；本版 2.22、1994 版 2.23)。

本标准由中国石油和化学工业协会提出。

本标准由全国胶粘剂标准化技术委员会归口。

本标准负责起草单位：上海橡胶制品研究所、湖北回天胶业股份有限公司、北京天山新材料技术有限公司、上海合成树脂研究所。

本标准主要起草人：王霞、卞正军。

本标准所代替标准的历次版本发布情况为：

——GB/T 2943—1994。

胶 粘 剂 术 语

1 范围

本标准规定了有关胶粘剂专业所用术语及其定义。

本标准可供有关部门在国内和国际技术业务交往中使用。在制定、修订标准以及编写技术文件和书刊时，如用到有关术语，按本标准的规定执行。

2 一般术语

2.1

粘合 adhesion

固体间表面依靠物理力、化学力或两者兼有的力使之结合在一起的过程。

同义词：粘附

2.2

内聚 cohesion

单一物质内部各粒子靠主价力、次价力结合在一起的状态。

2.3

机械粘合 mechanical adhesion

两个表面通过胶粘剂的啮合作用而产生的结合。

同义词：机械粘附

2.4

粘附破坏 adhesive failure; adhesion failure

胶粘剂和被粘物界面处发生的目视可见的破坏现象。

2.5

内聚破坏 cohesive failure; cohesion failure

胶粘剂内部发生的目视可见的破坏现象。

2.6

本体破坏 bulk failure

被粘物内部发生的目视可见的破坏现象。

2.7

相容性 compatibility

两种或多种物质混合时具有相互亲和的能力。

2.8

胶粘剂 adhesive

通过物理或化学作用，能使被粘物结合在一起的材料。

2.9

被粘物 adherend

通过胶粘剂而连接起来的固体材料。

2.10

基材 substrate

用于在表面涂布胶粘剂的材料。

注：这是比“被粘物”更广义的术语。

2.11

湿润 wetting

液体对固体的亲和性。两者间的接触角越小，固体表面就越容易被液体浸润。

同义词：润湿

2.12

干燥 dry

通过蒸发、挥发等物理过程，使分散介质减少，以改变被粘物上胶粘剂物理状态的过程。

2.13

胶接 bond

使用胶粘剂将被粘物连接在一起的方法。

同义词：粘接

2.14

固化 curing；cure

胶粘剂通过化学反应（聚合、交联等）获得并提高胶接强度等性能的过程。

2.15

硬化 setting；set

胶粘剂通过化学反应或物理作用（如聚合反应、氧化反应、凝胶化作用、水合作用、冷却、挥发性组分的蒸发等），获得并提高胶接强度、内聚强度等性能的过程。

2.16

胶层 adhesive layer

胶接件中的胶粘剂层。

2.17

交联 crosslinking；crosslink

通过在分子间形成化学键，使这些分子结合成一体的过程。

2.18

溢胶 squeeze-out

对胶接件进行加压后，从中挤出的胶粘剂。

2.19

干粘性 dry tack；aggressive tack

某些胶粘剂（特别是非硫化的橡胶型胶粘剂）的一种特性。当胶粘剂中挥发性的组分蒸发至一定程度，在手感似乎是干的情况下，本身接触就会相互粘合。

2.20

胶瘤 fillet

填充在两被粘物交角处的那部分胶粘剂（如蜂窝夹芯与面材胶接时，夹芯端部所形成的胶粘剂圆角）。

2.21

固化度 degree of cure

表征胶粘剂固化时的化学反应程度。

2.22

老化 ageing

胶接件的性能随时间延长而变差，甚至失去使用价值的现象。

2.23

粘性　tack

胶粘剂与被粘物接触后稍施压力立即形成一定胶接强度的性质。

3　成分

3.1

粘料　binder

胶粘剂配方中主要起粘合作用的物质。

3.2

固化剂　curing agent；hardening agent；hardener

直接参与化学反应使胶粘剂发生固化的物质。

3.3

潜伏性固化剂　latent curing agent

在常态下呈化学惰性，在特定条件可起作用的固化剂。

3.4

封闭性固化剂　blocked curing agent

一种会暂时失去化学活性的固化剂或硬化剂，可以按要求以物理或化学的方法使其重新活化。

3.5

促进剂　accelerator；promoter

在配方中促进化学反应、缩短固化时间、降低固化温度的物质。

3.6

粘合促进剂　adhesion promoter

能改善胶粘剂对被粘物粘合性的物质。

3.7

稀释剂　diluent

用来降低胶粘剂表观粘度和固体成分浓度的液体物质。

3.8

活性稀释剂　reactive diluent

分子中含有活性基团的能参与固化反应的稀释剂。

3.9

偶联剂　coupling agent

是分子结构中具有两种不同性质官能团的物质，能使被粘物与胶粘剂发生偶合作用，以提高胶接件的粘接强度和耐湿热性能。

3.10

分散剂　dispersing agent

改善胶粘剂成分分散性的物质。

3.11

填料　filler

为了改善胶粘剂的性能或降低成本等而加入的一种非胶粘性固体物质。

3.12

改性剂　modifier；modifying agent

加入胶粘剂配方中用以改善其性能的成分。

3.13

触变剂 thixotropic agent

能改善胶粘剂触变性，或使其具有触变性的物质。

3.14

稳定剂 stabilizer

有助于胶粘剂在配制、贮存和使用期间保持其性能稳定的物质。

3.15

抗氧剂 antioxidant

能延缓或阻止因氧化或自动氧化过程而引起的材料性能变坏的物质。

3.16

增粘剂 tackfier

能增加胶膜粘性或扩展胶粘剂粘性范围的物质。

3.17

增稠剂 thickener

为了增加胶粘剂的表观粘度而加入的物质。

3.18

增韧剂 fiexibilier;toughner

配方中改善胶粘剂的脆性，提高其韧性的物质。

3.19

乳化剂 emulsifier;emulsifying agent;dispersant

通过降低两相的界面张力，而使互不相溶的液/液或固/液稳定分散的表面活性剂。

3.20

催化剂 catalyst

一种能改变化学反应的速率，并且在反应结束时，理论上保持其化学性质不变的物质。

3.21

阻聚剂 inhibitor;retarder

一种能抑制化学反应，能延长其贮存期或适用期的物质。

4 分类名词

4.1

天然高分子胶粘剂 natural glue

以动植物高分子化合物为原料制成的胶粘剂。

4.2

动物胶 animal glue

以动物的皮、骨、腱、血等制成的胶粘剂。如骨胶、明胶、血朊胶等。

4.3

植物胶 vegetable glue

以淀粉、植物蛋白质等植物成分为粘料制成的胶粘剂。如淀粉胶粘剂、蛋白质胶粘剂、树胶等。

4.4

有机胶粘剂 organic adhesive

以有机化合物为粘料制成的胶粘剂。

4.5

树脂型胶粘剂　resin adhesive

以天然树脂(如明胶、松香)或合成树脂(如酚醛、环氧、聚丙烯树脂、聚乙酸乙酯等树脂)为粘料制成的胶粘剂。

4.6

橡胶型胶粘剂　rubber adhesive

以天然橡胶或合成橡胶(如丁腈橡胶、氯丁橡胶、硅橡胶等)为粘料制成的胶粘剂。

4.7

粘胶胶粘剂　viscose adhesive

以粘胶(如纤维素黄原酸钠)为粘料制成的胶粘剂。

4.8

纤维素胶粘剂　cellulose adhesive

以纤维素衍生物为粘料制成的胶粘剂。

4.9

无机胶粘剂　inorganic adhesive

以无机化合物为粘料制成的胶粘剂。如硅酸盐、磷酸盐以及碱性盐类、氧化物、氮化物等。

4.10

陶瓷胶粘剂　ceramic adhesive

以无机化合物(如金属氧化物等)为粘料,固化后具有陶瓷结构的胶粘剂。

4.11

玻璃胶粘剂　glass adhesive

以氧化物(如氧化硅、氧化钠、氧化铅等)为粘料,经热熔而使被粘物胶接并具有玻璃组成和性能的无机胶粘剂。

4.12

增韧胶粘剂　toughened adhesive

其结构特性决定它能抵抗裂纹进一步扩展的胶粘剂。

4.13

膜状胶粘剂　film adhesive

通常采用加热加压方法进行硬化的带载体或不带载体的薄膜状胶粘剂。

同义词:胶膜

4.14

棒状胶粘剂　adhesive bar;adhesive stick

由树脂等制成不含溶剂的在常温下呈棒状的胶粘剂。

同义词:胶棒

4.15

粉状胶粘剂　powder adhesive

由树脂等制成不含溶剂的在常温下呈粉末状的胶粘剂。

4.16

糊状胶粘剂　paste adhesive

表观成呈糊状的胶粘剂。

4.17

喷雾胶粘剂　spray adhesive

可以通过压力媒介喷射出小胶粒的胶粘剂。

4.18

腻子胶粘剂　mastic adhesive

在室温下可以塑造的不流淌的胶粘剂，它用于较宽缝隙的填封。

4.19

胶粘带　adhesive tape

在纸、布、薄膜、金属箔等基材的一面或两面涂胶的带状制品。

4.20

结构型胶粘剂　structural adhesive

用于受力结构件胶接的，能长期承受使用应力、环境作用的胶粘剂。

4.21

底胶　primer

为了改善胶接性能，涂胶前在被粘物表面涂布的一种胶粘剂。

4.22

溶剂型胶粘剂　solvent adhesive

以挥发性有机溶剂为主体分散介质的胶粘剂。

4.23

溶剂活化胶粘剂　solvent-activated adhesive

使用前用溶剂对干胶膜活化，使之具有粘性而完成胶接的胶粘剂。

4.24

无溶剂胶粘剂　solventless adhesive

不含溶剂的呈液状、糊状、固态的胶粘剂。

4.25

缝隙充填型胶粘剂　gap-filling adhesive

用于填充不平整表面上较宽缝隙的高固体份胶粘剂。

4.26

密封胶粘剂　sealing adhesive

起密封作用的胶粘剂。

4.27

厌氧胶粘剂　anaerobic adhesive

氧气存在时起抑制固化作用，隔绝氧气时就自行固化的胶粘剂。

4.28

光敏胶粘剂　photosensitive adhesive

依靠光能引发固化的胶粘剂。

4.29

压敏胶粘剂　pressure-sensitive adhesive

以无溶剂状态存在时，具有持久粘性的粘弹性材料。该材料经轻微压力，即可瞬间与大部分固体表面粘合。

4.30

湿固化胶粘剂　moisture curing adhesive

通过与空气中或者胶接表面的水汽发生反应而固化的胶粘剂。

4.31

压敏胶粘带　pressure-sensitive adhesive tape

将压敏胶粘剂涂于基材上的带状制品。

4.32

复合膜胶粘剂　multiple layer adhesive

两面有不同胶粘剂组成的膜，通常带有载体。一般用于蜂窝夹层结构中的芯材与面板的胶接。

4.33

发泡胶粘剂　foaming adhesive

固化时在原位发泡膨胀，靠分散在整个胶粘剂层内的大量气体泡孔来减小其表观密度的胶粘剂。

4.34

泡沫胶粘剂　foamed adhesive；cellula adhesive

已含无数充气微泡，而使其表观密度明显降低的胶粘剂。

4.35

胶囊型胶粘剂　encapsulated adhesive

把反应性组分的颗粒或液滴包封在保护膜(微胶囊)中，在用适当的方法破坏保护膜之前能防止固化的胶粘剂。

4.36

导电胶粘剂　electric conductive adhesive

具有导电性能的胶粘剂。这种胶粘剂一般含有银、铜、石墨等导电粉末。

4.37

热活化胶粘剂　heat activated adhesive

用加热的方法使它具有粘性的一种干性胶粘剂。

4.38

热熔胶粘剂　hot-melt adhesive

在熔融状态下进行涂布，冷却成固态就完成胶接的一种胶粘剂。

4.39

接触型胶粘剂　contact adhesive

涂于两个被粘物表面，经晾干叠合在一起，无需施加持续压力即可形成具有胶接强度的胶粘剂。

4.40

水基胶粘剂　water-borne adhesive；aqueous adhesive

以水为溶剂或分散介质的胶粘剂。

4.41

耐水胶粘剂　water-resistant adhesive

胶接件经常接触水分、湿气仍能保持其胶接性能(或使用性能)的胶粘剂。

4.42

热硬化胶粘剂　hot-setting adhesive

一种需加热才能硬化的胶粘剂。

5　胶接工艺

5.1

表面处理　surface treatment；surface preparation

为使被粘物适于胶接或涂布而对其表面进行的化学或物理处理。

5.2

脱脂　degrease

清除被粘物表面的油污。通常用碱液、有机溶剂等化学药品进行处理，有的还借助于超声波等设备。

5.3

打磨 abrading

用砂纸、钢丝刷或其他工具对被粘物表面进行处理。

5.4

喷砂处理 blasting treatment

利用喷砂机喷射出高速砂流，对被粘物表面进行的处理。

5.5

化学处理 chemical treatment

将被粘物放在酸或碱等溶液中进行处理，使表面活化或钝化。

5.6

阳极氧化 anodic oxidition

为保护金属表面或使其适于胶接，将金属被粘物作阳极，利用电化学法使其表面形成氧化物薄膜的过程。

5.7

喷涂 spray coating

用涂胶枪把胶粘剂喷涂在被粘物的胶接面上。

5.8

涂胶量 spread

单位胶接面积上的胶粘剂量。

注：单面涂胶量(single spread)指胶粘剂仅涂于胶接接头的一个被粘物上的量。

双面涂胶量(double spread)指胶粘剂涂于胶接接头的两个被粘物上的量。

5.9

分开涂胶法 separate application

双组分胶粘剂涂胶时，两组分分别涂于两个被粘物上，将两者叠合在一起即可形成胶接接头的方法。

5.10

浸胶 impregnation

把被粘物浸入胶粘剂溶液或胶粘剂分散液中进行涂布的一种工艺。

5.11

刷胶 brush coating

用毛刷将胶粘剂涂布在被粘物表面的一种手工涂布法。适用于溶剂挥发速度较慢的胶粘剂。

5.12

干燥时间 drying time

在规定条件下，从涂胶到胶粘剂干燥的时间。

5.13

干燥温度 drying temperature

涂胶后胶粘剂干燥所需的温度。

5.14

滑动 slippage

在胶接过程中，被粘物彼此间相对的移动。

5.15

定位 fixing

胶接时，被粘物在理想位置上的固定。

5.16

晾置时间　open assembly time

被粘物表面涂胶后至叠合前暴露于空气中的时间。

5.17

叠合时间　closed assembly time

涂胶表面叠合后到施加压力前的时间。

5.18

装配时间　assembly time

从胶粘剂施涂于被粘物到装配件进行加热或加压或既加热又加压的时间。

注：装配时间是晾置时间和叠合时间之和。

5.19

层压　laminating

将涂有胶粘剂的基材重叠压合在一起的方法或过程。

5.20

热压　hot pressing

对装配件加热加压的一种胶接方法。

5.21

冷压　cold pressing

对装配件不加热只加压的一种胶接方法。

5.22

高频胶接　high frequency bonding

把装配件置于高频(几兆周)强电场内，由电感应产生的热进行胶接的方法。

5.23

固化时间　curing time; cure time

在一定的温度、压力等条件下，装配件中胶粘剂达到规定性能所需的时间。

5.24

硬化时间　setting time; set time

在一定的温度、压力等条件下，装配件中胶粘剂硬化所需的时间。

5.25

固化温度　curing temperature; cure temperature

胶粘剂固化所需的温度。

5.26

硬化温度　setting temperature; cure temperature

胶粘剂硬化所需的温度。

5.27

室温固化　room temperature curing

在常温范围内进行的固化。

5.28

后固化　post curing; post cure

对初步固化后的胶接件进行的进一步处理(如加热等)。

5.29

过固化　overcure

装配件中的胶粘剂固化时，超过胶接工艺要求(温度过高、时间过长等)使胶接性能变坏的现象。

5.30

欠固化　undercure

胶粘剂固化不足，引起胶接性能不良的一种现象。

5.31

气囊施压成型　bag moulding

一种使用流体加压进行胶接的方法。一般是通过空气、蒸汽、水等或抽真空对韧性隔膜或袋子施压，隔膜或袋子(有时与刚性模子相连)把要胶接的材料完全覆盖起来。可以对不规则形状的胶接件施以均匀的压力使其胶接。

6　加工机械及涂布设备

6.1

调胶机　adhesive mixer

混合或配制胶粘剂用的机械装置。

6.2

涂胶枪　glue gun

在压力作用下，将胶粘剂喷涂或注射到被粘物表面的器械。

6.3

涂胶机　applicator

将胶粘剂涂布在被粘物表面上的装置。

6.4

刮胶刀、刮胶板、刮胶棒　doctor knife；doctor blade；doctor bar

一种能调节胶层的厚度并使之均匀地涂布在涂胶辊或待涂表面的器械。

6.5

涂胶调节辊　doctor roll

以不同的表面速度正向或反向旋转所产生的抹涂作用来调节涂胶厚度的辊筒。

6.6

浸胶机　impregnator；saturator

用胶粘剂浸渍纸张、织物之类的设备。它一般由转辊、浸胶槽、压棍、刮刀和干燥装置等部件组成。

6.7

固化夹具　curing fixture

装配件在固化时所用的定、位加压装置。

6.8

垫片　filler sheet

一种可变形的或弹性的片状材料。将它放在待胶接的装配件、与加压器之间，或者分布在装配件的叠层之间时，有助于胶接面受压均匀。

6.9

衬板　caul

胶接时，把装配件夹在其间一同放入压机进行加压的上下板材。

6.10

压机　press

对装配件施加压力使之胶接的机器。

6.11

真空加压袋　vacuum bag

用抽真空的方法对袋内装配件施加压力的一种软质袋。

6.12

热压罐　autoclave

用于装配件固化的一种加热加压的圆筒形装置。

7　胶接制品及其缺陷

7.1

装配件　assembly（for adhesives）

涂胶后叠在一起的或已完成胶接的组合件。

7.2

胶接件　bonded assembly

已完成胶接的组合件。

7.3

结构胶接件　structural bond

能长期承受使用应力、环境作用的胶接件。

7.4

蜂窝芯　honeycomb core

用金属箔材、纸或玻璃纤维布等骨架材料和胶粘剂制成的蜂窝状材料。用于制造蜂窝夹层结构等。

7.5

夹层结构　sandwich structure

在两层面板材料之间夹一层芯材(如蜂窝芯、泡沫塑料、波纹板等)胶接而成的结构。

7.6

胶接接头　joint

用胶粘剂把两个相邻的被粘物胶接在一起的部位。

7.7

单搭接接头　lap joint

两个被粘物主表面部分地叠合、胶接在一起所形成的接头。

7.8

对接接头　butt joint

被胶接的两个端面或一个端面与被粘物主表面垂直的胶接接头。

7.9

角接接头　angle joint

两被粘物的主表面端部形成一定角度的胶接接头。

7.10

斜接接头　scarf joint

将两被粘物切割成非90°的对应断面,并使该两断面胶接成具有同一平面的接头。

7.11

槽接接头　dado joint

榫槽式的胶接接头。

7.12

套接接头　dowel joint

两被粘物的胶接部位形成销孔或环套结构的接头(如棒材与管材、管材与管材)。

7.13

欠胶接头　starved joint

胶量不足,未能得到满意的胶接效果的接头。

注:这种情况的出现,是由于涂胶太薄,不足以填满被粘物之间孔隙;胶粘剂过量地渗入被粘物;装配时间过短或胶接压力过大所造成的。

7.14

流挂 sagging

胶层在使用和硬化过程中所发生的向下流动。

注：流挂通常特指应用于非水平表面的胶层，由于胶粘剂粘度过低、胶层太厚等原因而造成的胶层底部的堆积现象。

7.15

层压制品 laminate

由两层或两层以上的材料胶接而成的制品。

7.16

正交层压制品 cross laminate; crosswise laminate

一种层压制品，其中某些层的纹理(或最大拉伸强度方向)的取向与邻层的纹理(或最大拉伸强度方向)的取向成90°角。

7.17

顺纹层压制品 parallel aminate

一种层压制品，其所有层的纹理(或最大拉伸强度方向)的取向近似平行。

7.18

胶合板 plywood

一组单板通常按相邻层木纹方向互相垂直组坯胶合而成的板材，通常其表板和内层板对称地配置在中心层或板芯的两侧。

8 性能及测试

8.1

贮存期 storage life; shelf life

在规定条件下，胶粘剂仍能保持其操作性能和规定强度的最长存放时间。

8.2

适用期 pot life; working life

配制后的胶粘剂能维持其可用性能的时间。

同义词：使用期

8.3

触变性 thixotropy

流体随剪切力的增加或剪切时间的延长，表观粘度下降；撤销外力，粘度逐渐回复的流动性质。

8.4

粘弹性 viscoelasticity

物质在外力作用下所表现的形变，兼有固体(弹性)和液体(粘性)的形变性质。

8.5

表观粘度 apparent viscosity

流体具有剪切速率依赖性时，剪切应力与剪切速率的比值。

8.6

软化点 softening point

在规定条件下，非晶聚合物(或称无定形聚合物)达到某一规定形变时温度。

8.7

玻璃化转变 glass transition

指无定形聚合物、半结晶聚合物中的非晶区的玻璃态与高弹态之间的可逆性转变。

8.8

固体含量　solids content

在规定的测试条件下，测得的胶粘剂中不挥发性物质的质量分数。

同义词：不挥发物含量

8.9

耐化学性　chemical resistance

胶接试样经酸、碱、盐类等化学品作用后仍能保持其胶接性能的能力。

8.10

耐溶剂性　solvent resistance

胶接试样经溶剂作用后仍能保持其胶接性能的能力。

8.11

耐水性　water resistance

胶接试样经水分或湿气作用后仍能保持其胶接性能的能力。

8.12

耐烧蚀性　ablation resistance

胶层抵抗高温火焰及高速气流冲刷的能力。

8.13

耐久性　permanence；durability

在使用条件下，胶接件长期保持其性能的能力。

8.14

耐候性　weather resistance

胶接试样抵抗日光、冷热、风雨、盐雾等气候条件的能力。

8.15

胶接强度　bonding strength

使胶接试样中的胶粘剂与被粘物界面或其邻近处发生破坏所需的应力。

8.16

湿强度　wet strength

在规定的条件下，胶接试样在液体中浸泡后测得的胶接强度。

8.17

干强度　dry strength

在规定的条件下，胶接试样干燥后测得的胶接强度。

8.18

剪切强度　shear strength

在平行于胶层的载荷作用下，胶接试祥破坏时，单位胶接面所承受的剪切力。用 MPa 表示。

8.19

剪切变稀(或剪切稀化)　shear thinning

流体的表观粘度随剪切速率的增大而下降。

8.20

拉伸剪切强度　tensile shear strength；longitudinal shear strength；lap-joint strength

在平行于胶接界面层的轴向的拉伸载荷的作用下，使胶接接头破坏的应力。用 MPa 表示。

8.21

拉伸强度　tensile strength

在垂直于胶层的载荷作用下，胶接试样破坏时，单位胶接面所承受的拉伸力。用 MPa 表示。

8.22

剥离强度　peel strength

在规定的剥离条件下，使胶接试样分离时单位宽度所能承受的载荷。用 kN/m 表示。

8.23

冲击强度　impact strength

胶接试样承受冲击负荷而破坏时，单位胶接面所消耗的最大功。用 J/m^2 表示。

8.24

弯曲强度　bending strength

胶接试样在弯曲负荷作用下破坏或达到规定挠度时，单位胶接面所承受的最大载荷。用 MPa 表示。

8.25

持久强度　persistent strength

在一定条件下，单位胶接面所能承受的最大静载荷。用 MPa 表示。

8.26

扭转剪切强度　torsional shear strength

在扭转力矩作用下，胶接试样破坏时，单位胶接面所能承受的最大切向剪切力。用 MPa 表示。

8.27

套接压剪强度　compressive shear strength of dowel joint

在轴向力的作用下，套接接头破坏时单位胶接面所能承受的压剪力。用 MPa 表示。

8.28

疲劳寿命　fatigue life

在规定的载荷、频率等条件下，胶接试样破坏时的交变应力或交变循环次数。

8.29

破坏试验　destructive test

通过破坏胶接件以检测其胶接质量的试验。

8.30

非破坏性试验　non-destructive test

在不破坏胶接件的条件下进行的胶接质量的检测试验(如 X 光分析，超声波探伤等)。

8.31

煮沸试验　boiling test

将胶接试样按规定的时间在沸水中浸渍后，测定其胶接强度的试验。

8.32

高低温交变试验　high-low temperature cycles test

使胶接试样承受规定的高、低温周期交变后，检测其性能变化的试验。

8.33

耐候性试验　weathering test

将胶接试样暴露在自然气候条件或模拟条件下，检测其性能变化的试验。

8.34

加速老化试验　accelerated ageing test

将胶接试样置于比天然条件更为苛刻的条件下，进行短时间试验后检测其性能变化的试验。

8.35

疲劳试验　fatigue test

在规定的频率载荷等条件下，胶接试样施加交变载荷测定其疲劳极限强度或疲劳寿命或裂纹扩展速率或研究整个疲劳断裂过程的试验。

汉语拼音索引

英文索引

A

B

C

D

R

S

ICS 65.080
G 21

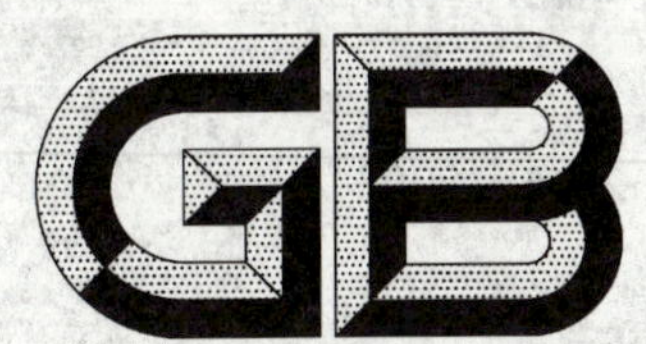

中华人民共和国国家标准

GB/T 2946—2008
代替 GB/T 2946—1992

氯 化 铵

Ammonium chloride

2008-12-31 发布 2009-08-01 实施

中华人民共和国国家质量监督检验检疫总局
中国国家标准化管理委员会 发布

前言

本标准代替 GB/T 2946—1992《氯化铵》。

本标准与前版标准的主要差异为：

——取消干、湿氯化铵的分类方式；

——将产品分为三个等级：优等品、一等品、合格品；

——硫酸盐测定步骤中，对试剂溶液的加入顺序做了调整。

本标准的附录 A 至附录 H 为规范性附录，规定了产品的测定方法。

本标准实施之日起 HG/T 3281—1990《小联碱农业氯化铵》废止。

自标准实施之日起，出厂产品应执行新标准；标准实施之日六个月后，市场上的氯化铵产品外包装禁止标注 GB/T 2946—1992 或 HG/T 3281—1990。

本标准由中国石油和化学工业协会提出。

本标准由全国肥料和土壤调理剂标准化技术委员会(SAC/TC 105)归口。

本标准负责起草单位：国家化肥质量监督检验中心(上海)、大化集团有限责任公司。

本标准参加起草单位：建德市大洋化工有限公司、自贡鸿鹤化工股份有限公司、湖北双环科技股份有限公司、湖北新洋丰肥业股份有限公司、江苏华昌化工股份有限公司。

本标准主要起草人：商照聪、房朋、闫成华、陈平、王福航、金岚、郑钧、季敏、胡波、王建平、文俊斌、王宏。

本标准所代替标准的历次版本发布情况为：

——GB 2946—1992。

氯　化　铵

1　范围

本标准规定了工业用氯化铵、农业用氯化铵的分类、要求、试验方法、检验规则、标识、包装、运输和贮存。

本标准适用于采用各种工艺生产的工业用、农业用氯化铵。其主要用途：工业上用于干电池、电镀、染纺、精密铸造等方面；农业上用作肥料。

分子式：NH_4Cl

相对分子质量：53.49（按2007年国际原子量）

2　规范性引用文件

下列文件中的条款通过本标准的引用而成为本标准的条款。凡是注日期的引用文件，其随后所有的修改单(不包括勘误的内容)或修订版均不适用于本标准，然而，鼓励根据本标准达成协议的各方研究是否可使用这些文件的最新版本。凡是不注日期的引用文件，其最新版本适用于本标准。

GB/T 3600　肥料中氨态氮含量的测定　甲醛法

GB/T 6679　固体化工产品采样通则

GB/T 8170　数值修约规则与极限数值的表示和判定

GB 8569　固体化学肥料包装

GB/T 8572　复混肥料中总氮含量的测定　蒸馏后滴定法

GB/T 8577　复混肥料中游离水含量的测定　卡尔·费休法

GB/T 10209.4　磷酸一铵、磷酸二铵的测定　第4部分：粒度

GB 18382　肥料标识　内容和要求

HG/T 2843　化肥产品　化学分析常用标准滴定溶液、标准溶液、试剂溶液和指示剂溶液

3　分类

氯化铵按用途分为工业用氯化铵和农业用氯化铵两类。

4　要求

4.1　外观：工业用产品为白色结晶；农业用产品为白色(可呈微灰或微黄色)结晶或颗粒(造粒产品)。

4.2　工业用氯化铵应符合表1的要求，同时应符合包装袋标明值。

表1　工业用氯化铵的要求

项　目		优等品	一等品	合格品
氯化铵(NH_4Cl)的质量分数(以干基计)/%	≥	99.5	99.3	99.0
水分质量分数[a]/%	≤	0.5	0.7	1.0
灼烧残渣质量分数/%	≤	0.4	0.4	0.4
铁(Fe)的质量分数/%	≤	0.000 7	0.001 0	0.003 0
重金属(以Pb计)的质量分数/%	≤	0.000 5	0.000 5	0.001 0
硫酸盐(以SO_4计)的质量分数/%	≤	0.02	0.05	—
pH值(200 g/L溶液)		4.0～5.8		

[a] 水分质量分数指出厂检验结果。当需方对水分有特殊要求时，可由供需双方协商确定。

4.3　农业用氯化铵应符合表2要求，同时应符合包装袋标明值。

表2　农业用氯化铵的要求

项　　目		优等品	一等品	合格品
氮(N)的质量分数(以干基计)/%	≥	25.4	25.0	24.0
水分质量分数[a]/%	≤	0.5	1.0	7.0
钠盐的质量分数[b](以Na计)/%	≤	0.8	1.0	1.6
粒度[c](2.00 mm～4.00 mm)/%	≥	75	70	—

a　水分质量分数指出厂检验结果。

b　钠盐的质量分数以干基计。

c　结晶状产品无粒度要求，粒状产品至少要达到一等品的要求。

5　试验方法

警告——试剂中的部分溶液具有腐蚀性、易燃性和毒性，操作应在通风橱内进行，操作者应小心谨慎！如溅倒皮肤应立即用合适的方式进行处理，严重者应立即治疗。本标准并未指出所有可能的安全问题，使用者有责任采取适当的安全和健康措施，并保证符合国家有关法规规定的条件。

本标准中所用试剂、水和溶液的配制，在未注明规格和配制方法时，均应符合HG/T 2843的规定。

5.1　氯化铵或氮含量的测定

5.1.1　蒸馏后滴定法(仲裁法)

5.1.1.1　按GB/T 8572中氨态氮含量的测定进行。

5.1.1.2　分析结果的表示

5.1.1.2.1　氯化铵含量(以干基计)，以氯化铵的质量分数 w_1 计，数值以%表示，按式(1)计算：

$$w_1 = \frac{c(V_2 - V_1) \times 0.053\,49}{m(1 - w_3)} \times 100 \qquad \cdots\cdots(1)$$

式中：

c——氢氧化钠标准滴定溶液浓度的数值，单位为摩尔每升(mol/L)；

V_1——测定时，使用氢氧化钠标准滴定溶液体积的数值，单位为毫升(mL)；

V_2——空白试验时，使用氢氧化钠标准滴定溶液体积的数值，单位为毫升(mL)；

m——试料质量的数值，单位为克(g)；

w_3——试样水分的质量分数，数值以%表示；

0.053 49——氯化铵的毫摩尔质量的数值，单位为克每毫摩尔(g/mmoL)。

计算结果应表示至两位小数。取平行测定结果的算术平均值为测定结果。

5.1.1.2.2　氮含量(以干基计)，以氮(N)的质量分数 w_2 计，数值以%表示，按式(2)计算：

$$w_2 = \frac{c(V_2 - V_1) \times 0.014\,01}{m(1 - w_3)} \times 100 \qquad \cdots\cdots(2)$$

式中：

0.014 01——氮的毫摩尔质量的数值，单位为克每毫摩尔(g/mmoL)。

计算结果应表示至两位小数。取平行测定结果的算术平均值为测定结果。

5.1.1.3　允许差

平行测定结果的绝对差值，以氯化铵计不大于0.20%；以氮计不大于0.05%。

不同实验室测定结果的绝对差值，以氯化铵计不大于0.30%；以氮计不大于0.08%。

5.1.2 氯化铵或氮含量测定 甲醛法

5.1.2.1 测定

按 GB/T 3600 规定进行。

5.1.2.2 分析结果的表示

5.1.2.2.1 氯化铵含量(以干基计),以氯化铵(NH_4Cl)的质量分数 w_1 计,数值以(%)表示,按式(3)计算:

$$w_1=\frac{c(V_2-V_1)\times 0.053\ 49}{m(1-w_3)}\times 100 \qquad (3)$$

计算结果应表示至两位小数。取平行测定结果的算术平均值为测定结果。

5.1.2.2.2 氮含量(以干基计),以氮(N)的质量分数 w_2 计,数值以(%)表示,按式(4)计算:

$$w_2=\frac{c(V_2-V_1)\times 0.014\ 01}{m(1-w_3)}\times 100 \qquad (4)$$

计算结果应表示至两位小数。取平行测定结果的算术平均值为测定结果。

5.1.2.3 允许差

平行测定结果的绝对差值,以氯化铵计不大于 0.20%;以氮计不大于 0.10%。

不同实验室测定结果的绝对差值,以氯化铵计不大于 0.30%;以氮计不大于 0.15%。

5.2 水分的测定

5.2.1 卡尔·费休法(仲裁法)

按 GB/T 8577 中的规定进行。

5.2.2 干燥法

按附录 A 进行。

5.3 灼烧残渣的测定 重量法

按附录 B 进行。

5.4 铁含量的测定 邻菲啰啉分光光度法

按附录 C 进行。

5.5 重金属含量的测定 目视比浊法

按附录 D 进行。

5.6 硫酸盐含量的测定 目视比浊法

按附录 E 进行。

5.7 钠含量的测定

5.7.1 火焰光度法(仲裁法)

按附录 F 进行。

5.7.2 汞量法

按附录 G 进行。

5.8 pH 值的测定 酸度计法

按附录 H 进行。

5.9 粒度的测定 筛分法

选用 2.00 mm 和 4.00 mm 的试验筛,其余按 GB/T 10209.4 中的相应条款进行。

6 检验规则

6.1 检验类别及检验项目

产品检验为出厂检验,检验项目为第四章的全部内容。

6.2 组批

产品按批检验,以一天的产量为一批,最大批量为 500 t。

6.3 采样方案

6.3.1 袋装产品

不超过 512 袋时，按表 3 确定采样袋数；大于 512 袋时，按式(5)计算结果确定最少采样袋数，如遇小数，则进为整数。

$$最少采样袋数 = 3 \times \sqrt[3]{N} \quad \cdots\cdots(5)$$

式中：

N——每批产品总袋数。

表 3 采样袋数的确定

总袋数	最少采样袋数	总袋数	最少采样袋数
1～10	全部	182～216	18
11～49	11	217～254	19
50～64	12	255～296	20
65～81	13	297～343	21
82～101	14	344～394	22
102～125	15	395～450	23
126～151	16	451～512	24
152～181	17		

按表 3 或式(5)计算结果随机抽取一定袋数，用取样器沿每袋最长对角线插入至袋的 3/4 处，取出不少于 100 g 样品，每批采取总样品量不少于 2 kg。

6.3.2 散装产品

按 GB/T 6679 规定进行。

6.4 样品缩分

将采取的样品迅速混匀，用缩分器或四分法将粒状样品缩分至约 1 kg；粉状样品缩分至约 0.5 kg。分装于两个洁净、干燥的 500 mL 或 250 mL 具有磨口塞的广口瓶或聚乙烯瓶中(生产企业质检部门可用洁净干燥的塑料自封袋盛装样品)。密封并贴上标签，注明生产企业名称、产品名称、批号、取样日期、取样人姓名。一瓶作产品质量分析，另一瓶保存两个月，以备查用。

6.5 粒状农业用氯化铵试样制备

取 6.4 中一瓶样品，按 6.4 中规定混合缩分成两份，其中一份供粒度测定(如果量大可再混合缩分一次)；另一份再混合缩分一至两次，得到约 100 g 缩分样品，迅速研磨至全部通过 1.00 mm 孔径筛，混合均匀，置于洁净、干燥的样品瓶中，供成分分析用。

6.6 结果判定

6.6.1 本标准中产品质量指标合格判定，采用 GB/T 8170 中“修约值比较法”。

6.6.2 出厂检验的项目全部符合本标准要求时，判该批产品合格。

6.6.3 如果检验结果中有一项指标不符合本标准要求时，应重新自二倍量的包装袋中采取样品进行检验，重新检验结果中，即使有一项指标不符合本标准要求，判该批产品不合格。

6.6.4 每批检验合格的出厂产品应附有质量证明书，其内容包括：生产企业名称、地址、产品名称、产品类别、产品等级、批号或生产日期、产品净含量、氯化铵含量或氮含量和本标准编号。

7 标识

应在产品包装容器正面标明产品类别和等级(如工业用优等品，农业用优等品，工业用一等品，农业用一等品，工业用合格品，农业用合格品)，应标明主要成分或养分含量。农业用氯化铵其余标识要求执行 GB 18382。

8 包装、运输和储存

8.1 产品用符合 GB 8569 规定的材料进行包装，宜使用经济实用型包装。

8.2 产品每袋净含量(50±0.5)kg、(40±0.4)kg、(25±0.25)kg，平均每袋净含量分别不应低于 50.0 kg、40.0 kg、25.0 kg。

8.3 产品应贮存于阴凉干燥处。

附 录 A
（规范性附录）
氯化铵水分的测定（干燥法）

A.1 方法提要

试样在 100 ℃～105 ℃下干燥至质量恒定，由质量损失计算出水分。

A.2 仪器

一般实验室用仪器和以下仪器。

A.2.1 带磨口塞称量瓶：直径 50 mm，高 30 mm。

A.2.2 电热鼓风干燥箱：能控制温度在 100 ℃～105 ℃之间。

A.3 分析步骤

作两份试料的平行测定。

置于预先在 100 ℃～105 ℃下干燥至质量恒定的称量瓶，称取约 5 g 试样，精确至 0.001 g，置于 100 ℃～105 ℃电热鼓风干燥箱中，干燥至质量恒定（一般不超过 4 h），冷却至室温后称量。

A.4 分析结果表示

水分，以水（H_2O）的质量分数 w_3 计，数值以（%）表示，按式（A.1）计算：

$$w_3 = \frac{m - m_1}{m} \times 100 \qquad \cdots\cdots\cdots\cdots(\text{A.1})$$

式中：

m——干燥前试料质量的数值，单位为克（g）；

m_1——干燥后试料质量的数值，单位为克（g）。

计算结果应表示至两位小数。取平行测定结果的算术平均值为测定结果。

A.5 允许差

允许差见表 A.1。

表 A.1 水分测定的允许差

水分的质量分数/%	平行测定结果的绝对差值/%	不同实验室测定结果的绝对差值/%
≤1.0	≤0.10	≤0.20
>1.0	≤0.20	≤0.40

附　录　B
（规范性附录）
氯化铵中灼烧残渣的测定

B.1　方法提要

试样经过加热升华，在 500 ℃～600 ℃下灼烧至质量恒定，得残留物，计算出灼烧残渣。

B.2　仪器

一般实验室用仪器和以下仪器。

B.2.1　蒸发皿：石英或瓷蒸发皿，容积为 50 mL。

B.2.2　高温电阻炉：控制温度 500 ℃～600 ℃。

B.2.3　分析步骤

作两份试料的平行测定。

称取约 10 g 试样，精确至 0.01 g，于预先已在 500 ℃～600 ℃下灼烧至恒重的 50 mL 蒸发皿中，置于电热炉上加热升华，升华温度约 400 ℃，直至无白烟后，移至 500 ℃～600 ℃高温电阻炉中灼烧，冷却、称重，直至质量恒定。

B.3　分析结果表示

灼烧残渣，以残渣的质量分数 w_4 计，数值以%表示，按式(B.1)计算：

$$w_4 = \frac{m_2 - m_3}{m} \times 100 \quad \cdots\cdots\cdots (B.1)$$

式中：

m_2——灼烧后蒸发皿和残渣的质量的数值，单位为克(g)；

m_3——蒸发皿的质量的数值，单位为克(g)；

m——试料的质量的数值，单位为克(g)。

计算结果应表示至两位小数。取平行测定结果的算术平均值为测定结果。

B.4　允许差

平行测定结果的绝对差值应不大于 0.05%；不同实验室测定的结果的绝对差值不大于 0.10%。

附 录 C
（规范性附录）
氯化铵中铁含量的测定

C.1 方法提要

用抗坏血酸将试液中的三价铁离子还原为二价铁离子，在 pH 值为 2～9 时，二价铁离子与邻菲啰啉生成橙红色配合物，在吸收波长 510 nm 处，用分光光度计测定其吸光度。

C.2 试剂和溶液

C.2.1 盐酸溶液：1.0 mol/L；

C.2.2 氨水溶液：1+9；

C.2.3 乙酸-乙酸钠缓冲溶液：pH 值约为 4.5；

C.2.4 抗坏血酸溶液：20 g/L(该溶液使用期限 10 d)；

C.2.5 邻菲啰啉溶液：2 g/L；

C.2.6 铁标准溶液：1 mg/mL；

C.2.7 铁标准溶液：0.01 mg/mL，用铁标准溶液(C.2.6)准确稀释 100 倍，当日使用。

C.3 仪器

一般实验室仪器和以下仪器。

分光光度计：带 3 cm 比色皿。

C.4 分析步骤

C.4.1 标准曲线的绘制

按表 C.1 所示，吸取铁标准溶液(C.2.7)分别置于 7 个 100 mL 容量瓶中，分别加水至约 60 mL 左右，加 1.0 mL 盐酸溶液，2.5 mL 抗坏血酸溶液和 10 mL 缓冲溶液，摇匀后加入 5 mL 邻菲啰啉溶液，用水稀释至刻度，摇匀后放置 15 min。

表 C.1 铁标准溶液体积和对应的铁含量

铁标准溶液体积/mL	0	1.00	2.00	4.00	6.00	8.00	10.00
相应的铁含量/mg	0	0.01	0.02	0.04	0.06	0.08	0.10

将部分显色溶液移入 3cm 比色皿中，以空白溶液(C.4.1 中的 0 mL)作参比溶液，于分光光度计波长 510 nm 处测定其吸光度。

以 100 mL 标准比色溶液中所含铁的毫克数为横坐标，相对应的吸光度为纵坐标，绘制标准曲线。

C.4.2 测定

做两份试料的平行测定。

称取 2 g～5 g 试样，精确至 0.001 g，置于烧杯中，加约 30 mL 水溶解，加 5 mL～10 mL 盐酸溶液，加热煮沸 2 min～5 min，冷却后加氨水溶液，调节溶液 pH 值接近 2(用精密 pH 试纸检验)，转移至 100 mL容量瓶中，以下步骤与 C.4.1 中“分别加水至约 60 mL 左右……于分光光度计波长 510 nm 处测定其吸光度”相同。

C.5 分析结果的表示

铁含量，以铁(Fe)的质量分数 w_5 计，数值以%计，按式(C.1)计算：

$$w_5 = \frac{m_4}{m \times 1\ 000} \times 100 \quad \cdots\cdots\cdots\cdots (\text{C.1})$$

式中：

m_4——标准曲线上查得的试液中铁的质量的数值，单位为毫克(mg)；

m——试料质量的数值，单位为克(g)。

计算结果应表示至五位小数。取平行测定结果的算术平均值为测定结果。

C.6 允许差

平行测定结果的绝对差值不大于0.000 2%；不同实验室测定的结果的绝对差值不大于0.000 3%。

附 录 D
（规范性附录）
氯化铵中重金属的测定

D.1 方法提要

在弱酸性条件下，试液中的重金属与加入的硫化氢生成硫化物沉淀，再与铅的标准浊度进行比较，确定重金属的含量。

D.2 试剂和溶液

D.2.1 硝酸铅；
D.2.2 乙酸溶液：1＋16；
D.2.3 铅(Pb)标准溶液：0.1 mg/mL；
D.2.4 铅(Pb)标准溶液：0.01 mg/mL：用移液管移取 10.0 mL 铅标准溶液(D.2.3)置于 100 mL 容量瓶中，加水至刻度，摇匀。该溶液在使用当日配制。
D.2.5 饱和硫化氢水溶液：使用当日配制。

D.3 仪器

一般实验室用仪器和带有磨口塞的 50 mL 刻度比色管。

D.4 分析步骤

D.4.1 标准浊度的制备

于两只 50 mL 比色管中分别加入 2.5 mL、5.0 mL 铅标准溶液(D.2.4)，加水至约 35 mL，加 2 mL 乙酸溶液，10 mL 饱和硫化氢水溶液，用水稀释至刻度，摇匀后放置 10 min。

D.4.2 测定

称取 5 g 试样(精确至 0.01 g)，置于 250 mL 烧杯中，加 20 mL 水溶解后过滤，滤液滤入 50 mL 比色管中，用少量水多次洗涤滤纸，然后加入 2 mL 乙酸溶液，与铅标准溶液同时加入 10 mL 饱和硫化氢水溶液，用水稀释至刻度，摇匀，放置 10 min。所呈浊度与标准浊度比较，浊度低于或等于相应标准浊度，即重金属的质量分数(以 Pb 计)≤0.000 5%或≤0.001 0%。

附 录 E
（规范性附录）
氯化铵中硫酸盐的测定

E.1 方法提要

在酸性介质中，钡离子与硫酸根离子生成硫酸钡。当硫酸根离子含量较低时，在一定时间内硫酸钡呈悬浮体，使溶液混浊，与标准溶液浊度比较，确定试样中硫酸盐含量。

E.1.1 试剂和溶液

E.1.1.1 体积分数为95%乙醇；

E.1.1.2 无水硫酸钠；

E.1.1.3 盐酸溶液：1+1；

E.1.1.4 氯化钡：100 g/L溶液；

E.1.1.5 硫酸盐标准溶液：0.1 mg/mL；

E.1.1.6 不含硫酸盐的氯化铵溶液：称取10 g试样，溶于80 mL水中，加1 mL盐酸溶液，煮沸后加入10 mL氯化钡溶液，搅匀后放置12 h～18 h过滤，并稀释至100 mL。

E.2 仪器

一般实验室用仪器和带磨口塞的50 mL刻度比色管。

E.3 分析步骤

E.3.1 标准浊度的制备

于50 mL比色管中，分别加入2.0 mL、5.0 mL硫酸盐标准溶液，加水至25 mL。然后加入5 mL体积分数为95%乙醇，1 mL盐酸溶液，加入10 mL不含硫酸盐的氯化铵溶液，5 mL氯化钡溶液，用水稀释至刻度，摇匀后放置20 min。

E.3.2 测定

称取1 g试样，精确至0.01 g，置于烧杯中，加20 mL水溶解后过滤，滤液滤入50 mL比色管中，用少量水多次洗涤滤纸，然后加入5 mL体积分数为95%乙醇，1 mL盐酸溶液，与硫酸盐标准溶液同时加入5 mL氯化钡溶液，加水稀释至刻度，摇匀后放置20 min。所呈浊度与标准浊度比较，浊度低于或等于标准浊度，即硫酸盐含量（以 SO_4 计）≤0.02%或≤0.05%。

附 录 F
（规范性附录）
氯化铵中钠含量的测定（火焰光度法）

F.1 方法提要

当被测元素的溶液以雾状喷入火焰时，即能发射出该元素的特征谱线。在一定浓度范围内，特征谱线强度与该元素浓度成正比，测定待测元素的特征谱线强度，用标准曲线法即能求得试样中钠的含量。

F.2 试剂和溶液

F.2.1 氯化钠：基准试剂；

F.2.2 氯化铵溶液：100 g/L；

F.2.3 钠标准溶液：1 mL 含 0.5 mg 钠；

F.2.4 钠校正溶液：1 mL 含 0.02 mg 钠；

用移液管移取 10.0 mL 钠标准溶液（F.2.3），于 250 mL 容量瓶中，再加入 3 mL 氯化铵溶液，用水稀释至刻度，摇匀。

F.3 仪器

一般实验室用仪器和火焰光度计。

F.4 分析步骤

作两份试料的平行测定。

F.4.1 校正试验

按火焰光度计使用说明书中规定用钠校正溶液进行仪器的校正试验。

F.4.2 标准曲线的绘制

按表 F.1 所示，吸取钠标准溶液分别置于 6 个 250 mL 容量瓶中，分别加 3 mL 氯化铵溶液，用水稀释至刻度，摇匀。以下操作按火焰光度计使用说明书中校正和进行测定。

以钠含量为横坐标，相对应的特征谱线强度为纵坐标，绘制标准曲线。

表 F.1 钠标准溶液体积和对应的钠含量

钠标准溶液体积/mL	1.00	2.00	4.00	6.00	8.00	10.00
相应的钠含量/mg	0.50	1.00	2.00	3.00	4.00	5.00

F.4.3 试样溶液的制备

称取 3 g 试样，精确到 0.001 g，置于烧杯中，用水溶解，转移至 250 mL 容量瓶中，并稀释至刻度，摇匀。从中取出 25.0 mL 试样溶液置于另一 250 mL 容量瓶中，稀释至刻度，摇匀。

F.4.4 测定

F.4.4.1 按火焰光度计使用说明书规定进行试样溶液的测定，重复三次后，求其特征谱线强度的平均值，从而在标准曲线上由特征谱线强度的平均值查得对应的钠的量（m_1）。

F.4.4.2 也可采用示差法（标准比较法）。

由绘制标准曲线（F.4.2）标准系列中，选取接近于试样溶液浓度的二份标准溶液，用低浓度调整仪器指针到零点。用高浓度标准溶液测定特征谱线强度，然后进行试样溶液的测定。

F.5 分析结果的表示

F.5.1 钠含量，以钠(Na)的质量分数 w_6 计，数值以%表示，按式(F.1)计算：

$$w_6 = \frac{m_5}{m \times \frac{25}{250} \times 1\,000} \times 100 = \frac{m_5}{m} \quad \cdots\cdots(F.1)$$

式中：

m_5——由标准曲线查得试样溶液相对应的钠质量的数值，单位为毫克(mg)；

m——试料质量的数值，单位为克(g)。

所得结果应表示至两位小数。取平行测定结果的算术平均值为测定结果。

F.5.2 钠含量，以钠(Na)的质量分数 w_6 计，数值以%表示，示差法按式(F.2)计算：

$$w_6 = \frac{m_6 + \frac{I_1}{I_2} \times (m_7 - m_6)}{m \times \frac{25}{250} \times 1\,000} \times 100 = \frac{m_6 + \frac{I_1}{I_2} \times (m_7 - m_6)}{m} \quad \cdots\cdots(F.2)$$

式中：

m_6——选取低浓度标准溶液所含有钠的质量的数值，单位为毫克(mg)；

m_7——选取高浓度标准溶液所含有钠的质量的数值，单位为毫克(mg)；

I_1——测得试样溶液浓度的特征谱线强度；

I_2——高浓度标准溶液的特征谱线强度；

m——试样质量的数值，单位为克(g)。

所得结果应表示至两位小数。取平行测定结果的算术平均值为测定结果。

F.6 允许差

平行测定结果的绝对差值应不大于0.06%；不同实验室测定结果的绝对差值应不大于0.15%。

附 录 G
（规范性附录）
氯化铵中钠含量的测定（汞量法）

G.1 方法提要

在酸性的水溶液或乙醇-水溶液中，用强电离的硝酸汞标准溶液将氯离子转化成弱电离的氯化汞，用二苯偶氮碳酰肼指示剂与过量的 Hg^{2+} 生成紫红色络合物为终点。

G.2 试剂和溶液

G.2.1 氯化钠：基准试剂。

G.2.2 硝酸溶液：用化学纯试剂配制，0.2 mol/L。

G.2.3 硝酸汞标准滴定溶液：$c\left[\frac{1}{2}Hg(NO_3)_2\right]=0.1000$ mol/L；

称取 17.13 g 硝酸汞[$Hg(NO_3)_2 \cdot H_2O$]，溶解于 500 mL 水中，加 4 mL 硝酸溶液，用水稀释至 1 000 mL；标定：称取在 500 ℃～600 ℃下灼烧至恒重的氯化钠 0.15 g，精确至 0.000 1 g，溶解于 40 mL 水中，加 2～3 滴溴酚蓝指示液，滴加 0.2 mol/L 硝酸溶液至溶液呈黄色，再过量 3 滴，加 1 mL 二苯偶氮碳酰肼指示液，用硝酸汞标准滴定溶液滴定至溶液呈紫红色为终点。

硝酸汞标准滴定溶液的浓度 c，以 mol/L 表示，按式(G.1)计算：

$$c=\frac{m}{V\times 0.05844} \qquad \text{(G.1)}$$

式中：

m——氯化钠质量的数值，单位为克(g)；

V——滴定时用去硝酸汞标准滴定溶液体积的数值，单位为毫升(mL)；

0.058 44——氯化钠的毫摩尔质量的数值，单位为克每毫摩尔(g/mmol)。

G.2.4 溴酚蓝指示液：0.1%乙醇溶液。

G.2.5 二苯偶氮碳酰肼指示液：5 g/L。

G.3 仪器

一般实验室用仪器和以下仪器。

G.3.1 100 mL 瓷蒸发皿；

G.3.2 高温电阻炉：可控制温度在 500 ℃～600 ℃。

G.4 分析步骤

作两份试料的平行测定。

G.4.1 试样溶液的制备

称取约 5 g 试样，精确到 0.001 g，置于 100 mL 瓷蒸发皿中。将瓷蒸发皿置于电炉上加热，使氯化铵升华尽，再移至 500 ℃～600 ℃高温电阻炉中灼烧至恒重。将灼烧后的残留物用水溶解，并转移至 250 mL 的锥形瓶中，总体积不超过 40 mL。

G.4.2 测定

在试液(G.4.1)中加入两滴溴酚蓝指示液，然后滴加硝酸溶液至溶液呈黄色，再过量三滴。最后加入 1 mL 二苯偶氮碳酰肼指示液，用硝酸汞标准滴定溶液滴定至溶液呈紫红色为终点。

G.4.3 结果的表示

钠含量,以钠(Na)的质量分数 w_6 计,数值以%表示,按式(G.2)计算:

$$w_6=\frac{c\times V\times 0.02299}{m}\times 100 \qquad \cdots\cdots (G.2)$$

式中:

c——硝酸汞标准滴定溶液浓度的数值,单位为摩尔/升(mol/L);

V——测定时用去硝酸汞标准滴定溶液的体积的数值,单位为毫升(mL);

0.022 99——钠的毫摩尔质量的数值,单位为克每毫摩尔(g/mmol);

m——试料质量的数值,单位为克(g)。

所得结果应表示至两位小数。取平行测定结果的算术平均值为测定结果。

G.5 允许差

平行测定结果的绝对差值应不大于0.05%;不同实验室测定结果的绝对差值应不大于0.10%。

注:含汞废液的处理方法:

将含汞废液收集于约50 L的容器中,当废液达到40 L左右时,依次加入400 mL 40%的工业氢氧化钠溶液,100 g硫化钠($Na_2S\cdot 9H_2O$),搅拌均匀。10 min后缓慢加入400 mL 30%过氧化氢溶液,氧化过量的硫化钠,防止汞以多硫化物形式溶解,充分混合,放置24 h后,将上部清液排入废水中,沉淀物(硫化汞又名辰砂,不溶于水,对人体无害)转入另一容器中,回收。

附 录 H
(规范性附录)
氯化铵 pH 值的测定

H.1 方法提要

试样经水溶解,用 pH 酸度计测定。

H.2 试剂和溶液

H.2.1 磷酸二氢钾[$c(KH_2PO_4)=0.025$ mol/L]和磷酸氢二钠[$c(Na_2HPO_4)=0.025$ mol/L]缓冲溶液;

H.2.2 邻苯二甲酸氢钾[$c(C_8H_5O_4K)=0.05$ mol/L]缓冲溶液。

H.3 仪器

一般实验室用仪器和酸度计。

pH 酸度计:灵敏度为 0.01 pH 单位。

H.4 分析步骤

称取试样 20.00 g 于 100 mL 烧杯中,置于烧杯中,加 100 mL 不含二氧化碳的水,搅动 1 min,静置 30 min,用 pH 酸度计测定。测定前,用标准缓冲液对酸度计进行校验。

H.5 分析结果的表示

试液的 pH 值,以 pH 表示,所得结果表示至一位小数。

ICS 29.060
K 13

中华人民共和国国家标准

GB/T 2951.11—2008/IEC 60811-1-1:2001
代替 GB/T 2951.1—1997

电缆和光缆绝缘和护套材料通用试验方法 第11部分:通用试验方法——厚度和外形尺寸测量——机械性能试验

Common test methods for insulating and sheathing materials of electric and optical cables—Part 11:Methods for general application—Measurement of thickness and overall dimensions—Tests for determining the mechanical properties

(IEC 60811-1-1:2001,IDT)

2008-06-26 发布　　2009-04-01 实施

中华人民共和国国家质量监督检验检疫总局
中国国家标准化管理委员会 发布

前　言

GB/T 2951《电缆和光缆绝缘和护套材料通用试验方法》分为10个部分：

——第11部分：通用试验方法——厚度和外形尺寸测量——机械性能试验；

——第12部分：通用试验方法——热老化试验方法；

——第13部分：通用试验方法——密度测定方法——吸水试验——收缩试验；

——第14部分：通用试验方法——低温试验；

——第21部分：弹性体混合料专用试验方法——耐臭氧试验——热延伸试验——浸矿物油试验；

——第31部分：聚氯乙烯混合料专用试验方法——高温压力试验——抗开裂试验；

——第32部分：聚氯乙烯混合料专用试验方法——失重试验——热稳定性试验；

——第41部分：聚乙烯和聚丙烯混合料专用试验方法——耐环境应力开裂试验——熔体指数测量方法——直接燃烧法测量聚乙烯中碳黑和/或矿物质填料含量——热重分析法(TGA)测量碳黑含量——显微镜法评估聚乙烯中碳黑分散度；

——第42部分：聚乙烯和聚丙烯混合料专用试验方法——高温处理后抗张强度和断裂伸长率试验——高温处理后卷绕试验——空气热老化后的卷绕试验——测定质量的增加——长期热稳定性试验——铜催化氧化降解试验方法；

——第51部分：填充膏专用试验方法——滴点——油分离——低温脆性——总酸值——腐蚀性——23 ℃时的介电常数——23 ℃和100 ℃时的直流电阻率。

本部分为GB/T 2951的第11部分。

本部分等同采用IEC 60811-1-1:2001《电缆和光缆绝缘和护套材料通用试验方法　第1-1部分：通用试验方法——厚度和外形尺寸测量——机械性能试验》(英文版)。

考虑到我国国情和便于使用，本部分做了下列编辑性修改：

——用"第11部分"代替"第1-1部分"；

——用小数点"."代替作为小数点的","；

——删除国际标准的前言；

——本部分第1.1引用了采用国际标准的我国标准而非国际标准；

——本部分在IEC 60811-1-1原文第1章和第3章未与IEC 60811-1-1的标准名称中增加的"和光缆"相协调处增加了"光缆"。

本部分代替GB/T 2951.1—1997《电缆绝缘和护套材料通用试验方法　第1部分：通用试验方法　第1节：厚度和外形尺寸测量——机械性能试验》。

本部分与GB/T 2951.1—1997相比主要变化如下：

——本部分名称修改为："电缆和光缆绝缘和护套材料通用试验方法　第11部分：通用试验方法——厚度和外形尺寸测量——机械性能试验"；

——与本部分名称相对应，英文名称修改为："Common test methods for insulating and sheathing materials of electric and optical cables—Part 11: Methods for general application—Measurement of thickness and overall dimensions—Tests for determining the mechanical properties"；

——第1章"配电用电缆和通信电缆，包括船用电缆"，改为"配电及通信用电缆和光缆，包括船舶及近海用电缆和光缆"(1997版的第1章；本版的第1章)；

——第3章"适用范围"增加"光缆"(1997版的第3章；本版的第3章)；

——9.1.3增加了"注"，c)项修订为"1)"项和"2)"项(1997版的9.1.3；本版的9.1.3)；

——9.1.6 和 9.2.6 改为“备用条款”，内容删除(1997 版的 9.1.6 和 9.2.6；本版的 9.1.6 和 9.2.6)；

——删除了 1997 版中的附录 B(1997 版附录 B；本版无)。

本部分的附录 A 为资料性附录。

本部分由中国电器工业协会提出。

本部分由全国电线电缆标准化技术委员会归口。

本部分起草单位：上海电缆研究所、中国质量认证中心。

本部分主要起草人：李明珠、王申、朱永华、王春红、黄萱。

本部分所代替标准的历次版本发布情况为：

——GB 2951.1—1982、GB/T 2951.1—1994、GB/T 2951.1—1997；

——GB 2951.2～2951.6—1982、GB/T 2951.2～2951.6—1994。

电缆和光缆绝缘和护套材料通用试验方法 第11部分:通用试验方法—— 厚度和外形尺寸测量——机械性能试验

1 范围

GB/T 2951 规定了配电及通信用电缆和光缆,包括船舶及近海用电缆和光缆的聚合物绝缘和护套材料的试验方法。

GB/T 2951 的本部分规定了厚度和外形尺寸的测量方法及机械性能试验方法。这些方法适用于最普通类型的绝缘和护套材料(弹性体、聚氯乙烯、聚乙烯、聚丙烯等)。

1.1 规范性引用文件

下列文件中的条款通过 GB/T 2951 的本部分的引用而成为本部分的条款。凡是注日期的引用文件,其随后所有的修改单(不包括勘误的内容)或修订版均不适用于本部分,然而,鼓励根据本部分达成协议的各方研究是否可使用这些文件的最新版本。凡是不注日期的引用文件,其最新版本适用于本部分。

GB/T 2951.12—2008 电缆和光缆绝缘和护套材料通用试验方法 第12部分:通用试验方法——热老化试验方法(IEC 60811-1-2:1985,IDT)

GB/T 2951.13—2008 电缆和光缆绝缘和护套材料通用试验方法 第13部分:通用试验方法——密度测定方法——吸水试验——收缩试验(IEC 60811-1-3:1993,IDT)

GB/T 2951.21—2008 电缆和光缆绝缘和护套材料通用试验方法 第21部分:弹性体混合料专用试验方法——耐臭氧试验——热延伸试验——浸矿物油试验(IEC 60811-2-1:1998,IDT)

2 试验原则

本部分没有规定全部的试验条件(如温度、持续时间等)以及全部试验要求,它们应在有关电缆产品标准中加以规定。

本部分规定的任何试验要求可以在有关电缆产品标准中加以修改,以适应特殊类型电缆的需要。

3 适用范围

本部分规定的试验条件和试验参数适用于电缆、光缆、电线和软线的最常用类型的绝缘和护套材料。

4 型式试验和其他试验

本部分规定的试验方法首先是作为型式试验用的。某些试验项目其型式试验和经常进行的试验(如例行试验)的条件有本质上的区别,本部分已指明了这些区别。

5 预处理

所有的试验应在绝缘和护套料挤出或硫化(或交联)后存放至少 16 h 方可进行。除非另有规定,任何试验前,所有试样包括老化或未老化的试样应在温度(23±5)℃下至少保持 3 h。

6 试验温度

除非另有规定,试验应在环境温度下进行。

7 定义

本部分采用下述定义：

7.1

最大拉力 maximum tensile force

试验期间负荷达到的最大值。

7.2

拉伸应力 tensile stress

试件未拉伸时的单位面积上的拉力。

7.3

抗张强度 tensile strength

拉伸试件至断裂时记录的最大抗拉应力。

7.4

断裂伸长率 elongation at break

试件拉伸至断裂时，标记距离的增量与未拉伸试样的标记距离的百分比。

7.5

中间值 median value

将获得的应有个数的试验数据以递增或递减次序排列，当有效数据的个数为奇数时，则中间值为正中间一个数值；若为偶数时，则中间值为中间两个数值的平均值。

8 厚度和外形尺寸的测量

8.1 绝缘厚度的测量

8.1.1 概述

绝缘厚度的测量可以作为一项单独的试验，也可以作为其他试验如机械性能试验过程中的一个步骤。

在所有情况下，取样方法均应符合有关电缆产品标准的规定。

8.1.2 测量装置

读数显微镜或放大倍数至少 10 倍的投影仪，两种装置读数均应至 0.01 mm。当测量绝缘厚度小于 0.5 mm 时，则小数点后第三位数为估计读数。

有争议时，应采用读数显微镜测量作为基准方法。

8.1.3 试件制备

从绝缘上去除所有护层，抽出导体和隔离层(若有的话)。小心操作以免损坏绝缘，内外半导电层若与绝缘粘连在一起，则不必去掉。

每一试件由一绝缘薄片组成，应用适当的工具(锋利的刀片如剃刀刀片等)沿着与导体轴线相垂直的平面切取薄片。

无护套扁平软线的线芯不应分开。

如果绝缘上有压印标记凹痕，则会使该处厚度变薄，因此试件应取包含该标记的一段。

8.1.4 测量步骤

将试件置于装置的工作面上，切割面与光轴垂直。

a) 当试件内侧为圆形时，应按图 1 径向测量 6 点。如是扇形绝缘线芯，则按图 2 测量 6 点；

b) 当绝缘是从绞合导体上截取时，应按图 3 和图 4 径向测量 6 点；

c) 当试件外表面凹凸不平时，应按图 5 测量 6 点；

d) 当绝缘内、外均有不可去除的屏蔽层时，屏蔽层厚度应从测量值中减去，当不透明绝缘内、外均有不可除去的屏蔽层时，应使用读数显微镜测量；

e) 无护套扁平软线应按图 6 测量，两导体之间最短距离的一半作为绝缘线芯的绝缘厚度。

在任何情况下，第一次测量应在绝缘最薄处进行。

如果绝缘试件包括压印标记凹痕，则该处绝缘厚度不应用来计算平均厚度。但在任何情况下，压印标记凹痕处的绝缘厚度应符合有关电缆产品标准中规定的最小值。

若规定的绝缘厚度为 0.5 mm 及以上时，读数应测量到小数点后两位(以 mm 计)；若规定的绝缘厚度小于 0.5 mm 时，则读数应测量到小数点后三位，第三位为估计数。

8.1.5 测量结果的评定

测量结果应按有关电缆产品标准中试验要求的规定进行评定。

进行机械性能试验时，每个试件厚度的平均值 δ(见 9.1.4 b1)项)应按该试件上测得的 6 个测量值计算。

8.2 非金属护套厚度测量

8.2.1 概述

护套厚度的测量可以作为一项单独的试验，也可以作为其他试验如机械性能试验过程中的一个步骤，本试验方法也适用于其他有规定厚度的护套的测量，例如隔离套和外护套。

在所有情况下，取样方法均应符合有关电缆产品标准的规定。

8.2.2 测量装置

(见 8.1.2)

8.2.3 试件制备

去除护套内、外所有元件(若有的话)，用一适当的工具(锋利的刀片如剃刀刀片等)沿垂直于电缆轴线的平面切取薄片。

如果护套上有压印标记凹痕，则会使该处厚度变薄，因此试件应取包含该标记的一段。

8.2.4 测量步骤

将试件置于测量装置工作面上，切割面与光轴垂直。

a) 当试件内侧为圆形时，应按图 1 径向测量 6 点；

b) 如果试件的内圆表面实质上是不规整或不光滑的，则应按图 7 在护套最薄处径向测量 6 点；

c) 当试件内侧有导体造成很深的凹槽时，应按图 8 在每个凹槽底部径向测量，当凹槽数目超过 6 个时，应按 b)项进行测量；

d) 当因刮胶带或肋条形护套外形引起的护套外表面不规整时，应按图 9 进行测量；

e) 对于有护套的扁平软线，应按图 10 在与每个绝缘线芯截面的短轴大致平行的方向及长轴上分别测量。但无论如何应在最薄处测量一点；

f) 六芯及以下有护套的扁平电缆应按图 11 进行测量：

——在圆弧形两头沿着横截面的长轴进行测量；

——在扁平的两边，在第一根和最后一根绝缘线芯上测量；如果最薄厚度不在上述几次测量值中，则应增加最薄处及其对面方向上厚度的测量。

上述规定也适用于六芯以上扁平电缆护套厚度的测量，但应增加中间绝缘线芯处或者当绝缘线芯为偶数时取中间两个绝缘线芯之一进行测量。

在任何情况下，应有一次测量在护套最薄处进行。

如果护套试样包括压印标记凹痕，则该处厚度不应用来计算平均厚度。但在任何情况下，压印标记凹痕处的护套厚度应符合有关电缆产品标准中规定的最小值。

读数应到小数点后两位(以 mm 计)。

8.2.5 测量结果的评定

测量结果应按有关电缆产品标准中试验要求的规定进行评定。

进行机械性能试验时，每个试件的厚度平均值 δ(见 9.2.4)应按该试件上测得的所有测量值计算。

8.3 外形尺寸测量

8.3.1 概述

线芯绝缘外径和护套外径的测量可以作为一项单独的试验，亦可作为其他试验过程中的一个步骤。除非特殊试验程序规定了不同的或替代的方法，下面 8.3.2 规定的是通用的测量方法。

在所有情况下，取样方法均应符合有关电缆产品标准的规定。

8.3.2 测量步骤

a） 软线和电缆的外径不超过 25 mm 时，用测微计、投影仪或类似的仪器在互相垂直的两个方向上分别测量；
   例行试验允许用刻度千分尺或游标卡尺测量，测量时应尽量减小接触压力；

b） 软线和电缆的外径超过 25 mm 时，应用测量带测量其圆周长，然后计算直径。也可使用能直接读数的测量带测量；

c） 扁平软线和电缆应使用测微计、投影仪或类似的仪器沿着横截面的长轴和短轴进行测量。除非有关电缆产品标准中另有规定；尺寸为 25 mm 及以下者，读数应到小数点后两位（以 mm 计），尺寸为 25 mm 以上者，读数应到小数点后一位。

8.3.3 测量结果的评定

测量结果应按有关电缆产品标准中试验要求的规定进行评定。

9 绝缘和护套材料机械性能测量方法

9.1 绝缘材料

9.1.1 概述

本方法是在电缆制成时条件下（即未经老化处理的），如果需要也可以按有关电缆产品标准中规定的一种或几种加速老化处理后，测定电缆绝缘材料（不包括半导电层）的抗张强度和断裂伸长率。

空气烘箱、空气弹和氧弹老化步骤见 GB/T 2951.12—2008 第 8 章的规定。

需老化处理的试件应取自紧靠未老化试验用试件后面一段。老化和未老化试件的拉力试验应连续进行。

注：如有必要增加试验的可靠性，推荐由同一操作人员，使用同一种测试方法，在同一个实验室同一台机器上对老化和未老化试件进行试验。

9.1.2 取样

从每个被试绝缘线芯试样（或每个被取绝缘线芯的绝缘试样）上切取足够长的样段，供制取老化前机械性能试验用试件至少 5 个和供要求进行各种老化用试件各至少 5 个。应注意制备每个试件的取样长度要求 100 mm。

扁平软线的绝缘线芯不应分开。

有机械损伤的任何试样均不应用于试验。

9.1.3 试件制备及处理

注：建议在制备试件前阅读 9.1.3 c）项“试件的处理”。

a） 哑铃试件
   尽可能使用哑铃试件。将绝缘线芯轴向切开，抽出导体，从绝缘试样上制取哑铃试件。
   绝缘内、外两侧若有半导电层，应用机械方法去除而不应使用溶剂。
   每一绝缘试样应切成适当长度的试条，在试条上标上记号，以识别取自哪个试样及其在试样上彼此相关的位置。
   绝缘试条应磨平或削平，使标记线之间具有平行的表面。磨平时应注意避免过热，削片机的实例参见附录 A。对 PE 和 PP 绝缘只能削平而不能磨平。磨平或削平后，包括毛刺的去除，试条厚度应不小于 0.8 mm，不大于 2.0 mm。如果不能获得 0.8 mm 的厚度，允许最小厚度为

0.6 mm。

然后在制备好的绝缘试条上冲切如图 12 所示的哑铃试件，如有可能，应并排冲切两个哑铃试件。

为了提高试验结果的可靠性，推荐采取下列措施：

——冲模(哑铃刀)应非常锋利以减少试件上的缺陷；

——在试条和底板之间放置一硬纸板或其他适当的垫片。该垫片在冲切过程中可能被冲破，但不会被冲模(哑铃刀)完全切断；

——应避免试件两边的毛刺。

对于有可能冲出带毛刺的哑铃试件的材料，可采取下列方法：

1) 冲模两端应有一个 2.5 mm 宽，2.5 mm 高的凹槽(见图 14)；

2) 冲制的哑铃试件两端仍与按 9.1.3 a)项要求制备的试条连接在一起(见图 15)；

3) 采用附录 A 的设备，则可切掉多余的(0.10～0.15) mm 厚度以除去由哑铃冲模引起可能出现的毛刺。上述操作结束后将哑铃试件的两端从绝缘试条上切开，取出哑铃试件。

当绝缘线芯直径太小不能用图 12 冲模冲切试件时，可用图 13 所示的小冲模从制备的试条上冲切试件。

拉力试验前，在每个哑铃试件的中央标上两条标记线。其间距离：大哑铃试件为 20 mm；小哑铃试件为 10 mm。

允许哑铃试件的两端不完整，只要断裂点发生在标记线之间。

b) 管状试件

只有当绝缘线芯尺寸不能制备哑铃试件时才使用管状试件。

将线芯试样切成约 100 mm 长的小段，抽出导体，去除所有外护层，注意不要损伤绝缘。每个管状试件均标上记号，以识别取自哪个试样及其在试样上彼此相关的位置。

采用下述一个或多个操作方法能使抽取导体方便：

1) 拉伸硬导体；

2) 在小的机械力作用下小心滚动绝缘线芯；

3) 如果是绞合线芯或软导体，可先抽取中心 1 根或几根导体。

导体抽出后，将隔离层(如有的话)除去。如有困难，可使用下述任一种方法：

——如是纸隔离层，浸入水中；

——如是聚酯隔离层，浸入酒精中；

——在光滑的平面上滚动绝缘。

拉力试验前，在每个管状试件的中间部位标上两个标记，间距为 20 mm。

如果隔离层仍保留在管状试件内，那么在拉力试验过程中试样拉伸时会发现试件不规整。

如发生上述情况，该试验结果应作废。

c) 试件的处理应按照以下的规定进行

1) 高温处理

当有关电缆产品标准要求试样在高温下处理时，或者对试验结果有疑问时，应按以下的方式处理后重复试验：

——对于哑铃试件

(A)将绝缘从电缆上取下后，去除半导电层(如有的话)，在试条冲切哑铃试件之前进行处理；

(B)将试样磨平或削平得到平行表面之后进行处理。

当试样不需要磨平(或削平)时，根据(A)的试验方案进行处理。

——对于管状试件，取出导体和隔离层(若有的话)，在试件上标上拉力试验的标志线之前对试件进行处理。

当有关电缆产品标准要求进行高温处理时,其电缆产品标准应规定处理的温度和时间。

在有疑问时,试样应在(70±2)℃下放置 24 h,或者在低于导体最高工作温度下放置 24 h 后重新试验。

2) 环境温度处理

在测量截面积前,所有的试件应避免阳光的直射,并在(23±5)℃温度下存放至少 3 h,但热塑性绝缘材料试件的存放温度为(23±2)℃。

9.1.4 截面积的测量

a) 哑铃试件

每个试件的截面积是试件宽度和测量的最小厚度的乘积,试件的宽度和厚度应按如下方法测量。

宽度:

——任意选取三个试件测量它们的宽度,取最小值作为该组哑铃试件的宽度;

——如果对宽度的均匀性有疑问,则应在三个试件上分别取三处测量其上、下两边的宽度,计算上、下测量处测量值的平均值。取三个试件的 9 个平均值中的最小值为该组哑铃试件的宽度。如还有疑问,应在每个试件上测量宽度。

厚度:

——每个试件的厚度取拉伸区域内三处测量值的最小值。

应使用光学仪器或指针式测厚仪进行测量,测量时接触压力不超过 0.07 N/mm^2。

测量厚度时的误差应不大于 0.01 mm,测量宽度时的误差应不大于 0.04 mm。

如有疑问,并在技术上也可行的情况下,应使用光学仪器。或者也可使用接触压力不大于 0.02 N/mm^2 的指针式测厚仪。

注:如果哑铃试片的中间部分成弧状,可使用带合适弧形测量头的指针式测厚仪。

b) 管状试件

在试样中间处截取一个试件,然后用下述测量方法中的一种测量其截面积 A(单位为 mm^2)。如有疑问,应使用第二种方法 b2)。

b1) 根据截面尺寸计算:

$$A = \pi(D-\delta)\delta$$

式中:

δ——绝缘厚度平均值,单位为毫米(mm),按第 9 章规定测量并修约到小数点后两位(见 8.1.4 最后一段);

D——管状试样外径的平均值,单位为毫米(mm),按 8.3.2 试验方法 b)规定测量并修约到小数点后两位。

b2) 根据密度、质量和长度计算:

$$A = \frac{1\,000\,m}{d \times L}$$

式中:

m——试样的质量,单位为克(g),到小数点后三位;

L——长度,单位为毫米(mm),到小数点后一位;

d——密度,单位为克每立方厘米(g/cm^3),按 GB/T 2951.13—2008 第 8 章在同一绝缘样段的(未老化)的另一个试样上测量,到小数点后的三位。

b3) 根据体积和长度计算:

$$A = \frac{V}{L}$$

式中：

V——体积，单位为立方毫米(mm^3)，到小数点后两位；

L——长度，单位为毫米(mm)，到小数点后一位。

可用将试样浸入酒精中的方法测量体积 V。将试样浸入酒精中时，应小心避免在试样上产生气泡。

c) 对需老化的试样，截面积应在老化处理前测量。但绝缘带导体一起老化的试件除外。

9.1.5 老化处理

每一组要求进行老化处理的试验，应在有关电缆产品标准规定的老化条件下，按 GB/T 2951.12—2008 第 8 章规定在 5 个试件(见 9.1.2)上进行。

9.1.6 备用条款

9.1.7 拉力试验步骤

a) 试验温度

试验应在(23±5)℃温度下进行。对热塑性绝缘材料有疑问时，试验应在(23±2)℃温度下进行。

b) 夹头之间的间距和移动速度

拉力试验机的夹头可以是自紧式夹头，也可以是非自紧式夹头。

夹头之间的总间距约为：

如图 13 的哑铃试件　34 mm；

如图 12 的哑铃试件　50 mm；

用自紧式夹头试验时，管状试件　50 mm；

用非自紧式夹头试验时，管状试件　85 mm。

夹头移动速度应为(250±50) mm/min，但 PE 和 PP 绝缘除外。有疑问时，移动速度应为(25±5) mm/min。

PE 和 PP 绝缘，或含有这些材料的绝缘，其移动速度应为(25±5) mm/min。但在进行例行试验时，允许移动速度为(250±50) mm/min 及以下。

c) 测量

试验期间测量并记录最大拉力。同时在同一试件上测量断裂时，两个标记线之间的距离。

在夹头处拉断的任何试件的试验结果均应作废，在这种情况下，计算抗张强度和断裂伸长率至少需要 4 个有效数据，否则试验应重做。

9.1.8 试验结果表示方法

根据 7.3 和 7.4 的定义分别计算出抗张强度和断裂伸长率。

应确定试验结果的中间值。

9.2 护套材料

9.2.1 概述

本方法是在电缆制成时条件下，如果需要也可以按有关电缆产品标准中规定的一种或几种老化处理后，测定电缆护套材料的抗张强度和断裂伸长率。

当制备的试件需作老化处理(按 GB/T 2951.12—2008 第 8.1.3 或 GB/T 2951.21—2008 第 10 章)时，需老化处理的试件应取自紧靠未老化试验用试件后面一段。老化和未老化试件的拉力试验应连续进行。

注：如有必要提高试验的可靠性，推荐由同一操作人员，使用同一种测试方法，在同一个实验室同一台机器上对老化和未老化试样进行试验。

9.2.2 取样

从每个被试电缆或软线试样或取自电缆的护套试样上切取足够长的样段，供制取老化前拉力试验用试件至少 5 个和供电缆标准对护套材料规定的老化后拉力试验所需试件数量。注意制备每个试件需要长度约 100 mm。

有机械损伤的任何试样均不得用于试验。

9.2.3 试件制备及处理

从护套试样制备试件方法同 9.1.3 规定的绝缘试件制备方法。

制备哑铃试件时，沿电缆轴向切开护套，切取一窄条，将窄条内的所有电缆元件全部除去。如果窄条内有凸脊或压印，则应磨平或削平。对于 PE 和 PP 护套，只能削平。

注：对于 PE 护套，如果护套比较厚，并且两面均光滑，则哑铃试件厚度不需削到 2.0 mm。

制备管状试件时，护套内的全部电缆元件，包括绝缘线芯，填充物和内护层均应除去。试件的处理见 9.1.3c)项。

9.2.4 截面积的测量

每个护套试样的截面积测量方法同 9.1.4 规定的绝缘试样的测量方法。但对管状试件有下列改动：

——方法 b1)中使用的护套厚度应按 8.2.4 规定测得，外径应按 8.3.2 规定测得。

——密度应按方法 b2)在同一护套的另一个试件上测量。

注：b2)方法不适用于多层护套。

9.2.5 老化处理

每项要求作老化处理的试验，应在有关电缆产品标准规定的老化条件下，按 GB/T 2951.12—2008 第 8 章要求在 5 个试件(见 9.2.2)上进行。

9.2.6 备用条款

9.2.7 拉力试验步骤

应符合 9.1.7。

9.2.8 试验结果表示方法

应符合 9.1.8。

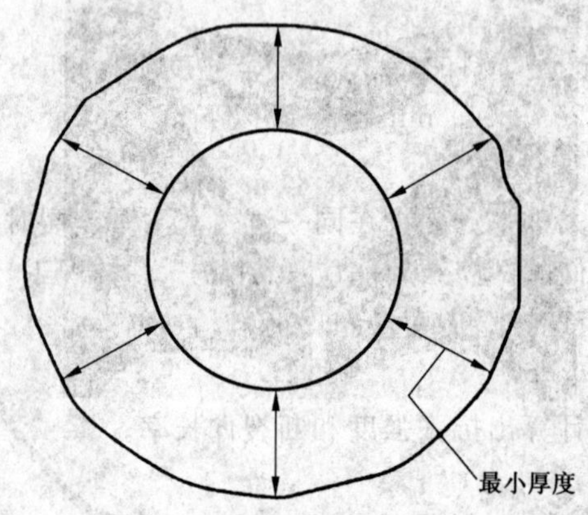

图 1 绝缘和护套厚度测量(圆形内表面)

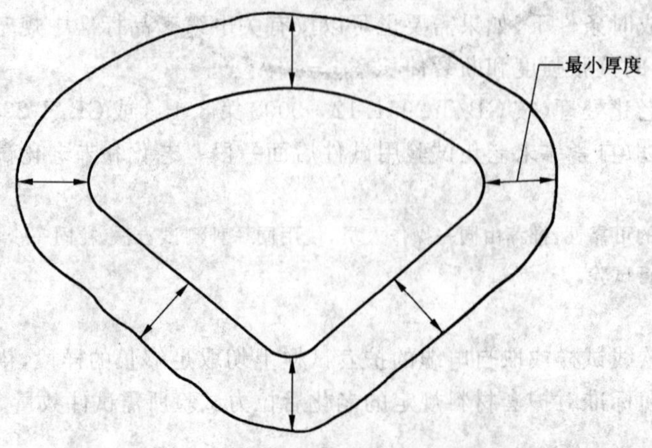

图 2 绝缘厚度测量(扇形导体)

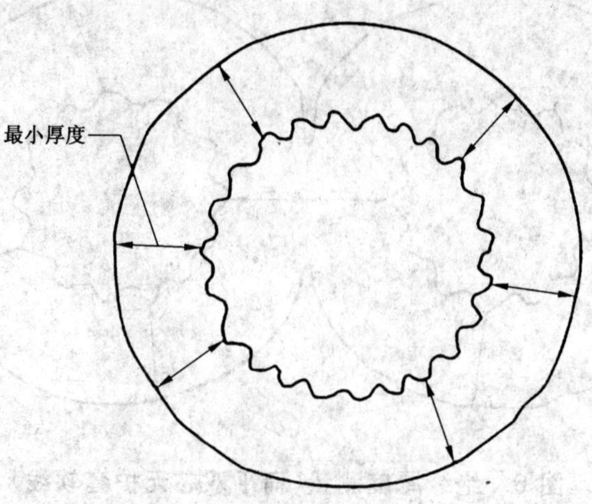

图 3 绝缘厚度测量(绞合导体)

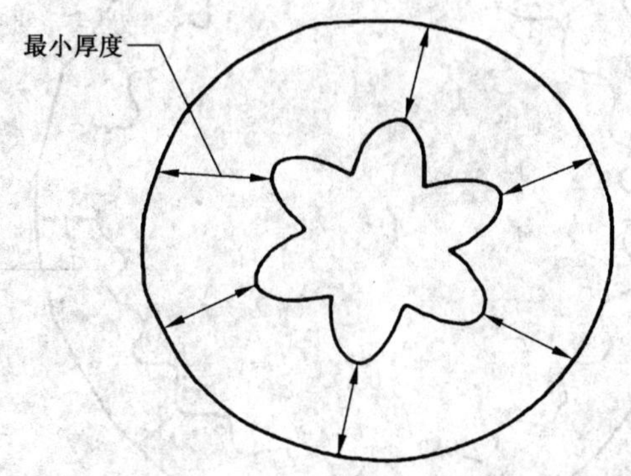

图 4 绝缘厚度测量(绞合导体)

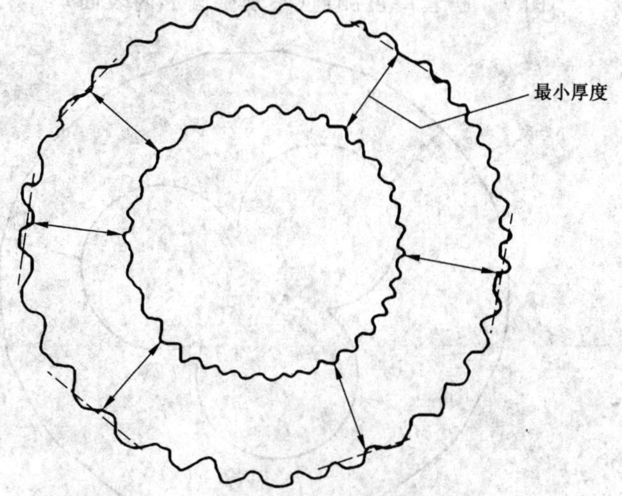

图 5 绝缘厚度测量(不规整外表面)

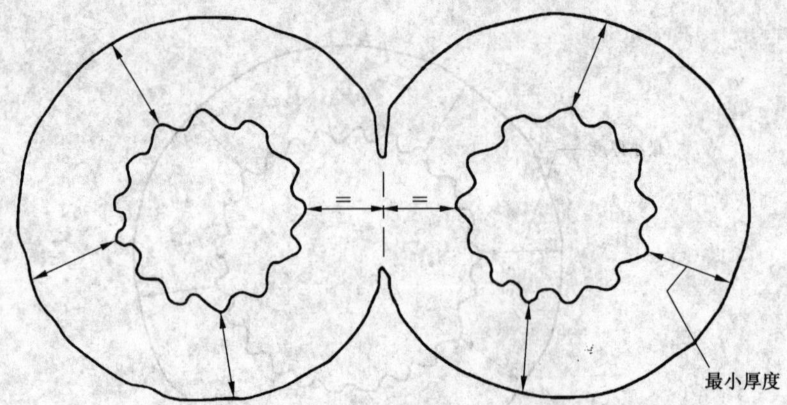

图6　绝缘厚度测量(扁平双芯无护套软线)

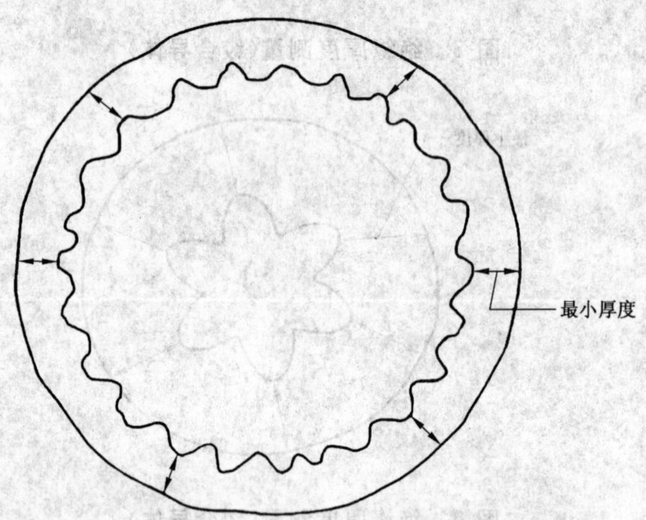

图7　护套厚度测量(不规整圆形内表面)

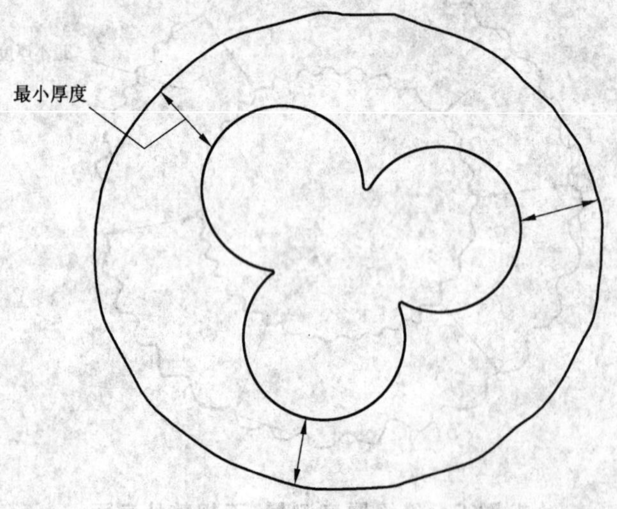

图8　护套厚度测量(非圆形内表面)

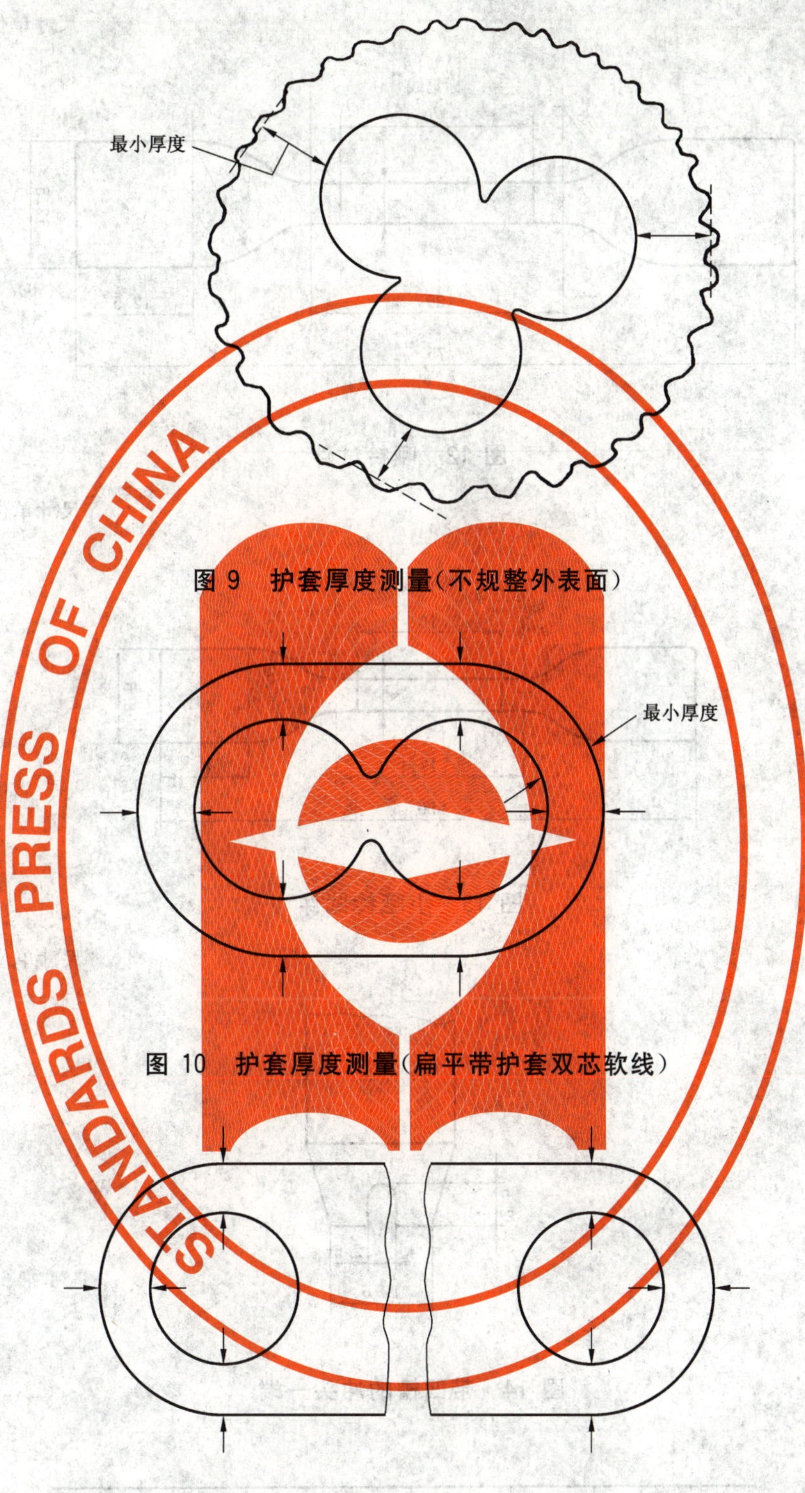

图 9 护套厚度测量(不规整外表面)

图 10 护套厚度测量(扁平带护套双芯软线)

图 11 护套厚度测量(多芯扁平电缆)

尺寸单位为毫米

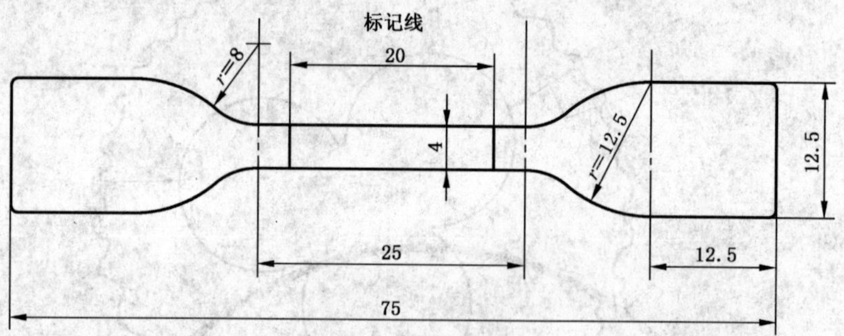

图 12 哑铃试件

尺寸单位为毫米

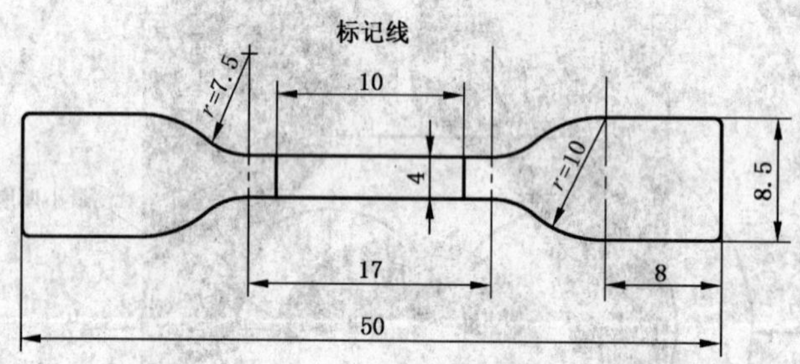

图 13 小哑铃试件

尺寸单位为毫米

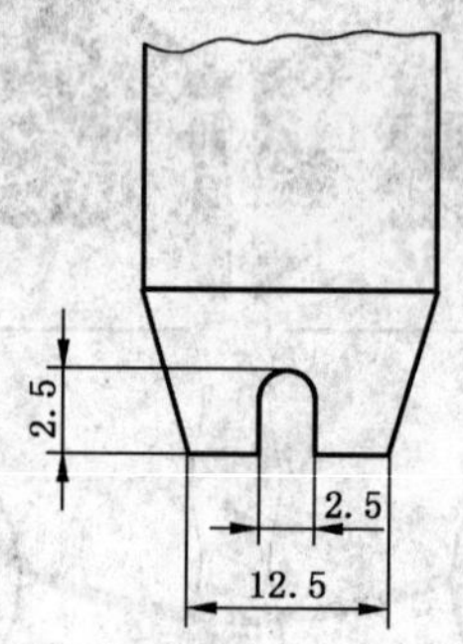

图 14 带凹槽的冲头一端

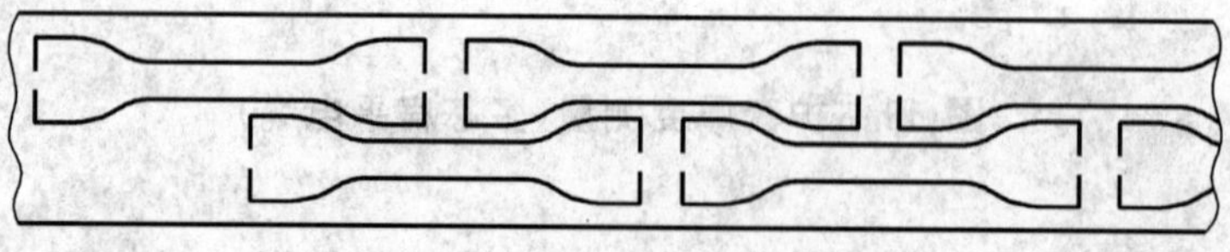

图 15 由带凹槽冲头冲切的试件

附 录 A
（资料性附录）
具有代表性的制备试样用设备的操作原理

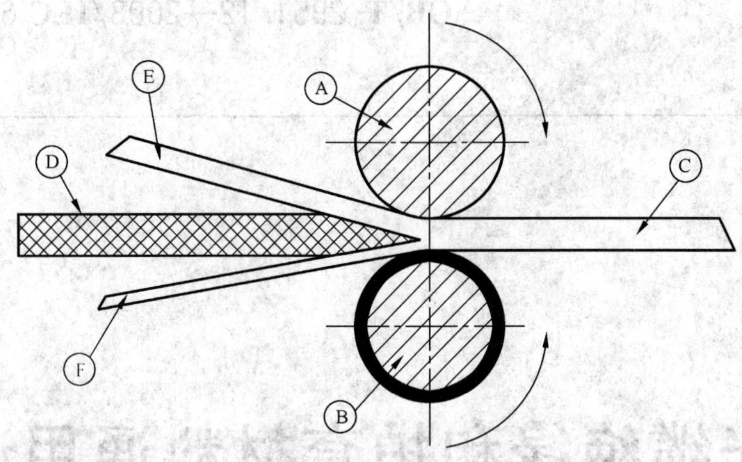

图 A.1

两个滚轮均是钢制成，一个局部有凹槽Ⓐ，另一个外面有一圈橡胶Ⓑ，推动窄条Ⓒ朝一个非常锋利的固定的或移动的刀片Ⓓ（外科手术刀级）移动。

窄条被轴向切成两部分：Ⓔ部分被用来切取试样，Ⓕ部分舍弃。

注：如有必要，Ⓕ部分的厚度可以减小至 0.1 mm（为做到这一点，必须考虑所制备的材料的性质和刀片的维护）。

如果窄条Ⓒ有撕裂或擦伤的痕迹，可能导致早期断裂，则推荐将Ⓕ部分的两边均切掉。

ICS 29.060
K 13

中华人民共和国国家标准

GB/T 2951.12—2008/IEC 60811-1-2:1985
代替 GB/T 2951.2—1997

电缆和光缆绝缘和护套材料通用试验方法 第12部分:通用试验方法—— 热老化试验方法

Common test methods for insulating and sheathing materials of electric and optical cables—Part 12:Methods for general application—Thermal ageing methods

(IEC 60811-1-2:1985,IDT)

2008-06-26 发布　　2009-04-01 实施

中华人民共和国国家质量监督检验检疫总局
中国国家标准化管理委员会　发布

前　言

GB/T 2951《电缆和光缆绝缘和护套材料通用试验方法》分为 10 个部分:

——第 11 部分:通用试验方法——厚度和外形尺寸测量——机械性能试验;

——第 12 部分:通用试验方法——热老化试验方法;

——第 13 部分:通用试验方法——密度测定方法——吸水试验——收缩试验;

——第 14 部分:通用试验方法——低温试验;

——第 21 部分:弹性体混合料专用试验方法——耐臭氧试验——热延伸试验—浸矿物油试验;

——第 31 部分:聚氯乙烯混合料专用试验方法——高温压力试验——抗开裂试验;

——第 32 部分:聚氯乙烯混合料专用试验方法——失重试验——热稳定性试验;

——第 41 部分:聚乙烯和聚丙烯混合料专用试验方法——耐环境应力开裂试验——熔体指数测量方法——直接燃烧法测量聚乙烯中碳黑和/或矿物质填料含量——热重分析法(TGA)测量碳黑含量——显微镜法评估聚乙烯中碳黑分散度;

——第 42 部分:聚乙烯和聚丙烯混合料专用试验方法——高温处理后抗张强度和断裂伸长率试验——高温处理后卷绕试验——空气热老化后的卷绕试验——测定质量的增加——长期热稳定性试验——铜催化氧化降解试验方法;

——第 51 部分:填充膏专用试验方法——滴点——油分离——低温脆性——总酸值——腐蚀性——23 ℃时的介电常数——23 ℃和 100 ℃时的直流电阻率。

本部分为 GB/T 2951 的第 12 部分。

本部分等同采用 IEC 60811-1-2:1985《电缆和光缆绝缘和护套材料通用试验方法　第 1-2 部分:通用试验方法——热老化试验方法》及其 A1:1989“第 1 号修改单”和 A2:2000“第 2 号修改单”(英文版)。

考虑到我国国情和便于使用,本部分做了下列编辑性修改:

——用“第 12 部分”代替“第 1-2 部分”;

——用小数点“.”代替作为小数点的“,”;

——删除国际标准的前言;

——本部分在 IEC 60811-1-2 原文第 1 章和第 3 章未与 IEC 60811-1-2 的标准名称中增加的“和光缆”相协调处增加了“光缆”;

——本部分按 2000 年以后更新版本的 IEC 60811 其他部分出版物文本编排方式在第 1 章中增加第 1.1“规范性引用文件”,将 IEC 60811-1-2 原文在前言中列出的引用文件移入本条,并引用了采用国际标准的我国标准而非国际标准;

——本部分删除了 IEC 60811-1-2 原文中说明 IEC 60811 所有部分与已被其代替而撤消的IEC 538 和 IEC 540 出版物对应关系的附录 A。

本部分代替 GB/T 2951.2—1997《电缆绝缘和护套材料通用试验方法　第 1 部分:通用试验方法　第 2 节:热老化试验方法》。

本部分与 GB/T 2951.2—1997 相比主要变化如下:

——标准名称改为:“电缆和光缆绝缘和护套材料通用试验方法　第 12 部分:通用试验方法——热老化试验方法”;

——与标准名称相对应,标准英文名称改为:“Common test methods for insulating and sheathing materials of electric and optical cables—Part 12: Methods for general application—Thermal ageing methods”;

——第 1 章“配电用电缆和通信电缆，包括船用电缆”，改为“配电及通信用电缆和光缆，包括船舶和近海用电缆和光缆”(1997 版的第 1 章；本版的第 1 章)；
——第 1 章中增加 1.1“规范性引用文件”(1997 版的第 1 章；本版的第 1 章)；
——第 3 章“适用范围”增加“光缆”(1997 版的第 3 章；本版的第 3 章)；
——8.1.2 删除了“烘箱内不应使用鼓风机”，增加了“除在产品标准中另有规定外，橡皮材料老化试验时允许使用带有旋转鼓风机的烘箱。对于其他材料，老化试验的烘箱不允许带有鼓风机。有疑问时，橡皮材料也应在鼓风机不工作的状态下进行试验。”(1997 版的 8.1.2；本版的 8.1.2)；
——将 8.1.3.1 第五段中“组分实质上……”改为“组分明显……”，并增加了“在同一烘箱中”(1997 版的 8.1.3.1；本版的 8.1.3.1)；
——8.1.3.3 修改为分列的“a)”项和“b)”项(1997 版的 8.1.3.3；本版的 8.1.3.3)；
——表 1 增加了表的标题，还增加了第 5 种和第 6 种导体的绝缘线芯老化试验方法的概述内容(1997 版的表 1；本版的表 1)；
——8.4.1 b)项公式的式注中“C_p——常压下空气的比热”的单位由“1.003 J/g”改为“$(J \cdot g^{-1} K^{-1})$”(1997 版的 8.4.1；本版的 8.4.1)。

本部分由中国电器工业协会提出。

本部分由全国电线电缆标准化技术委员会归口。

本部分起草单位：上海电缆研究所。

本部分主要起草人：李明珠、王申、朱永华、王春红、黄萱。

本部分所代替标准的历次版本发布情况为：

——GB/T 2951.2—1997；
——GB 2951.7—1982、GB/T 2951.7—1994、GB 2951.8—1983、GB/T 2951.8—1994、GB 2951.9—1983、GB/T 2951.9—1994。

电缆和光缆绝缘和护套材料通用试验方法 第12部分:通用试验方法—— 热老化试验方法

1 范围

GB/T 2951 规定了配电及通信用电缆和光缆,包括船舶及近海用电缆和光缆的聚合物绝缘和护套材料的试验方法。

GB/T 2951 的本部分规定了热老化试验方法。这些方法适用于最普通类型的绝缘和护套材料(弹性体、聚氯乙烯、聚乙烯、聚丙烯等)。

1.1 规范性引用文件

下列文件中的条款通过 GB/T 2951 的本部分的引用而成为本部分的条款。凡是注日期的引用文件,其随后所有的修改单(不包括勘误的内容)或修订版均不适用于本部分,然而,鼓励根据本部分达成协议的各方研究是否可使用这些文件的最新版本。凡是不注日期的引用文件,其最新版本适用于本部分。

GB/T 2951.11—2008 电缆和光缆绝缘和护套材料通用试验方法 第11部分:通用试验方法——厚度和外形尺寸测量——机械性能试验(IEC 60811-1-1:1993,IDT)

GB/T 2951.32—2008 电缆和光缆绝缘和护套材料通用试验方法 第32部分:聚氯乙烯混合料专用试验方法——失重试验——热稳定性试验(IEC 60811-3-2:1985,IDT)

2 试验原则

本部分没有规定全部的试验条件(诸如温度、持续时间等)以及全部的试验要求,它们应在有关电缆产品标准中加以规定。

本部分规定的任何试验要求可以在有关电缆产品标准中加以修改,以适应特殊类型电缆的需要。

3 适用范围

本部分规定的试验条件和试验参数适用于电缆、光缆、电线和软线的最常见类型的绝缘和护套材料。

4 型式试验和其他试验

本部分规定的试验方法首先是作为型式试验用的。某些试验项目的型式试验和经常进行的试验(如例行试验)的条件有本质上的区别,本部分已指明了这些区别。

5 预处理

所有的试验应在绝缘和护套料挤出或硫化(或交联)后存放至少 16 h 方可进行试验。

6 试验温度

除非另有规定,试验应在环境温度下进行。

7 中间值

将获得的应有个数的试验数据以递增或递减次序排列，若有效数据的个数是奇数时，则中间值为正中间一个数值；若为偶数时，则中间值为中间两个数值的平均值。

8 热老化方法

8.1 空气烘箱老化

8.1.1 概述

空气烘箱老化处理可以按有关电缆产品标准中的要求进行：

a) 对制备好的试件(见 8.1.3)；

b) 对成品电缆试样(见 8.1.4)；

c) 对失重试验(见 GB/T 2951.32—2008)。

老化试验 a)和失重试验 c)可结合起来在同一试件上进行。

8.1.2 试验设备

自然通风烘箱和压力通风烘箱。空气进入烘箱的方式应使空气流过试件表面，然后从烘箱顶部附近排出。在规定的老化温度下，烘箱内全部空气更换次数每小时应不少于 8 次，也不多于 20 次。

测量通过烘箱的空气流量有两种方法，见 8.4。

除在产品标准中另有规定外，橡皮材料老化试验时允许使用带有旋转鼓风机的烘箱。对于其他材料，老化试验的烘箱不允许带有鼓风机。有疑问时，橡皮材料也应在鼓风机不工作的状态下进行试验。

8.1.3 试件制备

8.1.3.1 不带导体的绝缘材料试件和护套材料试件的老化

老化应在环境空气组分和压力的大气中进行。

按 GB/T 2951.11—2008 第 9 章规定准备的试件应垂直悬挂在烘箱的中部，每一试件与其他任何试件之间的间距至少为 20 mm。

若有任何要用于失重试验的试件，则这些试件所占烘箱的容积应不大于 0.5%。

试件在烘箱中的温度和时间按有关电缆产品标准的规定。

组分明显不同的材料不应同时在同一个烘箱中进行试验。

老化试验结束后，应从烘箱中取出试件，并在环境温度下放置至少 16 h，避免阳光直接照射。然后按 GB/T 2951.11—2008 第 9.1.7 对绝缘和护套进行拉力试验。

8.1.3.2 带导体绝缘线芯试件的老化

a) 如果老化后导体和隔离层(若有)能从绝缘上取出而不损伤绝缘，则试验步骤规定为：将绝缘线芯试样切成样段，其长度应足够，尽可能在紧靠老化前拉力试验用试样处取样(见 GB/T 2951.11—2008 中 9.1.3)。将这些样段按 8.1.3.1 规定进行老化，老化后取出导体，试件按照 GB/T 2951.11—2008 中 9.1.4 的 b)项测量其截面积。然后按照 GB/T 2951.11—2008 中 9.1.7 进行拉力试验。

b) 如果老化后在不损伤绝缘的条件下导体和隔离层(若有)不能从绝缘上剥离，则应采用表 1 规定的适当的试件制备方法及试验方法。

注：目前这些试验方法只适用于低压电缆(即不带导体屏蔽的电缆)中 90 ℃EPR 或 90 ℃XLPE 绝缘线芯。

表 1　由于老化后导体上绝缘或隔离层粘结使得制备试件有困难时，绝缘线芯的老化试验方法概述

铜导体的种类和导体的形状	试验方法
第 1 种：无镀层铜导体	见 8.1.3.3 中 a)项，如果这种方法也产生了粘结问题，则见 8.1.3.4。在有争议的情况下，老化试验后应进行卷绕试验
第 1 种：金属镀层导体或在导体外有隔离层	见 8.1.3.4
第 2 种：由无镀层单线或金属镀层单线绞合而成，导体外带有隔离层或没有隔离层的 16 mm² 及以下圆形铜导体	见 8.1.3.4
第 2 种：由无镀层单线或金属镀层单线绞合而成 16 mm² 以上圆形或成型导体	见 8.1.3.5
第 5 种和第 6 种：由无镀层单线或金属镀层单线绞合而成，导体外带有隔离层或没有隔离层的 16 mm² 及以下铜导体	见 8.1.3.3b)项，如果这种方法也产生了粘结问题，则见 8.1.3.4。在有争议的情况下，老化试验后进行卷绕试验
第 5 种和第 6 种：由无镀层单线或金属镀层单线绞合而成 16 mm² 以上铜导体	见 8.1.3.5
注：在卷绕试验时(见 8.1.3.4)，老化条件可以与测定拉伸性能要求的条件不一样(见 8.1.3.2 和 8.1.3.3)；应见有关电缆产品标准。	

8.1.3.3　带缩减(小)导体的管状试件的老化

a)　缩小直径的实心无镀层导体

按 GB/T 2951.11—2008 中 9.1.3 的 b)项制备 5 个试件后，在管状试件中重新插入一根直径比原导体小 10%及以下的无镀层实芯导体。该导体可以通过拉伸原导体的方式获得或者直接用一根满足上述小直径要求的导体。

将这些试件按 8.1.3.1 规定进行老化，老化后将导体从管状试件中抽出。按 GB/T 2951.11—2008 中 9.1.4 测量管状试件的截面积，然后按 GB/T 2951.11—2008 中 9.1.7 进行拉力试验。

b)　减少单丝数量的第 5 种和第 6 种导体

按 GB/T 2951.11—2008 中 9.1.3 的 b)项制备 5 个试件。将试件中的约 30%导体单丝抽出，或者将约 70%的导体单丝重新插入管状试件中。

将这些试件按 8.1.3.1 规定进行老化，老化后将导体从管状试件中抽出。按 GB/T 2951.11—2008 中 9.1.4 测量管状试件的截面积，然后按 GB/T 2951.11—2008 中 9.1.7 进行拉力试验。

8.1.3.4　绝缘线芯试样的老化和卷绕试验

a)　取样和试件制备

从每一被试绝缘线芯上取两个适当长度的试件，试件尽可能靠近老化前拉力试验用试样处截取(见 GB/T 2951.11—2008)。

b)　老化步聚

试件应大致悬挂在烘箱的中部，使每个试件与相邻试样之间的间距至少为 20 mm，试件两端应撑住，并且其绝缘不应与其他物体接触。试件所占烘箱的容积应不大于 2%，并按有关电缆产品标准规定的温度和时间在烘箱中进行老化。

c)　卷绕试验

老化试验结束后即从烘箱中取出试件，并置于环境温度下至少 16 h，避免日光直接照射。

然后在环境温度下将每个试样大约以 1 圈/5 s 的速度均匀地卷绕在试棒上，形成紧密螺旋圈。卷绕试验可在 GB/T 2951.14—2008 的 8.1.3 所述的装置上进行。

试棒直径应是绝缘线芯直径的 f 倍，f 值及卷绕圈数见表 2。

表 2

导体截面积/mm^2	系数 f	圈　数
2.5 及以下	1±0.1	7
4 和 6	2±0.1	6
10 和 16	4±0.1	5

d) 要求

卷绕试验结束后,对仍保持在试棒上的试件进行检验,用正常视力或矫正视力而不用放大镜检查时,两个绝缘试件均应无任何裂纹。试棒上的第一圈和最后一圈试件上的任何裂纹应忽略不计。

8.1.3.5 特殊方法制备的绝缘线芯试件的老化

a) 取样和试件制备

从每一被试绝缘线芯上取 3 个约 200 mm 长的试样,应尽可能在靠近老化前拉力试验用试样处截取(见 GB/T 2951.11—2008)。

扇形导体绝缘线芯试样试验时,应沿导体轴线在扇形背部的绝缘上切取宽度不小于 10 mm 的窄条,并将它与导体分开,接着将窄条绝缘重新安放在原来的位置,并在试件的中间和离端部约 20 mm 处用合适的金属线绑扎,使窄条又重新与导体保持良好接触,如图 1 所示。

圆形导体的绝缘线芯试样试验时应采用类似的方法,对较小尺寸(如导体截面积 25 mm^2)的绝缘线芯可沿导体轴线将绝缘对半切开。

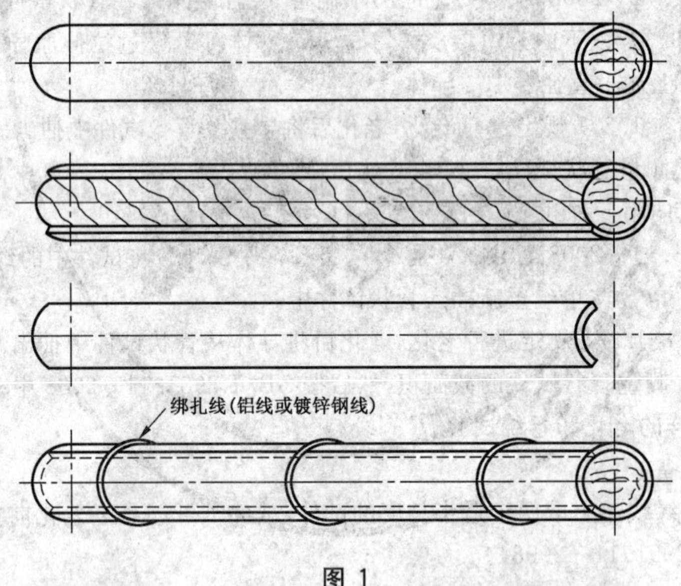

图 1

b) 老化步骤

用特殊方法制备的试件应悬挂在烘箱中部,使得每个试件与其他任何试样之间的间距至少为 20 mm,并且不应与任何其他物体接触,金属绑扎线除外,试件所占烘箱的容积应不大于 2%,老化温度和时间按有关电缆产品标准的规定。

老化试验结束后即从烘箱中取出试件,并置于环境温度下至少 16 h,避免阳光直接照射,然后剥开试样。按 GB/T 2951.11—2008 中 9.1.3 在每个试样上制备两个哑铃试件,如图 2 所示。试件的截面积按 GB/T 2951.11—2008 中 9.1.4 规定测量。

然后按 GB/T 2951.11—2008 中 9.1.7 进行拉力试验。

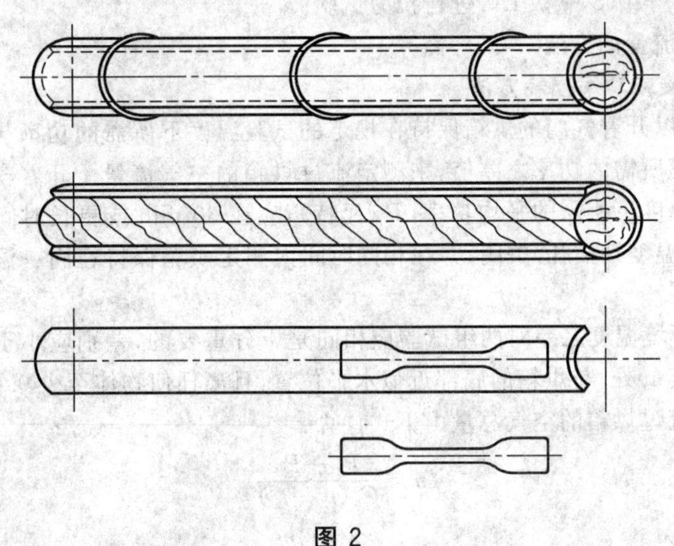

图 2

8.1.4 成品电缆试样制备

从成品电缆上取三段各约 200 mm 长样段，尽可能在靠近老化前拉力试验(见 GB/T 2951.11—2008)用试样处截取。

样段应垂直悬挂在烘箱中部，与其他样段之间间距至少为 20 mm，且样段所占烘箱的容积应不大于 2%。老化温度和时间按有关电缆产品标准的规定。

老化结束后即从烘箱中取出样段，并置于环境温度下至少 16 h，避免阳光直接照射，然后剥开三个样段，按 GB/T 2951.11—2008 第 9 章规定从每一绝缘线芯(最多三芯)的绝缘上以及每段电缆的护套上各切取两个试件，这样从每一线芯和护套上可制取 6 个试件。

若试件需削平或磨平至厚度不大于 2 mm 时，则应尽可能不在成品电缆中间不同类型材料接触的这一边磨平或削平。如果必须在面向不同材料这一边削去凸脊或磨平，则该边所除去的材料应尽可能少，以适度平整为限。

截面积测量及预处理完后，全部试件按 GB/T 2951.11—2008 第 9 章进行拉力试验。

8.2 空气弹老化

将 GB/T 2951.11—2008 第 9 章规定的试件置于室温下的空气弹中，试件彼此之间不接触。试件所占空气弹的有效容积应不大于十分之一。

组分实质上不同的材料不应同时进行空气弹老化试验。

空气弹应充满无油无潮气的空气，压力为(0.55±0.02) MPa。

老化温度和时间按有关电缆产品标准规定。

老化结束后，立即在不少于 5 min 时间内逐渐将压力降至大气压力，应避免试件中形成气孔。

然后从空气弹中取出试件，置于环境温度下至少 16 h，避免阳光直接照射。

按 GB/T 2951.11—2008 中 9.1.7 规定进行拉力试验。

8.3 氧弹老化

将 GB/T 2951.11—2008 第 9 章规定的试件置于室温下的氧弹中，试件彼此之间不接触。试件所占氧弹的有效容积应不大于十分之一。

组分实质上不同的材料不应同时进行氧弹试验。

氧弹应充满纯度不低于 97%的工业氧气，压力为(2.1±0.07) MPa。

老化温度和时间按有关电缆产品标准的规定。

老化结束后，立即在不少于 5 min 时间内逐渐将压力降至大气压力，应避免试件中形成气孔。

然后从氧弹中取试件，置于环境温度下至少 16 h，避免阳光直接照射。

按 GB/T 2951.11—2008 中 9.1.7 进行拉力试验。

8.4 测量烘箱内空气流量的方法

8.4.1 方法 1——间接或功率损耗方法

a) 在本方法中，以开着气门的烘箱保持在规定的试验温度下所需的功率与关着气门的烘箱保持在同一温度下所需的功率之差值，来测定流过烘箱的空气流量。开着气门的烘箱温度保持在规定的老化温度下所需的平均功率（P_1 瓦特），应在 30 min 或更长时间内测定。然后把通气口（必要时把温度计插孔）关闭，并在相同时间内测定烘箱保持在同一温度下所需的平均功率（P_2 瓦特）。

烘箱温度与环境温度之差对两组试验应相同是十分重要的，差别应小于 0.2 ℃。环境温度应在离烘箱约 2 m 处，与烘箱的底部近似水平位置，且离任何物体至少 0.6 m 处测定。

b) 开着气门时流过烘箱的空气总量由下式计算：

$$m=\frac{P_1-P_2}{C_p(t_2-t_1)}$$

$$V=\frac{3\ 600m}{d}$$

式中：

C_p——常压下空气的比热，单位为焦耳每克开尔文（$Jg^{-1}K^{-1}$）；

t_1——室温，单位为摄氏度（℃）；

t_2——烘箱温度，单位为摄氏度（℃）；

P_1-P_2——功率损耗差，按上述规定；

m——空气质量，单位为克每秒（g/s）；

V——空气体积，单位为升每小时（L/h）；

d——试验时实验室内空气密度，单位为克每升（g/L）。

注：20 ℃和 760 mmHg 时空气密度为 1.205 g/L。

因此：

$$V=\frac{3\ 600(P_1-P_2)}{1.003d(t_2-t_1)} \quad \text{或} \quad V=\frac{3\ 590(P_1-P_2)}{d(t_2-t_1)}$$

此公式假定，当气门关闭时，没有空气通过烘箱。因此，烘箱应无漏气。烘箱门的接缝以胶粘带密封，所有的气孔（包括进气口）应有效地密封。

c) 如果用瓦特表测量功率损耗，则当烘箱加热器在“开”状态时，用秒表测定总时间（s），并且在每一次“开”状态期间都要记录一次瓦特表读数。

瓦特表读数平均值乘以秒表指示的总时间，再除以试验持续时间（s），作为保持恒定温度所需的功率（W）。

d) 若使用瓦特-小时或千瓦-小时表，则该表记录的总能量损耗的读数应除以试验持续时间，以小时的分数计。若使用家用千瓦-小时表，会因刻度单位太大不能在短时间内读出足够精确的数据，因此应采用表内的转盘作为功率损耗批示器。该表应一直运行，直到圆盘上的指示记号转到窗口中心的另一边，然后切断电源直至试验开始。

为了减少可能产生的误差，试验周期应长一些，使用圆盘约转 100 转。试验最好在圆盘标记可见时结束，若试验结束时还看不见标记，则应加上一估计圈数的分数值。试验的开始和结束应在加热周期“开-关”（例如加热器由恒温器接通的瞬间）的对应点上。

8.4.2 方法 2——直接和连续测量方法

装置说明

从高压空气源开始，即从空气管道系统或空气瓶开始。

a) 空气压力调节器

一种把气压从供气源的高气压降到烘箱所需的很低气压的装置。

它具有保证恒压输出的调节阀。

b) 流量计

用来测量空气流速的仪表，见图 3，它是根据压力表的原理工作的，它有：

1) 校准毛细管。校准内径约 2 mm，校准长度约 70 mm，图 4 为一种典型校准曲线，可控制空气流速 500 L/h 和 600 L/h 及以下。

2) 双刻度压差计。压差范围在 0 至 ±300 mm 水柱之间，压差计的液体是蒸馏水。

c) 空气烘箱

一台在完全密封下运行的空气烘箱，密封还包括进气管四周，进气管最好由底部进入烘箱，出气孔应在烘箱顶部，只有此孔是开着的。

注：下列两点能提高本方法和设备的可能性：

a) 上述流量计可认为是完全可靠，易于生产和校准，也适合于上述所说的空气流速范围；

b) 试验证明，采取轻微的“强迫”通风，实际上不会改变烘箱内各点温度的均匀性。

图 3 方法 2 中控制烘箱空气流量用的流量计

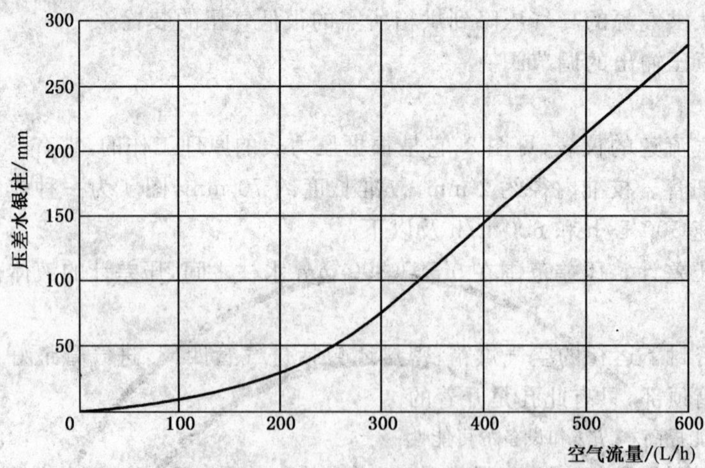

图 4 方法 2 中控制空气流量用流量计的毛细管校正曲线(毛细管 d=2 mm,l=70 mm)

ICS 29.060
K 13

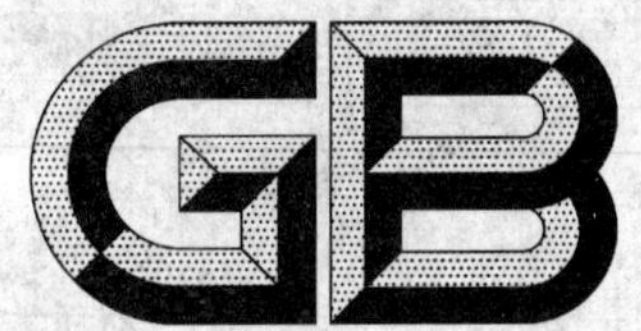

中华人民共和国国家标准

GB/T 2951.13—2008/IEC 60811-1-3:2001
代替 GB/T 2951.3—1997

电缆和光缆绝缘和护套材料通用试验方法 第13部分:通用试验方法——密度测定方法——吸水试验——收缩试验

Common test methods for insulating and sheathing materials of electric and optical cables—Part 13: Methods for general application—Measurement for determining the density—Water absorption tests—Shrinkage test

(IEC 60811-1-3:2001,IDT)

2008-06-26 发布 2009-04-01 实施

中华人民共和国国家质量监督检验检疫总局
中国国家标准化管理委员会
发布

前　言

GB/T 2951《电缆和光缆绝缘和护套材料通用试验方法》分为10个部分：

——第11部分：通用试验方法——厚度和外形尺寸测量——机械性能试验；

——第12部分：通用试验方法——热老化试验方法；

——第13部分：通用试验方法——密度测定方法——吸水试验——收缩试验；

——第14部分：通用试验方法——低温试验；

——第21部分：弹性体混合料专用试验方法——耐臭氧试验——热延伸试验——浸矿物油试验；

——第31部分：聚氯乙烯混合料专用试验方法——高温压力试验——抗开裂试验；

——第32部分：聚氯乙烯混合料专用试验方法——失重试验——热稳定性试验；

——第41部分：聚乙烯和聚丙烯混合料专用试验方法——耐环境应力开裂试验——熔体指数测量方法——直接燃烧法测量聚乙烯中碳黑和/或矿物质填料含量——热重分析法(TGA)测量碳黑含量——显微镜法评估聚乙烯中碳黑分散度；

——第42部分：聚乙烯和聚丙烯混合料专用试验方法——高温处理后抗张强度和断裂伸长率试验——高温处理后卷绕试验——空气热老化后的卷绕试验——测定质量的增加——长期热稳定性试验——铜催化氧化降解试验方法；

——第51部分：填充膏专用试验方法——滴点——油分离——低温脆性——总酸值——腐蚀性——23 ℃时的介电常数——23 ℃和100 ℃时的直流电阻率。

本部分为GB/T 2951的第13部分。

本部分等同采用IEC 60811-1-3:2001《电缆和光缆绝缘和护套材料通用试验方法　第1-3部分：通用试验方法——密度测定方法——吸水试验——收缩试验》(英文版)。

为便于使用，本部分做了下列编辑性修改：

——用"第13部分"代替"第1-3部分"；

——用小数点"."代替作为小数点的"，"；

——删除国际标准的前言；

——本部分在IEC 60811-1-3原文第1章和第3章未与IEC 60811-1-3的标准名称中增加的"和光缆"相协调处增加了"光缆"。

本部分代替GB/T 2951.3—1997《电缆绝缘和护套材料通用试验方法　第1部分：通用试验方法　第3节：密度测定方法——吸水试验——收缩试验》。

本部分与GB/T 2951.3—1997相比主要变化如下：

——标准名称改为："电缆和光缆绝缘和护套材料通用试验方法　第13部分：通用试验方法——密度测定方法——吸水试验——收缩试验"；

——与标准名称相对应，标准英文名称改为："Common test methods for insulating and sheathing materials of electric and optical cables—Part 13: Methods for general application—Measurement for determining the density—Water absorption tests—Shrinkage test"；

——第1章"配电用电缆及通信电缆，包括船用电缆"，改为"配电及通信用电缆和光缆，包括船舶和近海用电缆和光缆"(1997版的第1章；本版的第1章)；

——第3章"适用范围"增加"光缆"(1997版的第3章；本版的第3章)；

——8.1.1的条文标题中"器材"改为"材料和设备"，c)项增加了"或去离子水"，f)项"23 ℃"改为"(23.0±0.1)℃"(1997版的8.1.1；本版的8.1.1)；

——8.1.2.2 温度由“(23.0±0.1)℃”改为“(23.0±0.5)℃”，试液用水增加了“或去离子水”(1997 版的 8.1.2.2；本版的 8.1.2.2)；

——8.2.1 试验设备增加了“试液”一项(1997 版的 8.2.1；本版的 8.2.1)；

——8.3“表观质量方法(浸渍法)”为新增内容，前版的 8.3 修订后改为 8.4(1997 版的 8.3；本版的 8.3 和 8.4)；

——9.2.2 的 a)项试液用水增加了“或去离子水”(1997 版的 9.2.2；本版的 9.2.2)。

本部分由中国电器工业协会提出。

本部分由全国电线电缆标准化技术委员会归口。

本部分起草单位：上海电缆研究所。

本部分主要起草人：李明珠、王申、朱永华、王春红、黄萱。

本部分所代替标准的历次版本发布情况为：

——GB/T 2951.3—1997；

——GB/T 2951.19—1994、GB/T 2951.20—1994、GB 2951.29—1983、GB/T 2951.29—1994、GB 2951.30—1983、GB 2951.30—1994、GB 2951.33—1983、GB/T 2951.33—1994。

电缆和光缆绝缘和护套材料通用试验方法 第13部分:通用试验方法—— 密度测定方法——吸水试验——收缩试验

1 范围

GB/T 2951 规定了配电及通信用电缆和光缆,包括船舶及近海用电缆和光缆的聚合物绝缘和护套材料的试验方法。

GB/T 2951 的本部分规定了密度测定方法、吸水试验方法和收缩试验方法。这些方法适用于最普通类型的绝缘和护套材料(弹性体、聚氯乙烯、聚乙烯、聚丙烯等)。

1.1 规范性引用文件

下列文件中的条款通过 GB/T 2951 的本部分的引用而成为本部分的条款。凡是注日期的引用文件,其随后所有的修改单(不包括勘误的内容)或修订版均不适用于本部分,然而,鼓励根据本部分达成协议的各方研究是否可使用这些文件的最新版本。凡是不注日期的引用文件,其最新版本适用于本部分。

ISO 1183:1987 塑料 非泡沫塑料的密度及相对密度测定方法

2 试验原则

本部分没有规定全部的试验条件(如温度、持续时间等)以及全部试验要求,它们应在有关电缆产品标准中加以规定。

本部分规定的任何试验要求可以在有关电缆产品标准中加以修改,以适应特殊类型电缆的需要。

3 适用范围

本部分规定的试验条件和试验参数适用于电缆、光缆、电线和软线的最常用类型的绝缘和护套材料。

4 型式试验和其他试验

本部分规定的试验方法首先是作为型式试验用的。某些试验项目其型式试验和经常进行的试验(如例行试验)的条件有本质上的区别,本部分已指明了这些区别。

5 预处理

所有的试验应在绝缘和护套料挤出或硫化(或交联)后存放至少 16 h 方可进行。

如果试验是在环境温度下进行,试样应在(23±5)℃温度下存放至少 3 h。

6 试验温度

除非另有规定,试验应在环境温度下进行。

7 中间值

将获得的应有个数的试验数据以递增或递减次序排列,若有效数据的个数是奇数时,则中间值为正中间一个数值;若为偶数时,则中间值为中间两个数值的平均值。

8 密度测定方法

8.1 悬浮法(通用方法)

8.1.1 试验材料和设备

a) 密度小于1 g/mL 的分析级乙醇(酒精)或其他合适的试液;

b) 密度大于等于1 g/mL 的氯化锌溶液;

c) 蒸馏水或去离子水;

d) 混合量筒;

e) 恒温器;

f) 在(23.0±0.1)℃校正过的比重计;

g) 0.1 ℃刻度的温度计。

8.1.2 试验步骤

8.1.2.1 沿着与导体轴线垂直的方向,在被试绝缘或护套上切取试样,并切成边长为(1～2)mm 的小块,将试样放入试液中使其悬浮状来测定其密度。试液与被试材料不应发生化学反应。

合适的试液如下:

——密度小于1 g/mL 的乙醇和水的混合物;

——密度大于或等于1 g/mL 的氯化锌和水的混合物。

8.1.2.2 在(23.0±0.5)℃温度下,将3块试样放入试液中,避免形成气泡,然后将蒸馏水或去离子水加到试液中,直到试样悬浮在试液中。试液混合物应均匀并在规定温度下保存。

混合试液的密度应用比重计测定,读数到小数点后三位,测得的密度即是被测试样的密度。

注:也可以采用 ISO 1183:1987 规定的比重法。

8.2 比重瓶法(基准方法)

8.2.1 试验设备

本方法使用的试验设备包括:

——精度为0.1 mg 的天平;

——容量为50 mL 的比重瓶;

——带恒温控制的液浴;

——试液(96%的酒精)。

8.2.2 试样

从绝缘和护套上切取试样,试样质(重)量应不小于1 g,不大于5 g。然后将绝缘和护套试样切成几小块;管状绝缘和护套试样应纵向切成两部分或几部分以免产生气泡。

8.2.3 预处理

试样应保存在(23±2)℃温度下。

8.2.4 测量步骤

首先将空的干燥的比重瓶称重,然后在比重瓶中将适量的试样称重。再往比重瓶中注入试液(96%的酒精)将试样浸没,并设法清除试样表面的气泡,例如将比重瓶放在真空干燥器内抽真空。破坏真空状态后在比重瓶中注入试液,试液温度应在液浴中达到(23±0.5)℃,将比重瓶注满试液至极限容积。擦干比重瓶,连同瓶内装入物一起称重。然后倒空比重瓶再注满试液,抽去空气,在(23±0.5)℃温度下称量比重瓶及其装入物的质量。

8.2.5 计算

绝缘和护套的密度按下式计算:

$$23\ ℃\ 时的密度 = \frac{m}{m_1 - m_2} \times d$$

式中：

m——试样质量，单位为克(g)；

m_1——注满比重瓶所需的试液质量，单位为克(g)；

m_2——装有试样时，注满比重瓶所需的试液质量，单位为克(g)；

d——23 ℃时含量为96%的酒精试液的密度，$d=0.798\ 8$ g/mL。

8.3 表观质量方法(浸渍法)

8.3.1 试验设备

本方法使用的试验设备包括：

——精度为0.1 mg，适于测量悬挂试样的分析天平；

——液体浴；

——试液：去离子水(或蒸馏水)或96%的酒精。

8.3.2 试样

从绝缘和护套上切取试样，试样重量应不小于1 g，不大于5 g。然后将绝缘和护套试样切成一块或几小块；管状绝缘和护套试样应纵向切成两部分或几部分以免产生气泡。

8.3.3 预处理

试样应保存在(23±2)℃温度下。

8.3.4 试验步骤

首先将试样在空气中称重。再将试样固定在合适的吊钩上，将带有试样的吊钩悬挂在天平上，随后将试样浸入(23±5)℃蒸馏水或去离子水中(如果密度小于1 g/mL，用96%的酒精试液)称得试样的表观质量。应注意称重前将试样全部浸入试液，避免在试样表面产生气泡。必要时可用少量的表面活性剂以消除试样表面的气泡。

应对记录的质量进行修正，减去空吊钩浸入试液中的质量。

8.3.5 计算

绝缘和护套的密度(克/毫升)可按下式计算：

$$23\ ℃\ 时的密度=\frac{m}{m-m_a}$$

式中：

m——试样在空气中的质量，单位为克(g)；

m_a——试样在水中的表观质量，单位为克(g)。

注：当试液用水时，水的密度设为1.0 g/mL。如果用96%的酒精试液，则m_a的质量要用酒精的密度(23 ℃时为0.798 8 g/mL)来修正。

8.4 对含填充物的聚乙烯(PE)的修正

防老化和有机着色剂一般使用量很小，可以忽略不计。但是当其他添加剂如矿物质填料大量使用时，则应进行修正。用规范的化学方法测定添加剂的性能和数量并按下式进行修正。

$$\delta=\frac{m\times\delta_c\times\delta_f}{m_c\times\delta_f-m_f\times\delta_c}$$

式中：

δ——PE的密度(修正值)，单位为克每立方厘米(g/cm^3)；

δ_c——PE料的测量密度，单位为克每立方厘米(g/cm^3)；

δ_f——添加剂或填充料的密度(测量值)，单位为克每立方厘米(g/cm^3)；

m——PE料的质量(m_c与m_f之差)，单位为克(g)；

m_c——PE料的质量(测量值)，单位为克(g)；

m_f——填充料的质量(测量值)，单位为克(g)。

含炭黑的材料应用下述简化公式进行修正：

$$\delta = \delta_c - 0.0045 \times C_B$$

式中：

C_B——炭黑的百分比值。

9 吸水试验

9.1 电气试验方法

9.1.1 试验设备

a) 交流或直流电压源；

b) 电压表；

c) 带加热装置的水浴。

9.1.2 试样制备

从电缆试样上切取约 3 m 长的被试绝缘线芯。取出绝缘线芯时应小心避免损伤绝缘。

9.1.3 试验步骤

a) 预试验

将绝缘线芯浸入水槽中，水槽中的水加热到有关电缆产品标准规定的温度。

绝缘线芯两端应伸出水面足够长，以防止在导体和水之间施加规定电压时，因绝缘线芯表面的泄漏电流而损坏。

绝缘线芯浸在水中 1 h 后，在导体和水之间施加交流电压 4 kV，保持 5 min。如果任一绝缘线芯试样被击穿，从水槽中取出试样，并不得用于下面 b）项规定的主试验。但应在同一绝缘线芯的另一试样上进行同样的预试验，重复试验次数不得超过两次。

预试验的目的是为了保证只有未损伤的绝缘线芯用于主试验。

b) 主项试验

预试验合格的线芯仍留在水槽中，水温保持在有关电缆产品标准规定的温度。

在导体和水之间施加表 1 规定的直流电压，加压时间按有关电缆产品标准的规定。负极接到每一试样的导体上。

表 1

规定的绝缘厚度平均值/mm	直流电压/V
0.8 和 0.9	800
1.0 和 1.2	1 000
$1.2 < t \leqslant 1.6$	1 400
$1.6 < t \leqslant 2.0$	2 000
$2.0 < t$	2 500

9.1.4 试验结果的评定

试样应不击穿。

9.2 重量吸水试验

9.2.1 试样制备

a) 额定电压 0.6/1 kV 及以下，导体标称截面积小于或等于 25 mm^2 的电缆：

每个试样应为约 300 mm 长的一段绝缘线芯；

b) 所有其他电缆：

绝缘应磨成或削成（0.6～0.9）mm 厚的薄片，表面光滑并基本上平行；

从薄片上冲切（80～100）mm 长，（4～5）mm 宽的试样；

c) 从每个被试绝缘线芯上制备两个试样。

9.2.2 试验步骤

a) 9.2.1 中 a)项规定的试样

用浸湿的滤纸将试样表面擦干净。

将试样在(70±2)℃温度下干燥至恒重,也可将试样放在温度为(70±2)℃,压力不超过660 Pa(6.6 mbar)的低压力烘箱内保持 24 h,在干燥器里冷却试样。

称重试样 M_1,以 mg 为单位,精确到 0.1 mg。

将试样在直径为(6～8)倍试样直径的试棒上弯成 U 形,并将其两端穿过玻璃容器的盖子上的孔,玻璃容器里只应放同一绝缘线芯的两个试样。

往玻璃容器中注满水至盖子边缘处后,调整试样位置使其约 250 mm 长的一段浸在水中。

使用预先煮沸过的蒸馏水或去离子水。

试样置于水中的温度和时间按有关产品标准的规定。如果未规定时间,则对于绝缘厚度为 1.0 mm 及以下的试样,持续时间为两周;绝缘厚度为(1.1～1.5)mm 的试样,持续时间为三周;绝缘厚度为 1.5 mm 以上的试样,持续时间为四周。如果未规定温度,则应为导体最高温度减去 5 ℃,但不超过 90 ℃。水平面应保持在玻璃容器盖子的内表面。

等水冷却到环境温度后取出试样,甩去附在试样上的水滴,用滤纸轻轻揩干并在试样从水中取出(2～3)min 内完成称重 M_2,以 mg 为单位。

最后干燥试样,条件同浸水之前的干燥条件,即如上述的第 1 次称重前使用的两种方法中的任一种。称重最后质量 M_3,以 mg 为单位。

b) 9.2.1 中 b)项规定的试样

表面完全擦干净的试样在温度为(70±2)℃的真空(残压近 1 mbar)状态下加热 72 h,组分本质上不同的材料不能同时在一个容器或烘箱中加热。

经上述处理后,试样应放在干燥器中冷却 1 h,然后称重(质量 M_1),精确到 0.1 mg。

然后将试样浸在去离子水(或蒸馏水)中,时间和温度按有关电缆产品标准的规定。如果未规定温度,则温度为导体最高温度减去 5 ℃,但不大于 90 ℃。每一试样应浸在带冷凝器的分隔玻璃管中或带玻璃盖的烧杯中。

如使用冷凝器,其上半部分应用铝箔盖住以免污染。

按有关电缆产品标准规定的时间浸水以后,或如果产品标准未规定浸水时间,则浸水 14 天以后,试样应转移到室温下的去离子水(或蒸馏水)中并在此冷却。然后从水中取出每一试样,甩去任何附着的水滴,用专门滤纸吸干而不留纤维,称重试样(质量 M_2),精确到 0.1 mg。最后在与浸水之前相同的条件下处理试样,称重最后质量 M_3,以 mg 为单位。

9.2.3 试验结果表示方法

a) 吸水量按下列公式计算,单位为 mg/cm²。

1) 如果最终质量 M_3 小于 M_1:

$$(M_2 - M_3)/A$$

2) 如果最后重量 M_3 大于 M_1:

$$(M_2 - M_1)/A$$

式中,对于 9.2.1a)项规定的试样,A 是试样 250 mm 长浸水部分的表面积,以平方厘米(cm²)为单位;对于 9.2.1 b)项规定的试样,A 是浸水试样的总表面积。

b) 试验结果取 2 个试样的平均值作为绝缘线芯的吸水量。

10 绝缘收缩试验

10.1 取样

在每个被试绝缘线芯上距离电缆端头至少 0.5 m 处切取约 1.5 L mm 长的试样一根。

L 应是有关电缆产品标准规定的长度。

10.2　试样制备

除粘附的挤包半导电屏蔽层(若有)之外,应及时从绝缘线芯试样上除去所有护层。

截取试样后 5 min 之内,在每一绝缘线芯试样的中部标上 $L\pm5$ mm 的试验长度。测量标记之间的距离,精确到 0.5 mm。然后在每个试样两端距离标记(2～5)mm 处去除绝缘。

10.3　试验步骤

应将试样导体的裸露端头水平支架在空气烘箱中,或平放在滑石粉槽的表面,使得绝缘能自由伸缩。按有关电缆产品标准规定的温度和时间加热试样。

然后在空气中冷却试样至室温,重新测量每个试样的标记之间的距离,精确至 0.5 mm。

10.4　试验结果表示方法

收缩率是加热前标记之间的距离和加热并冷却后标记之间的距离的差值与加热前标记之间的距离的百分比。

11　PE 护套的收缩试验

11.1　试验设备

自然通风的电加热烘箱。

测量分度为 1 mm 的测量带。

11.2　取样

试验前,被试电缆应在室温下存放至少 24 h。

在距离电缆端头至少 2 m 处切取(500±5)mm 长的试样一根。

11.3　试样制备

切取试样后立即测量护套的原始长度(L_1)。原始长度取两次测量值的平均值。两次测量应沿电缆纵向平行于电缆轴线方向,在电缆端部正对面的两标记处进行测量。如果试样是弯曲的,则测量应分别在弯曲试样的内侧和外侧进行。

11.4　试验步骤

试样应水平支架在预热的烘箱里,预热温度及放置时间按有关电缆产品标准规定。

从烘箱中取出试样,在室温下冷却。重复 5 次这样的冷、热循环。最后冷却至室温,按 11.3 的规定测量最后的长度(L_2)。

11.5　试验结果表示方法

收缩率(ΔL)按下式计算:

$$\Delta L=\frac{L_1-L_2}{L_1}\times100\%$$

ICS 29.060
K 13

中华人民共和国国家标准

GB/T 2951.14—2008/IEC 60811-1-4:1985
代替 GB/T 2951.4—1997

电缆和光缆绝缘和护套材料通用试验方法 第14部分:通用试验方法——低温试验

Common test methods for insulating and sheathing materials of electric and optical cables—Part 14:Methods for general application—Test at low temperature

(IEC 60811-1-4:1985,IDT)

2008-06-26 发布 2009-04-01 实施

中华人民共和国国家质量监督检验检疫总局
中国国家标准化管理委员会 发布

前 言

GB/T 2951《电缆和光缆绝缘和护套材料通用试验方法》分为10个部分：

——第11部分：通用试验方法——厚度和外形尺寸测量——机械性能试验；

——第12部分：通用试验方法——热老化试验方法；

——第13部分：通用试验方法——密度测定方法——吸水试验——收缩试验；

——第14部分：通用试验方法——低温试验；

——第21部分：弹性体混合料专用试验方法——耐臭氧试验——热延伸试验——浸矿物油试验；

——第31部分：聚氯乙烯混合料专用试验方法——高温压力试验——抗开裂试验；

——第32部分：聚氯乙烯混合料专用试验方法——失重试验——热稳定性试验；

——第41部分：聚乙烯和聚丙烯混合料专用试验方法——耐环境应力开裂试验——熔体指数测量方法——直接燃烧法测量聚乙烯中碳黑和/或矿物质填料含量——热重分析法(TGA)测量碳黑含量——显微镜法评估聚乙烯中碳黑分散度；

——第42部分：聚乙烯和聚丙烯混合料专用试验方法——高温处理后抗张强度和断裂伸长率试验——高温处理后卷绕试验——空气热老化后的卷绕试验——测定质量的增加——长期热稳定性试验——铜催化氧化降解试验方法；

——第51部分：填充膏专用试验方法——滴点——油分离——低温脆性——总酸值——腐蚀性——23℃时的介电常数——23℃和100℃时的直流电阻率。

本部分为GB/T 2951的第14部分。

本部分等同采用IEC 60811-1-4:1985《电缆和光缆绝缘和护套材料通用试验方法　第1-4部分：通用试验方法——低温试验》及其A1:1993“第1号修改单”和A2:2001“第2号修改单”(英文版)。

为便于使用，本部分做了下列编辑性修改：

——用“第14部分”代替“第1-4部分”；

——用小数点“.”代替作为小数点的“,”；

——删除国际标准的前言；

——本部分在IEC 60811-1-4原文第1章和第3章末与IEC 60811-1-4的标准名称中增加的“和光缆”相协调处增加了“光缆”；

——本部分按2000年以后更新版本的IEC 60811其他部分出版物文本编排方式在第1章中增加第1.1“规范性引用文件”，将IEC 60811-1-4原文在前言中列出的引用文件移入本条，并引用了采用国际标准的我国标准而非国际标准；

——本部分删除了IEC 60811-1-4原文中说明IEC 60811所有部分与已被其代替而撤消的IEC 538和IEC 540出版物对应关系的附录A。

本部分代替GB/T 2951.4—1997《电缆绝缘和护套材料通用试验方法　第1部分：通用试验方法　第4节：低温试验》。

本部分与GB/T 2951.4—1997相比主要变化如下：

——标准名称改为：“电缆和光缆绝缘和护套材料通用试验方法　第14部分：通用试验方法——低温试验”；

——与标准名称相对应，标准英文名称改变为：“Common test methods for insulating and sheathing materials of electric and optical cables—Part 14:Methods for general application—Test at low temperature”；

——第1章"配电用电缆和通信电缆,包括船用电缆",改为"配电及通信用电缆和光缆,包括船舶和近海用电缆和光缆"(1997版的第1章;本版的第1章);

——第3章"适用范围"增加"光缆"(1997版的第3章;本版的第3章);

——第8.1.3条中将"低温箱"改为"合适的低温箱"(1997版的第8.1.3条;本版的第8.1.3条);

——第8.4.3条增加了"对于聚乙烯(PE)和聚丙烯(PP)材料,只能削平,不能磨平。"(1997版的第8.4.3条;本版的第8.4.3条);

——第8.5.3条中将"低温箱"改为"合适的低温箱"(1997版的第8.5.3条;本版的第8.5.3条);

——第8.5.5条中将"低温箱"改为"合适的低温箱",并增加了关于热水温度的"注"(1997版的第8.5.5条;本版的第8.5.5条)。

本部分由中国电器工业协会提出。

本部分由全国电线电缆标准化技术委员会归口。

本部分起草单位:上海电缆研究所。

本部分主要起草人:李明珠、王申、朱永华、王春红、黄萱。

本部分所代替标准的历次版本发布情况为:

——GB/T 2951.4—1997;

——GB 2951.12—1982、GB/T 2951.12—1994、GB 2951.13—1982、GB/T 2951.13—1994、GB 2951.14—1982、GB/T 2951.14—1994。

电缆和光缆绝缘和护套材料
通用试验方法
第14部分:通用试验方法——低温试验

1 范围

GB/T 2951规定了配电及通信用电缆和光缆,包括船舶及近海用电缆和光缆的聚合物绝缘和护套材料的试验方法。

GB/T 2951的本部分规定了低温试验方法,适用于电线、电缆和光缆的聚氯乙烯和聚乙烯绝缘和护套材料。

1.1 规范性引用文件

下列文件中的条款通过GB/T 2951的本部分的引用而成为本部分的条款。凡是注日期的引用文件,其随后所有的修改单(不包括勘误的内容)或修订版均不适用于本部分,然而,鼓励根据本部分达成协议的各方研究是否可使用这些文件的最新版本。凡是不注日期的引用文件,其最新版本适用于本部分。

GB/T 2951.11—2008 电缆和光缆绝缘和护套材料通用试验方法 第11部分:通用试验方法——厚度和外形尺寸测量——机械性能试验(IEC 60811-1-1:1993,IDT)

2 试验原则

本部分没有规定全部的试验条件(诸如温度,持续时间等)以及全部的试验要求,它们应在有关电缆产品标准中加以规定。

本部分规定的任何试验要求可以在有关电缆产品标准中加以修改,以适应特殊类型电缆的需要。

3 适用范围

本部分规定的试验条件和试验参数适用于电缆、光缆、电线和软线的最常用类型的绝缘和护套材料。

4 型式试验和其他试验

本部分所述的试验方法首先是作为型式试验用的。某些试验项目其型式试验和经常进行的试验(如例行试验)的条件有本质上的区别,本部分已指明了这些区别。

5 预处理

所有的试验应在绝缘和护套材料挤出或硫化(或交联)后存放至少16 h方可进行。

6 试验温度

试验应在有关电缆产品标准规定的温度下进行。

7 中间值

将获得的应有个数的试验数据以递增或递减次序排列,若有效数据的个数是奇数时,则中间值为正中间一个数值;若是偶数,则中间值为中间两个数值的平均值。

8 低温试验

8.1 绝缘低温卷绕试验

8.1.1 概述

本试验一般适用于外径 12.5 mm 及以下的圆形绝缘线芯及不能制备哑铃试件的扇形绝缘线芯。

若有关电缆产品标准中有规定，试验应在大尺寸绝缘线芯上进行。否则，大尺寸绝缘线芯应进行 8.3 所述的低温拉伸试验。

8.1.2 取样和试样制备

从每个被试绝缘线芯上取两根适当长度的试样。如有外护层，应除去后才能作为试样。

8.1.3 试验设备

本试验推荐采用的试验设备如图 1 及注释。它基本上由一旋转轴和试样导向装置组成。

也可使用实际上与图 1 所示设备相当的另一种单轴设备。

此试验设备在试验前及试验过程中应放置在合适的低温箱内。

8.1.4 试验步骤

试样应按图 1 所示固定在设备上。

装好试样的设备应在规定温度的合适低温箱内放置不少于 16 h。16 h 的冷却时间包括冷却设备所必需的时间。

如果试验设备已预冷，只要试样已达到规定的试验温度。则允许缩短冷却时间，但不得少于 4 h。如果试验设备和试样均已预冷，则将每个试样固定在试验设备上后冷却 1 h 就足够。

规定的冷却时间结束后，应按 8.1.5 规定的条件旋转试样，使试样整齐地在试棒上卷绕成紧密的螺旋。如果是扇形试样，则试样的圆形“背部”应与试棒接触。

然后，将试样保持在试棒上，使其恢复到接近环境温度。

8.1.5 试验条件

试验温度应按有关电缆产品标准规定。

试棒的直径应为试样直径的(4～5)倍。

试棒应以约每 5 s 转一圈的速率匀速旋转，卷绕圈数应按表 1 规定：

表 1

试样外径 d/mm	旋 转 圈 数
$d \leqslant 2.5$	10
$2.5 < d \leqslant 4.5$	6
$4.5 < d \leqslant 6.5$	4
$6.5 < d \leqslant 8.5$	3
$8.5 < d$	2

每一试样的实际直径应用游标卡尺或测量带进行测量，对于扇形试样，以短轴作为等效直径来确定试棒直径和卷绕圈数。

对于扁平软线，应以试样的短轴尺寸来确定试棒的直径和卷绕圈数。卷绕时短轴垂直于试棒。

8.1.6 试验结果的评定

按 8.1.4 规定试验结束后，检查仍在试棒上的试样。当用正常视力或矫正过的视力而不用放大镜进行检查时，两个绝缘试样均应无任何裂纹。

8.2 护套低温卷绕试验

8.2.1 概述

本试验一般适用于外径 12.5 mm 及以下的电缆和短轴尺寸 20 mm 及以下的扁电缆。

若有关电缆产品标准中有规定,试验可在大规格电缆上进行。否则,大规格电缆的护套应进行 8.4 所述的低温拉伸试验。

8.2.2 取样和试样制备

从每个被试护套上取两根适当长度的电缆试样。

试验前,应剥去护套上的所有护层。

8.2.3 试验设备、步骤和试验条件

按 8.1.3、8.1.4 和 8.1.5 的规定。

对于外护套内有铠装或同心绞合导体的电缆,试棒的直径应按有关电缆产品标准的规定。

8.2.4 试验结果的评定

按 8.1.4 规定试验结束后,检查仍在试棒上的试样。当用正常视力或矫正过的视力而不用放大镜进行检查时,两个试样的护套均应无任何裂纹。

8.3 绝缘低温拉伸试验

8.3.1 概述

本试验适用于不进行 8.1.1 规定的低温卷绕试验的绝缘线芯的绝缘。

8.3.2 试样

每个被试线芯应取两根适当长度的试样。

8.3.3 试样制备

所有护层(包括外半导电层,若有)剥去后,沿轴向切开绝缘,然后取出导体和内半导电层(若有)。

绝缘试条应磨平或削平,以获得下面所述的两个标记线之间光滑平行的表面,磨平时应注意避免过热。切削机示例参见 GB/T 2951.11—2008 的附录 A,聚乙烯(PE)和聚丙烯(PP)绝缘只能削平,不能磨平。磨平和削平绝缘试条的厚度应不小于 0.8 mm;不大于 2.0 mm。如果从原始试样上不能获得 0.8 mm厚度的试条,则允许最小厚度为 0.6 mm。

所有试条应在环境温度下处理至少 16 h。

然后,沿着每根试条的轴向冲切出两个如图 3 或图 4(如有必要)哑铃试件。如有可能,应并排冲切两个哑铃试件。

对于扇形线芯,应在绝缘线芯的“背部”切取哑铃试件。

如果试验时能直接测量标记线之间的距离,则应按 GB/T 2951.11—2008 第 9.1.3 a)项的最后一段规定,在哑铃试件上标出标记线。

8.3.4 试验设备

试验可在带低温装置的普通拉力机上进行,或在置于低温箱内的拉力机上进行。

如果使用液体制冷剂,则在规定试验温度下的预处理时间应不小于 10 min。

当试验设备和试样一起在空气中冷却时,冷却时间应至少为 4 h。如果试验设备已预冷,冷却时间可缩短至 2 h。如果试验设备和试样均已预冷,则将试样固定在试验设备上的冷却时间应不小于 30 min。

如用混合液制冷,则该液体应不损伤绝缘和护套材料。

拉伸试验时,最好采用能直接测量标记线间距离的试验设备,但也可采用测量夹头间位移的试验设备。

注:合适的制冷剂是乙醇或甲醇与干冰的混合物。

8.3.5 试验步骤和试验条件

拉力机的夹头应是非自紧式的。

在预冷的两个夹头中,哑铃试件被夹住的长度应是一样的。

如果试验时直接测量标记线之间的距离,则夹头之间的自由长度对于这两种哑铃试件均应为 30 mm左右。

若是测量夹头间的位移,则对于图 3 哑铃试件其夹头间的自由长度应为(30±0.5) mm;对于图 4 哑铃试件,其夹头间的自由长度应为(22±0.5) mm。

拉力机夹头的分离速度应为(25±5) mm/min。

试验温度按有关电缆产品标准对该种绝缘料的规定。

伸长率用拉断时标记线间距离,或拉断时夹头间的距离来确定。

8.3.6 试验结果的评定

用标记线间距离的增值与原始距离 20 mm(若是图 4 哑铃试件时应为 10 mm)之比计算伸长率,以百分比表示。

如果采用测量夹头间距离的方法,则原始距离对图 3 哑铃试件应为 30 mm,对图 4 哑铃试件应为 22 mm。当采用这种方法时,应在试件从试验设备上取下来之前进行测量。如试件部分地滑出夹头,则此试验数据作废。计算伸长率至少应有三个有效数据,否则试验应重做。

除非另有规定,有效的试验结果均不得小于 20%。

在有争议时,应采用测量标记线间距离的方法。

8.4 护套低温拉伸试验

8.4.1 概述

本试验适用于不进行 8.2.1 规定的低温卷绕试验的电缆护套。

8.4.2 取样

每个被试护套应取两根适当长度的试样。

8.4.3 试样制备

所有护层剥去后,应沿着轴向将护套切开,然后去除绝缘线芯、填充物以及里面的其他结构元件(若有)。

如果护套内、外表面均光滑,平均厚度不超过 2.0 mm,则试样不必削平或磨平。厚度超过 2.0 mm 的试样或者有标记压痕和内侧有凸脊的试样均应削平或磨平,以获得两个光滑的平行表面,其厚度应不大于 2.0 mm,不小于 0.8 mm。如果从原始试样上不能获得 0.8 mm 厚度的试样,则允许最小厚度为 0.6 mm。磨平或削平时应注意避免过热和过分的机械损伤。对于聚乙烯(PE)和聚丙烯(PP)材料,只能削平,不能磨平。切削机示例参见 GB/T 2951.11—2008 的附录 A。

所有试样应在环境温度下存放至少 16 h。

然后,沿着每根试样的轴向冲切出两个如图 3 或图 4(如有必要)哑铃试件。如有可能,应并排冲切两个哑铃试件。

如果试验时直接测量标记线间的距离,则应按 GB/T 2951.11—2008 第 9.1.3 a)项最后一段规定,在哑铃试件上作出标记线。

8.4.4 试验设备

按 8.3.4 规定。

8.4.5 试验步骤和试验条件

按 8.3.5 规定。

8.4.6 试验结果的评定

按 8.3.6 的规定。

8.5 聚氯乙烯绝缘和护套低温冲击试验

8.5.1 概述

本试验适用于各种聚氯乙烯护套电缆,而与绝缘线芯的绝缘类型无关。如果有关电缆产品标准有规定,也适用于无护套的电线、软线和扁平软线的聚氯乙烯绝缘。

护套电缆的聚氯乙烯绝缘不直接进行低温冲击试验。

8.5.2 取样和试样制备

取3个成品电缆试样，每个试样长度至少应是电缆直径的5倍，最短150 mm。应除去所有外护层。

8.5.3 试验设备

本试验用设备如图2及注释。

设备应放在约40 mm厚的海绵橡皮垫上，试验前和试验期间均应置于合适的低温箱内。 ‖

8.5.4 试验条件

试验温度应由有关电缆产品标准规定。

对于固定敷设的电缆试样，试验用落锤质(重)量应按表2的规定：

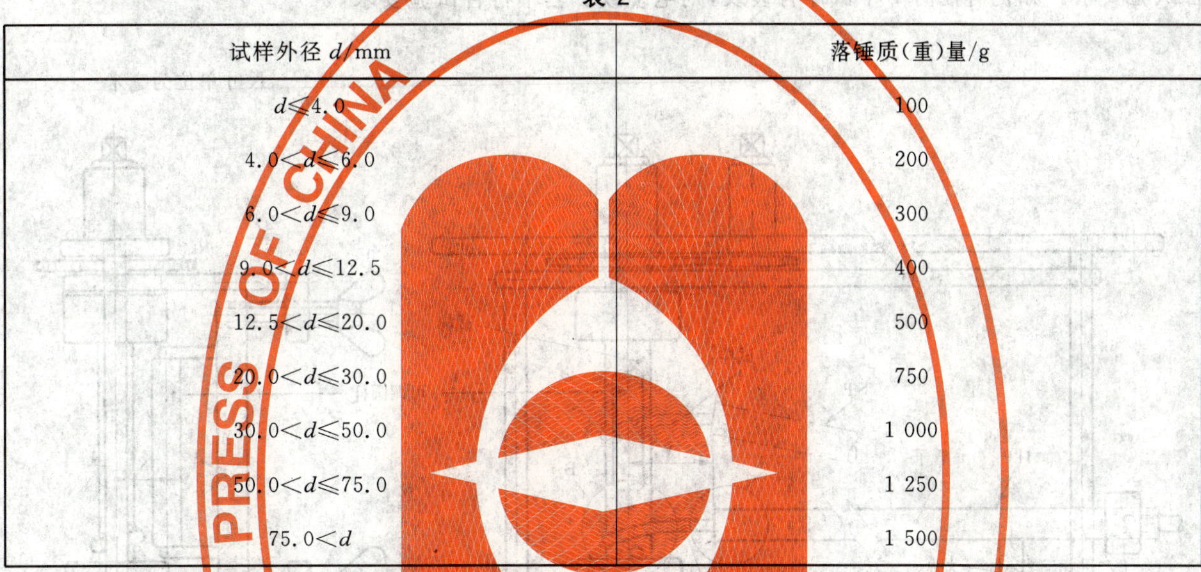

表 2

试样外径 d/mm	落锤质(重)量/g
$d\leqslant 4.0$	100
$4.0<d\leqslant 6.0$	200
$6.0<d\leqslant 9.0$	300
$9.0<d\leqslant 12.5$	400
$12.5<d\leqslant 20.0$	500
$20.0<d\leqslant 30.0$	750
$30.0<d\leqslant 50.0$	1 000
$50.0<d\leqslant 75.0$	1 250
$75.0<d$	1 500

对软电缆、软线和通信电缆试样，试验用落锤质(重)量应按表3的规定：

表 3

试样外径 d/mm	落锤质(重)量/g
对于扁平软线	
$d\leqslant 6.0$	100
$6.0<d\leqslant 10.0$	200
$10.0<d\leqslant 15.0$	300
$15.0<d\leqslant 25.0$	400
$25.0<d\leqslant 35.0$	500
$35.0<d$	600

表中所列外径应用游标卡尺或测量带对每个试样进行测量。

扁平软线试验时，其短轴应与钢质底座垂直。

8.5.5 试验步骤

试验设备和被试电缆试样应并排放在合适的低温箱中保持在规定温度下冷却至少16 h，其中包括 ‖ 试验设备的冷却时间。如果试验设备已预冷，并且试样已达到规定的试验温度，则允许缩短冷却时间，但不得少于1 h。

规定的冷却时间结束后，每个试样应依次放在图2所示的位置上，落锤应从100 mm高处落下。

试验后使试样恢复到接近室温，然后检查无护套电缆或软线的绝缘。

使试样保持平直，将试样以每 100 mm 扭转 360°进行扭转，然后对绝缘进行检查。若绝缘试样不能这样扭绞，则按护套的规定进行检查。

检验电缆或软线护套前，应先使其恢复到接近室温后浸入热水，然后再沿着电缆轴向将护套切开。

注：40℃～50℃的热水是合适的。

检查护套和绝缘的内外表面。护套电缆或软线的绝缘只检查外表面。

8.5.6 试验结果的评定

当用正常视力或校正视力而不用放大镜检查时，3 个试样均不应有裂纹。

如果 3 个试样中有 1 个有裂纹，则应再取 3 个试样重复进行试验。如果这 3 个试样均无裂纹，则符合试验要求。如仍有任何 1 个试样有裂纹，则电缆或护套不符合试验要求。

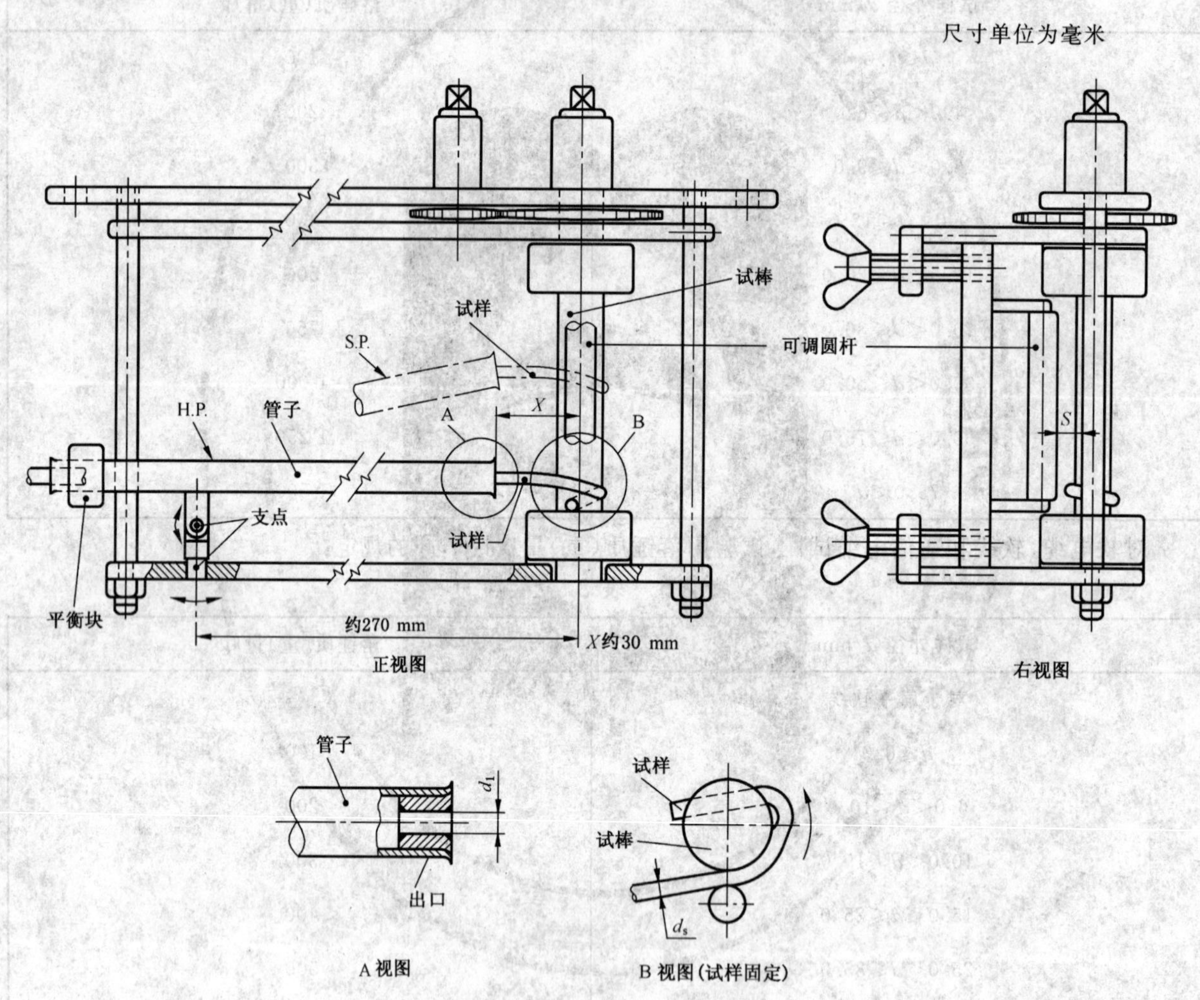

注 1：$d_s < S < 1.5d_s$

注 2：$d_1 = 1.2 \sim 1.5d_s$

注 3：水平位置上(H.P.)，试样不应被管子往下压得太过分。

注 4：倾斜位置上(S.P.)，试样不应被管子往上抬得太过分。

图 1　低温卷绕设备

尺寸单位为毫米

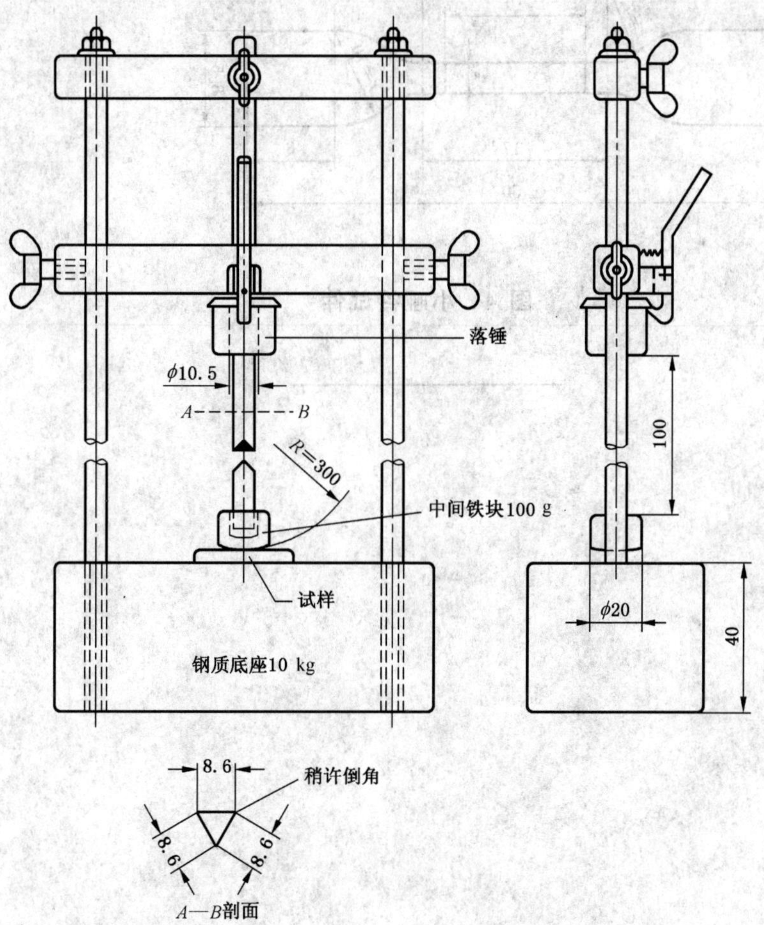

图 2 冲击试验设备

尺寸单位为毫米

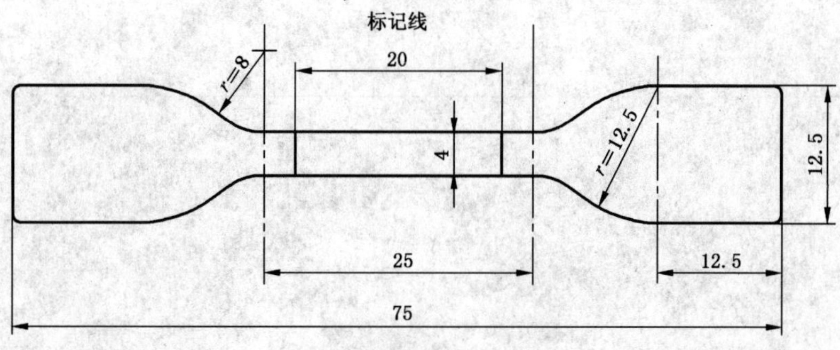

图 3 哑铃试件

尺寸单位为毫米

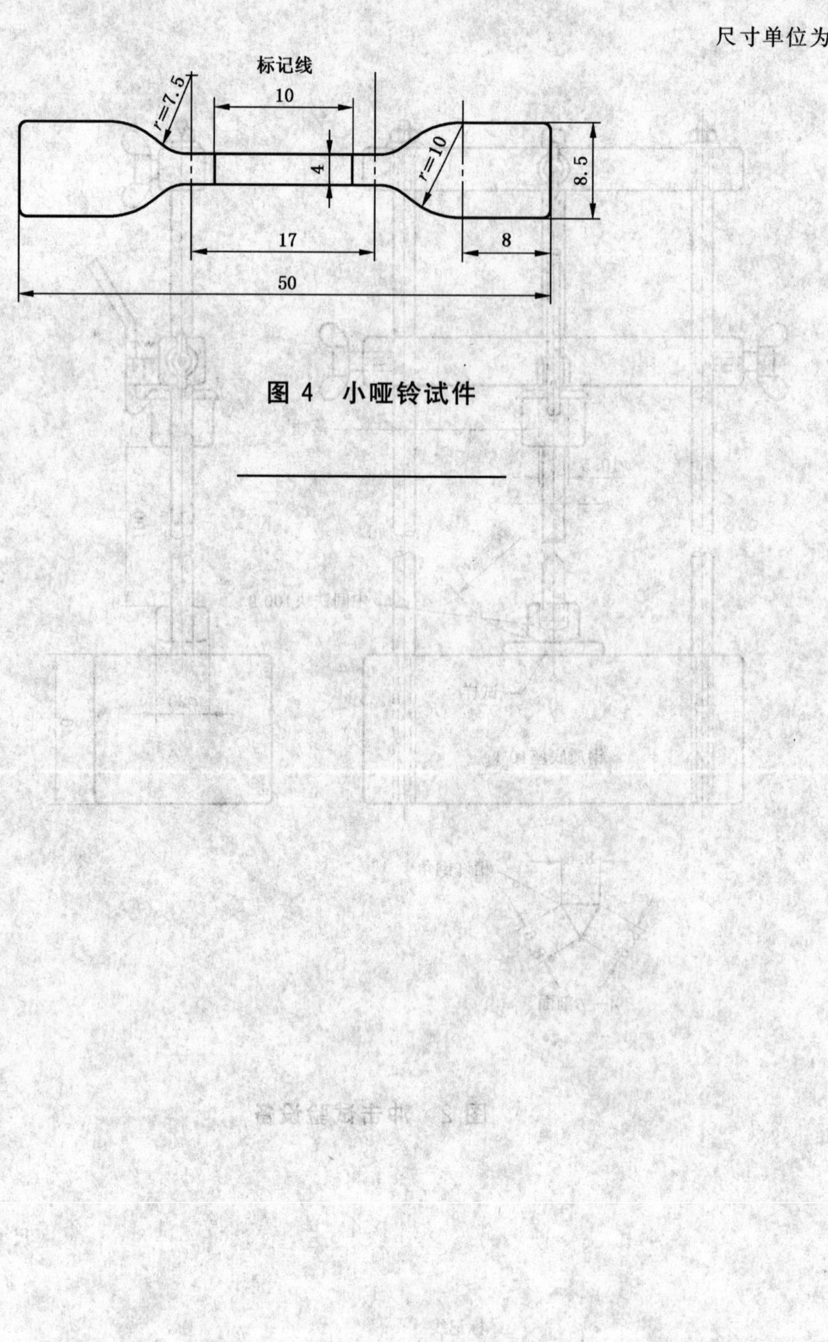

图 4 小哑铃试件

ICS 29.060
K 13

中华人民共和国国家标准

GB/T 2951.21—2008/IEC 60811-2-1:2001
代替 GB/T 2951.5—1997

电缆和光缆绝缘和护套材料通用试验方法　第21部分:弹性体混合料专用试验方法——耐臭氧试验——热延伸试验——浸矿物油试验

Common test methods for insulating and sheathing materials of electric and optical cables—Part 21:Methods specific to elastomeric compounds—Ozone resistance, hot set and mineral oil immersion tests

(IEC 60811-2-1:2001,IDT)

2008-06-26 发布　　　　2009-04-01 实施

中华人民共和国国家质量监督检验检疫总局
中国国家标准化管理委员会　发布

前 言

GB/T 2951《电缆和光缆绝缘和护套材料通用试验方法》分为10个部分：

——第11部分:通用试验方法——厚度和外形尺寸测量——机械性能试验；

——第12部分:通用试验方法——热老化试验方法；

——第13部分:通用试验方法——密度测定方法——吸水试验——收缩试验；

——第14部分:通用试验方法——低温试验；

——第21部分:弹性体混合料专用试验方法——耐臭氧试验——热延伸试验——浸矿物油试验；

——第31部分:聚氯乙烯混合料专用试验方法——高温压力试验——抗开裂试验；

——第32部分:聚氯乙烯混合料专用试验方法——失重试验——热稳定性试验；

——第41部分:聚乙烯和聚丙烯混合料专用试验方法——耐环境应力开裂试验——熔体指数测量方法——直接燃烧法测量聚乙烯中碳黑和/或矿物质填料含量——热重分析法(TGA)测量碳黑含量——显微镜法评估聚乙烯中碳黑分散度；

——第42部分:聚乙烯和聚丙烯混合料专用试验方法——高温处理后抗张强度和断裂伸长率试验——高温处理后卷绕试验——空气热老化后的卷绕试验——测定质量的增加——长期热稳定性试验——铜催化氧化降解试验方法；

——第51部分:填充膏专用试验方法——滴点——油分离——低温脆性——总酸值——腐蚀性——23 ℃时的介电常数——23 ℃和100 ℃时的直流电阻率。

本部分为GB/T 2951的第21部分。

本部分等同采用IEC 60811-2-1:2001《电缆和光缆绝缘和护套材料通用试验方法　第2-1部分:弹性体混合料专用试验方法——耐臭氧试验——热延伸试验——浸矿物油试验》(英文版)。

为便于使用,本部分做了下列编辑性修改：

——用“第21部分”代替“第2-1部分”；

——用小数点“.”代替作为小数点的“,”；

——删除国际标准的前言；

——本部分第1.1条引用了采用国际标准的我国标准而非国际标准；

——本部分在IEC 60811-2-1原文第3章未与IEC 60811-2-1的标准名称中增加的“和光缆”相协调处增加了“光缆”。

鉴于国内的实际情况,与IEC 60811-2-1原文相比,本部分还对作了一处技术性补充:在第10章“护套浸矿物油试验”中10.3“试验用油”的条文下增加注释:“非仲裁试验时允许采用符合SH/T 0139—1995规定的通用车轴油”。

本部分代替GB/T 2951.5—1997《电缆绝缘和护套材料通用试验方法　第2部分:弹性体混合料专用试验方法　第1节:耐臭氧试验——热延伸试验——浸矿物油试验》。

本部分与GB/T 2951.5—1997相比主要变化如下：

——标准名称改变为:“电缆和光缆绝缘和护套材料通用试验方法　第21部分:弹性体混合料专用试验方法——耐臭氧试验——热延伸试验——浸矿物油试验”；

——与标准名称相对应,标准英文名称改变为:“Common test methods for insulating and sheathing materials of electric and optical cables—Part 21:Methods specific to elastomeric compounds—Ozone resistance,hot set and mineral oil immersion tests”；

——第1章“配电用电缆及通信电缆,包括船用电缆”,改为“配电及通信用电缆和光缆,包括船舶和

近海用电缆和光缆”(1997 版的第 1 章;本版的第 1 章);

——第 3 章“适用范围”增加“光缆”(1997 版的第 3 章;本版的第 3 章);

——8.1.1 增加了“d)、e)、f)”项(1997 版的 8.1.1;本版的 8.1.1);

——8.1.2 改为“8.1.2.1 绝缘取样”和“8.1.2.2 护套取样”(1997 版的 8.1.2;本版的 8.1.2);

——8.1.3 改为“8.1.3.1 绝缘试样”和“8.1.3.2 护套试样”(1997 版的 8.1.3;本版的 8.1.3);

——将前版中 8.1.4 和 8.1.5 均纳入本版的 8.1.4 中,作为 8.1.4 的下一层次条文“8.1.4.1 绝缘试样”和“8.1.4.2 护套试件”;与此同时,前版中其后的 8.1.6 和 8.1.7 分别相应改为 8.1.5 和 8.1.6(1997 版的 8.1.4、8.1.5、8.1.6 和 8.1.7;本版的 8.1.4、8.1.5 和 8.1.6);

——8.2.1.2b)项首句中增加“并将注入孔”,将前版中描述分液漏斗中气体量的“400 mL 与量筒内 KI 溶液量的差值”改为“量筒内 KI 溶液量”(1997 版的 8.2.1.2;本版的 8.2.1.2);

——9.1 第 2 段增加了对哑铃试件作好标志线的规定(1997 版的 9.1;本版的 9.1);

——9.2 的“注”中对防止管状试件两端紧密封闭的方法举例中增加了“至少”(1997 版的 9.2;本版的 9.2);

——9.3a)项增加了“悬挂过程应尽可能快以使烘箱开门最短时间。”,b)项“在烘箱内 15 min 后”改为“当烘箱温度回升到规定温度(最好在 5 min 之内),试件在烘箱中再保持 10 min 后”,c)项“并使试件在规定的温度下恢复 5 min”改为“并将试件留在烘箱中恢复,试件保留在烘箱中 5 min。或者等到烘箱温度回升到规定的温度,取较长时间”,c)项增加了“注”(1997 版的 9.3;本版的 9.3);

——9.4“15 min”改为“10 min”(1997 版的 9.4;本版的 9.4);

——11.3“ASTM 2 号油”改为“ISO 1817 规定的 IRM 902 号油”(1997 版的 10.3;本版的 10.3)。

本部分由中国电器工业协会提出。

本部分由全国电线电缆标准化技术委员会归口。

本部分起草单位:上海电缆研究所。

本部分主要起草人:李明珠、王申、朱永华、王春红、黄萱。

本部分所代替标准的历次版本发布情况为:

——GB/T 2951.5—1997;

——GB 2951.35—1983、GB/T 2951.35—1994、GB 2951.18—1982、GB/T 2951.18—1994、GB 2951.15—1982、GB/T 2951.15—1994。

电缆和光缆绝缘和护套材料通用试验方法　第21部分:弹性体混合料专用试验方法——耐臭氧试验——热延伸试验——浸矿物油试验

1　概述

1.1　范围

GB/T 2951 规定了配电及通信用电缆和光缆,包括船舶及近海用电缆和光缆的聚合物绝缘和护套材料的试验方法。

GB/T 2951 的本部分规定了耐臭氧试验方法、热延伸试验方法和浸矿物油试验方法。适用于电线、电缆和光缆的弹性体混合料。

1.2　规范性引用文件

下列文件中的条款通过 GB/T 2951 的本部分的引用而成为本部分的条款。凡是注日期的引用文件,其随后所有的修改单(不包括勘误的内容)或修订版均不适用于本部分,然而,鼓励根据本部分达成协议的各方研究是否可使用这些文件的最新版本。凡是不注日期的引用文件,其最新版本适用于本部分。

GB/T 2951.11—2008　电缆和光缆绝缘和护套材料通用试验方法　第11部分:通用试验方法——厚度和外径测量——机械性能试验(IEC 60811-1-1:1993,IDT)

GB/T 2951.12—2008　电缆和光缆绝缘和护套材料通用试验方法　第12部分:通用试验方法——热老化试验方法(IEC 60811-1-2:1985,IDT)

ISO 1817:1999　硫化橡胶——耐液体作用的测定

2　试验原则

本部分没有规定全部的试验条件(诸如温度、持续时间等)以及全部的试验要求,应在有关电缆产品标准中加以规定。

本部分规定的任何试验要求可以在有关电缆产品标准中加以修改,以适应特殊类型电缆的需要。

3　适用范围

本部分规定的试验条件和试验参数适用于电缆、光缆、电线和软线的最常用类型的绝缘和护套材料。

4　型式试验和其他试验

本部分所述的试验方法首先是作为型式试验用的。某些试验项目其型式试验和经常进行的试验(如例行试验)的条件有本质上的区别,本部分已指明了这些区别。

5　预处理

所有的试验应在绝缘和护套料挤出或硫化(或交联)后存放至少 16 h 方可进行试验。

如果试验是在环境温度下进行,试样应在(23±5)℃温度下存放至少 3 h。

6 试验温度

除非另有规定，试验应在环境温度下进行。

7 中间值

将获得的应有个数的试验数据以递增或递减次序排列，若有效数据的个数是奇数时，则中间值为正中间1个数值；若是偶数，则中间值为中间2个数值的平均值。

8 耐臭氧试验

警告：注意臭氧的毒性。在任何情况下都应采用预防措施减少操作人员与臭氧的接触。工作室的环境臭氧浓度不应超过 0.1×10^{-6}（每百万份体积空气的臭氧份数），或现有的工业卫生标准规定的指标两者中的较小值。

8.1 试验方法

8.1.1 试验设备

a) 可控制臭氧量的臭氧发生装置；

b) 在可控湿度和温度条件下，臭氧通过装有被试试样的试验箱的循环系统；

c) 测定臭氧浓度百分比的装置；

d) 夹住试件和拉伸试件的夹具；

e) 圆柱形木棒或金属棒；

f) 一个装有硅胶或相当材料的干燥器；

g) 精度为 0.1 mg 的天平。

8.1.2 取样

8.1.2.1 绝缘取样

不论电缆是单芯还是多芯，只需选取1根绝缘线芯进行试验。在距离端头不小于 1.5 m 处取足够长度的绝缘线芯，以制备2个试样；如线芯外面挤包半导电层，则应切取足够制备4个试样的绝缘线芯。

所有的试验用试样应均无可见的机械损伤。

8.1.2.2 护套取样

应取足够长度的电缆或电线样品，或者从电缆上剥下的护套样品，以制备至少2个试件。

有机械损伤的任何试样均不应用于试验。

8.1.3 试样制备

8.1.3.1 绝缘试样

应从绝缘线芯上除去所有外护层，但不得损伤绝缘。对于护层是硫化前直接包覆在绝缘上并且粘附在绝缘上的除外。

若绝缘线芯外面有绕包的半导电层，则应除去。

若绝缘线芯外面有挤包的半导电屏蔽层，则应除去两个试样的半导电屏蔽层，而保留另外两个试样的半导电屏蔽层。

8.1.3.2 护套试样

根据 GB/T 2951.11—2008 中 9.1.3 和 9.2.3 的规定制备两个哑铃试件。试件的最小厚度为 0.6 mm。

对于不能制备哑铃试件的小尺寸电缆试样，则按照绝缘试样的试验方法进行。

8.1.4 试样的预处理和弯曲

8.1.4.1 绝缘试样

如绝缘线芯上没有挤包的半导电屏蔽层，则1个试样应沿着其原来的弯曲方向和平面无扭绞地绕在试棒上一整圈,并在端头交叉处用绳子或带子扎牢;第二个试样应同样沿着其原来的弯曲平面弯曲,但方向相反。

如绝缘线芯上有挤包的半导电屏蔽层,则应将除去半导电层的试样和保留半导电层的试样如上所述分别在两个方向上弯曲。

应在室温或 20 ℃取其中较高温度下弯曲试样。应采用黄铜、铝或经适当处理的木制试棒,其直径应按表 1 规定:

表 1

绝缘线芯外径 d/mm	试棒直径(绝缘线芯外径的倍数)
$d\leqslant12.5$	4 ± 0.1
$12.5<d\leqslant20$	5 ± 0.1
$20<d\leqslant30$	6 ± 0.1
$30<d\leqslant45$	8 ± 0.1
$45<d$	10 ± 0.1

若试样太硬以致两端头不能交叉,则试样应在规定直径的试棒上弯曲至少 180°并扎牢。

每个试样的表面均应用一块干净的布擦掉灰尘或潮气。试验前,在试棒上弯曲的试样应在环境温度的空气中放置(30～45)min,而不需要进一步的处理。

8.1.4.2 护套试件

每个试件的表面均应用一块干净的布擦掉灰尘或潮气。试样应存放在 23 ℃±5 ℃的干燥器中至少 16 h。

用夹具将试件的两端夹住,使试件在夹具上伸长 33%±2%。

注:为避免试件在夹具附近开裂,可在夹具下的试件涂上耐臭氧漆。

8.1.5 暴露在臭氧中

经 8.1.4 处理过的试样应置于一个带旋塞的试验箱内中部;两试件之间间距至少为 20 mm。

除电缆产品标准另有规定外,试样应保持在(25±2)℃温度下,并暴露在带有规定臭氧浓度的干燥循环空气中。

臭氧浓度及持续时间按有关电缆产品标准的规定。

臭氧浓度应在试验箱中根据 8.2 规定测量。

带有规定浓度臭氧的空气,其流量应控制在 280 L/h 和 560 L/h 之间,箱内空气压力应保持略高于大气压力。

8.1.6 试验结果的评定

规定的试验时间结束后,从试验箱中取出试样,应用正常视力或矫正视力而不用放大镜检查。

绝缘试样上距离结扎处最远的 180°弯曲部分应无裂纹。

哑铃试件中部的窄条应无裂纹。

在夹具附近的裂纹应忽略。

8.2 臭氧浓度的测定

8.2.1 化学分析法

8.2.1.1 试剂

试剂应是分析纯级的。

整个试验过程均应使用蒸馏水。

a) 淀粉指示液:1 g 可溶淀粉加入 40 mL 冷水中,不断搅拌,并加热到沸腾直到淀粉完全溶解。用冷水稀释至约 200 mL,然后加入 2 g 结晶氯化锌,澄清溶液,倒出上层清液供使用。溶液应每隔二、三天更换一次以便保存及定期使用。

或者也可将 1 g 可溶淀粉溶于 100 mL 沸水中制备新鲜溶液。

不管用哪一种淀粉溶液作指示剂，均应加几滴 10%的醋酸到溶液中滴定。

b) 标准碘溶液：在称量管中加入 2 g 碘化钾(KI)和 10 mL 水并称重，然后将碘直接加入放在天平盘上的称量管里的溶液中，直到溶液中碘的总质(重)量约为 0.1 g。精确称重含碘溶液，并测定加入的碘含量。将溶液倒入烧杯中，在烧杯上面用蒸馏水清洗称量管，一并将烧杯中的溶液倒入 1 000 mL 量瓶，然后把冲洗烧杯的蒸馏水也倒入量瓶，稀释至 1 000 mL。

注：如保存在暗冷的地方和塞紧的棕色瓶里，该溶液相当稳定。

c) 硫代硫酸钠溶液：将约 0.24 g $Na_2S_2O_3 \cdot 5H_2O$ 置于 1 000 mL 量瓶中，稀释到 1 000 mL 制成浓度和标准碘溶液基本相同的硫代硫酸钠($Na_2S_2O_3$)溶液。由于硫代硫酸钠溶液浓度会逐渐减小，在作臭氧试验当天，此溶液对碘溶液应作标准标定。

$Na_2S_2O_3$ 溶液的浓度 E 按碘当量计算，并以每毫升溶液的碘量毫克数表示，公式为：

$$E = \frac{F \times C}{S}$$

式中：

F——碘溶液体积，单位为毫升(mL)；

C——碘浓度，单位为毫克每毫升(mg/mL)；

S——用于滴定的 $Na_2S_2O_3$ 溶液体积，单位为毫升(mL)。

d) 碘化钾溶液：将约 20 g 纯 KI 溶于 2 000 mL 水中。

e) 醋酸：制备 10%溶液(按体积比)。

8.2.1.2 试验步骤

已测定体积的含臭氧空气应通过试验箱内的 KI 溶液起泡，或者收集已测定体积的含臭氧空气，用合适的方法与 KI 溶液混合。

两种可选择采用的方法：

a) 盛有 100 mL KI 溶液的取样瓶一边接到试验箱的取样旋塞上，一边接到 500 mL 气体量管上。连接取样瓶到试验箱旋塞的玻璃管的位置应大大低于取样瓶中 KI 溶液的液面。打开量管的双通塞止旋塞，接通大气，升高接通量管底部的吸气瓶使水充满量管。然后关闭接通大气的量瓶旋塞，同时打开接通取样瓶塞，此时试验箱的取样旋塞接通取样瓶。然后放低吸气瓶直到水从量管中流光。这时，试验箱里的 500 mL 气体将吹泡通过 KI 溶液。然后关闭两个塞止旋塞，取下取样瓶供滴定；

b) 在容量为 400 mL 的分液漏斗里注满 KI 溶液，并将注入孔并接到试验箱的试验旋塞上。同时打开试验旋塞和分液漏斗底部的止塞，直到约 200 mL KI 溶液流入放在下面的带刻度的量筒内。迅速关闭试验旋塞和分液漏斗止塞，移去并塞住分液漏斗。此时分液漏斗里的气体量应为量筒内 KI 溶液量。摇晃分液漏斗使气体与 KI 溶液完全发生反应，量筒内的 KI 溶液应用淀粉指示剂测试是否含游离碘，若有则该气体试样应作废并重新采样。

不论用哪种方法，与来自试验箱的已知体积的气体发生化学反应的 KI 溶液均应以淀粉指示剂与标定过的 $Na_2S_2O_3$ 溶液进行滴定。

8.2.1.3 计算

在室温和大气压力下，由于 1 mg 碘相当于 0.1 mL 臭氧(在平均室温和大气压力下本分析方法的精度范围之内)，臭氧浓度可按下式计算：

$$\text{臭氧浓度 \%(体积比)} = \frac{10SE}{V}$$

式中：

S——用于滴定的 $Na_2S_2O_3$ 溶液量，单位为毫升(mL)；

E——$Na_2S_2O_3$ 溶液的碘当量，即每毫升 $Na_2S_2O_3$ 的碘的毫克数；

V——收集到的气体试样量，单位为毫升(mL)。

8.2.2 用臭氧计直接测量

作为化学分析法的替代方法，臭氧浓度可以用臭氧计直接测量、臭氧计通过与用化学分析法所得结果进行对比校准。

9 热延伸试验

9.1 取样，试样制备及其截面积的测定

从每一被试试样上切取两个绝缘样段和护套样段，按 GB/T 2951.11—2008 第 9 章规定的试验方法制备试样及测量截面积。哑铃试件应在除去所有凸脊和/或半导电层后从绝缘和护套内层制取。

试片厚度应不小于 0.8 mm，不大于 2.0 mm。如果不能制备 0.8 mm 厚的试片，则允许其最小厚度为 0.6 mm。在每个大哑铃试件中部标上 20 mm 的标志线，在每个小哑铃试件中部标上 10 mm 的标志线。

9.2 试验设备

a) 试验应在如 GB/T 2951.12—2008 中 8.1 的规定的烘箱中进行；

b) 在烘箱内每一试件应从上夹头悬挂下来，用下夹头夹住，并在下夹头上加重物。

注：用夹头固定管状试件时，不应使试件两端紧密封闭。可用任何适当的方法实现，如至少在试件一端插入一小段金属针管，其尺寸略小于试件内径。

9.3 试验步骤

a) 试件应悬挂在烘箱中，下夹头加重物。所产生的作用力按有关电缆产品标准中对相关材料的规定。悬挂过程应尽可能快以使烘箱开门时间最短。

b) 当烘箱温度回升到规定温度(最好在 5 min 之内)，试件在烘箱中再保持 10 min 后，测量标记线间距离并计算伸长率。如果烘箱没有观察窗而必须把门打开进行测量，则应在打开门后 30 s内测量完毕。

如有争议，试验应在带观察窗的烘箱内进行，并且不打开箱门测量。

c) 然后从试件上解除拉力(在下夹头处把试样剪断)，并将试件留在烘箱中恢复，试件保留在烘箱中 5 min。或者等到烘箱温度回升到规定的温度，取较长时间。然后从烘箱中取出试件，慢慢冷却至室温，再次测量标记线间的距离。

注：试验过程中必须采取适当的防护措施以避免热夹子，负载和试件有可能造成的损伤。

9.4 试验结果的评定

a) 在规定温度下负重 10 min 后，伸长率的中间值应不大于有关电缆产品标准的规定；

b) 试件从烘箱内取出冷却后标记线间距离的增加量的中间值对试件放入烘箱前该距离的百分比应不大于有关电缆产品标准的规定。

10 护套浸矿物油试验

10.1 取样和试样制备

应按 GB/T 2951.11—2008 中 9.2.2 和 9.2.3 规定的步骤制备 5 个试件。

10.2 试件截面积的测定

见 GB/T 2951.11—2008 中 9.2.4 规定的试验方法。

10.3 试验用油

除非另有规定，使用的矿物油应是 ISO 1817 规定的 IRM 902 号油。

注：非仲裁试验时允许采用符合 SH/T 0139—1995 规定的通用车轴油。

10.4 试验步骤

试件应浸入预热到规定试验温度的油浴中，并在此温度下保持规定时间。试验温度和时间应按有关电缆产品标准规定。

规定时间结束后，从油浴中取出试件，轻轻吸掉多余的油，并应将试件悬挂在环境温度的空气中至少 16 h，但不超过 24 h，除非有关电缆产品标准另有规定。这一过程结束后，应再从试件上轻轻吸去任何多余的油。

10.5 机械性能的测定

见 GB/T 2951.11—2008 中 9.1.7 规定的试验方法。

10.6 试验结果表示方法

应根据浸油前测得的试件截面积计算抗张强度（见 10.2）。

浸油前后的 5 个试件的机械性能的中间值之差（见 GB/T 2951.11—2008 中 9.1.2）与浸油前机械性能的中间值的百分比应不大于有关电缆产品标准的规定。

ICS 29.060
K 13

中华人民共和国国家标准

GB/T 2951.31—2008/IEC 60811-3-1:1985
代替 GB/T 2951.6—1997

电缆和光缆绝缘和护套材料通用试验方法 第31部分:聚氯乙烯混合料专用试验方法——高温压力试验——抗开裂试验

Common test methods for insulating and sheathing materials of electric and optical cables—Part 31:Methods specific to PVC compounds—Pressure test at high temperature—Test for resistance to cracking

(IEC 60811-3-1:1985,IDT)

2008-06-26 发布　　2009-04-01 实施

中华人民共和国国家质量监督检验检疫总局
中国国家标准化管理委员会　发布

前　言

GB/T 2951《电缆和光缆绝缘和护套材料通用试验方法》分为10个部分：

——第11部分：通用试验方法——厚度和外形尺寸测量——机械性能试验；

——第12部分：通用试验方法——热老化试验方法；

——第13部分：通用试验方法——密度测定方法——吸水试验——收缩试验；

——第14部分：通用试验方法——低温试验；

——第21部分：弹性体混合料专用试验方法——耐臭氧试验——热延伸试验——浸矿物油试验；

——第31部分：聚氯乙烯混合料专用试验方法——高温压力试验——抗开裂试验；

——第32部分：聚氯乙烯混合料专用试验方法——失重试验——热稳定性试验；

——第41部分：聚乙烯和聚丙烯混合料专用试验方法——耐环境应力开裂试验——熔体指数测量方法——直接燃烧法测量聚乙烯中碳黑和/或矿物质填料含量——热重分析法(TGA)测量碳黑含量——显微镜法评估聚乙烯中碳黑分散度；

——第42部分：聚乙烯和聚丙烯混合料专用试验方法——高温处理后抗张强度和断裂伸长率试验——高温处理后卷绕试验——空气热老化后的卷绕试验——测定质量的增加——长期热稳定性试验——铜催化氧化降解试验方法；

——第51部分：填充膏专用试验方法——滴点——油分离——低温脆性——总酸值——腐蚀性——23℃时的介电常数——23℃和100℃时的直流电阻率。

本部分为GB/T 2951的第21部分。

本部分等同采用IEC 60811-3-1:1985《电缆和光缆绝缘和护套材料通用试验方法　第3-1部分：聚氯乙烯混合料专用试验方法——高温压力试验——抗开裂试验》及其A1:1994"第1号修改单"和A2:2001"第2号修改单"(英文版)。

为便于使用，本部分做了下列编辑性修改：

——用"第31部分"代替"第3-1部分"；

——用小数点"."代替作为小数点的","；

——删除国际标准的前言；

——本部分在IEC 60811-3-1原文第1章和第3章末与IEC 60811-3-1的标准名称中增加的"和光缆"相协调处增加了"光缆"；

——按照IEC 60811在2000年以后更新过版本的部分(例如IEC 60811-4-2:2004)的方式，将第1章标题"范围"改为"概述"，之下分为两条，1.1"范围"，新增1.2"规范性引用文件"，并将IEC 60811-3-1在其"前言"中列出的引用标准移入1.2中；

——本部分删除了IEC 60811-3-1原文中说明IEC 60811所有部分与已被其代替而撤消的IEC 538和IEC 540出版物对应关系的附录A。

本部分代替GB/T 2951.6—1997《电缆绝缘和护套材料通用试验方法　第3部分：聚氯乙烯混合料专用试验方法　第1节：高温压力试验——抗开裂试验》。

本部分与GB/T 2951.6—1997相比主要变化如下：

——标准名称改变为："电缆和光缆绝缘和护套材料通用试验方法　第31部分：聚氯乙烯混合料专用试验方法——高温压力试验——抗开裂试验"；

——与标准名称相对应，标准英文名称改变为："Common test methods for insulating and sheathing materials of electric and optical cables—Part 31: Methods specific to PVC compounds—

Pressure test at high temperature—Test for resistance to cracking";

——第 1 章"配电用电缆及通信电缆,包括船用电缆",改为"配电及通信用电缆和光缆,包括船舶和近海用电缆和光缆",增加了"和光缆"(1997 版的第 1 章;本版的第 1 章);

——第 3 章"适用范围"中增加"光缆"(1997 版的第 3 章;本版的第 3 章);

——9.1.4 的第 2 段增加"加热结束后从烘箱中取出试样并"(1997 版的 9.1.4;本版的 9.1.4)。

本部分由中国电器工业协会提出。

本部分由全国电线电缆标准化技术委员会归口。

本部分起草单位:上海电缆研究所。

本部分主要起草人:李明珠、王申、朱永华、王春红、黄萱。

本部分所代替标准的历次版本发布情况为:

——GB/T 2951.6—1997;

——GB 2951.16—1982、GB/T 2951.16—1994、GB 2951.17—1982、GB/T 2951.17—1994、GB 2951.31—1983、GB/T 2951.31—1994、GB 2951.32—1983、GB/T 2951.32—1994。

电缆和光缆绝缘和护套材料通用试验方法 第31部分:聚氯乙烯混合料专用试验方法 ——高温压力试验——抗开裂试验

1 概述

1.1 范围

GB/T 2951 规定了配电及通信用电缆和光缆,包括船舶及近海用电缆和光缆的聚合物绝缘和护套材料的试验方法。

GB/T 2951 的本部分规定了高温压力试验方法和抗开裂试验方法。适用于电线、电缆和光缆的聚氯乙烯材料的绝缘和护套。

1.2 规范性引用文件

下列文件中的条款通过 GB/T 2951 的本部分的引用而成为本部分的条款。凡是注日期的引用文件,其随后所有的修改单(不包括勘误的内容)或修订版均不适用于本部分,然而,鼓励根据本部分达成协议的各方研究是否可使用这些文件的最新版本。凡是不注日期的引用文件,其最新版本适用于本部分。

GB/T 2951.11—2008 电缆和光缆绝缘和护套材料通用试验方法 第11部分:通用试验方法——厚度和外形尺寸测量——机械性能试验(IEC 60811-1-1:1993,IDT)

2 试验原则

本部分没有规定全部的试验条件(诸如温度、持续时间等)以及全部的试验要求,它们应在有关电缆产品标准中加以规定。

本部分规定的任何试验要求可以在有关电缆产品标准中加以修改,以适应特殊类型电缆的需要。

3 适用范围

本部分规定的试验条件和试验参数适用于电缆、光缆、电线和软线的最常用类型的绝缘和护套材料。

4 型式试验和其他试验

本部分所述的试验方法首先是作为型式试验用的。某些试验项目,其型式试验和经常进行的试验(如例行试验)的条件有本质上的区别,本部分已指明了这些区别。

5 预处理

所有的试验应在绝缘和护套料挤出或硫化(或交联)后存放至少 16 h 方可进行。

6 试验温度

除非另有规定,试验应在环境温度下进行。

7 中间值

将获得的应有个数的试验数据以递增或递减次序排列,若有效数据的个数是奇数时,则中间值为正中间一个数值;若是偶数,则中间值为中间两个数值的平均值。

8 绝缘和护套的高温压力试验

注：本试验方法不推荐用于厚度小于 0.4 mm 的绝缘和护套。

8.1 绝缘高温压力试验

8.1.1 取样

对于每个被试绝缘线芯，应从每个长度为(250～500) mm 样段上截取 3 个相邻的试样。试样长度应为(50～100) mm。

无护套的扁平软线的绝缘线芯不应分开。

8.1.2 试样制备

应采用机械方法除去试样上的所有的护层，包括半导电层(若有)。根据电缆的类型，试样可以是圆形或成形截面。

8.1.3 试样的放置

压痕装置如图 1 所示，由刀口厚度为(0.70±0.01) mm 的矩形刀片组成，刀片可对试样加压。每个试样放置在如图 1 所示的位置上。无护套扁平软线应以扁平边放置。小直径试样在支撑板上的固定方式不应使试样在刀片压力下发生弯曲。扇形试样应放置在如图 1 所示的带扇形凹槽的支撑板上，沿垂直于试样轴线的方向施加压力，刀片也应与试样轴线垂直。

8.1.4 计算压力

刀片作用于试样(圆形和扇形绝缘线芯)上的压力 F，以 N 为单位，应按下式计算：

$$F = k\sqrt{2D\delta - \delta^2}$$

式中：

k——有关电缆产品标准中规定的系数，如没有规定，则应为：

软线和软电缆的绝缘线芯，$k=0.6$；

$D\leqslant 15$ mm 的固定敷设用电缆绝缘线芯，$k=0.6$；

$D>15$ mm 的固定敷设用电缆绝缘线芯及扇形绝缘线芯，$k=0.7$；

δ——绝缘试样厚度的平均值；

D——试样外径平均值。

δ 和 D 均以 mm 计，到小数点后一位。按 GB/T 2951.11—2008 规定的试验方法，在试样端头切取的薄片上测得。

对于扇形线芯，D 为扇形“背部”或圆弧部分直径的平均值，用测量带在电缆缆芯上测量三次后取平均值，以 mm 计，到小数点后一位(测量应在缆芯上三个不同位置进行)。

作用于无护套扁平软线试样上的压力应是按上述公式计算所得的值的两倍，其中 D 为 8.1.1 所述试样短轴尺寸的平均值。

压力 F 的计算值可以向较小值化整，但舍去的值应不超过 3%。

8.1.5 试样加热

试验应在空气烘箱中进行，试验设备和试样放在烘箱中不应振动；或者放在有防振支架的空气烘箱中进行。任何可能引起试样振动的设备诸如鼓风机等，不允许直接与烘箱接触。

烘箱中空气温度应一直保持在有关电缆产品标准规定的温度。

未预热的受压试样在烘箱中放置的时间应按有关电缆产品标准规定，如电缆产品标准没有规定，则应按如下规定：

—— 试样外径 $D\leqslant 15$ mm 时为 4 h；

—— 试样外径 $D>15$ mm 时为 6 h。

8.1.6 试样冷却

规定的加热时间结束后(见 8.1.5)，试样在烘箱中，在压力作用下应迅速冷却，可用冷水喷射压在刀口下的试样来冷却。

绝缘试样冷却至室温并不再继续变形后，从试验装置中取出，然后浸入冷水中进一步冷却。

8.1.7 压痕测量

试样冷却后应立即测量压痕深度。

应抽出导体留下管状绝缘试样。

应沿着试样的轴线方向，垂直于压痕从试样上切取一窄条试片，如图2所示。

将窄条试片平放在读数显微镜或测量投影仪下，并将十字线调到压痕底部和试片外侧（如图2示）。

外径约6 mm及以下的小试样应在压痕处和压痕附近横向切取两个试片（如图3所示）。压痕深度应是剖面图1和剖面图2在显微镜下的测量值之差（如图3所示）。

全部测量值均应以mm计，到小数点后两位。

8.1.8 试验结果的评定

从每个试样上切取的三个试片上测得的压痕中间值，应不大于试样绝缘厚度（按8.1.4测量）平均值的50%。

注：所定的50%这个值与公式的基本原则有关，并且对所有的材料都是一样的。试验严格程度仅随系数 k 的变化而变化，但50%这个值不变。

8.2 护套高温压力试验

8.2.1 取样

对每个被试护套，在除去外护层（若有）和所有内部组件（线芯、填充物、内护层、铠装等，若有）长为(250～500) mm的样段上截取相邻三个试样。试样长度应为(50～100) mm（直径大的取较大值）。

8.2.2 试样制备

如果护套内没有凸脊，则沿着电缆轴线方向，从每个护套试样上（见8.2.1）切取宽约为圆周长三分之一的窄条。

如果护套内凸脊是由于5芯以上的绝缘线芯造成的，则应按同样的方法切取窄条并磨掉凸脊。

如果护套内凸脊是由5芯及以下的绝缘线芯造成的，则应沿着凸脊方向截取窄条，窄条上至少含有一个约处于中间部位的凹槽。

如果护套是直接包覆在同心导体、铠装或金属屏蔽上，由此形成的凸脊不可能磨掉或削掉（大直径的除外），则不必取下护套而将整个电缆段作为试样。

8.2.3 试样在试验装置中的位置

压痕装置与8.1.3的规定一样，如图1所示。

窄条应用一根金属棒或金属管支撑，金属棒或金属管可沿其自身轴线方向对半分开，以便更稳定地支撑。

金属管或金属棒的半径约等于试样内径的一半。

试验设备、窄条和支撑棒（管）的放置应使金属棒支撑窄条，刀片对试样外表面加压。

沿着与金属棒或金属管或电缆（当用整段电缆时）的轴线相垂直的方向施加压力，并且使刀片也与试样的轴线相垂直。

8.2.4 计算压力

除非另有规定，刀片作用于每个护套试样上的压力 F，以N为单位，应按下式计算：

$$F = k\sqrt{2D\delta - \delta^2}$$

式中：

k——有关电缆产品标准中规定的系数，如没有规定，则应为：

软线和软电缆，$k=0.6$；

$D \leqslant 15$ mm 的固定敷设用电缆，$k=0.6$；

$D > 15$ mm 的固定敷设用电缆，$k=0.7$；

δ——护套试样厚度的平均值；

D——护套试样外径平均值；对于扁平电缆或软线，为护套试样短轴尺寸的平均值。

δ 和 D 均以 mm 计，到小数点后一位。按 GB/T 2951.11—2008 第 8 章规定的试验方法测量（D 为切取试样的电缆的直径）。压力 F 的计算值可以向较小值化整，但舍去的值应不超过 3%。

8.2.5 试样加热

试样应按 8.1.5 规定的方法加热，时间按有关电缆产品标准的规定，若没有规定，则应为：

——试样外径 $D \leqslant 15$ mm 时为 4 h；

——试样外径 $D > 15$ mm 时为 6 h。

8.2.6 试样冷却

试样应按 8.1.6 规定的方法进行冷却。

8.2.7 压痕测量

压痕应在从试样上截取的试片上按 8.1.7 规定的方法进行测量，如图 2 所示。

8.2.8 试验结果的评定

从被试护套试样上切取的三个试片上测得的压痕中间值，应不大于按 8.2.4 测得的护套试样厚度平均值的 50%。

注：所定的 50% 这个值和公式的基本原则有关，并且对所有的材料都是一样的。试验严格程度仅随系数 k 的变化而变化，但 50% 这个值不变。

8.3 指针式测微计的试验方法

正在考虑中。

9 绝缘和护套抗开裂试验

9.1 绝缘热冲击试验

9.1.1 取样

每个被试绝缘线芯应取两根适当长度的试样，试样应取自两处，间隔至少 1 m。

若有外护层，应从绝缘上除去。

9.1.2 试样制备

试样应按下列 3 种方法中的 1 种进行制备：

a) 对于外径不超过 12.5 mm 的绝缘线芯，每一试样是一段绝缘线芯；

b) 对于外径超过 12.5 mm，绝缘厚度不超过 5.0 mm 的绝缘线芯和所有的扇形绝缘线芯，每个试样应取成绝缘窄条，其宽度至少是绝缘厚度的 1.5 倍，但不小于 4 mm；

窄条应沿绝缘线芯的轴线方向切取，如果是扇形绝缘线芯，应在绝缘线芯的“背部”切取；

c) 对于外径超过 12.5 mm，绝缘厚度超过 5.0 mm 的绝缘线芯，每个试样应按 b) 项规定切取窄条，然后窄条的外表面磨或削（避免过热）到（4.0～5.0）mm 厚，该厚度应在窄条的较厚部分测得。窄条的宽度至少是厚度的 1.5 倍。

9.1.3 试样卷绕

每个试样应在环境温度下紧密地在试棒上绕成螺旋形，并将两端固定。

具体规定如下：

a) 按 9.1.2a) 项制备的试样、扁平的电缆和软线，表 1 规定了试棒的直径和卷绕圈数。试棒直径应按其短轴尺寸选取，卷绕时使其短轴垂直于试棒；

表 1

试样外径 D/mm	试棒直径/mm	卷绕圈数
$D \leqslant 2.5$	5	6
$2.5 < D \leqslant 4.5$	9	6
$4.5 < D \leqslant 6.5$	13	6
$6.5 < D \leqslant 9.5$	19	4
$9.5 < D \leqslant 12.5$	40	2

b) 按 9.1.2b)项和 c)项制备的试样，表 2 规定了试棒直径和卷绕圈数。在这种情况下，试样的内表面应与试棒接触。

表 2

试样厚度 δ/mm	试棒直径/mm	卷绕圈数
$\delta \leqslant 1$	2	6
$1 < \delta \leqslant 2$	4	6
$2 < \delta \leqslant 3$	6	6
$3 < \delta \leqslant 4$	8	4
$4 < \delta \leqslant 5$	10	2

上述表格中，试样直径或试样厚度应用游标卡尺或其他合适的测量工具进行测定。

9.1.4 加热和检查

绕在试棒上的试样应放入预热到有关电缆产品标准规定试验温度的空气烘箱中。如果电缆产品标准没有规定，则预热到(150±3)℃，试样在规定温度下保持 1 h。

加热结束后从烘箱中取出试样并在试样达到近似环境温度后，检查仍在试棒上的试样。

9.1.5 试验结果的评定

用正常视力或矫正后的视力而不用放大镜进行检查时，试样应无裂纹。

9.2 护套热冲击试验

9.2.1 取样

每个被试护套应取两根适当长度的电缆试样，试样应取自两处，间隔至少 1 m。

若有外护层应除去。

9.2.2 试样制备

a) 对于外径不超过 12.5 mm 的护套，每一试样应是一段电缆，但聚乙烯绝缘、聚氯乙烯护套电缆除外；

b) 对于外径超过 12.5 mm，厚度不超过 5.0 mm 的护套和聚乙烯绝缘电缆的护套，每个试样应是取自护套上的窄条，其宽度应至少是护套厚度的 1.5 倍，但不小于 4 mm。窄条应沿电缆的轴线方向切取；

c) 对于外径超过 12.5 mm，厚度超过 5.0 mm 的护套，每个试样应是按 b)项规定切取的窄条，然后在窄条的外表面磨或削(避免过热)到(4.0～5.0) mm 厚，该厚度应在窄条的较厚部分测得。窄条的宽度应至少是厚度的 1.5 倍；

d) 对于扁电缆，如果电缆的宽度不超过 12.5 mm，每个试样应是一段完整的电缆。如果电缆宽度超过 12.5 mm，则每个试样应是按 b)项规定从护套上切取的窄条。

9.2.3 试样卷绕

每个试样应在环境温度下紧密地在试棒上绕成螺旋形，并将两端固定。

具体规定如下：

a) 按9.2.2a)项制备的试样，及如9.2.2d)项宽度不超过12.5 mm的扁平电缆，试棒的直径和卷绕圈数应按9.1.3a)项规定。试棒直径应按电缆的短轴尺寸选取，卷绕时使其短轴垂直于试棒；

b) 按9.2.2b)项和c)项制备的试样，及如9.2.2d)项宽度超过12.5 mm的扁平电缆，试棒的直径和卷绕圈数应按9.1.3b)项规定。在这种情况下，试样的内表面应与试棒接触。

9.2.4 加热和检查

应按9.1.4的规定进行。

9.2.5 试验结果的评定

应按9.1.5的规定评定。

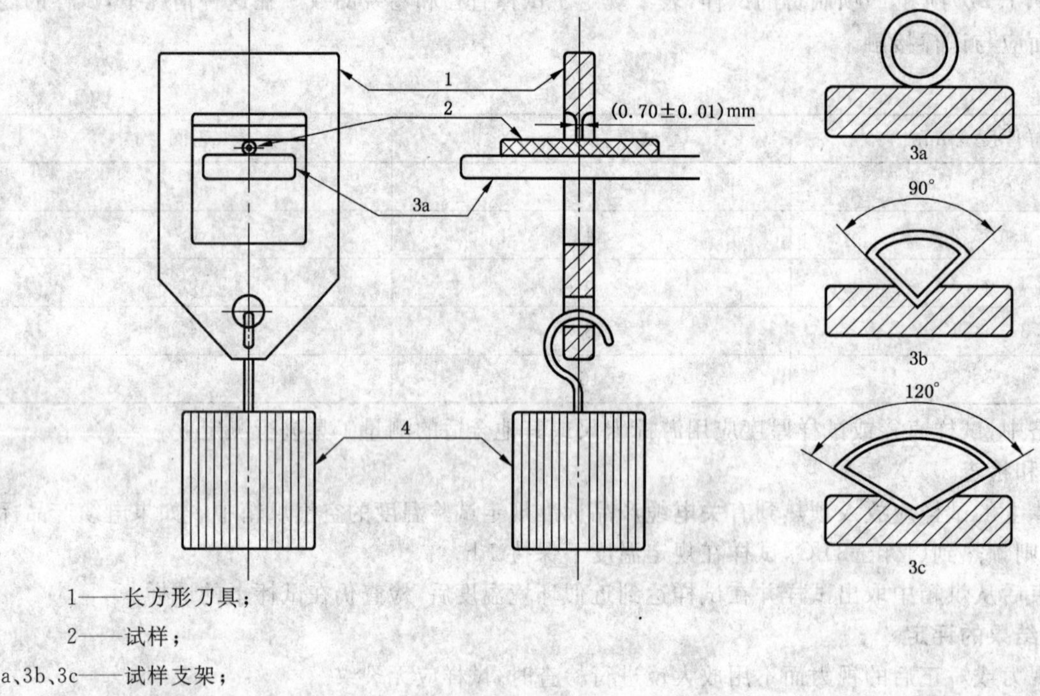

1——长方形刀具；

2——试样；

3a、3b、3c——试样支架；

4——负荷。

图1 压痕装置

图2 压痕测量

图 3 小试样的压痕测量

ICS 29.060
K 13

中华人民共和国国家标准

GB/T 2951.32—2008/IEC 60811-3-2:1985
代替 GB/T 2951.7—1997

电缆和光缆绝缘和护套材料通用试验方法 第32部分:聚氯乙烯混合料专用试验方法——失重试验——热稳定性试验

Common test methods for insulating and sheathing materials of electric and optical cables—Part 32:Methods specific to PVC compounds—Loss of mass test—Thermal stability test

(IEC 60811-3-2:1985,IDT)

2008-06-26 发布 2009-04-01 实施

中华人民共和国国家质量监督检验检疫总局
中国国家标准化管理委员会 发布

前　言

GB/T 2951《电缆和光缆绝缘和护套材料通用试验方法》分为10个部分：

——第11部分：通用试验方法——厚度和外形尺寸测量——机械性能试验；

——第12部分：通用试验方法——热老化试验方法；

——第13部分：通用试验方法——密度测定方法——吸水试验——收缩试验；

——第14部分：通用试验方法——低温试验；

——第21部分：弹性体混合料专用试验方法——耐臭氧试验——热延伸试验——浸矿物油试验；

——第31部分：聚氯乙烯混合料专用试验方法——高温压力试验——抗开裂试验；

——第32部分：聚氯乙烯混合料专用试验方法——失重试验——热稳定性试验；

——第41部分：聚乙烯和聚丙烯混合料专用试验方法——耐环境应力开裂试验——熔体指数测量方法——直接燃烧法测量聚乙烯中碳黑和/或矿物质填料含量——热重分析法(TGA)测量碳黑含量——显微镜法评估聚乙烯中碳黑分散度；

——第42部分：聚乙烯和聚丙烯混合料专用试验方法——高温处理后抗张强度和断裂伸长率试验——高温处理后卷绕试验——空气热老化后的卷绕试验——测定质量的增加——长期热稳定性试验——铜催化氧化降解试验方法；

——第51部分：填充膏专用试验方法——滴点——油分离——低温脆性——总酸值——腐蚀性——23℃时的介电常数——23℃和100℃时的直流电阻率。

本部分为GB/T 2951的第32部分。

本部分等同采用IEC 60811-3-2:1985《电缆和光缆绝缘和护套材料通用试验方法　第3-2部分：聚氯乙烯混合料专用试验方法——失重试验——热稳定性试验》及其A1:1993“第1号修改单”和A2:2003“第2号修改单”(英文版)。

为便于使用，本部分做了下列编辑性修改：

——用“第32部分”代替“第3-2部分”；

——用小数点“.”代替作为小数点的“,”；

——删除国际标准的前言；

——本部分在IEC 60811-3-1原文第1章和第3章末与IEC 60811-3-1的标准名称中增加的“和光缆”相协调处增加了“光缆”；

——按照IEC 60811在2000年以后更新过版本的部分(例如IEC 60811-4-2:2004)的方式，将第1章标题“范围”改为“概述”，之下分为两条，1.1“范围”，新增1.2“规范性引用文件”，并将IEC 60811-3-2在其“前言”中列出的引用标准移入1.2中。

本部分代替GB/T 2951.7—1997《电缆绝缘和护套材料通用试验方法　第3部分：聚氯乙烯混合料专用试验方法　第1节：失重试验——热稳定性试验》。

本部分与GB/T 2951.7—1997相比主要变化如下：

——本部分名称改变为：“电缆和光缆绝缘和护套材料通用试验方法　第32部分：聚氯乙烯混合料专用试验方法——失重试验——热稳定性试验”；

——与本部分名称相对应，英文名称改变为：“Common test methods for insulating and sheathing materials of electric and optical cables—Part 32:Methods specific to PVC compounds—Loss of mass test—Thermal stability test”；

——第1章中“配电用电缆和通信电缆，包括船用电缆”，改为“配电及通信用电缆和光缆，包括船舶

和近海用电缆和光缆”(1997 版的第 1 章;本版的第 1 章);

——第 3 章“适用范围”中增加了“光缆”(1997 版的第 3 章;本版的第 3 章);

——9.1a)项中修改了对玻璃管的要求(1997 版的 9.1a)项;本版的 9.1 a)项);

——9.2 d)项中将“从 pH 值 5 改变到 pH 值 3 所用的时间”改为“从 pH 值等于 5 改变到 pH 值等于 2～3 之间所用的时间”,“当对应于 pH 值 3”改为“当对应于 pH 值等于 2～3 之间”(1997 版的 9.2 d)项;本版的 9.2 d)项)。

本部分由中国电器工业协会提出。

本部分由全国电线电缆标准化技术委员会归口。

本部分起草单位:上海电缆研究所。

本部分主要起草人:李明珠、王申、朱永华、王春红、黄萱。

本部分所代替标准的历次版本发布情况为:

——GB/T 2951.7—1997;

——GB 2951.10—1982、GB/T 2951.10—1994、GB 2951.11—1982、GB/T 2951.11—1994、GB/T 2951.40—1994。

电缆和光缆绝缘和护套材料通用试验方法 第32部分:聚氯乙烯混合料专用试验方法——失重试验——热稳定性试验

1 概述

1.1 范围

GB/T 2951 规定了配电及通信用电缆和光缆,包括船舶及近海用电缆和光缆的聚合物绝缘和护套材料的试验方法。

GB/T 2951 的本部分规定了聚氯乙烯混合料的失重试验方法和热稳定性试验方法。

1.2 规范性引用文件

下列文件中的条款通过 GB/T 2951 的本部分的引用而成为本部分的条款。凡是注日期的引用文件,其随后所有的修改单(不包括勘误的内容)或修订版均不适用于本部分,然而,鼓励根据本部分达成协议的各方研究是否可使用这些文件的最新版本。凡是不注日期的引用文件,其最新版本适用于本部分。

GB/T 2951.11—2008 电缆和光缆绝缘和护套材料通用试验方法 第11部分:通用试验方法——厚度和外形尺寸测量——机械性能试验(IEC 60811-1-1:1993,IDT)

GB/T 2951.12—2008 电缆和光缆绝缘和护套材料通用试验方法 第12部分:通用试验方法——通用试验方法——热老化试验方法(IEC 60811-1-2:1985,IDT)

2 试验原则

本部分没有规定全部的试验条件(诸如温度、持续时间等)以及全部的试验要求,它们应在有关电缆产品标准中加以规定。

本部分规定的任何试验要求可以在有关电缆产品标准中加以修改,以适应特殊类型电缆的需要。

3 适用范围

本部分规定的试验条件和试验参数适用于电缆、光缆、电线和软线的最常用类型的绝缘和护套材料。

4 型式试验和其他试验

本部分规定的试验方法首先是作为型式试验用的。某些试验项目其型式试验和经常进行的试验(如例行试验)的条件有本质上的区别,本部分已指明了这些区别。

5 预处理

所有的试验应在绝缘和护套料挤出后存放至少 16 h 方可进行试验。

6 试验温度

除非另有规定,试验应在环境温度下进行。

7 中间值

将获得的应有个数的试验数据以递增或递减次序排列,若有效数据的个数是奇数时,则中间值为正中间一个数值;若是偶数,则中间值为中间两个数值的平均值。

8 绝缘和护套失重试验

8.1 绝缘失重试验

8.1.1 试验设备

a) 自然通风烘箱或压力通风烘箱。空气进入箱内的方式应使空气均匀流过试片的表面,然后在烘箱顶部附近排出。在规定的老化温度下,箱内空气每小时更换次数应不小于 8 次,不大于 20 次,有争议的情况下,应采用自然通风烘箱;

烘箱内不应采用旋转式风扇;

b) 分析天平,感量为 0.1 mg;

c) 哑铃试件用冲模(见 GB/T 2951.11—2008 第 9 章);

d) 使用硅胶或类似材料的干燥器。

8.1.2 取样

若失重试验与机械性能试验(GB/T 2951.11—2008 第 9 章)结合起来进行,试件应是按 GB/T 2951.12—2008 8.1.3 中规定经受热老化试验的试件中的 3 个,每个绝缘线芯取一组试件。

如果不再用于其他试验,且其厚度符合 8.1.3c)项规定时,也可以是按 GB/T 2951.11—2008 第 9 章规定从每个绝缘线芯上制备的另外 3 个试件。

否则,应从每一被试绝缘线芯上截取 3 个试样,每个试样长约 100 mm,然后按 8.1.3 规定的方法从每个试样上制备试件。

8.1.3 试件制备

a) 除去所有护层,抽出导电线芯。绝缘上的半导电层(若有)应采用机械方法而不用溶剂除去;

b) 试验用试件:

1) 尽可能制取图 1 所示的哑铃试件;

2) 如果绝缘线芯尺寸太小而不能制取图 1 所示哑铃试件,则可制取图 2 所示的哑铃试件;

3) 对于内径不超过 12.5 mm 的试样,只要绝缘内不粘附半导电层,可以用管状试件代替哑铃试件,如有任何残留隔离层,应用适当的方法而不用溶剂除去;

管状试件两端不应封闭。

c) 哑铃试件应按 GB/T 2951.11—2008 中 9.1.3a)项规定制备,但试件两个表面应平行,其厚度为(1.0±0.2) mm,不要求加标记线;

管状试件应按 GB/T 2951.11—2008 中 9.1.3b)项规定制备,不要求加标记线。每个试件的总表面积(见 8.1.4a)项)应不小于 5 cm^2;

d) 双芯扁平软线线芯之间两边有凹槽,试验时不应将绝缘线芯分开。关于双芯扁平软线挥发表面积的计算,可将其认为是两个分开的管状试件。

8.1.4 挥发表面积 A 的计算

每个试件的表面积(以 cm^2 计)应在失重试验之前按下式计算:

a) 管状试件

表面积 A=外表面积+内表面积+断面面积

$$A=\frac{2\pi(D-\delta)\times(l+\delta)}{100}\quad cm^2$$

式中:

δ——试件平均厚度,单位为毫米(mm)。若 $\delta\leqslant0.4$ mm,取两位小数;若 $\delta>0.4$ mm,则取一位小数;

D——试件平均外径,单位为毫米(mm)。若 $D\leqslant2$ mm,取两位小数;若 $D>2$ mm,则取一位小数;

L——试件长度,单位为毫米(mm)。取一位小数。

δ和D均按 GB/T 2951.11—2008 中 8.1 和 8.3 的规定，在每个管状试件端部切取的薄片上测得。

这个公式也适用于截面形状如图 3 所示的管状试件。

b) 图 2 所示哑铃试件

$$A=\frac{624+118\delta}{100}\quad \mathrm{cm}^2$$

c) 图 1 所示哑铃试件

$$A=\frac{1\,256+180\delta^2}{100}\quad \mathrm{cm}^2$$

其中δ是试件的平均厚度，按 GB/T 2951.11—2008 中 9.1.4a)项规定测得，以 mm 计，到两位小数。

8.1.5 试验步骤

a) 制备好的试件应在环境温度下的干燥器中存放至少 20 h。每一试件从干燥器中取出后应立即精确地称重，以 mg 计，精确到一位小数；

b) 除非另有规定，三个试件应按下述条件在大气压力下，在(80±2)℃的烘箱中保存 7×24 h(见 8.1.1)：

——组分明显不同的材料不应在同一烘箱内同时进行试验；

——试件应垂直悬挂在烘箱的中部，试样之间的间距至少为 20 mm；

——试件所占体积应不超过烘箱体积的 0.5%；

c) 热处理完毕，试件应重新放入环境温度下的干燥器中存放 20 h，然后再准确称重每一试件，以 mg 计，精确到一位小数。

计算每一试件按 a)项和 c)项测得的质(重)量之差，修约到 mg。

8.1.6 试验结果表示方法

每一试件的失重应是其“质(重)量之差”，以 mg 为单位[见 8.1.5c)项]，除以表面积，以 cm^2 为单位(见 8.1.4)。

将取自每绝缘线芯的 3 个试件的测量结果的中间值作为该线芯绝缘的失重，以 $\mathrm{mg/cm}^2$ 表示。

8.2 护套失重试验

8.2.1 试验设备

见 8.1.1。

8.2.2 取样

应按 8.1.2 规定取 3 个护套试样。

8.2.3 试件制备

护套内部(及外部，若有)的所有元件均应除去，注意不要损伤护套，然后按 8.1.3 的规定制备试件。

8.2.4 挥发表面积 A 的计算

按 8.1.4 给出的公式计算挥发表面积，作如下改动：

管状试件用的公式仅适用于截面如图 4 和图 5 所示的情况。扁平软线和电缆的护套内、外表面积应按其截面尺寸来计算。这些尺寸均应测定到两位小数，以 mm 计。

扁护套内侧的楔形凸脊可以认为是平的。

8.2.5 试验步骤

按 8.1.5 规定。

8.2.6 试验结果表示方法

按 8.1.6 规定。

9 绝缘和护套热稳定性试验

9.1 试验设备

a) 长为 110 mm，外径约为 5 mm，内径为(4.0±0.5) mm 的一端密封(如用熔融方法)的玻璃管，使用的玻璃管应符合以下规定[1]：

——ISO 695-1991：A2 级耐碱；

——ISO 719-1985：HGB3 级耐水解；

——ISO 1776-1985：耐酸，最大质(重)量损失 150 μg Na_2O/100 cm^2；

b) pH 值在 1～10 范围内的通用试纸；

c) 可控制温度的加热器，试验温度按有关电缆产品标准中的规定，如未规定则应控制在(200±0.5)℃，应优先使用油浴。型式试验及在有争议的情况下均应使用油浴；

d) 已标定分度值为 0.1℃的温度计；

根据使用的温度计类型和标定及使用方法，可能有必要进行水银柱修正；

e) 秒表或合适的计时器。

9.2 试验步骤

注：为了得到可靠的试验结果并限制其分散性，绝对有必要使用足够准确的温度计并符合规定的试验温度限值。

a) 从每个被试绝缘线芯的绝缘或被试护套上切取三个试样。每个试样包括两个或三个长为(20～30) mm 的窄条组成，重约(50±5) mg；

将试样放入 9.1a)项规定的玻璃管中。试样应不高出玻璃管底部 30 mm；

b) 将一条约 15 mm 长、3 mm 宽的干燥通用试纸[如 9.1b)项的规定]，插入玻璃管的开口端(顶部)，纸带伸出管口约 5 mm，并将其弯折固定在该位置；

c) 将玻璃管放入已加热到规定试验温度的加热装置[见 9.1c)项]中至深度 60 mm；

d) 测定通用试纸的颜色从 pH 值等于 5 改变到 pH 值等于 2～3 之间所用的时间；或者试验一直持续到在规定的试验时间试纸颜色不发生变化为止。当对应于 pH 值等于 2～3 之间的通用试纸上的红颜色开始出现时，则应认为已达到颜色变化点了。在预计试验时间即将结束时，通用试纸应每隔(5～10) min 更换一次(特别是对长时间稳定性试验)，以使变化点较易看清。

9.3 试验结果的评定

三个试样热稳定时间的平均值应不低于有关电缆产品标准的规定值。

尺寸单位为毫米

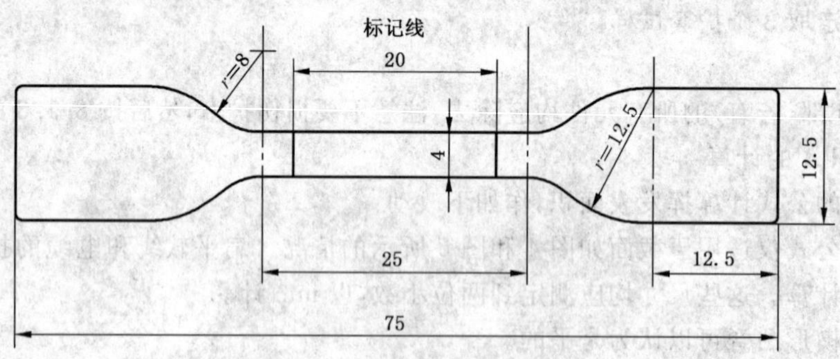

图 1 哑铃试件

[1] ISO 695:1991 耐沸腾的混合碱溶液腐蚀的玻璃——试验及分类方法。

ISO 719:1985 在 98℃温度下玻璃粒子耐水解的玻璃——试验及分类方法。

ISO 1776:1985 在 100℃温度下耐氢氯酸腐蚀的玻璃——火焰发射或火焰原子吸收光谱测定方法。

尺寸单位为毫米

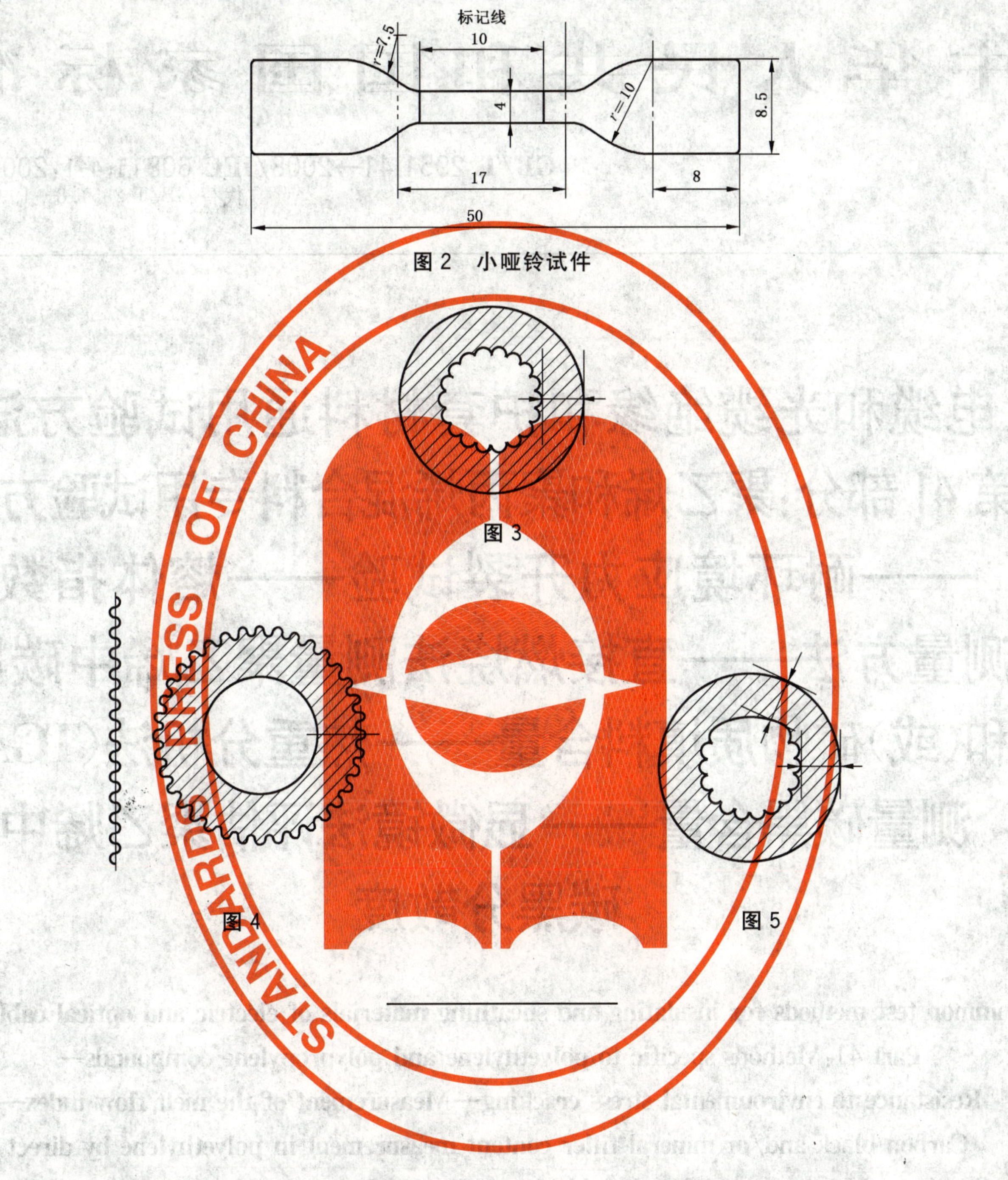

图 2　小哑铃试件

图 3

图 4

图 5

ICS 29.060
K 13

中华人民共和国国家标准

GB/T 2951.41—2008/IEC 60811-4-1:2004
代替 GB/T 2951.8—1997

电缆和光缆绝缘和护套材料通用试验方法 第41部分:聚乙烯和聚丙烯混合料专用试验方法 ——耐环境应力开裂试验——熔体指数测量方法——直接燃烧法测量聚乙烯中碳黑和(或)矿物质填料含量——热重分析法(TGA)测量碳黑含量——显微镜法评估聚乙烯中碳黑分散度

Common test methods for insulating and sheathing materials of electric and optical cables—Part 41:Methods specific to polyethylene and polypropylene compounds—Resistance to environmental stress cracking—Measurement of the melt flow index—Carbon black and/or mineral filler content measurement in polyethylene by direct combustion—Measurement of carbon black content by thermo gravimetric analysis(TGA)—Assessment of carbon black dispersion in polyethylene using a microscope

(IEC 60811-4-1:2004,IDT)

2008-06-26 发布　　　　2009-04-01 实施

中华人民共和国国家质量监督检验检疫总局
中国国家标准化管理委员会　发布

前　言

GB/T 2951《电缆和光缆绝缘和护套材料通用试验方法》分为10个部分：

——第11部分：通用试验方法——厚度和外形尺寸测量——机械性能试验；

——第12部分：通用试验方法——热老化试验方法；

——第13部分：通用试验方法——密度测定方法——吸水试验——收缩试验；

——第14部分：通用试验方法——低温试验；

——第21部分：弹性体混合料专用试验方法——耐臭氧试验——热延伸试验——浸矿物油试验；

——第31部分：聚氯乙烯混合料专用试验方法——高温压力试验——抗开裂试验；

——第32部分：聚氯乙烯混合料专用试验方法——失重试验——热稳定性试验；

——第41部分：聚乙烯和聚丙烯混合料专用试验方法——耐环境应力开裂试验——熔体指数测量方法——直接燃烧法测量聚乙烯中碳黑和/或矿物质填料含量——热重分析法(TGA)测量碳黑含量——显微镜法评估聚乙烯中碳黑分散度；

——第42部分：聚乙烯和聚丙烯混合料专用试验方法——高温处理后抗张强度和断裂伸长率试验——高温处理后卷绕试验——空气热老化后的卷绕试验——测定质量的增加——长期热稳定性试验——铜催化氧化降解试验方法；

——第51部分：填充膏专用试验方法——滴点——油分离——低温脆性——总酸值——腐蚀性——23 ℃时的介电常数——23 ℃和100 ℃时的直流电阻率。

本部分为GB/T 2951的第41部分。

本部分等同采用IEC 60811-4-1:2004《电缆和光缆绝缘和护套材料通用试验方法　第4-1部分：聚乙烯和聚丙烯混合料专用试验方法——耐环境应力开裂试验——熔体指数测量方法——直接燃烧法测量聚乙烯中碳黑和/或矿物质填料含量——热重分析法(TGA)测量碳黑含量——显微镜法评估聚乙烯中碳黑分散度》(英文版)。

为便于使用，本部分做了下列编辑性修改：

——用"第41部分"代替"第4-1部分"；

——用小数点"."代替作为小数点的","；

——删除国际标准的前言；

——本部分1.2引用了采用国际标准的我国标准而非国际标准；

——本部分在IEC 60811-4-1原文第4章未与IEC 60811-4-1的标准名称中增加的"和光缆"相协调处增加了"光缆"。

本部分代替GB/T 2951.8—1997《电缆绝缘和护套材料通用试验方法　第4部分：聚乙烯和聚丙烯混合料专用试验方法　第1节：耐环境应力开裂试验——空气热老化后的卷绕试验——熔体指数测量方法——聚乙烯中碳黑和/或矿物质填料含量的测量方法》。

本部分与GB/T 2951.8—1997相比主要变化如下：

——本部分名称修改为："电缆和光缆绝缘和护套材料通用试验方法　第41部分：聚乙烯和聚丙烯混合料专用试验方法——耐环境应力开裂试验——熔体指数测量方法——直接燃烧法测量聚乙烯中碳黑和/或矿物质填料含量——热重分析法(TGA)测量碳黑含量——显微镜法评估聚乙烯中碳黑分散度"；

——与本部分名称相对应，英文名称修改为："Common test methods for insulating and sheathing materials of electric and optical cables—Part 41:Methods specific to polyethylene and polypropylene compounds—Resistance to environmental stress cracking—Measurement of the melt flow index—Carbon black and/or mineral filler content measurement in polyethylene by direct combustion—Measurement of carbon black content by thermogravimetric analysis (TGA)—Assessment of carbon black dispersion in polyethylene using a microscope"；

——第 1 章标题"范围"修改为"概述"，之下分为两条，第 1.1 条"范围"，新增第 1.2 条"规范性引用文件"(1997 版的第 1 章；本版的第 1 章)；

——前版标准的第 4 章"定义"变更为本版的第 2 章"术语和定义"(1997 版的第 4 章；本版的第 2 章)；

——前版标准的第 2 章"试验原则"变更为本版的第 3 章(1997 版的第 2 章；本版的第 3 章)；

——前版标准的第 3 章"适用范围"变更为本版的第 4 章，并增加了"光缆"(1997 版的第 3 章；本版的第 4 章)；

——8.2 增加了"试验设备应包含下列部件："；8.2.3 增加了"两张"；8.2.5"℃"改为"K"；8.2.6 增加了"或其他合适装置"；8.2.12"如图 6"改为"(如图 6)"，同时删除了"Φ"(1997 版 8.2；本版的 8.2)；

——增加了图 1～图 7 名称和修订了图的注(1997 版第 8 章；本版的第 8 章)；

——8.4 增加了"试片的条件处理应由相关各方达成一致协议，因为其可能充分影响试验结果。如果没有协议，应采用本条给出的处理条件作为参考处理条件。"(1997 版 8.4；本版的 8.4)；

——第 8.8 条增加了注(1997 版第 8.8 条；本版的第 8.8 条)；

——第 9 章内容删除了(1997 版第 9 章；本版的第 9 章)；

——10.1 中"2.5 min" 修订为"1.5 min"，同时增加了"注 1"(1997 版 10.1；本版的 10.1)；

——11.5.2 中"加料后 6 min，" 修订为"加料后 4 min，"(1997 版 10.5.2；本版的 11.5.2)；

——10.5.3 中增加了"单位 g/600 s"和"g"(1997 版 10.5.3；本版的 10.5.3)；

——10.6.3 中增加了"单位 g/150 s"和表 1 内容(1997 版 10.6.3；本版的 10.6.3)；

——第 11 章修订为"聚乙烯中碳黑和/或矿物质填料含量的测定　直接燃烧法"；测温范围修订为"300 ℃～650 ℃"；"第三个 10 min 后加热到(500±5)℃"修订为"第三个 10 min 后加热到(600±5)℃"(1997 版第 11 章；本版的第 11 章)；

——增加了第 12 章"热重分析法测量聚烯烃混合物中的碳黑含量"(1997 版无；本版的第 12 章)；

——增加了第 13 章"聚乙烯中碳黑分散度的评估试验"(1997 版无；本版的第 13 章)。

本部分的附录 A 为资料性附录。

本部分由中国电器工业协会提出。

本部分由全国电线电缆标准化技术委员会归口。

本部分起草单位：上海电缆研究所。

本部分主要起草人：李明珠、王申、朱永华、王春红、黄萱。

本部分所代替标准的历次版本发布情况为：

——GB/T 2951.8—1997；

——GB 2951.36—1983、GB/T 2951.36—1994、GB/T 2951.39—1994、GB/T 2951.41—1994、GB/T 2951.42—1994。

电缆和光缆绝缘和护套材料通用试验方法 第41部分:聚乙烯和聚丙烯混合料专用试验方法 ——耐环境应力开裂试验——熔体指数测量方法——直接燃烧法测量聚乙烯中碳黑和(或)矿物质填料含量——热重分析法(TGA)测量碳黑含量——显微镜法评估聚乙烯中碳黑分散度

1 概述

1.1 范围

GB/T 2951的本部分规定了配电及通信用电缆和光缆,包括船舶及近海用电缆和光缆的聚合物绝缘和护套材料的试验方法。这些试验方法适用于聚乙烯(PE)和聚丙烯(PP)混合料,包括发泡绝缘和带皮泡沫绝缘。

1.2 规范性引用文件

下列文件中的条款通过GB/T 2951的本部分的引用而成为本部分的条款。凡是注日期的引用文件,其随后所有的修改单(不包括勘误的内容)或修订版均不适用于本部分,然而,鼓励根据本部分达成协议的各方研究是否可使用这些文件的最新版本。凡是不注日期的引用文件,其最新版本适用于本部分。

GB/T 2951.13—2008 电缆和光缆绝缘和护套材料通用试验方法 第13部分:通用试验方法——密度测定方法——吸水试验——收缩试验(IEC 60811-1-3:1993,IDT)

ISO 18553:2002 聚乙烯管材、装置和混合料中颜料和碳黑分散度的评估方法

2 术语和定义

为便于试验,应区分低密度、中密度和高密度聚乙烯:

聚乙烯类型	23 ℃时密度[a]/(g/cm^3)
低密度聚乙烯	≤0.925
中密度聚乙烯	>0.925,≤0.940
高密度聚乙烯	>0.940
[a] 这些密度是指未填充树脂。测定方法按GB/T 2951.13—2008第8章的规定。	

3 试验原则

本部分没有规定全部的试验条件(诸如温度、持续时间等)以及全部的试验要求,它们应在有关电缆产品标准中加以规定。

本部分规定的所有试验要求可以在有关电缆产品标准中加以修改,以适应特殊类型电缆的需要。

4 适用范围

本部分规定的试验条件和试验参数适用于电缆、光缆、电线和软线的最常用类型的绝缘和护套材料。

5　型式试验和其他试验

本部分规定的试验方法首先是作为型式试验用的。某些试验项目其型式试验和经常进行的试验(如例行试验)的条件有本质上的区别,本部分已指明了这些区别。

6　预处理

所有的试验应在绝缘和护套料挤出或硫化(或交联)后存放至少 16 h 方可进行。

7　中间值

将获得的应有个数的试验数据以递增或递减次序排列,若有效数据的个数是奇数时,则中间值为正中间一个数值;若是偶数,则中间值为中间两个数值的平均值。

8　耐环境应力开裂

8.1　概述

这些试验步骤仅适用于电缆护套的原始粒料。

步骤 A:适用于不太苛刻的电缆使用条件和环境下的材料。

步骤 B:适用于较苛刻的电缆使用条件和环境下的材料。

8.2　试验设备

试验设备应包含以下部件:

8.2.1　热压机　用来制作模压试片,热压机的压板要大于模板。

8.2.2　两块硬质金属模板　厚度为(6±0.5) mm,面积约为 200 mm×230 mm。每块板应从一边钻一个孔到板中心 5 mm 范围内,在孔内放置温度传感器。

8.2.3　两张隔离片　面积约 200 mm×230 mm。例如厚度为 0.1 mm～0.2 mm 的铝箔。

8.2.4　合适的压模　可制作尺寸为 150 mm×180 mm×(3.3±0.1) mm,内圆角半径约 3 mm 的试片。

8.2.5　电热空气烘箱　强迫空气循环并附有降温速率为(5±0.5) K/h 的程序装置。

8.2.6　冲模及冲片机　冲模应清洁、锐利、无损伤,能冲切(38.0±2.5) mm×(13.0±0.8) mm 的试片,或其他合适装置。

8.2.7　指针式测厚仪　测量平面的直径为 4 mm～8 mm,测量压力为 5 N/cm²～8 N/cm²。

8.2.8　装有刀片的刻痕装置,如图 1,刀片的形状和尺寸如图 2。

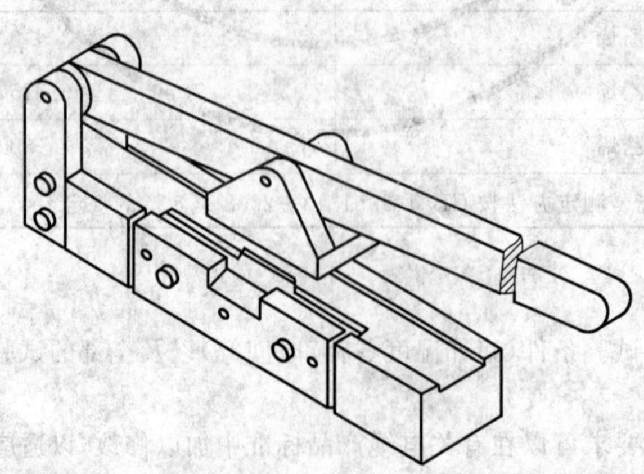

注:刀片为"Gem"刀片,如图 2 所示,同时参见附录 A。

图 1　刻痕装置

尺寸单位为毫米

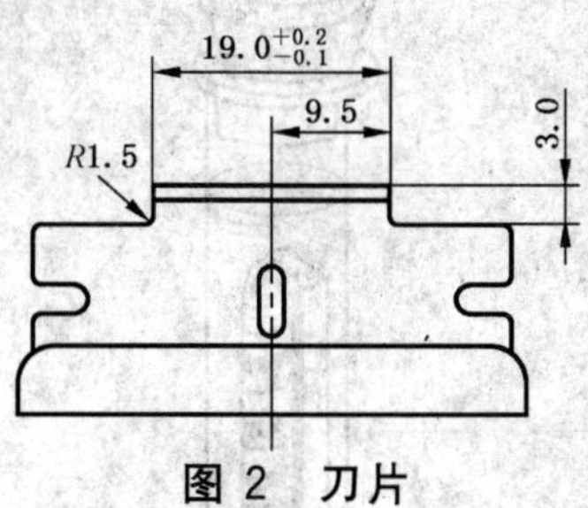

图 2　刀片

8.2.9　图 3 所示的弯曲夹持装置，用虎钳或其他合适的装置使其对称地闭合。

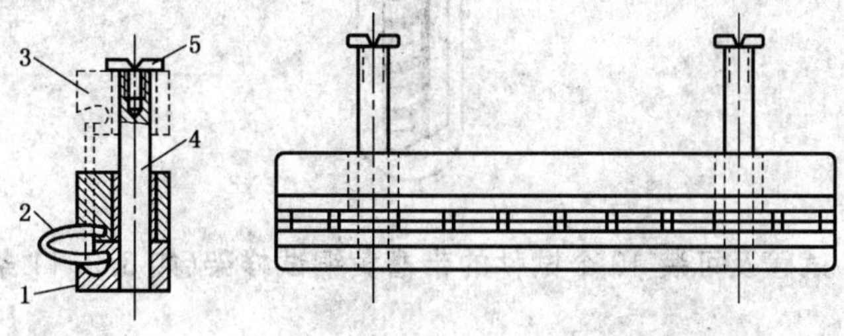

1——后夹头；

2——装入的试样；

3——前夹头；

4——导杆；

5——螺丝。

图 3　弯曲夹持装置

8.2.10　转移装置如图 4 所示，将弯曲好的试件从弯曲夹持装置中一次转移到黄铜槽试样架内。

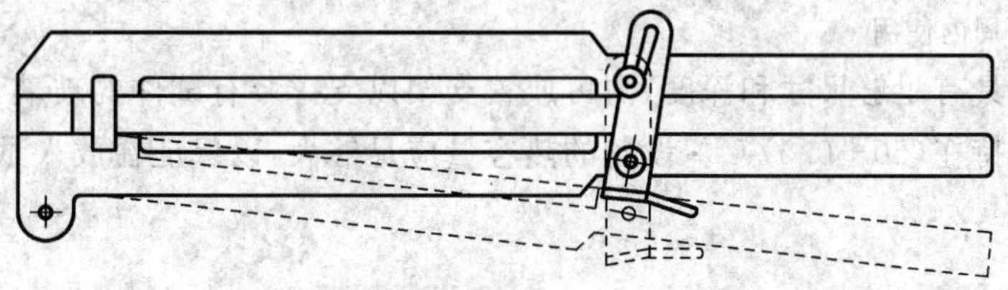

图 4　转移工具装置

8.2.11　图 5 所示的带槽黄铜试样架，可容纳 10 个弯曲好的试件。

尺寸单位为毫米

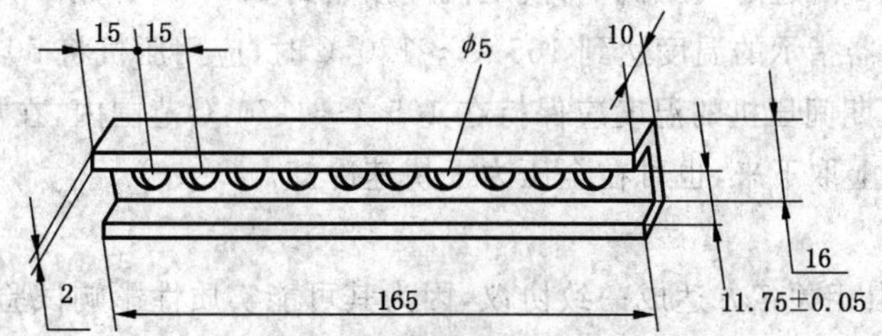

尺寸 11.75 mm±0.05 mm 为试样架槽内宽尺寸。

图 5　带槽黄铜试样架

8.2.12　硬质玻璃试管尺寸为 200 mm×32 mm，应能容纳装有试件的试样架，并采用包有铝箔的软木塞塞住试管口（见图 6）。

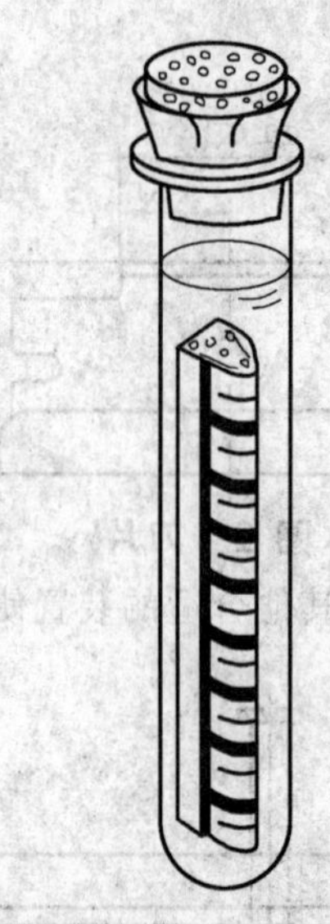

图6 试管及可装10个试件的带槽黄铜试样架(如8.2.11条所述)

8.2.13 试剂

程序A:100%Igepal CO-630(Antarox CO-630)或其他具有相同化学组分的试剂(参见注1、注2以及附录A)。

程序B:10%Igepal CO-630(Antarox CO-630)水溶液(按体积计算)或任何其他具有相同化学组分的水溶液。

注1:试剂只能用一次。

注2:碰到意外短的失效时间应当检查试剂的含水量,因为含水量略微超过规定的最大值的1%,试剂的活性就会明显增大。

注3:Igepal CO-630或类似试剂的水溶液应当在60 ℃~70 ℃时,用搅拌器搅拌制取,搅拌时间至少为1 h,试剂应当在制取后一周内使用。

8.2.14 加热容器应具有足够尺寸和深度,内可放置支架以支撑装有试件的玻璃试管(如图6),应采用合适的设备使温度保持在(50±0.5)℃。设备的热容量应足够大,以保证在放入试管后温度不会降到低于49 ℃。

8.3 试片的制备

8.3.1 为准备试验,将一个干净的如8.2.3所述的隔离片放在8.2.2所述的模板上,在8.2.4所述的压模中放入(90±1) g的粒料或粉料,此料在压模中形成一均匀薄层,然后放上另一隔离片再放上另一块模板,应不使用脱模剂。

8.3.2 模具应放到8.2.1所述的模压机里,模压机应预热到170 ℃,并用不大于1 kN的力合上压机。

8.3.3 当模板里的传感器指示的温度达到165 ℃~170 ℃时,应用压机将50 kN~200 kN的全压力加到模具上,保持2 min,这期间压机的温度应保持在165 ℃~170 ℃范围内,在加全压力阶段结束时停止加热,即可将压模从压机上取下来,也可在全压力下快速冷却。

8.4 试片的条件处理

试片的条件处理应由相关各方达成一致协议,因为其可能实质性影响试验结果。如果没有协议,应采用本条给出的处理条件作为参考处理条件。

在不移动隔离片的情况下移去模板后,将模压的试片放在8.2.5所述的烘箱里使试片周围空气自由循环,这样模压试片能很好地放置在水平的导热面上,使得隔离片与聚乙烯之间保持良好的接触。

在模压试片表面的中心以上不超过5 mm的地方测得的温度应按下述规定控制:

对低密度聚乙烯,烘箱试验温度应保持(145±2)℃;对中密度聚乙烯,试验温度应保持(155±2)℃;

对高密度聚乙烯,试验温度应保持(165±2)℃。烘箱试验温度应保持 1 h,然后以(5±2) K/h 的速率降低至(29±1)℃,也可在压机上冷却试片,实际的冷却速率应用绘图记录仪记录。

注:试片是否需条件处理可自定,在有争议的情况应采用经条件处理的试片。

8.5 试片外观的检查

在距试片边缘 10 mm 以外范围内试片表面应光滑,并不应有气泡、突起或凹陷。

8.6 试验步骤

8.6.1 试件的制备

用 8.2.6 所述的冲模和冲片机或其他合适的装置,在距试片边缘大于 25 mm 的地方切取 10 个如 8.6.2 规定的试件,切取试件时,应使试片上留下的孔之间的网状部分不至于损坏。

用 8.2.7 所述的指针式测厚仪测量试件的厚度,应符合 8.6.2 的规定。所切取的试件的边缘应成直角,斜的边缘可能导致错误的结果。

8.6.2 刻痕及插入试件

在将试件放到试剂中之前,每个试件都应用 8.2.8 所述的刻痕装置刻痕(见图 7),刀片应锋利并没有损坏,并应按要求调换,即使在很好的条件下刀片最多只能刻 100 个刻痕。

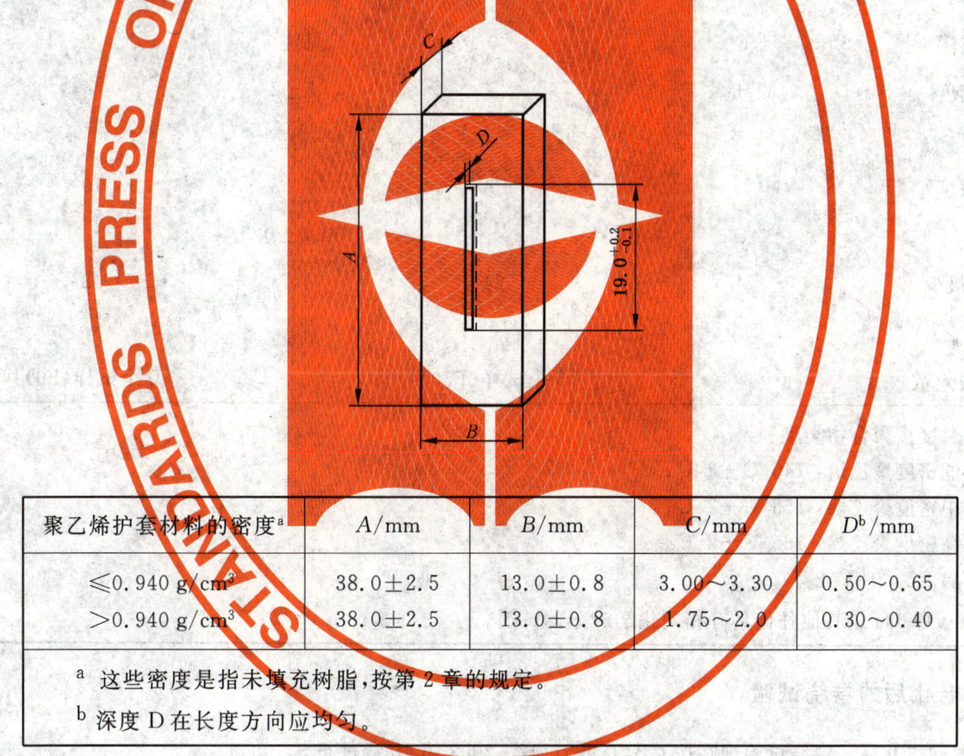

聚乙烯护套材料的密度[a]	A/mm	B/mm	C/mm	D[b]/mm
≤0.940 g/cm³	38.0±2.5	13.0±0.8	3.00～3.30	0.50～0.65
>0.940 g/cm³	38.0±2.5	13.0±0.8	1.75～2.0	0.30～0.40

a 这些密度是指未填充树脂,按第 2 章的规定。

b 深度 D 在长度方向应均匀。

图 7 已刻痕试件

将刻痕朝上的 10 个试件放入 8.2.9 所述的弯曲夹持装置,然后用台钳或恒速电动压床在 30 s～35 s 的时间内闭合夹持装置。

将弯曲好的试样用 8.2.10 所述的转移工具从夹持装置中提出并放入 8.2.11 所述的黄铜槽试样架内。如有的试件在试样架中抬得太高,应用人力将它们压下去。

在试件弯曲 5 min～10 min 之后,将试样架插入到 8.2.12 所述的试管里。试管应充以 8.2.13 所述的适当的试剂,所有试件都应浸入到试剂里。用软木塞将试管塞住。

充以试剂的试管应立即放到 8.2.14 所述的加热容器中的架子上并开始计算时间。应注意试验时不使试件碰到试管壁。

8.7 试验结果评定

通常环境应力开裂应在刻痕的地方开始,并向它的直角方向发展。当用正常视力或校正视力而不用放大镜检查时,试件上出现第一个裂纹时,即表明该试件失效。

步骤A:经24h加热,容器中失效试片不能超过5个,如有6个试件失效,则作为未通过试验。允许从一个新试片上再切取10个试件重复进行一次试验。重复试验不能有多于5个试件失效。

步骤B:经48 h加热,容器中不能有试片失效。如有一个试件失效,则作为未通过试验。允许从一个新试片上再切取10个试件重复进行一次试验。重复试验不能有一个试件失效。

8.8 步骤A和步骤B的试验要求及条件

试验条件和要求		步骤A	步骤B
试片的制备:			
——温度	℃	165～170	
——压力	kN	50～200	
——时间	min	2	
试片的处理:			
——温度范围[a]	℃	见注a	
——冷却速度	℃/h	5±2	
试验条件:			
——试剂浓度[b]	%	100	10
——温度	℃	50.0±0.5	
——时间(最少)	h	24	48
要求:			
——最多失效数		5个试样(F50)	0个试样(F0)

a 起始温度按聚合物类型:

低密度聚乙烯:145 ℃±2 ℃;

中密度聚乙烯:155 ℃±2 ℃;

高密度聚乙烯:165 ℃±2 ℃。

终止温度为29 ℃±1 ℃

b Igepal CO-630或其他任何具有相同化学成分的试剂。

9 空气热老化后的卷绕试验

注:空气热老化后的卷绕试验现在按GB/T 2951.42—2008第10章进行。

10 熔体指数测定

10.1 概述

聚乙烯和聚乙烯混合物的熔体指数(MFI)是指在190 ℃温度下,按采用的方法确定的在负荷作用下通过一个规定的出料模,在1.5 min或10 min时间内所挤出的材料的数量。

注1:ISO 1133规定了同样的方法。

注2:熔体指数不适用于阻燃聚乙烯。

10.2 试验设备

试验设备主要是一个挤塑仪,通常结构如图8所示,装在立式料筒里的聚乙烯在可控温度下,由一个加压活塞通过一个出料模孔挤出。试验设备上所有与材料接触的表面都应具有高光洁度。

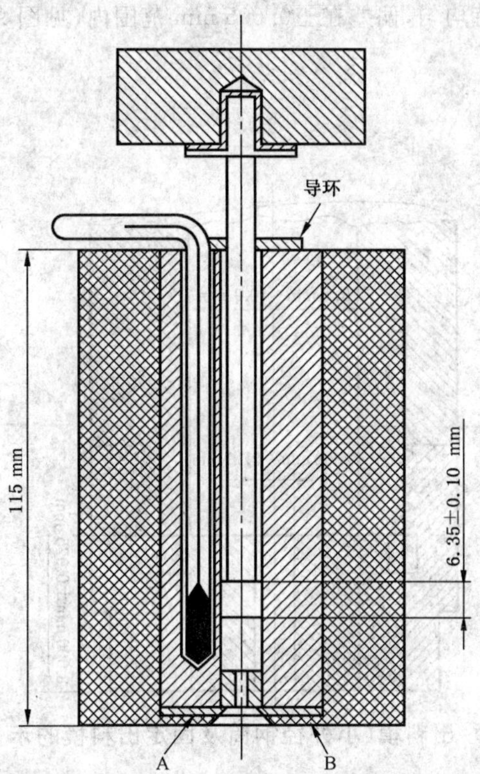

图 8　熔体指数测定仪(图示大外径钢筒,出料模固定板 A 和绝热板 B)

组成试验设备的主要部件如下:

a)　钢筒

钢筒垂直固定,并有热绝缘以便在 190 ℃工作,钢筒长至少 115 mm,内径在 9.5 mm～10 mm 之间,并且符合 10.2 中 b)项要求。如果裸露的金属表面积超过 4 cm^2,则钢筒底座应绝热,并推荐用聚四氟乙烯作为绝热材料(厚约 3 mm)以避免粘住挤出料。

b)　空心钢活塞

空心钢活塞长度至少与钢筒一样。钢筒轴线应与活塞轴线重合,活塞的有效长度最大为 135 mm。活塞头长度为(6.35±0.10) mm,直径应比钢筒工作长度上各处的内径小(0.075±0.015)mm。此外,为计算负载(见 10.2 中 c)项),活塞头的直径应为已知值,公差为±0.025 mm。活塞头下边缘有 0.4 mm 半径的圆角,上边缘磨去锐边,在活塞头上面的活塞的直径缩小至约为 9 mm,活塞顶部有螺栓以支撑可卸负载。但活塞与负载之间应有隔热层。

c)　活塞顶的可卸负载

负载与活塞的总重量应能达到施加的力 P 为:

用方法 A 时(见 10.5)　　P=21.2 N

用方法 C 时(见 10.6)　　P=49.1 N

d)　加热器

使钢筒里的聚乙烯保持在(190±0.5)℃的温度下,推荐使用自动控温装置。

e)　温度测量装置

测温装置应尽可能靠近出料模,但位于钢筒筒体内。此装置应经过校准使其温度测量准确到±0.1 ℃。

f)　出料模

用硬质钢制成的出料模的长度为(8.000±0.025) mm,其平均内径在 2.090 mm 和 2.100 mm

之间并在其长度上保持均匀，偏差在±0.005 mm 范围内（见图 9）。出料模不应伸出钢筒的底座之外。

g) 天平

精确到±0.000 5 g。

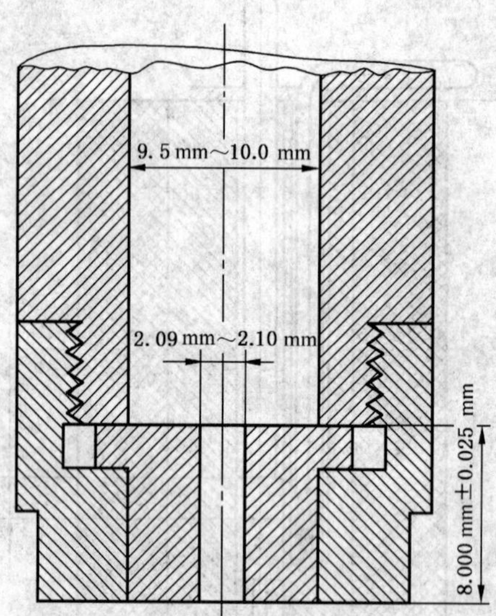

图 9 出料模（小外径钢筒及固定出料模的示例）

10.3 试样

应从电缆或电线的一端取一个足够重量的绝缘或护套试样。试样应切成小块，小块在任一方向上的尺寸都不应超过 3 mm。

注：如果需要，可从不同的绝缘线芯上取绝缘料。

10.4 设备的清洁和保养

每次试验后，设备应清洁。

在清除表面的聚乙烯或清理操作设备的任意部件时，决不能使用可能损坏活塞、钢筒或出料模表面的磨料或类似的材料。

适合于清洗设备的溶液是二甲苯、四氢化奈或无气味的煤油。活塞尚热时用布浸溶液进行清洗。钢筒也应在尚热时用绒布浸溶液清洗。出料模应用紧配的黄铜绞刀或木栓子清洗。然后浸入沸腾的溶剂里。

推荐定期（如常用的设备每周一次）对设备进行清洗，对绝热板、出料模挡板和钢筒进行彻底清洗，如装配在一起时可拆下来清洗（见图 8）。

10.5 方法 A

10.5.1 概述

方法 A 适用于测定未知 MFI 的聚乙烯试样的熔体指数。

10.5.2 试验步骤

试验设备应经清洗（见 10.4）。试验开始之前钢筒及活塞的温度应在（190±0.5）℃温度下保持 15 min，并在聚乙烯挤出期间一直保持这个温度。

推荐的测温装置[见 10.2 中 e）项]是永久置于钢筒筒体内的水银玻璃温度计（见注解），推荐采用低熔点的合金（如伍德合金）来改善接触。

注：如果使用其他的测温装置，在开始试验前，这种测温装置应在（190±0.5）℃温度下与符合 10.2 中 e）项的水银温度计进行校准，这时水银温度计应放在钢筒中并插在聚乙烯料中至适当深度。

然后在钢筒中加入一份试样（见表 1），并将无载的活塞重新插入钢筒顶部。

加料后 4 min，此时的钢筒温度应回升到（190±0.5）℃，在活塞上施加负载以使聚乙烯通过出料模挤出。在出料模处用适当的锐利工具按一定时间间隔截取短段挤出料作为一次“取料量”。用截取挤出料来测量挤出速度，每次取料的时间间隔列于表1。

在料加入钢筒的20 min内应取数次料，第一次取料及任何含有空气泡的取出料都应作废。其余接连取料数次（至少三次），应分别称重，精确至mg，并计算平均质（重）量。

如果分别称得的最大质（重）量与最小质（重）量之差大于平均值的10%，则试验结果应作废，并重新取样进行试验。

10.5.3 试验结果表示方法

MFI应计算到两位有效数字（见注1），并以MFI.190.20.A（见注2）的符号表示，单位g/600 s。

$$\text{MFI.190.20.A} = \frac{600 \times m}{t}$$

式中：

MFI——每10 min的克数；

m——取料质（重）量的平均值，单位为克（g）；

t——取料的时间间隔，单位为秒（s）。

注1：聚乙烯的MFI可能受以前加热处理和机械处理的影响，特别是氧化会引起MFI下降。通常试验过程中发生的氧化将引起连续取料质（重）量的系统性下降。这种现象在含有抗氧剂的聚乙烯料中不会出现。

注2：190——试验温度，℃；

20（或50，对方法C）——施加在熔体上的近似负载，以N表示。

10.6 方法C

10.6.1 概述

方法C适用于测定MFI小于1的聚乙烯样品，测量按方法A。

10.6.2 试验步骤

试验程序与方法A相同。

取料的时间间隔及投入钢筒中试样的质（重）量按表1规定。

表1 方法A和方法C的取料时间间隔（作为熔体指数的函数）及投入钢筒试料质（重）量

熔体指数MFI	投入料筒的试料的质（重）量/g	取料时间间隔/s
0.1～0.5	4～5	240
0.5～1	4～5	120
1～3.5	4～5	60

10.6.3 试验结果表示方法

MFI应记录到两位有效数字（见上述的注1）并以MFI.190.50.C（见上述的注2）符号表示，单位g/150 s。

$$\text{MFI.190.50.C} = \frac{150 \times m}{t}$$

注：用较重的负载（50 N）和较短的取料时间（150 s）所得的以标记C表示的结果，与方法A和以标记A表示的结果基本相同。但在标记A和C之间没有直接相互关系。

11 聚乙烯中碳黑和/或矿物质填料含量的测定——直接燃烧法

11.1 取样

从电缆的一端取一段足够重量的绝缘和护套试样。

将试样切成小块，任一方向上的尺寸应不大于5 mm。

11.2 试验步骤

将长约75 mm的燃烧舟加热到灼热，然后在干燥器中冷却至少30 min，称重精确到0.000 1 g，将

(1.0±0.1) g 重的聚乙烯试样放到燃烧舟中，再一起称重，精确到 0.000 1 g，减去燃烧舟的质(重)量即得到聚乙烯试样的质(重)量(质(重)量 A)，精确到 0.000 1 g。

将装有试样的燃烧舟放到硬质玻璃、石英或陶瓷燃烧管的中部。管子内径约为 30 mm，管子长度为(400±50) mm。然后将一个带温度计(测温范围为 300 ℃～650 ℃)的塞子和一根可供氮气的管子插在燃烧管的一端，使温度计的端头与燃烧舟接触。使含氧量小于 0.5%的氮气以(1.7±0.3) L/min 的流速通过燃烧管，并在以后的加热过程中保持这个流速。

有疑问时，氮气中的含氧量应限制在 0.01%。

将燃烧管放入炉里，管子的出口串联到两个含有三氯乙烯的冷凝器上，第一个冷凝器用固体二氧化碳冷却，第二个冷凝器的出口管应通到通风橱或户外大气中，或者也可将燃烧管的出口直径接到户外大气中。

将炉子在 10 min 内加热到 300 ℃～350 ℃，再加热 10 min 到约 450 ℃，第三个 10 min 后加热到(600±5)℃。然后在此温度下保持 10 min。再将出口管从冷凝器(若有)脱开，将装有燃烧舟的燃烧管从炉子中取出，冷却 5 min，氮气流速与前相同。

然后将燃烧舟通过氮气进口端从燃烧管中取出，在干燥器中冷却 20 min～30 min 并重新称重，测定残留物的质(重)量精确到 0.000 1 g(残留物质(重)量 B)。

然后，再将此燃烧舟放入燃烧管，在(600±20)℃的温度下将空气或氧气取代氮气以适当的流速通到燃烧管内，使残留碳黑燃烧。在试验装置冷却之后，再取出燃烧舟并称重，测定残留物的质(重)量精确到 0.000 1 g(残留物质(重)量 C)。

11.3 试验结果表示方法

$$碳黑含量 = \frac{B-C}{A} \times 100\%$$

$$矿物质填料含量 = \frac{C}{A} \times 100\%$$

$$填料含量 = \frac{B}{A} \times 100\%$$

12 热重分析法测量聚烯烃混合物中的碳黑含量

注：测量聚乙烯中碳黑含量时，本方法可以作为第 11 章的替代方法。在有争议的情况下，第 11 章所述的直接燃烧法应作为基准方法。

12.1 原理

在热重分析仪中加入一份已称重的试样，从 100 ℃开始加热到 950 ℃，升温速率 20 K/min。

注 1：起始温度 100 ℃是实用的，由于冷却时间缩短，后续的试验能较早完成。

首先，用不含氧气的干燥氮气吹洗试样。温度达到 850 ℃时，将干燥氮气切换成“混合空气”。此时碳黑开始燃烧。

注 2：氮气吹洗期间，温度接近 800 ℃前的质(重)量损失由聚合物的降解和少量组分损失引起。

12.2 试剂

——含氧量小于 10 mg/kg 的干燥氮气。

——干燥“混合空气”(80%氮气和 20%氧气的混合气体)。

12.3 试验设备

——热重分析仪；

——气体转换开关；

——自动绘图仪；

——分析天平。

12.4 试验步骤

12.4.1 设备参数

a) 起始温度 100 ℃;

b) 加热速率 20 K/min;

c) 终止温度 950 ℃;

d) 称重试样 5 mg～10 mg;

e) 低于 850 ℃的吹洗气体:氮气;

f) 850 ℃～950 ℃的吹洗气体:"混合空气"。

12.4.2 操作

按仪器制造商的说明书和 12.4.1 所述参数操作设备。将尽可能薄的片状试样放在坩埚底部。开始加热前用氮气吹洗至少 5 min，确保获得无氧气氛。

12.4.3 试验结果评定

混合物的碳黑含量由每一单独试样在 850 ℃～950 ℃干燥"混合空气"中燃烧时的质(重)量改变确定。950 ℃同时产生的燃烧残渣是灰分。

13 聚乙烯中碳黑分散度的评估试验

13.1 概述

评估试验应按 ISO 18553 进行。本方法适用于聚乙烯混合物或挤包层(例如护套)。

注:本方法仅适用于碳黑含量小于 3%的聚乙烯。

ISO 18553 给出两种准备样品的步骤。任一种都可以使用,但推荐使用下述步骤:

——压缩步骤主要用于聚乙烯混合物,但挤包层也可使用;

——显微镜用薄片切片机步骤用于聚乙烯挤包层。

13.2 试验步骤

按照 ISO 18553,准备规定数量的样品。

采用 ISO 18553 所述显微检测技术,检查试件以确定:

a) 分散度;

b) 外观等级。

13.3 试验结果表示方法

用 ISO 18553 所述方式表示检查结果。

13.4 标准要求

除非相关电缆标准有规定,应采用 ISO 18553 附录 D 推荐的极限来指示可接受的碳黑分散度。

注:ISO 18553 附录 D 提供了:

推荐采用下述极限:

等级:平均值(见 5.1)≤3。

外观等级:不能差于附录 B 的 B 显微图(即:相当于显微图 A.1,A.2,A.3 和 B 的分散等级才可以接受)。

附 录 A
（资料性附录）
仪器和试剂

A.1 仪器

购买 8.2.8、8.2.9 及 8.2.10 所述的试验仪器的地址：
MM Custon Scientific Instruments Inc.
541 Deven Street
Arlington, N. J.
U. S. A.
索取试验仪器的地址：
American Society for Testing and Materials(ASTM) 1916 Race Street.
Philadelphia 19103, Pa
U. S. A

A.2 试剂

购买 25 ℃时密度为 1.06 的 100%IGEPAL CO-630 的试剂的地址：
GAF Corp., Dyestuff and Chemical Div.
140 West 51 Street
New York, N. Y. 10020
U. S. A.
试剂的含水量必须小于 1%，因为它是吸湿的，应贮存在密闭的金属或玻璃容器内。

ICS 29.060
K 13

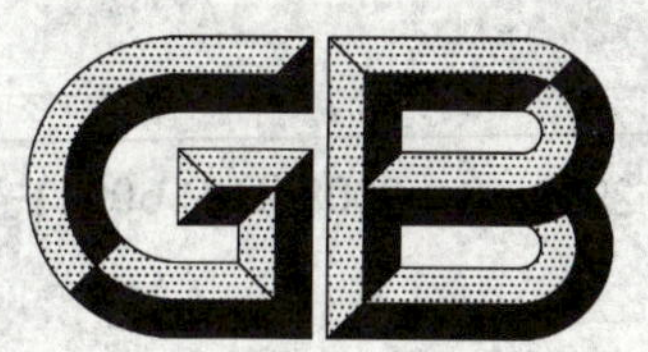

中华人民共和国国家标准

GB/T 2951.42—2008/IEC 60811-4-2:2004
代替 GB/T 2951.9—1997

电缆和光缆绝缘和护套材料通用试验方法 第42部分:聚乙烯和聚丙烯混合料专用试验方法——高温处理后抗张强度和断裂伸长率试验——高温处理后卷绕试验——空气热老化后的卷绕试验——测定质量的增加——长期热稳定性试验——铜催化氧化降解试验方法

Common test methods for insulating and sheathing materials of electric and optical cables—Part 42:Methods specific to polyethylene and polypropylene compounds—Tensile strength and elongation at break after conditioning at elevated temperature—Wrapping test after conditioning at elevated temperature—Wrapping test after thermal ageing in air—Measurement of mass increase—Long-term stability test—Test method for copper-catalyzed oxidative degradation

(IEC 60811-4-2:2004,IDT)

2008-06-26 发布　　　　2009-04-01 实施

中华人民共和国国家质量监督检验检疫总局
中国国家标准化管理委员会　发布

前　言

GB/T 2951《电缆和光缆绝缘和护套材料通用试验方法》分为10个部分：

——第11部分：通用试验方法——厚度和外形尺寸测量——机械性能试验；

——第12部分：通用试验方法——热老化试验方法；

——第13部分：通用试验方法——密度测定方法——吸水试验——收缩试验；

——第14部分：通用试验方法——低温试验；

——第21部分：弹性体混合料专用试验方法——耐臭氧试验——热延伸试验——浸矿物油试验；

——第31部分：聚氯乙烯混合料专用试验方法——高温压力试验——抗开裂试验；

——第32部分：聚氯乙烯混合料专用试验方法——失重试验——热稳定性试验；

——第41部分：聚乙烯和聚丙烯混合料专用试验方法——耐环境应力开裂试验——熔体指数测量方法——直接燃烧法测量聚乙烯中碳黑和/或矿物质填料含量——热重分析法（TGA）测量碳黑含量——显微镜法评估聚乙烯中碳黑分散度；

——第42部分：聚乙烯和聚丙烯混合料专用试验方法——高温处理后抗张强度和断裂伸长率试验——高温处理后卷绕试验——空气热老化后的卷绕试验——测定质量的增加——长期热稳定性试验——铜催化氧化降解试验方法；

——第51部分：填充膏专用试验方法——滴点——油分离——低温脆性——总酸值——腐蚀性——23 ℃时的介电常数——23 ℃和100 ℃时的直流电阻率。

本部分为GB/T 2951的第42部分。

本部分等同采用IEC 60811-4-2:2004《电缆和光缆绝缘和护套材料通用试验方法　第4-2部分：聚乙烯和聚丙烯混合料专用试验方法——高温处理后抗张强度和断裂伸长率试验——高温处理后卷绕试验——空气热老化后的卷绕试验——测定质量的增加——长期热稳定性试验——铜催化氧化降解试验方法》（英文版）。

为便于使用，本部分做了下列编辑性修改：

——用“第42部分”代替“第4-2部分”；

——用小数点“.”代替作为小数点的“,”；

——删除国际标准的前言；

——本部分1.2引用了采用国际标准的我国标准而非国际标准；

——本部分在IEC 60811-4-2原文第4章末与IEC 60811-4-2的标准名称中增加的“和光缆”相协调处增加了“光缆”。

本部分代替GB/T 2951.9—1997《电缆绝缘和护套材料通用试验方法　第4部分：聚乙烯和聚丙烯混合料专用试验方法　第2节：预处理后断裂伸长率试验——预处理后卷绕试验——空气热老化后的卷绕试验——测定质量的增加　附录A：长期热稳定性试验　附件B：铜催化氧化降解试验方法》。

本部分与GB/T 2951.9—1997相比主要变化如下：

——本部分名称修改为：“电缆和光缆绝缘和护套材料通用试验方法　第42部分：聚乙烯和聚丙烯混合料专用试验方法——高温处理后抗张强度和断裂伸长率试验——高温处理后卷绕试验——空气热老化后的卷绕试验——测定质量的增加——长期热稳定性试验——铜催化氧化降解试验方法”；

——与本部分名称相对应，英文名称修改为：“Common test methods for insulating and sheathing materials of electric and optical cables—Part 42:Methods specific to polyethylene and polypropylene compounds—Tensile strength and elongation at break after conditioning at elevated temperature—Wrapping test after conditioning at elevated temperature—Wrapping test after thermal ageing in air-measurement of mass increase—Long-term stability test—Test method for copper-catalyzed oxidative degradation”；

——第 1 章标题“范围”修改为“概述”，之下分为两条，1.1“范围”，新增 1.2“规范性引用文件”(1997 版的第 1 章；本版的第 1 章)；

——前版标准的第 4 章“定义”变更为本版的第 2 章“术语和定义”(1997 版的第 4 章；本版的第 2 章)；

——前版标准的第 3 章“适用范围”变更为本版的第 4 章，并增加了“光缆”(1997 版的第 3 章；本版的第 4 章)；

——第 8 章标题由“预处理后的断裂伸长率”变更为“高温处理后的抗张强度和断裂伸长率”(1997 版第 8 章；本版的第 8 章)；

——8.1 中“绝缘厚度小于 0.8 mm”变更为“绝缘厚度大于 0.8 mm”，并增加了“和直接接触填充膏的聚烯烃护套”(1997 版 8.1；本版的 8.1)；

——8.2 标题由“预处理步骤”变更为“处理步骤”；填充膏预热温度的允许偏差由“±1 ℃”修改为“±2 ℃”；增加了关于“滴点”定义的“注”；补充了对护套试样处理的陈述(1997 版 8.2；本版的 8.2)；

——前版标准中 8.3、8.4 和 8.5 合并为本版的 8.3“高温处理后的抗张强度和断裂伸长率”(1997 版 8.3、8.4 和 8.5；本版的 8.3)；

——前版标准中 8.6“试验结果评定”变更为本版的 8.4(1997 版 8.6；本版的 8.4)；

——第 9 章标题由“预处理”变更为“高温处理”(1997 版第 9 章；本版的第 9 章)；

——9.1 关于试样绝缘厚度范围的规定由“小于 0.8 mm”修改为“小于或等于 0.8 mm”(1997 版 9.1；本版的 9.1)；

——新增了试样“处理步骤”的 9.2，其后条文编号顺延(1997 版无；本版的 9.2)；

——9.3 与等同于 2004 版 IEC 60811-4-1 的 GB/T 2951.41 中第 9 章相适应，试样卷绕试验的方法改为引用本部分的 10.5.2，并对“发泡绝缘”明确了包括“带皮泡沫绝缘”(1997 版 9.2；本版的 9.3)；

——9.4 中对于“如果有一个试件开裂，试验可再重复一次”的规定，明确了试验“仅”可再重复一次(1997 版 9.3；本版的 9.4)；

——10.1 关于试样绝缘厚度范围的规定由“小于 0.8 mm”修改为“小于或等于 0.8 mm”(1997 版 10.1；本版的 10.1)；

——10.4 明确试样放入试验箱时试验箱应“已预热”(1997 版 10.4；本版的 10.4)；

——10.5 拆分为两条下级条文“10.5.1”和“10.5.2”。在 10.5.2 中增加规定了试样卷绕圈数为“10 圈”，并明确试样放入试验箱时试验箱应“已预热”(1997 版 10.5；本版的 10.5)；

——11.3 中填充膏预热温度的允许偏差由“±1 ℃”修改为“±2 ℃”，并增加了关于填充膏滴点定义的“注”(1997 版 11.3；本版的 11.3)；

——增加 A.2 章“条件处理”，其后章的编号顺延(1997 版无；本版的第 A.2 章)；

——A.3.3 中“读数分辨至 0.2 ℃”修改为“0.1 ℃”，增加了“总的测量不确定度不超过 0.2 ℃”的规定(1997 版 A2.3；本版的 A.3.3)；

——A.5.1.3 中增加了“可以选择附录 B 的 OIT 试验，测得的氧化诱导时间应至少 2 min。”(1997 版 A.4.1.3；本版的 A.5.1.3)；

——A.5.1.4 中将前版切制“五个”样段的规定修改为“至少三个”(1997 版 A4.1.4；本版的 A.5.1.4)；

——A.5.2.1 中填充膏预热温度的允许偏差由“±1 ℃”修改为“±2 ℃”(1997 版 A4.2.1;本版的 A.5.2.1);

——B.1 删除了前版中本条文的第二段文字(1997 版 B1;本版的 B.1);

——B.2.1 增加了“能保持试验温度恒定在 0.2 K 以内”(1997 版 B2.1;本版的 B.2.1);

——B.2.2 中读数分度由“1 min” 修改为“0.1 min”(1997 版 B2.2;本版的 B.2.2);

——B.3 中对于“适当数量的带导体试样”增加了“(如不同颜色的 4 个试样)”的说明(1997 版 B3;本版的 B.3);

——B.4.2 中将对作为温度基准材料的“铟”的重量规定修改为对试样重量的规定(1997 版 B4.2;本版的 B.4.2);

——B.6.2“190 ℃～200 ℃的温度范围”修改为“200 ℃试验温度”,增加了“开始记录温谱图”,增加了“允许省略掉在氮气中预热程序,直接从试验温度开始,以简化操作。”(1997 版 B6.2;本版的 B.6.2);

——B.6.6 中重复试验次数由“4 次”修改为“3 次”,于是所获温度曲线由“5 条”修改为“4 条”(1997 版 B6.6;本版的 B.6.6);

本部分的附录 A 和附录 B 均为规范性附录。

本部分由中国电器工业协会提出。

本部分由全国电线电缆标准化技术委员会归口。

本部分起草单位:上海电缆研究所。

本部分主要起草人:李明珠、王申、朱永华、王春红、黄萱。

本部分所代替标准的历次版本发布情况为:

——GB/T 2951.9—1997;

——GB 2951.42—1994。

电缆和光缆绝缘和护套材料通用试验方法 第42部分:聚乙烯和聚丙烯混合料专用试验方法——高温处理后抗张强度和断裂伸长率试验——高温处理后卷绕试验——空气热老化后的卷绕试验——测定质量的增加——长期热稳定性试验——铜催化氧化降解试验方法

1 概述

1.1 范围

GB/T 2951 的本部分规定了配电及通信用电缆和光缆,包括船舶及近海用电缆和光缆的聚合物绝缘和护套材料的试验方法。这些试验方法适用于聚烯烃绝缘和护套。

1.2 规范性引用文件

下列文件中的条款通过 GB/T 2951 的本部分的引用而成为本部分的条款。凡是注日期的引用文件,其随后所有的修改单(不包括勘误的内容)或修订版均不适用于本部分,然而,鼓励根据本部分达成协议的各方研究是否可使用这些文件的最新版本。凡是不注日期的引用文件,其最新版本适用于本部分。

GB/T 2951.11—2008 电缆和光缆绝缘和护套材料的通用试验方法 第11部分:通用试验方法——厚度和外形尺寸测量——机械性能试验(IEC 60811-1-1:1993,IDT)

GB/T 2951.13—2008 电缆和光缆绝缘和护套材料通用试验方法 第13部分:通用试验方法——密度测定方法——吸水试验——收缩试验(IEC 60811-1-3:1993,IDT)

ISO 188 硫化或热塑性橡皮——加速老化和耐热试验

2 术语和定义

为便于试验,应区分低密度、中密度和高密度聚乙烯(23 ℃):

聚乙烯类型	23 ℃时密度[a]/(g/cm³)
低密度聚乙烯	≤0.925
中密度聚乙烯	>0.925,≤0.940
高密度聚乙烯	>0.940

a 这些密度是指未填充树脂。测定方法按 GB/T 2951.13—2008 第8章的规定。

3 试验原则

本部分没有规定全部的试验条件(诸如温度、持续时间等)以及全部的试验要求,它们应在有关电缆产品标准中加以规定。

本部分规定的任何试验要求可以在有关电缆产品标准中加以修改,以适应特殊类型电缆的需要。

4 适用范围

本部分规定的试验条件和试验参数适用于电缆、光缆、电线和软线的最常用类型的绝缘和护套材料。

5 型式试验和其他试验

本部分规定的试验方法首先是作为型式试验用的。某些试验项目其型式试验和经常进行的试验(如例行试验)的条件有本质上的区别,本部分已指明了这些区别。

6 预处理

所有的试验应在绝缘和护套料挤出或硫化(或交联)后存放至少 16 h 方可进行。

7 中间值

将获得的应有个数的试验数据以递增或递减次序排列,若有效数据的个数是奇数时,则中间值为正中间一个数值;若是偶数,则中间值为中间两个数值的平均值。

8 高温处理后的抗张强度和断裂伸长率

8.1 一般规定

本试验适用于绝缘厚度大于 0.8 mm 的填充式电缆的聚烯烃绝缘和直接接触填充膏的聚烯烃护套。

8.2 处理步骤

一段适当长度的成品电缆试样应在空气中(即悬挂在烘箱中)处理。烘箱内空气温度应保持恒定。试验温度和试验时间规定如下:

(60±2)℃,7×24 h——对标称滴点为 50 ℃～70 ℃(包括 70 ℃)的填充膏;

(70±2)℃,7×24 h——对标称滴点为 70 ℃以上的填充膏。

注:滴点的定义见 GB/T 2951.51—2008 的第 4 章。

处理以后,电缆试样应存放在环境温度下至少 16 h,应避免阳光直接照射,然后用适当的方法从电缆中取出护套和绝缘线芯,并用合适的方式清洁。

8.3 高温处理后的抗张强度和断裂伸长率

按照 9.2 处理好的试件,不应进行任何老化处理,应根据电缆标准的要求按 GB/T 2951.11—2008 第 9 章进行抗张强度和/或断裂伸长率试验。

8.4 试验结果表示方法

试验结果取抗张强度和断裂伸长率的中间值。

9 高温处理后卷绕试验

9.1 一般规定

本试验适用于绝缘厚度小于或等于 0.8 mm 的聚烯烃绝缘的填充式电缆试样。

9.2 处理步骤

试件应按 8.2 规定处理。应从电缆中取出被试绝缘线芯并用合适的方式清洁。

9.3 试验步骤

按照 9.2 处理好的试件,应按 10.5.2 方法进行卷绕试验。

对于绝缘厚度小于或等于 0.2 mm 的发泡绝缘(包括带皮泡沫绝缘),在露出的导体上施加的拉力相对于导体的横截面来说应降低到大约 7.5 N/mm^2。

9.4 试验结果评定

冷却至环境温度后,用正常视力或矫正后视力而不用放大镜检查试件,试件应无开裂。如果一个试件开裂,试验仅可以再重复一次。

10 空气热老化后卷绕试验

本章规定的方法应考虑作为聚烯烃绝缘的老化方法，因此将其包括在本部分内。

10.1 一般规定

本试验方法适用于绝缘厚度小于或等于 0.8 mm 的非填充式电缆的聚烯烃绝缘和填充式电缆干燥绝缘线芯的聚烯烃绝缘。

10.2 试验设备

10.2.1 光滑的金属试棒和加载元件。

10.2.2 卷绕装置，最好具有机械驱动试棒的功能。

10.2.3 自然通风的电热试验箱。

10.3 取样

每个被试电缆或绝缘线芯取 4 个试件进行试验。

取一根 2 m 长的试样，将其切成四个等长度的试件，仔细地去除试件的外护套、编织层(若有)和可能粘附在绝缘线芯上的填充物。

将导体保留在绝缘内，然后将试件矫直。

10.4 老化步骤

将按 10.3 制备好的试件垂直悬挂在已预热试验箱的中部。试验箱应符合 10.2.3 规定。试验温度和时间为(100±2)℃，14×24 h。试件与试件之间至少相距 20 mm，试件所占容积应不超过试验箱容积的 2%。老化周期结束后，应立即取出试件放置在环境温度下保持至少 16 h，应避免阳光直接照射。

注：如相关的电缆产品标准规定，老化时间和温度可以增加。

10.5 试验步骤

10.5.1 将按 10.3 制备并按 10.4 老化处理后的试件，在环境温度下进行卷绕。

10.5.2 在试件一端应剥露出导体。在露出的导体端施加负载，以产生一个相对导体截面来说达 15 N/mm²±20%的拉力。然后，试件的另一端应借助 10.2.2 规定的装置在金属试棒上进行 10 圈卷绕。卷绕速度约 1 r/5 s。

试棒直径取 1 倍～1.5 倍的试件外径。接着将卷绕好的试件从试棒上移出来，保持其螺旋形状。然后将其在垂直状态下，置于已加热试验箱的中部，在(70±2)℃温度下放置 24 h。试验箱应符合 10.2.3 规定。

10.6 试验结果评定

试件冷却至环境温度后，用正常视力或矫正后视力而不用放大镜检查，应没有开裂。如有一个试件开裂，允许重复试验一次。

11 绝缘质量增加的测定

11.1 一般规定

本试验用于检验填充式电缆的绝缘材料和填充之间可能产生的相互影响，本试验的目的仅用于选择材料。

11.2 取样

从填充工艺之前电缆的每种颜色的绝缘芯线取三个试样，每段约 2 m 长的试样切成三个分别为 600 mm、800 mm、600 mm 长的试件。

11.3 试验步骤

在一玻璃容器内装入约 200 g 的填充膏，将 800 mm 长的样件浸入预热到下述温度的填充膏内：

(60±2)℃——对滴点为 50 ℃～70 ℃(包括 70 ℃)的填充膏；

(70±2)℃——对滴点为 70 ℃以上的填充膏。

注：滴点的定义见 GB/T 2951.51—2008 的第 4 章。

此试件的中间部分至少应有 500 mm 长浸入填充膏中，并不应与玻璃容器壁和其他试件相接触。试件两端应露出填充膏。玻璃容器应置于烘箱内，经 10×24 h 并且在上述相对应的填充膏所规定的温度下保持恒定。

试验时间结束后，从填充膏中取出试件，用吸附纸仔细地清洁试件。然后切除试件两端部，保留中部至少 500 mm 长的浸渍过的部分。两个干的 600 mm 长的试件切成与浸渍试件相同长度。去除三个试件内的导体，然后在环境温度下称重，精确到 0.5 mg。

11.4 计算

增加的质量由下式计算：

$$W = \frac{M_2 - M_1}{M_1} \times 100\%$$

式中：

M_1——两个干试件的平均质量；

M_2——在填充膏中浸渍过的试件的质量。

附 录 A
（规范性附录）
长期热稳定性试验

注：本试验方法仅适用于铜导体线对通信电缆。配电电缆的类似的试验方法正在考虑之中。

A.1 概述

需要确定电缆组分的质量在电缆的期望寿命期间是否令人满意已成共识。特别是聚烯烃绝缘在运行中应具有足够的耐老化性能。对于填充式聚烯烃绝缘电缆，就应该评定绝缘和填充膏之间的相容性。

应该仔细地确定试验的时间、温度、环境及失效判别依据。在本附录中给出了适用于选择材料的一种方法。由于试验时间较长，本试验不适用于例行的质量控制检验。本方法仅作为选择材料的试验，以期保证所选定的材料对于电缆的预期寿命来说是满意的。

对于例行质量控制，需要一种如附录B所述的短期试验方法。

A.2 条件处理

两种不同试验温度和时间的条件处理方式，按照电缆标准规定的使用条件和环境的苛刻程度，可以任选其一：

——条件A：100 ℃，42天，一般适用于50 ℃以下普通使用条件的装置或电缆的绝缘，例如直埋电缆、管道电缆、电热槽或在温和气候地面上暴露使用的电缆；

——条件B：105 ℃，42天，适用于炎热条件下在地面上使用的装置或电缆的绝缘，例如控制柜、终端盒。

A.3 试验设备

A.3.1 符合ISO 188规定的空气烘箱，特别需符合如下要求：

——试验期间的平均温度应控制在规定温度的±0.5 ℃内。

——试验期间的最大温度偏差应不超过规定温度的±1.0 ℃。

——清洁而干燥的空气每小时至少更换6次。在有争议时，空气每小时最多更换10次。

注：作为替代装置，只要符合上述要求可以使用由一个或多个单元容器组成的试验设备，只要其尺寸符合如下规定：

单元容器高度：至少250 mm；

单元容器直径：至少75 mm；

高度和直径之比：3∶1到4∶1之间。

A.3.2 空气流量计，测量范围应由A.3.1规定的空气烘箱的尺寸来决定。

A.3.3 热电偶或温度计，读数分辨至0.1 ℃，总的测量不确定度应不超过0.2 ℃。

A.3.4 天平，精确到0.5 mg，感量0.1 mg。

A.4 取样

从非填充式电缆或填充式电缆上取样，每种颜色取三根试样，试样长度为2 m。每个试样构成一个试件。

A.5 试验步骤

A.5.1 非填充式电缆

A.5.1.1 试件应卷绕成一个直径约为60 mm的宽松的螺旋圈，试件应不发生扭转和打结。如有必要，可以用铝丝松松地扎两个结，固定住线圈。

A.5.1.2 称重试件,精确至 0.1 mg。然后可以借助铝丝钩子悬挂在顶盖下将试件悬挂到空气烘箱下部。用热电偶或合适的温度计检验线圈中部空气的温度,是否保持在条件 A 或条件 B 规定的温度。

每种颜色应取三个试件。如果使用由老化单元容器组成的试验装置,则最好将每个试件放在单独容器内作老化试验。如果有必要,在一个单元容器内最多可以放置三个试件一起老化,只要试件与试件之间相距 3 mm～5 mm。试件与试件之间,试件与容器壁之间应互不接触。

注:推荐使用记录装置监控试验期间的温度。

A.5.1.3 规定的试验时间结束后,应从空气烘箱内取出试件,使其冷却到环境温度后:

a) 目力检查绝缘是否有开裂或裂纹和聚合物是否有破坏的其他痕迹,颜色应容易识别;

b) 再称重试样,应精确至 0.1 mg,质量增加应不超过 1 mg。

可以选择附录 B 的 OIT 试验,测得的氧化诱导时间应至少 2 min。

A.5.1.4 按 A.5.1.3 检查过的试件,应再进行如下试验:

将试件等间距的切成至少三个 200 mm 长度的样段,首段应距离试件端部 0.2 m,每个 200 mm 长样段的一端用手工环绕另一端缠绕至少连续 10 圈,然后用目力检查是否有裂纹及开裂。这样制成的样段应悬挂在(60±2)℃的通风烘箱中,历时 7 天。老化结束后检查试件是否有裂纹及开裂。

A.5.2 填充式电缆

A.5.2.1 试件应在相应的填充膏内预处理 7 天,预处理温度按如下规定:

(60±2)℃——填充膏的滴点大于 50 ℃,小于或等于 70 ℃时;

(70±2)℃——填充膏的滴点大于 70 ℃时。

注:滴点的定义见 GB/T 2951.51—2008 的第 4 章。

预处理可以对单个试件,也可以对一段电缆进行。对单个试件时应将试件浸入到玻璃容器内约 200 g 的填充膏中(两端部除外)。如果对一段电缆,则应在处理后小心地取出试件。

A.5.2.2 预处理后,应用一种不起毛的吸附纸清除试件上剩余的填充膏,然后切除未浸渍的两端部,再将试件切成 A.4 中规定的长度。

A.5.2.3 然后,应按 A.5.1.1～A.5.1.4 规定步骤进行试验。

附　录　B
（规范性附录）
聚烯烃绝缘导线的铜催化氧化降解试验方法
（氧化诱导期（OIT）试验）

B.1　概述

制造商需要监控其电缆生产以保证它们具有足够的抗氧化特性，一旦选定了合适的材料，OIT试验已证明适合于监控原材料和电缆以确定是否符合要求。OIT试验不适用于原材料的选择。为了上述目的，最好采用长期热老化试验。

本附录给出的OIT试验方法适用于铜催化氧化降解试验。

B.2　试验设备

B.2.1　差热分析仪或差示扫描量热仪。升温速率应至少为(20±1)K/min，能保持试验温度恒定在0.2 K以内，并能自动记录试样与基准材料之间的温差(或传热差)，灵敏度和精度应符合要求。

B.2.2　*X-Y*记录仪。*Y*轴显示热流或温差，*X*轴显示时间。时间基线应精确到±1%，可读到0.1 min。

B.2.3　高纯度的氮气和氧气的气体转换开关和调节器。

B.2.4　分析天平，可称量30 g，感量及重复性应至±0.1 mg。

B.2.5　试样杯：铝杯，其直径和高度均约6 mm～7 mm或仪器制造商提供的类似大小的杯子。

B.3　取样

应从绝缘导线上切取适当数量(如不同颜色的4个试样)的带导体试样，试样长约4 mm，这样可得到3 mg～5 mg的绝缘材料。

B.4　仪器校准

B.4.1　仪器使用之前，应按仪器制造商的说明书进行校准。使用分析纯铟作为温度基准材料。

B.4.2　将分析纯铟放入一只铝杯内，用铝质盖盖住。在仪器内放入准备好的约6 mg试样、参照用铝杯及盖。

如果需要清洁试样、铝杯及盖，可用石油醚或其他合适的溶剂清除污染物。

B.4.3　以1 K/min的速度调节程序升温从145 ℃升到165 ℃，同时记录升温过程。

B.4.4　按仪器制造商的使用说明书校准仪器以得到铟的第一级转化温度156.6 ℃。为了校准，应将铟的熔点156.6 ℃确定为基线的外推线与波峰起始线的外推线的相交点(见图B.1)。

B.5　仪器准备

B.5.1　打开氮气和氧气钢瓶的阀门。气体选择器开关置于氮气位置。用流量计调节流量达(50±5)mL/min。

B.5.2　将按B.3规定制取的电线试样装入铝杯(见B.4.2)。

B.5.3　将制备好的电线绝缘试样放入仪器的试样杯内，空铝杯置于参照位置上。

注：可以任意选用铝质或不锈钢丝网束缚住试样，使它们与试样杯更好地接触。

B.5.4　用氮气吹洗5 min，应按要求检查流量并重复调节至(50±5)mL/min。

B.5.5　将仪器置零点，将信号放大及将记录仪的灵敏度调节到相应于放热反应的记录笔的最大偏移。

B.5.6 调节加热速率至 20 K/min。

B.6 试验步骤

B.6.1 开始程序加热,记录升温过程。

B.6.2 继续加热到规定的试验温度,控制在±1 ℃的范围,停止程序加热,使试样温度达到恒温。开始记录温谱图。已确定 200 ℃的试验温度对聚乙烯是恰当的。允许省略掉在氮气中预热程序,直接从试验温度开始,以简化操作。

一旦达到温度平衡(记录仪信号稳定)后,将吹洗气体切换成氧气,调节流量达(50±5)mL/min。在记录仪上标上这一点,并把这个氧气吹洗的转折点当作试验时间的起始时间(T_0)。

B.6.3 继续此等温操作直到记录仪曲线上出现氧化放热后所达到的最大记录笔偏移(见图 B.2)。

在每级放热情况下,则继续等温操作直到出现最大记录笔偏移。

B.6.4 试验结束后,关闭记录仪,将气体选择器阀门切换成氮气。

B.6.5 使仪器冷却到起始温度。

B.6.6 在新试样上再重复进行 3 次全过程试验。这样总共获得 4 条温度曲线,每个试样都可任选采用新的参照铝杯进行试验。

B.7 计算

B.7.1 沿时间的起点向外延伸基线至氧化放热处,再将放热所形成的曲线最陡的部分外推至与基线的延伸线相交(见图 B.2)。

B.7.2 测定氧化诱导期从时间的起点至实际最小时间间隔,不超过 1 min。

B.8 试验报告

a) 试样识别标志;

b) 试验温度;

c) 计算 4 次测定的 OIT 的平均值及标准偏差,单位为 min。

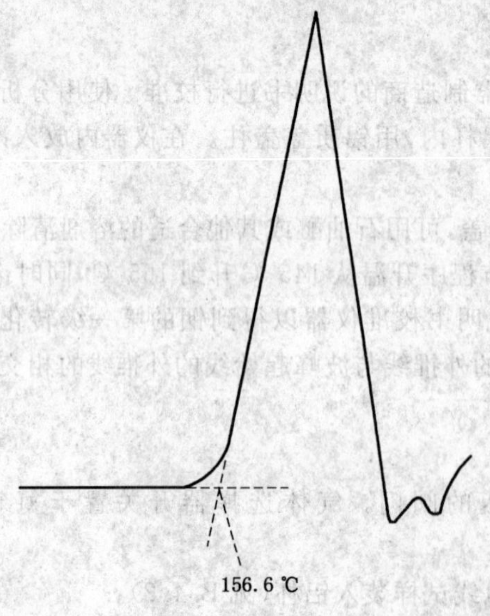

注:将波峰起始线的外推线与基线外推线的相交点定义为 156.6 ℃。

图 B.1 铟的熔融吸热图

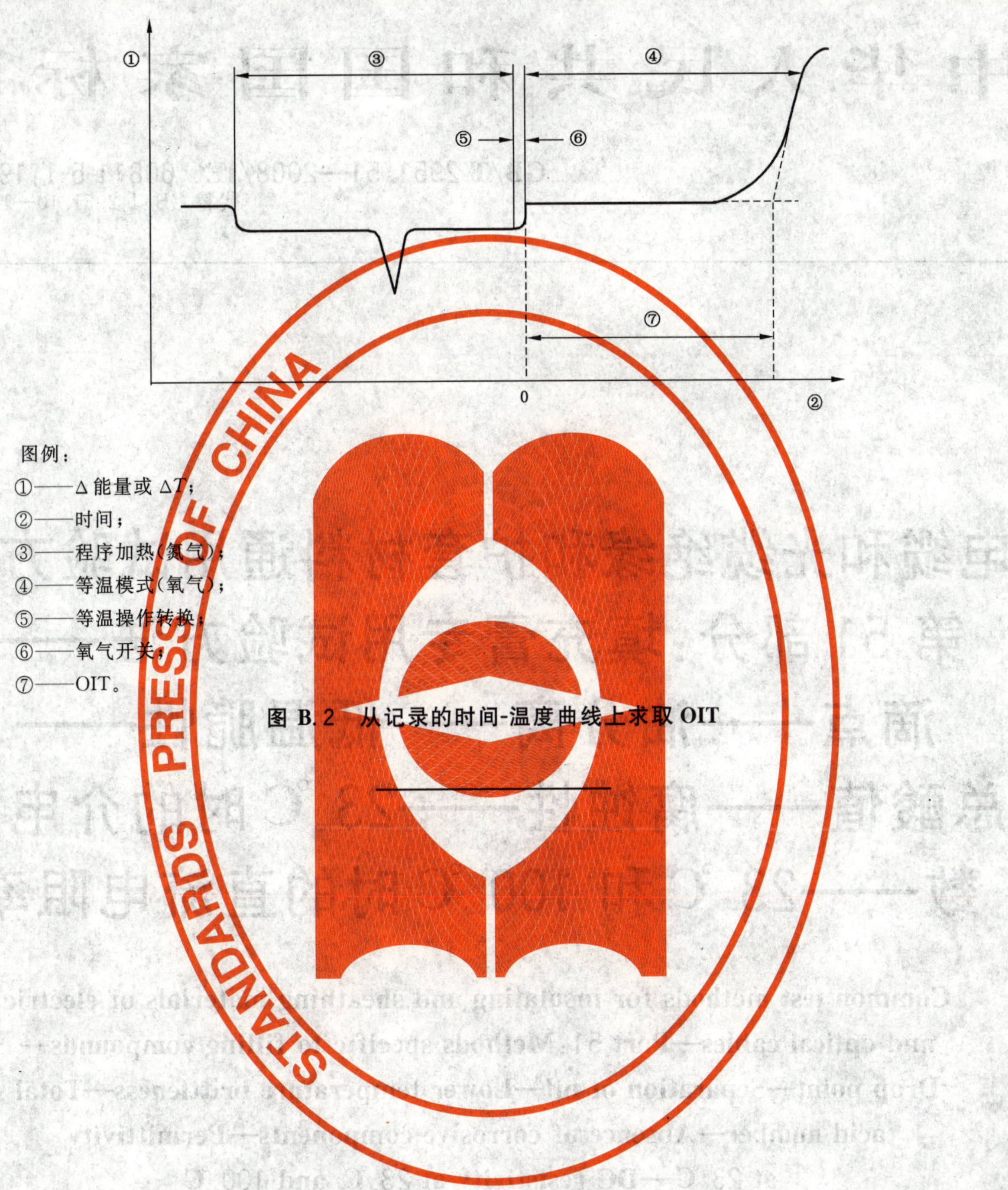

图例：

①——Δ能量或 ΔT；

②——时间；

③——程序加热(氮气)；

④——等温模式(氧气)；

⑤——等温操作转换；

⑥——氧气开关；

⑦——OIT。

图 B.2 从记录的时间-温度曲线上求取 OIT

ICS 29.060
K 13

中华人民共和国国家标准

GB/T 2951.51—2008/IEC 60811-5-1:1990
代替 GB/T 2951.10—1997

电缆和光缆绝缘和护套材料通用试验方法 第51部分:填充膏专用试验方法——滴点——油分离——低温脆性——总酸值——腐蚀性——23 ℃时的介电常数——23 ℃和100 ℃时的直流电阻率

Common test methods for insulating and sheathing materials of electric and optical cables—Part 51:Methods specific to filling compounds—Drop point—Separation of oil—Lower temperature brittleness—Total acid number—Absence of corrosive components—Permittivity at 23 ℃—DC resistivity at 23 ℃ and 100 ℃

(IEC 60811-5-1:1990,IDT)

2008-06-26 发布　　2009-04-01 实施

中华人民共和国国家质量监督检验检疫总局
中国国家标准化管理委员会　发布

前　言

GB/T 2951《电缆和光缆绝缘和护套材料通用试验方法》分为10个部分：

——第11部分：通用试验方法——厚度和外形尺寸测量——机械性能试验；

——第12部分：通用试验方法——热老化试验方法；

——第13部分：通用试验方法——密度测定方法——吸水试验——收缩试验；

——第14部分：通用试验方法——低温试验；

——第21部分：弹性体混合料专用试验方法——耐臭氧试验——热延伸试验——浸矿物油试验；

——第31部分：聚氯乙烯混合料专用试验方法——高温压力试验——抗开裂试验；

——第32部分：聚氯乙烯混合料专用试验方法——失重试验——热稳定性试验；

——第41部分：聚乙烯和聚丙烯混合料专用试验方法——耐环境应力开裂试验——熔体指数测量方法——直接燃烧法测量聚乙烯中碳黑和/或矿物质填料含量——热重分析法(TGA)测量碳黑含量——显微镜法评估聚乙烯中碳黑分散度；

——第42部分：聚乙烯和聚丙烯混合料专用试验方法——高温处理后抗张强度和断裂伸长率试验——高温处理后卷绕试验——空气热老化后的卷绕试验——测定质量的增加——长期热稳定性试验——铜催化氧化降解试验方法；

——第51部分：填充膏专用试验方法——滴点——油分离——低温脆性——总酸值——腐蚀性——23℃时的介电常数——23 ℃和100 ℃时的直流电阻率。

本部分为GB/T 2951的第51部分。

本部分等同采用IEC 60811-5-1:1990《电缆和光缆绝缘和护套材料通用试验方法　第5-1部分：填充膏专用试验方法——滴点——油分离——低温脆性——总酸值——腐蚀性——23 ℃时的介电常数——23 ℃和100 ℃时的直流电阻率》以及A1:2003"第1号修改单"(英文版)。

为便于使用，本部分做了下列编辑性修改：

——用"第51部分"代替"第5-1部分"；

——用小数点"."代替作为小数点的"，"；

——删除国际标准的前言；

——按照IEC 60811在2000年以后更新过版本的部分(例如IEC 60811-4-2:2004)的方式，将第1章标题"范围"改为"概述"，之下分为两条，1.1"范围"，新增1.2"规范性引用文件"，并将IEC 60811-5-1在其"前言"中列出的引用标准移入1.2中。

本部分代替GB/T 2951.10—1997《电缆绝缘和护套材料通用试验方法　第5部分：填充膏专用试验方法　第1节：滴点——油分离——低温脆性——总酸值——腐蚀性——23 ℃时的介电常数——23 ℃和100 ℃时的直流电阻率》。

本部分与GB/T 2951.10－1997相比主要变化如下：

——标准名称修改为："电缆和光缆绝缘和护套材料通用试验方法　第51部分：填充膏专用试验方法——滴点——油分离——低温脆性——总酸值——腐蚀性——23 ℃时的介电常数——23 ℃和100 ℃时的直流电阻率"，英文名称相应改变；

——与本部分名称相对应，英文名称修改为："Common test methods for insulating and sheathing materials of electric and optical cables—Part 51: Methods specific to filling compounds—Drop point—Separation of oil—Lower temperature brittleness—Total acid number—Absence of corrosive components—Permittivity at 23 ℃—DC resistivity at 23 ℃and 100 ℃"；

——第 1 章标题“范围”修改为“概述”,之下分为两条,1.1“范围”,新增 1.2“规范性引用文件”(1997 版的第 1 章;本版的第 1 章);

——第 1 章中增加了第 1 段“……规定了通信设备,包括船舶和近海用电缆和光缆的填充膏试验方法。”(1997 版的第 1 章;本版的第 1 章);

——第 3 章变更为“试验条件和试验参数应在材料标准和产品标准中规定。”(1997 版第 3 章;本版的第 3 章)。

本部分的附录 A 为资料性附录。

本部分由中国电器工业协会提出。

本部分由全国电线电缆标准化技术委员会归口。

本部分起草单位:上海电缆研究所。

本部分主要起草人:李明珠、王申、朱永华、王春红、黄萱。

本部分所代替标准的历次版本发布情况为:

——GB/T 2951.10—1997。

电缆和光缆绝缘和护套材料通用试验方法 第51部分:填充膏专用试验方法——滴点——油分离——低温脆性——总酸值——腐蚀性——23 ℃时的介电常数——23 ℃和100 ℃时的直流电阻率

1 概述

1.1 范围

GB/T 2951的本部分规定了通信设备,包括船舶和近海用电缆和光缆填充膏的试验方法。

本部分规定了填充膏的滴点测定、油分离测定、低温脆性试验、总酸值测定、腐蚀性试验、23 ℃时介电常数测定、23 ℃和100 ℃时的直流电阻率测定等试验方法。

1.2 规范性引用文件

下列文件中的条款通过GB/T 2951的本部分的引用而成为本部分的条款。凡是注日期的引用文件,其随后所有的修改单(不包括勘误的内容)或修订版均不适用于本部分,然而,鼓励根据本部分达成协议的各方研究是否可使用这些文件的最新版本。凡是不注日期的引用文件,其最新版本适用于本部分。

GB/T 5654—2007 液体绝缘材料 相对电容率、介质损耗因数和直流电阻率的测量(IEC 60247:2004,IDT)

2 试验原则

本部分规定的任何试验要求都可以在有关电缆产品标准中加以修改,以适应特殊类型电缆的需要。

3 适用范围

试验条件和试验参数应在材料标准和产品标准中规定。

4 滴点

注:本试验的目的仅用于分类。

4.1 概述

滴点试验可用来确定一种填充膏可经受的最高温度而不完全液化或过度油分离。

4.2 方法A(基准方法)

4.2.1 试验设备

——镀铬黄铜杯,尺寸如图1所示;

尺寸单位为毫米

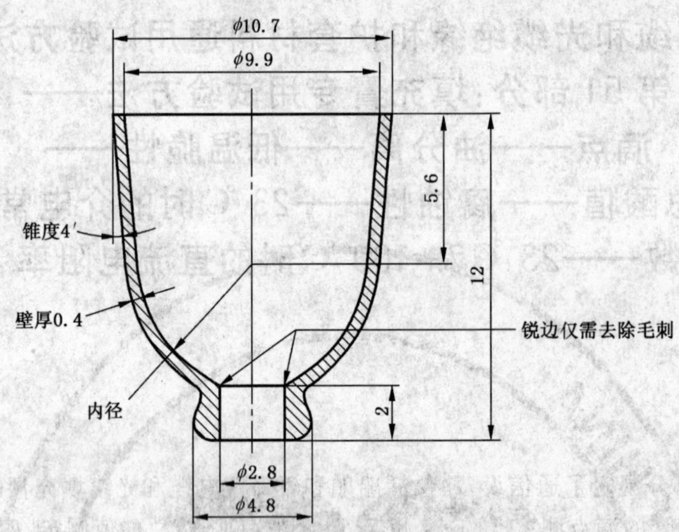

图 1　杯

——耐热玻璃试管，内有三个凹槽以支撑镀铬黄铜杯，尺寸如图 2 所示；

尺寸单位为毫米

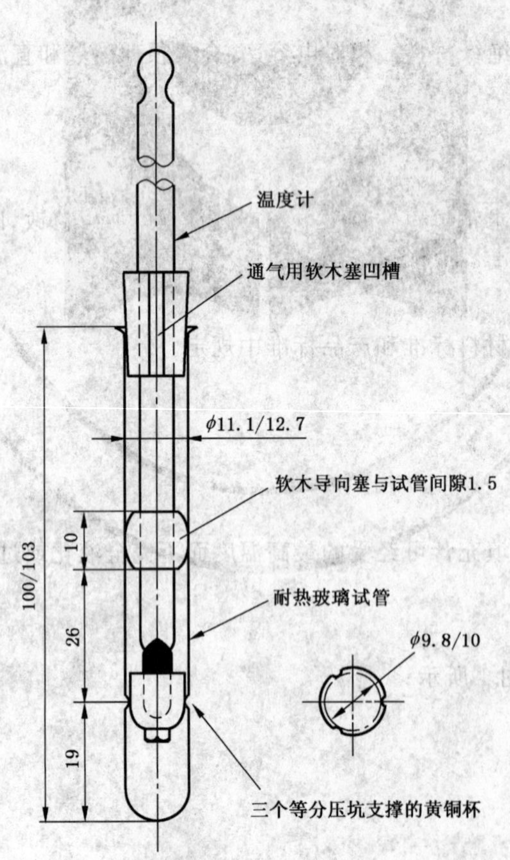

图 2　仪器装配图

——温度计，按摄氏度分度，分度至1 ℃，测温范围为－5 ℃～300 ℃。水银球长为10 mm～15 mm，直径为5 mm～6 mm(浸入部分为76 mm)；

——400 mL烧杯和适量油组成的油浴、环形架和支撑油浴的环、温度计夹子、两只图2所示的软木塞、直径为1.2 mm～1.6 mm，长度为150 mm的抛光金属棒以及加热和搅拌油浴的合适装置。

4.2.2 试验步骤

在软木塞中插入一支温度计如图2所示，调整上面软木塞的位置使其测温头的底端高于杯底3 mm，装好仪器准备试验。将第2支温度计挂入油浴中使其测温头与试管中温度计的测温头大致在同一水平面上。

向镀铬黄铜杯大口中充入填充膏，直至充满。尽量小心避免使填充膏晃动，刮去多余的填充膏。此杯应垂直放置，其小口朝下，轻轻地按压金属棒使其伸出大口以上约25 mm，向杯子的水平方向按压金属棒，使其与杯子的上下口边缘接触。保持这种状态使杯子绕其轴旋转，并同时使杯子沿金属棒下落直至穿过金属棒的下端。这种螺旋式运动将使填充膏粘附在金属棒上，而在杯子里面留下一个圆锥形空穴，并且在杯内留下可重复产生几何形状的填充膏层。

将黄铜杯和温度计装在试管里，再将试管悬挂在油浴中，油面距试管口边缘不超过6 mm。如适当调整试管中放置温度计的软木塞，可使温度计上76 mm浸没标记与软木塞底边齐平。装配试件应浸到此点。

搅拌油浴并以4 K/min～7 K/min的速度加热。直到油浴温度比预计的填充膏滴点低约17 ℃时降低加热速率，使油浴温度再增加2.5 K之前，试管温度比油温低2 ℃及以下。

继续加热油浴，其速率应保持试管温度与油浴温度之差为1 ℃～2 ℃。当油浴以大约1 K/min～1.5 K/min的速率加热时，就可达到此要求。随着温度增加，填充膏将逐渐从杯子的小孔流出。当第一滴试样滴下时，记录下两个温度计的温度值。

4.2.3 试验结果评定

两个温度计的温度值的平均值为填充膏的滴点。

4.3 方法B

4.3.1 试验设备

一个符合图3所示尺寸的镀铬黄铜杯，杯子也可以用其他不受被测填充膏影响的合适的金属制成。杯子顶部和试管底部的开口应光滑，互相平行，且与杯子轴线垂直，杯子大口部分的下部为近似半球形，且具有一定的内部深度，使得当一直径为7.0 mm的钢球放入杯内后钢球顶部与试管底部开口相距(12.2±0.15)mm。开口底部边缘应无凹槽和圆角。

一个固定温度计的圆柱形金属套和与金属套螺旋连接的金属盒，尺寸如图4和图5所示。将金属套固定在温度计上，使得金属盒旋到此金属套后，温度计的测温头底部低于搁止环口(8.0±0.1)mm，温度计杆与金属套及金属盒同轴。温度计用适合其温度范围的水泥与金属套固定住。

温度计以摄氏度分度，范围为20 ℃～120 ℃，刻度分度为1 ℃，测温头最大长度为6mm，直径为3.35 mm～3.65 mm(浸入部分为100 mm)。

耐热玻璃试管，长为(110±2)mm，内径为(25±1)mm。

足够大的烧杯，可让试管垂直浸入加热介质中达三分之二的长度，并且距离烧杯底25 mm。用搅拌器搅拌以保证整个油浴温度均匀一致。

用试样架夹住试管及油浴温度计并支撑烧杯置于加热源上。

煤气喷灯，能以一定速率加热液浴。

注：对滴点80 ℃以下的填充膏，推荐以水作为加热介质；对滴点高于80 ℃的填充膏，推荐以甘油或轻油作为加热介质。

尺寸单位为毫米

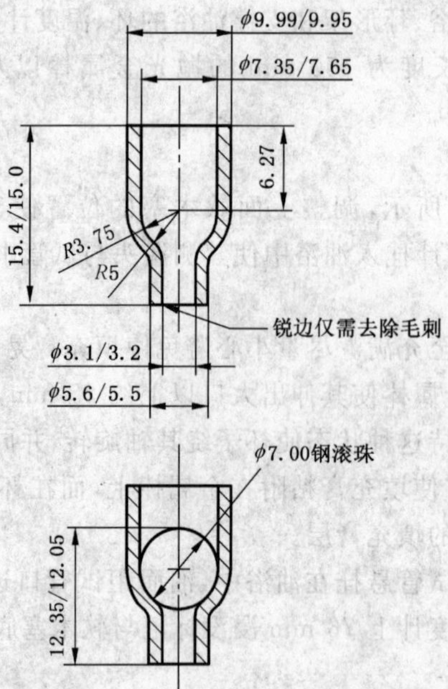

图 3 杯

尺寸单位为毫米

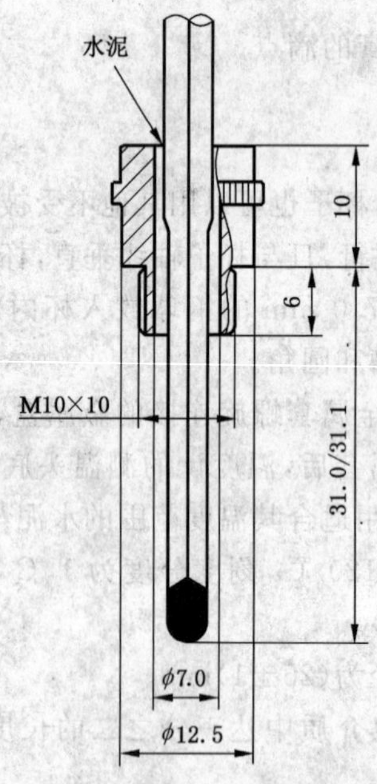

图 4 温度计和金属套

尺寸单位为毫米

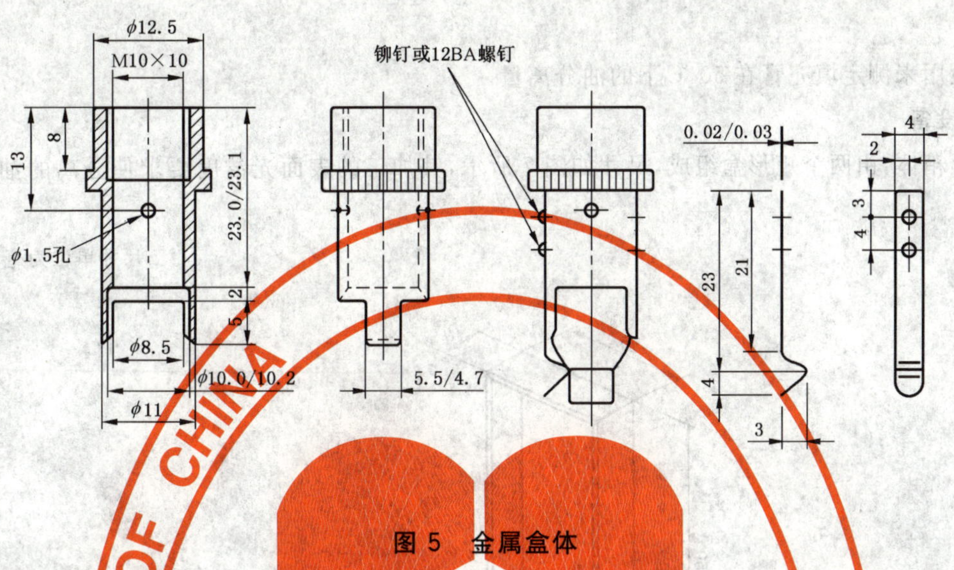

图 5 金属盒体

4.3.2 试验步骤

用刮刀将填充膏填满黄铜杯并刮去多余部分，仔细地去除气泡，但不能使填充膏熔化。

将杯子推入金属盒中到不能动为止，避免横向移动。刮去从杯子底部挤出的多余填充膏。注意不要使金属盒侧面的小孔被堵住，装上温度计及相配的黄铜杯，使其处于试管中心位置穿过有边齿的软木塞中心孔，使黄铜杯底部高于试管底部(25±1.0)mm，然后，将试管垂直地置于盛液体加热介质的烧杯中，使其三分之二的长度浸没，试管底部应高于烧杯底部 25 mm，如图 6 所示。

加热液浴并不断搅拌，在温度到试样滴点以下 20 ℃时用滴点温度计指示以 1 K/min 的速率升温。记录下从杯中滴出第一滴试样时的温度，而不论其组分如何。或者记录下形成连续流体到达试管底部时的温度。

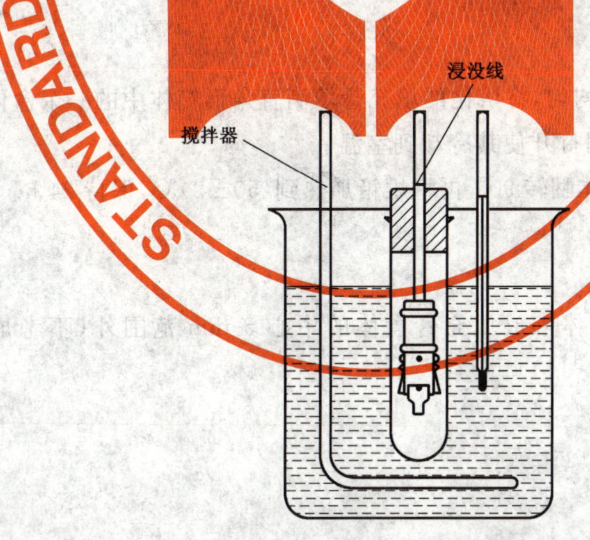

图 6 仪器装配图

4.3.3 试验结果评定

记录到的滴点温度计的温度即为填充膏的滴点，应精确到 1.0 ℃。

5 油分离

5.1 概述

本试验用来测定填充膏在 50 ℃下的油分离量。

5.2 试验设备

直角形箱体,由两个矩形盒组成,尺寸如图 7 所示,其加工的表面光洁度要求使分离的油流动时不会受阻。

尺寸单位为毫米

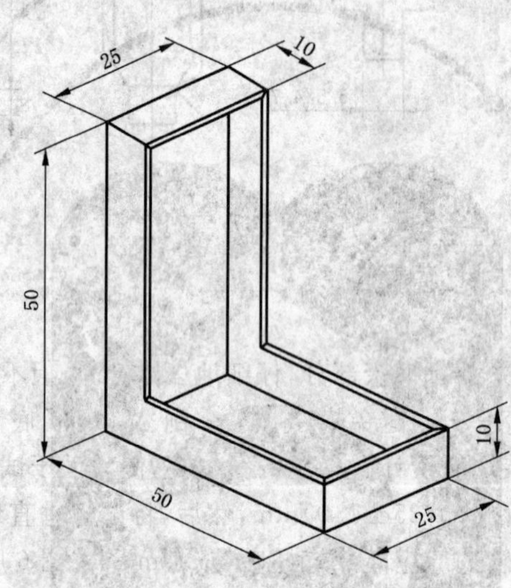

图 7 带两垂直盒体的直角箱体

5.3 试验步骤

将填充膏加热至融熔并搅拌均匀,将熔化的填充膏填满直角形箱体中的一个盒体,将其放入预热至约 100 ℃的烘箱内,然后将烘箱门打开使其冷却到室温。

至少冷却 24 h 后,将直角箱体翻转 90°,再将烘箱加热到(50±2)℃,保持 24 h。加热结束从烘箱内取出直角箱体进行检测。

5.4 试验结果评定

分离的油应不扩展到直角箱体未放填充膏盒体的中心 5 mm 范围外(不考虑沿盒体边缘油的渗出)。

6 低温脆化

6.1 概述

本试验用来检验填充膏与电缆其他元件间的粘合性。

注:本方法不适用于滴点高于 80 ℃的填充膏。

6.2 试验设备

尺寸为 170 mm×14 mm×0.9 mm 的铅合金片。

尺寸为 160 mm×160 mm×1 mm 的黄铜型板,上有一个 100 mm×10 mm 的长方形开口,并有防止铅片移动的定位边。

6.3 试验步骤

用钢丝刷清洁每个铅合金片，并置于平的底板上，然后将黄铜型板放在铅合金片上面，使其对称地覆盖铅合金片的长度方向边缘，被试填充膏在室温下刮到黄铜型板的开口处，用加热的刮刀或其他合适的工具将多余的填充膏刮去，然后移去黄铜型板。

按上述方法制备十个试样条。

将试样置于室温下处理 16 h，然后冷却到(−10±1)℃至少 1 h。应立即将每个试样在固定于水平位置的金属试轴上螺旋状缠绕。金属试轴的直径为 10 mm，并已预冷到 −10 ℃。缠绕速率约每秒一圈。

应以正常或矫正视力而不用放大镜检查每个试样有无开裂。

6.4 试验结果评定

10 个试样中应不超过 2 个试样有裂纹，若有 2 个以上试样不合格，试验应重复进行一次。

注：填充膏边角有轻微脱开是允许的。

7 酸值

7.1 概述

本试验用来检验填充膏的腐蚀性组分。

总酸值定义为滴定 1 g 试样中全部酸的组分所需的氢氧化钾(KOH)的碱量，以 mg 计。

7.2 试验设备

50 mL 滴定管一支，最小分度为 0.1 mL；或者 10 mL 滴定管一支，最小度为 0.05 mL。

7.3 试剂

试剂应为确认的分析纯级，整个过程中均应使用蒸馏水。

7.3.1 氢氧化钾无水异丙醇标准溶液(0.1 N)

在一个盛有大约 1 L 无水异丙醇(含水量低于 0.9%)的锥形烧瓶中加入 6 g 固体 KOH。缓缓地煮沸溶液 10 min～15 min，不断地搅拌以防止 KOH 在瓶底结块，加入至少 2 g 氢氧化钡 [$Ba(OH)_2$]，再缓缓地煮沸溶液 5 min～10 min，冷却至室温并静置数小时，然后用细的烧结玻璃或陶瓷漏斗过滤上层清液。过滤时应避免将溶液过多地暴露于二氧化碳中，将此试液盛放在耐化学腐蚀的试剂瓶中，不要与软木塞，橡皮或可皂化的润滑剂接触，并用含纯碱、石灰或碱性石棉的保护套防护。试液应足够进行多次标定，最好用酚酞判别终点，对 100 mL 无 CO_2 的水中的纯苯二甲酸钾滴定以便能检测出 0.000 5 N 的变化。

注 1：为简化计算，可调整标准 KOH 溶液使其 1.00 mL 等价于 5.00 mg KOH。

注 2：NaOH 可代替 KOH。

7.3.2 对-萘酚苯(p-Naphtholbenzein)指示剂溶液

按 7.3.3 规定的滴定液中溶解 10 g/L 对-萘酚苯。

对-萘酚苯应符合附录 A 规定。

7.3.3 滴定液

在 495 mL 无水异丙醇中加进 500 mL 甲苯和 5 mL 水。

7.4 试验步骤

将约 25 g 填充膏试样(称重精确到 0.1 g)加入到 250 mL 锥形烧瓶中，加入 100 mL 滴定液及 0.5 mL 指示剂溶液，不停地摇动，使试样完全溶于滴定液中。在低于 30 ℃ 的温度下立即滴定。逐渐加入 0.1 N KOH 溶液，尽可能摇动使 KOH 分散。近终点时，剧烈摇动烧瓶，但要避免将二氧化碳

(CO_2)溶于滴定液中。

若溶液颜色改变持续 15 s 或用两滴 0.1 N HCl 可使其颜色反转变化时,可认为已达到滴定终点。

注:当填充膏为酸性时,从橙色变为绿色或棕绿色时,认为达到终点。

进行一次空白滴定,在 100 mL 滴定液和 0.5 mL 指示剂溶液中以 0.05 mL 或 0.1 mL 为增量加入 0.1 N KOH 溶液,记录达到终点(由橙色变为绿色)所需的 0.1 N KOH 溶液的量。

7.5 计算

总酸值按下式计算:

$$总酸值,每克溶液所需\ KOH\ 的毫克数=\frac{(A-B)N\times 56.1}{W}$$

式中:

A——滴定试样所需的 KOH,单位为毫升(mL);

B——空白滴定所需的 KOH,单位为毫升(mL);

N——KOH 液当量浓度;

W——所用试样质量,单位为克(g)。

8 腐蚀性

8.1 概述

本方法用于指出填充膏与电缆金属部分接触时的作用。

8.2 试验设备

一片厚度不小于 0.5 mm,纯度至少为 99.5%的铝带,切成 50 mm 长,20 mm 宽的小片;

一片厚度不小于 0.5 mm 的工业冷轧铜带,切成 50 mm 长,20 mm 宽的小片。

注:通常用的铜有三个等级:高导电韧铜,磷化还原铜和无氧高导电铜,其结果类似。

8.3 试验步骤

将铜片两面抛光以获得无缺陷的均匀光洁表面,用乙醚清洗此片使其干燥,进一步操作时应使用清洁的摄子。

将在(80±2)℃下预热的约 120 g 填充膏放入至少 200 mL 容积的高型玻璃烧杯中。将制备好的铝片和铜片完全浸入填充膏,金属片之间不应互相接触,也不应与烧杯壁接触,然后将此烧杯放入(80±2)℃烘箱内保持 14 天。

烧杯在烘箱中到规定时间后取出,使其冷却到室温。取出金属片,擦去多余的填充膏,先用石油醚清洗,再用乙醚清洗。

用正常或矫正视力而不用放大镜检查金属片表面是否有侵蚀,锈斑或变色。

8.4 试验结果评定

金属片应无腐蚀。

9 23 ℃时的介电常数

9.1 概述

本试验用来测定填充膏的相对介电常数

本试验方法应与 GB/T 5654—2007 规定的三电极试验杯测试方法一致。

9.2 对 GB/T 5654—2007 方法的补充

将填充膏加热到透明点,并倒入已预热到相同温度的电极杯内,注意避免气泡进入电极。

试验应在(23±2)℃温度下进行。

10 23 ℃和 100 ℃时的直流电阻率

10.1 概述

本试验用来测定填充膏在一定温度范围内的直流电阻率。

本试验方法应与 GB/T 5654—2007 规定的三电极杯测试方法一致。

10.2 对 GB/T 5654—2007 方法的补充

应按 9.2 的方法充入填充膏。

试验应在(23±2)℃和(100±3)℃温度下进行。

试验电压为直流 100 V。

附 录 A
（资料性附录）
对-萘酚苯的技术规范

A.1 外观

对-萘酚苯应为红色无定形粉末。

A.2 氯化物

氯化物含量应低于0.5%。

A.3 可溶性

10 g对-萘酚苯应完全溶解在1 L按7.3.3规定的滴定液中。

A.4 最小吸收系数

将0.100 0 g试样溶解于250 mL甲醇中，用pH值为12的缓冲剂将5 mL的该溶液稀释成100 mL。此最终的稀释液在Beckmann DU或其他替代类型的分光光度计上以1 cm样品杯和水为空白试样，在6.50 μm峰处取的最小吸收值应为1.20。

A.5 pH范围

当用7.3.2规定的对-萘酚苯指示剂的pH值范围的方法测试时，指示剂应在pH为11±0.5时变为清晰的绿色。

在空白试样中加入不超过0.5 mL的0.01 N KOH，应使指示剂溶液变为清晰的绿色，在空白试样中加入不超过1.0 mL的0.01 N KOH时，应使指示剂溶液变为蓝色。

指示剂溶液的初始pH值至少与空白试样一样高。

ICS 29.060.20
K 13

中华人民共和国国家标准

GB/T 2952.1—2008
代替 GB/T 2952.1—1989

电缆外护层
第1部分:总则

Protective coverings for electric cables—
Part 1:General

2008-12-31 发布 2009-11-01 实施

中华人民共和国国家质量监督检验检疫总局
中国国家标准化管理委员会 发布

前言

GB/T 2952《电缆外护层》由以下三部分组成：

——第1部分：总则；

——第2部分：金属套电缆外护层；

——第3部分：非金属套电缆通用外护层。

本部分为GB/T 2952的第1部分。

本部分代替GB/T 2952.1—1989《电缆外护层　第1部分：总则》。

本部分与GB/T 2952.1—1989相比，主要变化如下：

——取消了材料要求中的涂漆钢带、镀塑钢带要求（1989版6.3.2和6.3.3）；

——取消了材料要求中的涂塑钢丝要求（1989版6.4）；

——取消了工艺要求（1989版第7章）；

——取消了内衬层性能要求（1989版8.2）；

——取消了金属套电缆绕包型内衬层绝缘电阻系数试验（1989版9.4）；

——取消了盐浴槽试验（1989版9.5）

——取消了检验规则（1989版第10章）；

——取消了涂漆钢带（1989版附录A）；

——取消了钢塑复合带的主要技术要求（1989版附录B）；

——取消了铠装钢带用涂塑钢丝主要技术要求（1989版附录C）；

——取消了以聚氯乙烯带材为主的内衬层的绝缘电阻温度系数（1989版附录G）；

——增加了加强层“5　非金属纤维材料”；铠装层“7　非磁性金属丝、8　铜或铜合金丝编织、9　钢丝编织”；外护套“4　弹性体5　交联聚烯烃”（本版表1）；

——铠装层“6　双铝带或铝合金带”改为“6　（双）非磁性金属带”；外护套“3　聚乙烯外套”改为“聚乙烯或聚烯烃”（1989版表1，本版表1）；

——聚氯乙烯套材料应符合“GB 8815”要求改为符合“GB/T 12706.1中ST1、ST2”要求，聚乙烯套材料应符合“SG 243”要求改为符合“GB/T 12706.1中ST3、ST7”要求，并增加弹性体外护套材料应符合“GB/T 12706.1中SE1”要求；（1989版6.5、6.6，本版6.6）；

——主绝缘耐收标称雷电冲击电压峰值“380 kV”改为“325 kV”，冲击电压峰值“20.0 kV”改为“30.0 kV”（1989版表3，本版表3）。

本部分的附录A、附录B和附录C为资料性附录。

本部分由中国电器工业协会提出。

本部分由全国电线电缆标准化技术委员会（SAC/TC 213）归口。

本部分起草单位：上海电缆研究所、上海南大集团有限公司、河北华通线缆制造有限公司、湖南湘能金杯电缆有限公司、上海人民电缆集团有限公司。

本部分主要起草人：张智勇、杨志强、郝清芬、李芝兰、王高银、忻济民、张李晶。

本部分所代替标准的历次版本发布情况为：

——GB 2952—1982、GB/T 2952.1—1989。

电缆外护层
第1部分：总则

1 范围

GB/T 2952 的本部分规定了电缆外护层的种类、型号编制、结构、尺寸、技术要求和试验方法。

本部分适用于固定敷设的电力(包括充油电缆)、通信、信号、控制等电缆，也适用于光缆。

对本部分规定以外的有其他特殊要求的电缆外护层，应在相应的产品标准中另作规定。

2 规范性引用文件

下列文件中的条款通过 GB/T 2952 的本部分的引用而成为本部分的条款。凡是注日期的引用文件，其随后所有的修改单(不包括勘误的内容)或修订版均不适用于本部分，然而，鼓励根据本部分达成协议的各方研究是否可使用这些文件的最新版本。凡是不注日期的引用文件，其最新版本适用于本部分。

GB/T 2059—2000　铜及铜合金带材

GB/T 2696—1987　黄麻绞包麻线的技术条件和分等规定

GB/T 2900.10　电工术语　电缆(GB/T 2900.10—2001,idt IEC 60050(461):1984)

GB/T 2951.11—2008　电缆和光缆绝缘和护套材料通用试验方法　第11部分:通用试验方法　厚度和外形尺寸测量　机械性能试验(IEC 60811-1-1:2001,IDT)

GB/T 3048.10—2007　电线电缆电性能试验方法　第10部分:挤出护套火花试验

GB/T 3082—1984　铠装电缆用镀锌低碳钢丝

GB/T 12706.1—2008　额定电压 1 kV(*U*m=1.2 kV)到 35 kV(*U*m=40.5 kV)挤包绝缘电力电缆及附件　第1部分:额定电压 1 kV(*U*m=1.2 kV)和 3 kV(*U*m=3.6 kV)电缆(IEC 60502-1:2004, Power cables with extruded insulation and their accessories for rated voltages from 1 kV (*U*m=1.2 kV) up to 30 kV (*U*m=36 kV) Part 1: Cables for rated voltage of 1 kV(*U*m=1.2 kV)and 3 kV (*U*m=3.6 kV),MOD)

JB/T 10696.3—2007　电线电缆机械和理化性能试验方法　第3部分:弯曲试验

JB/T 10696.4—2007　电线电缆机械和理化性能试验方法　第4部分:外护层环烷酸铜含量试验

JB/T 10696.5—2007　电线电缆机械和理化性能试验方法　第5部分:腐蚀扩展试验

JB/T 10696.6—2007　电线电缆机械和理化性能试验方法　第6部分:挤出外套刮磨试验

SH/T 0001—1990　电缆沥青

YB/T 024—2008　铠装电缆用钢带

3 术语和定义

GB/T 2900.10 确立的以及下列术语和定义适用于本部分。

3.1

电缆外护层　protective coverings

包覆在电缆的金属套、非金属套或组合套外面，保护电缆免受机械损伤和腐蚀或兼具其他特种作用的保护覆盖层。

4 种类和型号编制

4.1 电缆外护层种类

电缆外护层分为下列种类：

a) 金属套电缆通用外护层；

b) 非金属套电缆通用外护层；

c) 组合套电缆通用外护层；

d) 特种外护层。

4.2 电缆外护层的型号编制

4.2.1 金属套电缆通用外护层、非金属套电缆通用外护层和组合套电缆通用外护层的型号，应按铠装层和外被层的结构顺序用阿拉伯数字表示。每一数字表示所采用的主要材料，在一般情况下，型号由两位数字组成。

4.2.2 电缆特种外护层中充油电缆外护层的型号应按加强层、铠装层和外被层的结构顺序，用阿拉伯数字表示。每一数字表示所采用的主要材料。在一般情况下，型号由三位数字组成。

4.2.3 当铠装层数增加或由不同材料联合组成时，表示电缆外护层型号的数字位数应相应增加。

4.2.4 表示加强层、铠装层和外被层所用主要材料的数字及其含义应符合表1规定。

表 1 加强层、铠装层和外被层所用主要材料的数字及其含义

标记	加强层	铠装层	外被层或外护套
0		无	
1	径向铜带	联锁钢带	纤维外被
2	径向不锈钢带	双钢带	聚氯乙烯
3	径、纵向铜带	细圆钢丝	聚乙烯或聚烯烃
4	径、纵向不锈钢带	粗圆钢丝	弹性体
5	非金属纤维材料	皱纹钢带	交联聚烯烃
6		(双)非磁性金属带	
7		非磁性金属丝	
8		铜(或铜合金)丝编织	
9		钢丝编织	

5 结构要求

各种电缆外护层的结构，应符合相应标准的规定。

6 材料要求

6.1 除非相应标准另有规定，各种电缆外护层所用材料应符合6.2～6.10的相应规定。

6.2 电缆沥青应符合SH/T 0001—1990的规定，也可采用其他同等效能的防腐涂料代替。皱纹钢带铠装用的防腐混合物由有关产品标准另作规定。

6.3 塑料带一般应采用聚氯乙烯带，也可采用其他同等效能的带材代替。带的标称厚度应不小于0.2 mm和不大于0.4 mm。塑料带应与电缆的工作温度相适应。

6.4 铠装钢带采用镀锌钢带，应符合YB/T 024—2008的规定。一般用锌层质量(重量)不应低于80 g/m²，联锁铠装用锌层质量(重量)应不低于275 g/m²。

6.5 铠装钢丝应符合 GB/T 3082—1984 的规定，一般采用Ⅰ组镀层。当用户要求时，也可采用Ⅱ组镀层。

6.6 聚氯乙烯外护套、聚乙烯外护套、弹性体外护套用材料应符合 GB/T 12706.1—2008 中 ST_1、ST_2、ST_3、ST_7、SE_1 的要求，且应与电缆的工作环境和电缆的工作温度相适应。

6.7 纸应采用电缆纸。皱纹电缆纸应参考附录 A 的规定。

6.8 无纺布和无纺麻布参考附录 B 和附录 C 的规定。

6.9 麻应符合 GB/T 2696—1987 的规定。一般电缆可用麻纱，但海底电缆的外被层应用麻线。

6.10 充油电缆用加强带应符合 GB/T 2059—2000 黄铜带的规定。也可采用性能不低于该标准规定的其他非磁性金属带。

7 性能要求

7.1 涂层

7.1.1 纤维外被层的电缆沥青或其他类似涂料，在温度(70±2)℃时应不自然滴落。

7.1.2 纤维外被层的电缆沥青或其他类似涂料，在温度(0±2)℃时弯曲应不碎落。

7.2 外护套

7.2.1 在金属套上的非绝缘型塑料套或铠装上的非绝缘型塑料套，应经受如表 2 规定的直流或工频火花试验而不击穿。电缆通过电极的时间应足以检出缺陷。

表 2 金属套或铠装上的非绝缘型塑料套直流或工频火花试验电压

火花试验类型	试验电压/ kV	最高试验电压/ kV
直流	9 t	25
50 Hz	6 t	15
t 为防蚀护套的标称厚度，mm。		

7.2.2 绝缘型塑料外套如充油电缆塑料外套，应按塑料外套标称厚度每毫米施加直流电压 8 kV，历时 1 min 而不击穿，最高试验电压为 25 kV。

7.2.3 铝套上的塑料外套，应经受局部破坏腐蚀扩展试验。试验后铝套上从局部破坏的塑料套边缘向外腐蚀扩展的范围应不超过 10 mm。

7.2.4 直径在 30 mm 及以上的塑料外套应进行刮磨试验，试验后的内、外表面应无肉眼可见的裂纹或开裂。绝缘型塑料外套，如充油电缆塑料外套在刮磨试验后应按如下依次进行耐电压试验而不击穿：

a) 试验在室温下浸入 0.5%氯化钠和大约 0.1 %重量的适当的非离子型表面活性剂水溶液中 24 h后，在塑料外套之间，以内部金属层为负极，在金属层与盐溶液间施加直流电压 20 kV、历时 1 min。

b) 在塑料外套之间，即在金属层与盐溶液间施加符合表 3 规定的冲击试验电压正、负极性各 10 次。

表 3 绝缘塑料外套冲击试验电压

主绝缘耐受标称雷电冲击电压峰值/ kV	冲击电压峰值/ kV	主绝缘耐受标称雷电冲击电压峰值/ kV	冲击电压峰值/ kV
≤325	30.0	1175<U< 1550	62.5
325<U< 750	37.5	U≥1550	72.5
750<U< 1175	47.5		

7.2.5 塑料套的非电气性能要求应符合 GB/T 12706.1—2008 中表 16、表 17、表 18、表 20 要求。

7.2.6 非金属防蚀层的粗钢丝接头应有有效的防蚀保护，其浸水绝缘电阻应不小于 1 MΩ。

7.2.7 电缆外护层用麻、纸和含有天然纤维材料的各种带材，必须用环烷酸铜作防腐处理。在麻、纸或天然纤维中的环烷酸铜的含量应不低于 3.8 %，允许用其他同等效能的方法进行防腐处理。

8 试验方法

8.1 结构、尺寸、材料:应在距电缆外护层两端不少于 300 mm 处进行。除有尺寸可供检查者外,其他规定均用目力观测。

8.1.1 挤出型内衬和挤出型外套的厚度按 GB/T 2951.11—2008 规定的方法测量。

8.1.2 绕包型内衬层和纤维外被层的厚度测量:用纸带和最小刻度值为 0.5 mm 的直尺量出圆周长度,再换算为直径,并按护层内外直径之差的二分之一计算确定。

8.1.3 金属带铠装层质量的检查:剥除铠装层上的外被层后,在自端部距离不小于 1 m 处,把电缆绕在直径约为电缆铠装层外径 15 倍的圆柱体上不少于一圈,用目力进行检查,应符合下述规定:

a) 用一层金属带进行联锁铠装时,锁边不发生张开或脱离;

b) 用双层金属带进行绕包铠装时,看不到下层金属带的绕包间隙。

8.1.4 铠装钢丝总间隙检查:实测铠装钢丝及铠装层外径后,按下式计算铠装钢丝总间隙相当于钢丝的根数:

$$N = \frac{\pi(D-d)\sin\alpha}{d} - N_0$$

$$\alpha = \mathrm{tg}^{-1}\frac{L}{\pi(D-d)}$$

式中:

N——铠装钢丝总间隙相当于钢丝的根数;

D——钢丝铠装层的实测外径,mm;

d——铠装钢丝(包括防蚀层)的实测外径,mm;

α——钢丝绕包角,(°);

L——实测钢丝绕包节距,mm。

8.1.5 塑料套的紧密包覆程度检查:取不少于 200 mm 长度的电缆试样,把塑料套剖开,用目力观察护套的内表面,应有包带或铠装等留下的印痕。

8.2 涂料热滴流试验:从成品电缆上截取长 300 mm 的试样 3 根(对于油纸绝缘电缆,试样两端应妥善密封),使其呈水平状态悬挂在烘箱中,烘箱底部铺上白纸,在规定温度下持续 4h 后,观察涂料滴流情况,烘箱底部的白纸上应无肉眼可见之涂料滴落痕迹。

8.3 涂料耐寒试验:从成品电缆上取适当长度的试样放在规定温度的冷冻槽或冷冻室内 2 h,然后按 JB/T 10696.3—2007 规定的方法弯曲 3 次。外被层涂料应无肉眼可见的碎落物。允许将试样从冷冻槽或冷冻室内取出进行弯曲试验,但在试样取出后至弯曲试验开始前的时间不得超过 60 s。

8.4 火花试验按 GB/T 3048.10—2007 规定的方法进行。

8.5 充油电缆塑料外套的耐直流电压试验:试验应在一个制造长度或交货长度的整盘电缆上进行。以塑料套下的金属层(如加强层或铠装层)为负极,外电极接地。外电极可以是半导电石墨涂层,也可以是水,即把整盘电缆浸入水中。

8.6 腐蚀扩展试验按 JB/T 10696.5—2007 规定的方法进行。

8.7 刮磨试验按 JB/T 10696.6—2007 规定的方法进行。

8.8 防蚀粗钢丝接头浸水试验:取适当长度中间带接头的试样不少于 3 根。把试样接头部分浸入深度不小于 100 mm 的 0.5%氯化钠溶液中,试样端部露出液面,在(20±5)℃下经 24 h 后用 1 000 V 兆欧表或其他同等性能的绝缘测试仪表测试钢丝与盐溶液间的绝缘电阻。

8.9 环烷酸铜含量或防腐处理效果测定:按 JB/T 10696.4—2007 规定的方法进行。

附 录 A
（资料性附录）
皱纹电缆纸技术要求

A.1 皱纹电缆纸技术要求应符合表 A.1 的规定。

表 A.1 皱纹电缆纸技术要求

项 目	指 标	试验方法
纤维配比(%)，硫酸盐本色浆	100	GB/T 4688—2002
外观	纤维组织和皱纹分布均匀，纸面不应有裂口、孔眼、砂粒及矿物杂质等	目力观测
定量/(g/m²)	120±5	GB/T 451.2—2002
抗张力/N，不小于		GB/T 453—2002
纵向	45	
横向	35	
伸长率/%，不小于		GB 453—2002
纵向	12	
横向	4	
水分/%	8^{+2}_{-1}	GB 462—2002

附 录 B
（资料性附录）
电缆用无纺布主要技术要求

B.1 电缆用无纺布系以合成纤维为主体经粘合剂粘合而成的非织造布。

B.2 电缆用无纺布的主要性能应符合表B.1的规定。

表 B.1 电缆用无纺布的主要性能要求

项 目	指 标	试验方法
外观	纤维均匀分布，无霉点、硬杂物和破洞，幅边无裂口，干燥不潮湿	目测
厚度/mm	0.2±0.04	GB/T 451.3—2002
紧度/(g/cm^3)，不小于	0.25	B3.1
断裂强力(纵向)/(N/15 mm)，不小于	50	GB/T 453—2002
断裂伸长率(纵向)/%，不小于	10	GB/T 453—2002
吸水速度/(mm/min)，不大于	0.1	B3.2

B.3 试验方法

B.3.1 紧度试验

取300 mm×300 mm试样3个，在相对湿度(65±2)%，温度(20±2)℃的条件下放置至少24 h，用感量1 mg天平分别称出其重量，并计算出其定量，即每平方米无纺布的质量(重量)，然后按式(B.1)求出紧度的数值：

$$D = \frac{G}{d \times 1\,000} \qquad \text{(B.1)}$$

式中：

D——紧度，g/cm^3；

G——定量，g/m^2；

d——厚度，mm；

取3个试样的算术平均值，计算结果取至0.01 g/cm^3。

B.3.2 吸水速度试验

从纵向切取5个15 mm×100 mm的试样，在每个试样的一端距端部30 mm处绘上一条标志线并把该端垂直插入蒸馏水中，使标志线恰好处在水平面的位置。为便于识别，在蒸馏水中可滴入数滴墨水着色。经10 min之后，取出试样，用放大倍数至少10倍的投影仪或精度为0.01 mm的量具测量吸水高度，并计算吸水速度。取5个试样的算术平均值，计算结果应精确到0.01 mm/min。

附　录　C
（资料性附录）
电缆用无纺麻布主要技术要求

C.1　电缆用无纺麻布系以麻纤维和合成纤维为主体经粘合剂粘合而成的非织造布。

C.2　电缆用无纺麻布中麻纤维的含量应不大于纤维总重量的50%。

C.3　电缆用无纺麻布的主要性能应符合表C.1的规定。

表 C.1　电缆用无纺麻布的主要性能

项　目	指　标	试验方法
成分	以麻纤维和涤纶短纤维为主体，经粘合剂粘合的非织造布	
外观	纤维均匀分布，无霉点、硬杂物和破洞，幅边无裂口，干燥不潮湿	目测
厚度/mm	0.5±0.08	GB/T 451.3—2002
紧度/(g/cm^3)，不小于	0.12	附录表B 3.1
断裂强力(纵向)/(N/15 mm)，不小于	25	GB/T 453—2002
断裂伸长率(纵向)/%，不小于	8	GB/T 453—2002
吸水速度/(mm/min)，不大于	2.0	附录B 3.2
麻中环烷酸铜含量/%，不小于	3.8[a)]	JB/T 10696.4—2007
a) 无纺麻布中环烷酸铜含量的指标是：3.8 X（其中，X是无纺麻布中麻纤维的含量，%。设X为40%，则该指标为1.52）。		

参 考 文 献

[1] GB/T 451.2—2002 纸和纸板定量的测定
[2] GB/T 451.3—2002 纸和纸板厚度的测定
[3] GB/T 453—2002 纸和纸板抗张强度的测定(恒速加荷法)
[4] GB/T 462—2003 纸和纸板 水分的测定
[5] GB/T 4688—2002 纸、纸板和纸浆纤维组成的分析

ICS 29.060.20
K 13

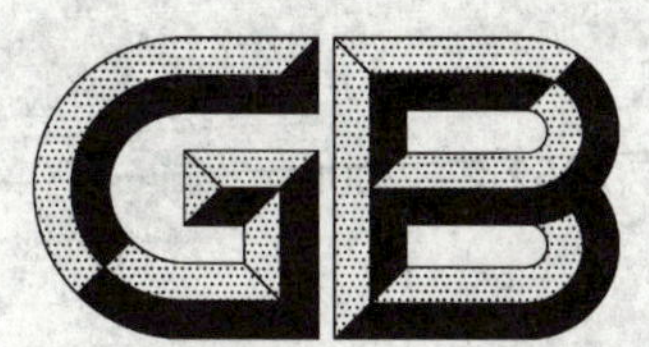

中华人民共和国国家标准

GB/T 2952.2—2008
代替 GB/T 2952.2—1989,GB/T 2952.4—1989

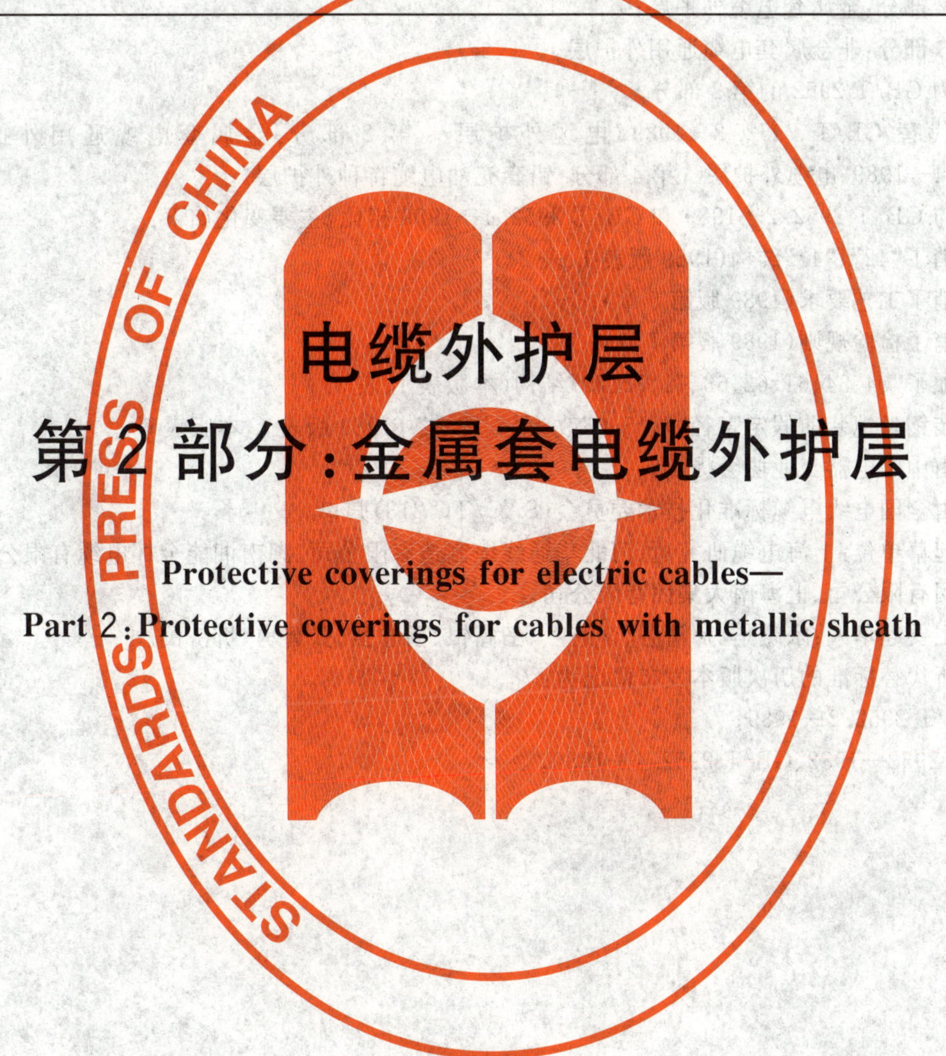

电缆外护层
第2部分:金属套电缆外护层

Protective coverings for electric cables—
Part 2:Protective coverings for cables with metallic sheath

2008-12-31 发布　　2009-11-01 实施

中华人民共和国国家质量监督检验检疫总局
中国国家标准化管理委员会　发布

前　言

GB/T 2952《电缆外护层》由以下三部分组成：

——第1部分：总则；

——第2部分：金属套电缆外护层；

——第3部分：非金属套电缆通用外护层。

本部分为GB/T 2952的第2部分。

本部分代替GB/T 2952.2—1989《电缆外护层　第2部分：金属套电缆通用外护层》和GB/T 2952.4—1989《电缆外护层　第4部分：铅套充油电缆特种外护层》。

本部分与GB/T 2952.2—1989和GB/T 2952.4—1989相比，主要变化如下：

——取消了“42”、“43”结构(1989版表1、表2)；

——取消了工艺要求(1989版第5章)；

——取消了检验规则(1989版第7章)；

——增加了“04、34、61、62、63、71、72、73”结构(本版表1、表3)；

——铠装钢丝铠装前假定直径“≤15.0”改为“≤12.0”(1989版表4，本版表6)。

本部分由中国电器工业协会提出。

本部分由全国电线电缆标准化技术委员会(SAC/TC 213)归口。

本部分起草单位：上海电缆研究所、河北华通线缆制造有限公司、湖南湘能金杯电缆有限公司、上海人民电缆集团有限公司、上海南大集团有限公司。

本部分主要起草人：宗曦华、郝清芬、李芝兰、王高银、杨志强、张智勇、忻济民。

本部分所代替标准的历次版本发布情况为：

——GB/T 2952.2—1989；

——GB 2952—1982、GB/T 2952.4—1989。

电缆外护层
第 2 部分:金属套电缆外护层

1 范围

GB/T 2952 的本部分规定了金属套电缆通用外护层和铅套充油电缆特种外护层的型号、名称、结构、材料、尺寸和技术要求。

本部分适用于具有金属套的取固定敷设方式的电力、通信、信号、控制和充油等电缆的外护层。

本部分不适用于压气等电力电缆和有其他特殊要求的电缆的外护层。

2 规范性引用文件

下列文件中的条款通过 GB/T 2952 的本部分的引用而成为本部分的条款。凡是注日期的引用文件,其随后所有的修改单(不包括勘误的内容)或修订版均不适用于本部分,然而,鼓励根据本部分达成协议的各方研究是否可使用这些文件的最新版本。凡是不注日期的引用文件,其最新版本适用于本部分。

GB/T 2952.1—2008 电缆外护层 第 1 部分:总则

3 型号、名称

3.1 金属套电缆通用外护层型号、名称

金属套电缆通用外护层的型号、名称应符合 GB/T 2952.1—2008 和表 1 的规定,推荐用于表 1 所列主要敷设场所。

表 1 金属套电缆通用外护层的型号、名称和主要敷设场所

型号	名称	被保护的金属套	主要适用敷设场所												
			敷设方式									特殊环境			
			架空	室内	隧道	电缆沟	管道	埋地		竖井	水下	易燃	强电干扰	严重腐蚀	拉力
								一般土壤	多砾石						
02	聚氯乙烯外套	铅套	△	△	△	△	△					△		△	
		铝套	△	△	△	△	△	△		△		△		△	
		皱纹钢套或铝套			△	△	△	△				△		△	
03	聚乙烯(或聚烯烃)外套	铅套	△	△		△	△							△	
		铝套	△	△		△	△	△		△				△	
		皱纹钢套或铝套	△	△		△	△	△						△	
04	弹性体外套	铅套	△	△		△	△							△	
		铝套	△	△		△	△	△		△				△	
		皱纹钢套或铝套	△	△		△	△	△						△	

表 1（续）

型号	名　　称	被保护的金属套	主要适用敷设场所												
			敷设方式									特殊环境			
			架空	室内	隧道	电缆沟	管道	埋地		竖井	水下	易燃	强电干扰	严重腐蚀	拉力
								一般土壤	多砾石						
22	钢带铠装聚氯乙烯外套	铅套		△	△	△		△	△			△		△	
22	钢带铠装聚氯乙烯外套	铝套或皱纹铝套		△	△	△			△			△	△	△	
23	铠装钢带聚乙烯（或聚烯烃）外套	铅套		△		△		△	△					△	
23	铠装钢带聚乙烯（或聚烯烃）外套	铝套或皱纹铝套		△		△			△				△		
32	细圆钢丝铠装聚氯乙烯外套	各种金属套						△	△	△	△	△		△	△
33	细圆钢丝铠装聚乙烯（或聚烯烃）外套	各种金属套						△	△	△	△			△	△
34	细圆钢丝铠装弹性体外套	各种金属套						△	△	△	△			△	△
41	粗圆钢丝铠装纤维外被	铅套									△			○	△
61	（双）非磁性金属带铠装纤维外被	铅套									△			○	△
62	（双）非磁性金属带铠装聚氯乙烯外套	铅套 铝套或皱纹铝套		△	△	△		△	△			△		△	
63	（双）非磁性金属带铠装聚乙烯（或聚烯烃）外套	铅套 铝套或皱纹铝套		△	△	△		△	△					△	
71	非磁性金属丝铠装纤维外被	铅套									△			○	△
72	非磁性金属丝铠装聚氯乙烯外套	各种金属套								△	△	△		△	△
73	非磁性金属丝铠装聚乙烯（或聚烯烃）外套	各种金属套								△	△			△	△
441	双粗圆钢丝铠装纤维外被	铅套									△			○	△
241	钢带-粗圆钢丝铠装纤维外被	铅套									△			○	△

△ 表示适用；○ 表示当采用具有良好非金属防蚀层钢丝时适用。

3.2 铅套充油电缆特种外护层的型号、名称

充油电缆外护层的型号、名称及主要敷设方法应符合表2规定。

表2 充油电缆外护层的型号、名称及主要敷设方法

型 号	名 称	敷设方式		承受张力	
		陆上	水下	一般	较大
102	径向铜带加强聚氯乙烯外套	△			
202	径向不锈钢带加强聚氯乙烯外套	△			
301	径向铜带纵向窄铜带加强聚氯乙烯外套	△		△	
402	径向不锈钢带纵向窄不锈钢带加强聚氯乙烯外套	△		△	
141	径向铜带加强单粗圆钢丝铠装纤维外被		△		△
241	径向不锈钢带加强单粗圆钢丝铠装纤维外被		△		△

4 结构和材料

4.1 金属套电缆通用外护层的结构，推荐由符合表3规定的同心层组成。

表3 金属套电缆通用外护层的结构

型号	外护层结构		
	内衬层	铠装层	外被层和外护套
02	无	无	电缆沥青(或热熔胶)-聚氯乙烯外套
03	无	无	电缆沥青(或热熔胶)-聚乙烯(或聚烯烃)外套
04	无	无	电缆沥青(或热熔胶)-弹性体外套
22	绕包型:电缆沥青-塑料带或 电缆沥青-塑料带-无纺麻布带或 电缆沥青-塑料带-浸渍纸带(或浸渍麻) 电缆沥青 挤出型:电缆沥青-聚氯乙烯套或 电缆沥青-聚乙烯套	双钢带	聚氯乙烯外套
23			聚乙烯(或聚烯烃)外套
32		单细圆钢丝	聚氯乙烯外套
33			聚乙烯(或聚烯烃)外套
34			弹性体外套
41	电缆沥青(或热熔胶)-聚乙烯套 允许用:电缆沥青-塑料带浸渍麻电缆沥青	单粗圆钢丝	胶粘涂料-聚丙烯绳或 电缆沥青-浸渍麻-电缆沥青-白垩粉
61	挤出型:电缆沥青-聚氯乙烯套或 电缆沥青-聚乙烯套	(双)非磁性金属带	胶粘涂料-聚丙烯绳
62			聚氯乙烯外套
63			聚乙烯(或聚烯烃)外套
71		非磁性金属丝	胶粘涂料-聚丙烯绳
72			聚氯乙烯外套
73			聚乙烯(或聚烯烃)外套
441	电缆沥青(或热熔胶)-聚乙烯套 允许用:电缆沥青-塑料带浸渍麻电缆沥青	双粗圆钢丝	胶粘涂料-聚丙烯绳或 电缆沥青-浸渍麻-电缆沥青-白垩粉
241		双钢带—单粗圆钢丝	

4.1.1 绕包型内衬层或挤出型内衬层由厂方任定，也可根据用户需求确定。

4.1.2 02型和03型电缆外护层，允许在电缆沥青和塑料外套间加绕塑料带。

4.1.3 在241型中的双钢带与粗圆钢丝之间和在441型中双粗圆钢丝取同向绕包时的粗圆钢丝与粗圆钢丝之间应设置纤维材料间隔层。

4.1.4 分相铅套电缆，应在每相铅套上分别施加“电缆沥青-塑料套”或“电缆沥青-2层塑料带”的防蚀层再成缆，然后按表3规定施加外护层，但其中的第一道电缆沥青不必施覆。

4.2 充油电缆外护层的结构，推荐由符合表4规定的同心层组成。

表4 充油电缆外护层的结构

<table>
<tr><th rowspan="2">型号</th><th colspan="5">外护层结构</th></tr>
<tr><th>外衬层</th><th>加强层</th><th>隔离层</th><th>铠装层</th><th>外被层</th></tr>
<tr><td>102</td><td rowspan="6">电缆沥青-塑料带或其他性能相当的防水层</td><td>径向铜带</td><td>—</td><td>无</td><td rowspan="4">塑料带-聚氯乙烯外套</td></tr>
<tr><td>202</td><td>径向不锈钢带</td><td>—</td><td>无</td></tr>
<tr><td>203</td><td>径向铜带纵向窄铜带</td><td>—</td><td>无</td></tr>
<tr><td>402</td><td>径向不锈钢带，纵向窄不锈钢带</td><td>—</td><td>无</td></tr>
<tr><td>141</td><td>径向铜带</td><td rowspan="2">塑料带-塑料套</td><td>单粗圆钢线</td><td rowspan="2">胶粘涂料-聚丙烯绳</td></tr>
<tr><td>241</td><td>径向不锈钢带</td><td>单粗圆钢丝</td></tr>
</table>

4.3 金属套电缆通用外护层和充油电缆外护层的材料，应符合GB/T 2952.1—2008中第6章的规定。

5 尺寸

5.1 概述

除非相应产品标准另有规定，金属套电缆通用外护层和充油电缆外护层各组成部分的尺寸符合以下规定。电缆外护层各组成部分的尺寸，应用直径的假定值确定。假定直径的计算方法见本标准附录A。所有计算值均应精确到0.1 mm。

5.2 金属套电缆通用外护层尺寸

5.2.1 内衬层厚度

5.2.1.1 绕包型内衬层的标称厚度应符合表5的规定。内衬层的厚度允许有20%的负偏差，正偏差不作规定。

表5 绕包型内衬层的标称厚度

铠装类别	钢带	细钢丝	粗钢丝
内衬层标称厚度/mm	1.5	1.5	2.0
注：内衬层的塑料带绕包层：对于铅套，应不少于2层；对于铝套和钢套，应不少于4层。			

5.2.1.2 挤出型内衬层的标称厚度应按式(1)计算确定，最小标称厚度应为1.0 mm。标称厚度也可直接按本部分附录B的规定选定。挤出型内衬层的平均厚度应不小于标称厚度，且任一点上的最小厚度不应小于标称厚度的85%−0.1 mm。

$$\Delta_b = 0.02D_m + 0.6 \qquad \cdots\cdots(1)$$

式中：

Δ_b——挤出型内衬层的标称厚度，mm；

D_m——金属套的假定外径，mm。

5.2.2 铠装层尺寸

5.2.2.1 铠装钢带的层数、厚度和宽度应符合表6的规定。

表 6 铠装钢带的层数、厚度和宽度

铠装前假定直径/mm	层数×厚度(mm) 不小于	宽度/mm 不大于	铠装前假定直径/mm	层数×厚度(mm) 不小于	宽度/mm 不大于
≤12.0	2×0.3	20	40.1～50.0	2×0.5	45
12.1～20.0	2×0.5	25	50.1～60.0	2×0.5	60
20.1～25.0	2×0.5	30	≥60.1	2×0.8	60
25.1～40.0	2×0.5	35			
注：铠装前假定直径在 10.0 mm 以下者，宜用直径为 0.8 mm～1.6 mm 的细钢丝铠装。也可采用厚度 0.1 mm～0.2 mm 的镀锌钢带重叠绕包一层作为铠装，其重叠率应不小于 25%。					

5.2.2.2 铠装钢丝的直径应符合表 7 的规定。

表 7 铠装钢丝的直径

铠装前假定直径/mm	细钢丝直径/mm	粗钢丝直径/mm	铠装前假定直径/mm	细钢丝直径/mm	粗钢丝直径/mm
≤15.0	0.8～1.6	4.0～6.0	35.1～60.0	2.5～3.15	4.0～6.0
15.1～25.0	1.6～2.0		>60.0	3.15	
25.1～35.0	2.0～2.5				
注：钢丝直径不包括钢丝上的非金属防蚀层。如用户要求或同意，厂方也可采用比规定直径更大的钢丝生产。					

5.2.3 外被层厚度

5.2.3.1 纤维外被层的标称厚度应符合表 8 的规定，纤维外被层厚度允许有 20%的负偏差，正偏差不作规定。

表 8 纤维外被层的标称厚度

铠装类别	粗钢丝	
	一般水下	海水
外被层标称厚度/mm	2.0	4.0

5.2.3.2 塑料外套的标称厚度应按式(2)和式(3)计算确定，最小标称厚度应为 1.4 mm。塑料外套的标称厚度也可直接按附录 C 的规定选定。

金属套上：
$$\Delta_o = 0.028D_m + 0.6 \tag{2}$$

铠装层上：
$$\Delta_b = 0.028D_a + 1.1 \tag{3}$$

式中：

Δ_o——塑料外套的标称厚度，mm；

D_m——金属套的假定外径，mm；

D_a——铠装层的假定外径，mm。

5.2.3.3 对于直接包覆在光滑金属套(包括涂层)上的塑料外套，其平均厚度应不小于标称厚度，且任一点上的最小厚度应不小于标称厚度的 85%－0.1 mm；对于直接包覆在非正规圆柱形表面上的塑料外套，如皱纹金属套、塑料带绕包层和铠装上的塑料外套，任一点上的最小厚度应不小于标称厚度的 80%－0.2 mm。

5.2.4 分相铅套电缆，每相铅套上的覆盖层的层数和标称厚度应符合表 9 的规定。

表 9 分相铅套电缆每相铅套上的覆盖层的层数和标称厚度

覆盖层型式	层数×厚度(mm) 不小于
塑料套	2×1.0
塑料带	2×0.2

5.2.5 铠装间的纤维间隔层厚度不应小于 1.0 mm。

5.3 充油电缆外护层尺寸

5.3.1 内衬层的厚度不小于 0.5 mm。

5.3.2 加强层和铠装层的尺寸由厂方或用户要求设计确定。

5.3.3 隔离层的塑料套和外被层的聚氯乙烯外套的标称厚度应符合表 10 的规定。任一点上的最小厚度不应小于标称厚度的 80%−0.2 mm。

表 10 隔离层的塑料套和外被层的聚氯乙烯外套的标称厚度

护套前设计直径/mm	隔离套塑料套标称直径/mm	聚氯乙烯外套标称厚度/mm
≤70.0	2.0	3.5
70.1～85.0	2.2	4.0
>85.0	2.4	4.5

5.3.4 纤维外被层的标称厚度应为 0.4 mm。允许有 20%的负偏差，正偏差不作规定。

6 性能要求

金属套电缆通用外护层和充油电缆外护层的性能要求应符合 GB/T 2952.1—2008 第 7 章的规定。

附 录 A
（规范性附录）
假定值的计算方法

假定值计算方法是为了清除在一般设计方法中经常遇到的各种差异。

假定值计算方法仅用于确定电缆外护层各组成部分的尺寸，因此，计算得到的是假定尺寸，而不是实际尺寸，计算值应精确至 0.1 mm。

对于结构复杂的通信电缆，假定值可用设计值代替。

A.1 符号说明

d——按导体标称截面 S 假定的直径，不管导体的形状或是否紧压，导体可以是实芯、绞合、圆形或型线。对于不用导体标称截面表示的电缆，采用导体的标称直径。

Δ_i——绝缘层的标称厚度，按产品标准规定确定。

D_i——绝缘线芯的假定直径。

D_{ib}——绝缘线芯中较大绝缘线芯的假定直径。

D_{ia}——绝缘线芯中较小绝缘线芯的假定直径。

N——线芯数。

D_t——线芯绞合（成缆）的假定直径。

Δ_t——线芯绞合（成缆）包带的标称厚度，如带绝缘、成缆包带、同心导体、金属屏蔽等的标称厚度，可从产品标准中得到。

D_c——缆芯的假定直径。

Δ_m——金属套的标称厚度。如为皱纹金属套，应加上波峰的标称高度。

D_m——金属套的假定外径。

Δ_b——内衬层的标称厚度。

D_b——内衬层的假定外径，即铠装前假定直径。

Δ_g——铠装层的标称厚度。在多层铠装的场合，包括间隔层的厚度。

D_r——铠装层的假定外径。

A.2 假定值的计算

A.2.1 导体的假定直径

不论导体的形状或紧压程度，每一导体标称截面的假定直径规定如表 A.1。

表 A.1 导体标称截面的假定直径

导体截面 S/mm^2	假定直径 d/mm	导体截面 S/mm^2	假定直径 d/mm	导体截面 S/mm^2	假定直径 d/mm
1.5	1.4	35	6.7	240	17.5
2.5	1.8	50	8.0	300	19.5
4	2.3	70	9.4	400	22.6
6	2.8	95	11.0	500	25.2
10	3.6	120	12.4	630	28.3
16	4.5	150	13.8	800	31.9
25	5.6	185	15.3	1 000	35.7

注 1：标称截面大于 1 000 mm^2 的导体假定直径可用 $d=2\sqrt{S/\pi}$ 计算。

注 2：不用标称截面表示的导体，其假定直径采用导体的标称直径。

A.2.2 绝缘线芯的假定直径

$$D = d + 2\Delta_i \quad \text{(A.1)}$$

A.2.3 线芯绞合(成缆)假定直径

A.2.3.1 等径线芯时

$$D_t = nD_i \quad \text{(A.2)}$$

式中：

n——绞合(成缆)系数,应按表 A.2 选定。

表 A.2 绞合(成缆)系数

线芯数 N	n	线芯数 N	n	线芯数 N	n
2	2.00	16	4.70	34	7.00
3	2.16	17	5.00	35	7.00
4	2.42	18	5.00	36	7.00
5	2.70	18[b]	7.00	37	7.00
6	3.00	19	5.00	38	7.33
7	3.00	20	5.33	39	7.33
7[b]	3.35	21	5.33	40	7.33
8	3.45	22	5.67	41	7.67
8[b]	3.66	23	5.67	42	7.67
9	3.80	24	6.00	43	7.67
9[b]	4.00	25	6.00	44	8.00
10	4.00	26	6.00	45	8.00
10[b]	4.00	27	6.15	46	8.00
11	4.40	28	6.41	47	8.00
12	4.16	29	6.41	48	8.15
12[b]	5.00	30	6.41	52	8.41
13	4.41	31	6.70	61[a]	9.00
14	4.41	32	6.70		
15	4.70	33	6.70		

a 61 芯以上,绞合(成缆)系数可按 $n=1.16\sqrt{N}$ 计算。

b 线芯在一层中绞合。

A.2.3.2 三大一小芯时

$$D_t = \frac{2.41(3D_{ib} + D_{is})}{4} \quad \text{(A.3)}$$

A.2.4 缆芯假定直径

$$D_c = D_t + 2\Delta_t \quad \text{(A.4)}$$

A.2.5 金属套假定外径

$$D_m = D_c + 2\Delta_m \quad \text{(A.5)}$$

A.2.6 分相铅套成缆后假定外径

$$D_m = 2.15(D_i + 2\Delta_m + 2.0) \quad \text{(A.6)}$$

A.2.7 内衬层假定外径(铠装前假定直径)

$$D_b = D_m + 2\Delta_b \quad \text{(A.7)}$$

A.2.8 铠装层假定外径

$$D_a = D_b + 2\Delta_a \quad \text{(A.8)}$$

附　录　B
（规范性附录）
挤出型内衬层的标称厚度

B.1　挤出型内衬层的标称厚度应符合表 B.1 的规定。

表 B.1　挤出型内衬层的标称厚度

金属套的假定直径/mm	挤出型内衬层的标称厚度/mm	金属套的假定直径/mm	挤出型内衬层的标称厚度/mm
≤22.4	1.0	62.5～67.4	1.9
22.5～27.4	1.1	67.5～72.4	2.0
27.5～32.4	1.2	72.5～77.4	2.1
32.5～37.4	1.3	77.5～82.4	2.2
37.5～42.4	1.4	82.5～87.4	2.3
42.5～47.4	1.5	87.5～92.4	2.4
47.5～52.4	1.6	92.5～97.5	2.5
52.5～57.4	1.7	97.5～102.4	2.6
57.5～62.4	1.8		

附　录　C
（规范性附录）
塑料外套的标称厚度

C.1　塑料外套的标称厚度应符合表 C.1 的规定。

表 C.1　塑料外套的标称厚度

护套前假定直径/mm	包覆在金属套上的塑料外套标称厚度/mm	包覆在铠装上的塑料外套标称厚度/mm	护套前假定直径/mm	包覆在金属套上的塑料外套标称厚度/mm	包覆在铠装上的塑料外套标称厚度/mm
≤12.4	1.4	1.4	55.4～58.9	2.2	2.7
12.5～16.0	1.4	1.5	59.0～62.4	2.3	2.8
16.1～19.6	1.4	1.6	62.5～66.0	2.4	2.9
19.7～23.2	1.4	1.7	66.1～69.6	2.5	3.0
23.3～26.7	1.4	1.8	69.7～73.2	2.6	3.1
26.8～30.3	1.4	1.9	73.3～76.7	2.7	3.2
30.4～33.9	1.5	2.0	76.8～80.3	2.8	3.3
34.0～37.4	1.6	2.1	80.4～83.9	2.9	3.4
37.5～41.0	1.7	2.2	84.0～87.4	3.0	3.5
41.1～44.6	1.8	2.3	87.5～91.0	3.1	3.6
44.7～48.2	1.9	2.4	91.1～94.6	3.2	3.7
48.3～51.7	2.0	2.5	94.7～98.2	3.3	3.8
51.8～55.3	2.1	2.6	98.3～102.7	3.4	3.9

ICS 29.060.20
K 13

中华人民共和国国家标准

GB/T 2952.3—2008
代替 GB/T 2952.3—1989

电缆外护层
第3部分：非金属套电缆通用外护层

Protective coverings for electric cables—
Part 3: General protective coverings for cables with non-metallic sheath

2008-12-31 发布　　　　2009-11-01 实施

中华人民共和国国家质量监督检验检疫总局
中国国家标准化管理委员会　发布

前　言

GB/T 2952《电缆外护层》由以下三部分组成：

——第1部分：总则；

——第2部分：金属套电缆外护层；

——第3部分：非金属套电缆通用外护层。

本部分为GB/T 2952的第3部分。

本部分代替GB/T 2952.3—1989《电缆外护层　第3部分：非金属套电缆通用外护层》。

本部分与GB/T 2952.3—1989相比，主要变化如下：

——取消了"42"、"43"结构(1989版表1、表2)；

——取消了工艺要求(1989版第5章)；

——取消了检验规则(1989版第7章)；

——铠装钢丝假定前直径"≤15.0"改为"≤10.0"，细钢丝直径"0.8～1.6"改为"0.8～1.25"；(1989版表6，本版的表6)；

——增加铠装钢丝假定前直径"10.1～15.0"、细钢丝直径"1.25～1.6"(本版的表6)；

——增加了"34、52、53、72、73"结构(本版的表1、表2)。

本部分的附录A、附录B和附录C为规范性附录。

本部分由中国电器工业协会提出。

本部分由全国电线电缆标准化技术委员会(SAC/TC 213)归口。

本部分起草单位：上海电缆研究所、湖南湘能金杯电缆有限公司、上海人民电缆集团有限公司、上海南大集团有限公司、河北华通线缆制造有限公司。

本部分主要起草人：张智勇、李芝兰、王高银、杨志强、郝清芬、忻济民、张李晶。

本部分所代替标准的历次版本发布情况为：

——GB 2952—1982、GB/T 2952.3—1989。

电缆外护层
第3部分:非金属套电缆通用外护层

1 范围

GB/T 2952 的本部分规定了非金属套电缆通用外护层的型号、名称、结构、尺寸和技术要求。

本部分适用于具有非金属套的取固定敷设方式的电力、通信、信号和控制等电缆的外护层,非金属套可以是挤包的,例如塑料套,也可以是绕包的。

本部分不适用于另有其他特殊要求的电缆的外护层。

2 规范性引用文件

下列文件中的条款通过 GB/T 2952 的本部分的引用而成为本部分的条款。凡是注日期的引用文件,其随后所有的修改单(不包括勘误的内容)或修订版均不适用于本部分,然而,鼓励根据本部分达成协议的各方研究是否可使用这些文件的最新版本。凡是不注日期的引用文件,其最新版本适用于本部分。

GB/T 2952.1—2008　电缆外护层　第1部分:总则

3 型号、名称

非金属套电缆通用外护层的型号、名称应符合 GB/T 2952.1—2008 和表1的规定,推荐用于表1所列主要敷设场所。

表1　非金属套电缆通用外护层的型号、名称和主要敷设场所

型号	名　称	主要适用敷设场所										
		敷设方式								特殊环境		
		室内	隧道	电缆沟	管道	埋地		竖井	水下	易燃	严重腐蚀	拉力
						一般土壤	多砾石					
12	联锁钢带铠装聚氯乙烯外套	△	△	△		△	△			△	△	
22	钢带铠装聚氯乙烯外套	△	△	△		△	△			△	△	
23	钢带铠装聚乙烯(或聚烯烃)外套	△		△		△	△				△	
32	细圆钢丝铠装聚氯乙烯外套					△	△	△	△	△	△	△
33	细圆钢丝铠装聚乙烯(或聚烯烃)外套					△	△	△	△		△	△
34	细圆钢丝铠装弹性体外套					△	△	△	△		△	△
41	粗圆钢丝铠装纤维外被								△		○	△
52	皱纹钢带铠装聚氯乙烯外套	△	△	△	△	△				△	△	
53	皱纹钢带铠装聚乙烯(或聚烯烃)外套	△		△	△	△					△	

表 1（续）

<table>
<tr><th rowspan="4">型号</th><th rowspan="4">名　称</th><th colspan="11">主要适用敷设场所</th></tr>
<tr><th colspan="8">敷设方式</th><th colspan="3">特殊环境</th></tr>
<tr><th rowspan="2">室内</th><th rowspan="2">隧道</th><th rowspan="2">电缆沟</th><th rowspan="2">管道</th><th colspan="2">埋地</th><th rowspan="2">竖井</th><th rowspan="2">水下</th><th rowspan="2">易燃</th><th rowspan="2">严重腐蚀</th><th rowspan="2">拉力</th></tr>
<tr><th>一般土壤</th><th>多砾石</th></tr>
<tr><td>62</td><td>(双)非磁性金属带铠装聚氯乙烯外套</td><td>△</td><td>△</td><td>△</td><td></td><td>△</td><td>△</td><td></td><td></td><td>△</td><td>△</td><td></td></tr>
<tr><td>63</td><td>(双)非磁性金属带铠装聚乙烯(或聚烯烃)外套</td><td>△</td><td></td><td>△</td><td></td><td>△</td><td>△</td><td></td><td></td><td></td><td>△</td><td></td></tr>
<tr><td>72</td><td>非磁性金属丝聚氯乙烯外套</td><td></td><td></td><td></td><td></td><td></td><td></td><td>△</td><td>△</td><td>△</td><td>△</td><td>△</td></tr>
<tr><td>73</td><td>非磁性金属丝聚乙烯(或聚烯烃)外套</td><td></td><td></td><td></td><td></td><td></td><td></td><td>△</td><td>△</td><td></td><td>△</td><td>△</td></tr>
<tr><td>441</td><td>双粗圆钢丝铠装纤维外被</td><td></td><td></td><td></td><td></td><td></td><td></td><td></td><td></td><td>△</td><td>○</td><td>△</td></tr>
<tr><td>241</td><td>钢带-粗圆钢丝铠装纤维外被</td><td></td><td></td><td></td><td></td><td></td><td></td><td></td><td></td><td>△</td><td>○</td><td>△</td></tr>
<tr><td colspan="13">注：△表示适用；○表示当采用具有良好非金属防蚀层的钢丝时适用。</td></tr>
</table>

4　结构和材料

4.1　非金属套电缆外护层的结构，推荐由符合表 2 规定的同心层组成。

表 2　非金属套电缆外护层的结构

<table>
<tr><th rowspan="2">型号</th><th colspan="3">外护层结构</th></tr>
<tr><th>内衬层</th><th>铠装层</th><th>外被层</th></tr>
<tr><td>12</td><td rowspan="8">绕包型：塑料带或无纺布带
挤出型：塑料套</td><td>联锁铠装</td><td>聚氯乙烯外套</td></tr>
<tr><td>22</td><td rowspan="2">双钢带铠装</td><td>聚氯乙烯外套</td></tr>
<tr><td>23</td><td>聚乙烯(或聚烯烃)外套</td></tr>
<tr><td>32</td><td rowspan="3">单细圆钢丝铠装</td><td>聚氯乙烯外套</td></tr>
<tr><td>33</td><td>聚乙烯(或聚烯烃)外套</td></tr>
<tr><td>34</td><td>弹性体外套</td></tr>
<tr><td>62</td><td rowspan="2">(双)非磁性金属带铠装</td><td>聚氯乙烯外套</td></tr>
<tr><td>63</td><td>聚乙烯(或聚烯烃)外套</td></tr>
<tr><td>42</td><td rowspan="9">塑料套</td><td rowspan="2">单粗圆钢丝铠装</td><td>聚氯乙烯外套</td></tr>
<tr><td>43</td><td>聚乙烯(或聚烯烃)外套</td></tr>
<tr><td>52</td><td rowspan="2">皱纹钢带铠装</td><td>聚氯乙烯外套</td></tr>
<tr><td>53</td><td>聚乙烯(或聚烯烃)外套</td></tr>
<tr><td>72</td><td rowspan="2">非磁性金属丝</td><td>聚氯乙烯外套</td></tr>
<tr><td>73</td><td>聚乙烯(或聚烯烃)外套</td></tr>
<tr><td>41</td><td>单粗圆钢丝铠装</td><td rowspan="3">胶粘涂料-聚丙烯绳或
电缆沥青-浸渍麻-电缆沥青-白垩粉</td></tr>
<tr><td>441</td><td>双粗圆钢丝铠装</td></tr>
<tr><td>241</td><td>双钢带-单粗圆钢丝铠装</td></tr>
</table>

4.2 12型、22型、23型、32型、33型、62型、63型的内衬层，一般采用绕包型。但如果铠装与金属屏蔽的材料不同，则铠装下的内衬层应采用挤出型。

4.3 联锁铠装内衬层可以采用纤维编织，其编织密度应不小于95%。

4.4 非金属套电缆外护层的材料，应符合GB 2952.1—2008中第6章的规定。

5 尺寸

5.1 概述

除非相应产品标准另有规定，非金属套电缆外护层各组成部分的尺寸符合以下规定。电缆外护层各组成部分的尺寸，应用直径的假定值确定。假定直径的计算方法见本标准附录A。所有计算值均应精确到0.1 mm。

5.2 内衬层厚度

5.2.1 在挤包型内护套上，绕包型内衬层的标称厚度应为0.8 mm，但当铠装带的标称厚度在0.2 mm及以下时，则内衬层的标称厚度应为0.5 mm，绕包型内衬层任一点的最小厚度应不小于标称厚度的80%−0.2 mm。

5.2.2 在缆芯的包带层上，绕包型内衬层与包带层的总厚度近似值如表3。总厚度近似值是不予保证也不作检查的值。

表3 绕包型内衬层与包带层的总厚度近似值

成缆缆芯假定直径/mm	铠装带标称厚度/mm	
	≤0.2	>0.2
≤40.0	0.9	1.2
>40.0	1.1	1.4

5.2.3 联锁铠装内衬层的厚度应不小于0.6 mm。

5.2.4 挤出型内衬层(或隔离套)的标称厚度应按式(1)计算确定。其最小标称厚度应为1.2 mm。挤出型内衬层的标称厚度也可直接按本标准附录B选定。其任一点的最小厚度不得小于标称厚度的80%−0.2 mm。

$$\Delta_b = 0.02D_u + 0.6 \quad \cdots\cdots(1)$$

式中：

Δ_b——挤出型内衬层(或隔离套)的标称厚度，mm；

D_u——护套前的假定直径，即同心导体或金属屏蔽的外径，mm。

5.2.5 粗圆钢丝内衬层的塑料套的最小厚度应不小于2.0 mm。

5.3 铠装层尺寸

5.3.1 铠装钢带或铠装铝带(包括铝合金带)的层数、厚度和宽度应符合表4的规定。

表4 铠装钢带或铠装非磁性金属带铠装的层数、厚度和宽度

铠装前假定直径/mm	层数×厚度(mm) 不小于		宽度/mm 不大于
	钢带	双非磁性金属带	
≤15.0	2×0.2	2×0.5	20
15.1～25.0	2×0.2	2×0.5	25
25.1～35.0	2×0.5	2×0.5	30
35.1～50.0	2×0.5	2×0.5	35
50.1～70.0	2×0.5	2×0.5	45
>70.0	2×0.8	2×0.8	60

注：铠装前假定直径在10.0 mm以下时，宜用直径为0.8 mm～1.6 mm的细钢丝铠装。也可采用厚度0.1 mm～0.2 mm的镀锡钢带重叠绕包一层作为铠装，其重叠率应不小于25%。

5.3.2 联锁铠装钢带的层数和厚度应符合表5的规定。

表5 联锁铠装钢带的层数和厚度

铠装前假定直径/mm	层数×厚度(mm) 不小于
≤23.0	1×0.3
>23.0	1×0.5

5.3.3 铠装钢丝的直径应符合表6的规定。

表6 铠装钢丝的直径

铠装前假定直径/mm	细钢丝直径/mm	粗钢丝直径/mm
≤10.0	0.8～1.25	4.0～6.0
10.1～15.0	1.25～1.6	
15.1～25.0	1.6～2.0	
25.1～35.0	2.0～2.5	
35.1～60.0	2.5～3.15	
>60.0	3.15	
注：钢丝直径不包括钢丝上的非金属防蚀层。如用户要求或同意，允许用比规定直径更大的钢丝。		

5.4 外被层厚度

5.4.1 粗钢丝铠装纤维外被层的标称厚度，一般水下为2.0 mm；海水为4.0 mm。允许有20%的负偏差，正偏差不作规定。

5.4.2 塑料外护套的标称厚度应按式(2)计算确定，其最小标称厚度应为1.8 mm。也可以从本标准附录C直接选定。塑料外护套上任一点的最小厚度应不小于标称厚度的80%－0.2 mm。

$$\Delta_0 = 0.035D + 1.0 \qquad \cdots\cdots(2)$$

式中：

Δ_0——塑料外护套的标称厚度，mm；

D——护套前的假定直径，mm。

6 性能要求

非金属套电缆通用外护层的性能要求应符合GB/T 2952.1—2008第7章的规定。

附 录 A
（规范性附录）
假定值的计算方法

假定值计算方法是为了清除在一般设计方法中经常遇到的各种差异。

假定值计算方法仅用于确定电缆外护层各组成部分的尺寸，因此，计算得到的是假定尺寸，而不是实际尺寸，计算值应精确至 0.1 mm。

对于结构复杂的通信电缆，假定值可用设计值代替。

A.1 符号说明

d——按导体标称截面 S 假定的直径，不管导体的形状或是否紧压，导体可以是实芯、绞合、圆形或型线。对于不用导体标称截面表示的电缆，采用导体的标称直径。

Δ_i——绝缘层的标称厚度，按产品标准规定确定。

D_i——绝缘线芯的假定直径。

D_{ib}——绝缘线芯中较大绝缘线芯的假定直径。

D_{ia}——绝缘线芯中较小绝缘线芯的假定直径。

N——线芯数。

D_t——绞合线芯（成缆）的假定直径或扁电缆线芯并合的假定直径。

Δ_B——内护层（挤出或绕包）的厚度。

D_B——内护层的假定直径。

Δ_o——同心导体或金属屏蔽使直径增加的数值。

D_o——同心导体或金属屏蔽的假定直径。

Δ_b——内衬层（绕包的或挤包的隔离套）的厚度。

D_b——内衬层的假定外径，即铠装前假定直径。

Δ_a——铠装层的标称厚度。在联锁铠装的场合，应加上轧纹的高度。

D_r——铠装层的假定外径。

A.2 假定值的计算方法

A.2.1 导体的假定直径

不论导体的形状或紧压程度，每一导体标称截面的假定直径规定如表 A.1。

表 A.1 导体假定直径

导体截面 S/mm^2	假定直径 d/mm	导体截面 S/mm^2	假定直径 d/mm	导体截面 S/mm^2	假定直径 d/mm
1.5	1.4	35	6.7	240	17.5
2.5	1.8	50	8.0	300	19.5
4	2.3	70	9.4	400	22.6
6	2.8	95	11.0	500	25.2
10	3.6	120	12.4	630	28.3
16	4.5	150	13.8	800	31.9
25	5.6	185	15.3	1 000	35.7

注 1：标称截面大于 1 000 mm^2 的导体假定直径可用 $d=2\sqrt{S/\pi}$ 计算。

注 2：不用标称截面表示的导体，其假定直径采用导体的标称直径。

A.2.2 绝缘线芯的假定直径

a) 无屏蔽线芯的假定直径：

$$D_i = d + 2\Delta_i \quad \cdots\cdots (A.1)$$

b) 有半导电层屏蔽线芯的假定直径：

$$D_i = d + 2\Delta_i + 3.0 \quad \cdots\cdots (A.2)$$

c) 有金属屏蔽或同心导体线芯的假定直径，应再加上 A.2.5 中表 A.3 规定的数值 Δ_u。

A.2.3 线芯绞合(成缆)的假定直径或扁电缆线芯并合的假定直径

a) 等导体截面线芯绞合时：

$$D_t = nD_i \quad \cdots\cdots (A.3)$$

式中：

n——绞合(成缆)系数，应按表 A.2 选定。

b) 三大一小芯绞合时：

$$D_t = \frac{2.41(3D_{ib} + D_{is})}{4} \quad \cdots\cdots (A.4)$$

c) 扁电缆等径线芯并合时：

$$D_t = 2\sqrt{\frac{N}{\pi}}D_i \quad \cdots\cdots (A.5)$$

表 A.2 绞合(成缆)系数

线芯数 N	n	线芯数 N	n	线芯数 N	n
2	2.00	16	4.70	34	7.00
3	2.16	17	5.00	35	7.00
4	2.42	18	5.00	36	7.00
5	2.70	18[b]	7.00	37	7.00
6	3.00	19	5.00	38	7.33
7	3.00	20	5.33	39	7.33
7[b]	3.35	21	5.33	40	7.33
8	3.45	22	5.67	41	7.67
8[b]	3.66	23	5.67	42	7.67
9	3.80	24	6.00	43	7.67
9[b]	4.00	25	6.00	44	8.00
10	4.00	26	6.00	45	8.00
10[b]	4.40	27	6.15	46	8.00
11	4.00	28	6.41	47	8.00
12	4.16	29	6.41	48	8.15
12[b]	5.00	30	6.41	52	8.41
13	4.41	31	6.70	61[a]	9.00
14	4.41	32	6.70		
15	4.70	33	6.70		

[a] 61 芯以上，绞合(成缆)系数可按 $n=1.16\sqrt{N}$ 计算。

[b] 线芯在一层中绞合。

A.2.4 内护层的假定直径

$$D_B = D_t + 2\Delta_B \quad \cdots\cdots (A.6)$$

当 D_t 在 40 mm 及以下时，$\Delta_B = 0.4$ mm；

当 D_t 在 40 mm 及以上时，$\Delta_B = 0.6$ mm。

a) 除非按照 A.2.6 用内衬层(或隔离套)代替内护层，否则，对于多芯电缆，不管有无内护层，也不管内护层是挤包的还是绕包的，都必须采用上述内衬层的假定厚度值 Δ_B。对于扁电缆，按多芯电缆处理。

b) 对于单芯电缆，如果有内护层，则不管内护层是挤包的，还是绕包的，都必须采用上述内衬层的假定厚度值 Δ_B。

A.2.5 同心导体或金属屏蔽的假定直径

$$D_u = D_B + \Delta_u \qquad \text{(A.7)}$$

如果没有内护层，即同心导体或金属屏蔽直接包在缆芯上，则：

$$D_u = D_t + \Delta_u \qquad \text{(A.8)}$$

Δ_u 应按表 A.3 选定。

表 A.3 直径增值

同心导体或金属屏蔽的标称截面/mm^2	直径增值 Δ_u/mm	同心导体或金属屏蔽的标称截面/mm^2	直径增值 Δ_u/mm
1.5	0.5	50	1.7
2.5	0.5	70	2.0
4	0.5	95	2.4
6	0.6	120	2.7
10	0.8	150	3.0
16	1.1	180	4.0
25	1.2	240	5.0
35	1.4	300	6.0
注：如果同心导体或金属屏蔽的标称截面在表列两个数值之间，则直径的增值应取较大值。			

A.2.6 内衬层的假定直径

a) 挤出型内衬层(或隔离套)时：

$$D_b = D_u + 2\Delta_b \qquad \text{(A.9)}$$

Δ_b 是按本部分 5.1.4 规定的计算值。

b) 绕包型内衬层时：

$$D_b = D_B + 2\Delta_b \qquad \text{(A.10)}$$

Δ_b 是内衬层的假定厚度，当内护层的假定直径 D_B 为 30 mm 及以下时，Δ_b＝0.5 mm；当 D_B 在 30 mm 以上时，Δ_b＝0.8 mm。

c) 联锁铠装的内衬层厚度，不管实际大小，均取为 0.6 mm。

A.2.7 铠装层的假定直径

$$D_a = D_b + 2\Delta_a \qquad \text{(A.11)}$$

Δ_a 是按本标准 5.2 所规定的铠装层厚度；

双层金属带铠装时，Δ_a 等于 2 倍金属带的厚度；

圆钢丝铠装时，Δ_a 等于钢丝的直径；

联锁铠装时，Δ_a 等于钢带厚度加轧纹高度。

附 录 B
（规范性附录）
挤出型内衬层的标称厚度

B.1 当金属屏蔽和铠装材料不同时，在它们之间的内衬层的标称厚度应按表B.1规定选取。

表 B.1 内衬层的标称厚度

护套前假定直径/mm	挤出型内衬层的标称厚度/mm	护套前假定直径/mm	挤出型内衬层的标称厚度/mm	护套前假定直径/mm	挤出型内衬层的标称厚度/mm
≤32.4	1.2	52.5～57.4	1.7	77.5～82.4	2.2
32.5～37.4	1.3	57.5～62.4	1.8	82.5～87.4	2.3
37.5～42.4	1.4	62.5～67.4	1.9	87.5～92.4	2.4
42.5～47.4	1.5	67.5～72.4	2.0	92.5～97.4	2.5
47.5～52.4	1.6	72.5～77.4	2.1	97.5～102.4	2.6

附 录 C
（规范性附录）
塑料外护套的标称厚度

C.1 塑料外护套的标称厚度应符合表 C.1 的规定。

表 C.1 塑料外护套的标称厚度

护套前假定直径/mm	塑料外护套标称厚度/mm	护套前假定直径/mm	塑料外护套标称厚度/mm	护套前假定直径/mm	塑料外护套标称厚度/mm
≤12.8	1.8	41.5～44.2	2.5	72.9～75.7	3.6
12.9～15.7	1.8	44.3～47.1	2.6	75.8～78.5	3.7
15.8～18.5	1.8	47.2～49.9	2.7	78.6～81.4	3.8
18.6～21.4	1.8	50.0～52.8	2.8	81.5～84.2	3.9
21.5～24.2	1.8	52.9～55.7	2.9	84.3～87.1	4.0
24.3～27.1	1.9	55.8～58.5	3.0	87.2～89.9	4.1
27.2～29.9	2.0	58.6～61.4	3.1	90.0～92.8	4.2
30.0～32.8	2.1	61.5～64.2	3.2	92.9～95.7	4.3
32.9～35.7	2.2	64.3～67.1	3.3	95.8～98.5	4.4
35.8～38.5	2.3	67.2～69.9	3.4	98.6～101.4	4.5
38.6～41.4	2.4	70.0～72.8	3.5		

ICS 77.160
H 71

中华人民共和国国家标准

GB/T 2967—2008
代替 GB/T 2967—1989

铸造碳化钨粉

Cast tungsten carbide powder

2008-06-09 发布　　2008-12-01 实施

中华人民共和国国家质量监督检验检疫总局
中国国家标准化管理委员会　发布

前　言

本标准代替 GB/T 2967—1989《铸造碳化钨》。

本标准与 GB/T 2967—1989 相比，主要有如下变动：

——标准名称改成《铸造碳化钨粉》；

——根据碳含量不同，增加了高碳铸造碳化钨粉；

——修改了产品的化学成分；

——根据粒度不同，将铸造碳化钨粉分为 10 个牌号，将高碳铸造碳化钨粉分为 6 个牌号；

——增加了外观质量的要求；

——增加了松装密度的规定；

——增加了筛分检测方法；

——增加了附录 A。

本标准附录 A 为规范性附录。

本标准由中国有色金属工业协会提出。

本标准由全国有色金属标准化技术委员会归口。

本标准由株洲硬质合金集团有限公司负责起草。

本标准主要起草人：张汝南、马自省、杨建国、梁鸿。

本标准所代替标准的历年版本发布情况为：

——GB/T 2967—1982、GB/T 2967—1989。

铸造碳化钨粉

1 范围

本标准规定了铸造碳化钨粉的要求、试验方法、检验规则和标志、包装、运输、贮存及订货单(或合同)内容。

本标准适用于石油钻具、建材机械、甘蔗破碎刀具、粮食机械、造纸机械以及其他易磨损部件表面补强用的铸造碳化钨粉。

2 规范性引用文件

下列文件中的条款通过本标准的引用而成为本标准的条款。凡是注日期的引用文件,其随后所有的修改单(不包括勘误的内容)或修订版均不适用于本标准,然而,鼓励根据本标准达成协议的各方研究是否可使用这些文件的最新版本。凡是不注日期的引用文件,其最新版本适用于本标准。

GB/T 1479 金属粉末松装密度的测定 第一部分 漏斗法

GB/T 1480 金属粉末粒度组成的测定 干筛分法

GB/T 3488 硬质合金 显微组织的金相测定

GB/T 4324.29 钨化学分析方法 重量法测定氯化挥发后残渣量

GB/T 5124.1 硬质合金化学分析方法 重量法测定总碳量

GB/T 5124.2 硬质合金化学分析方法 重量法测定游离(不溶)碳量

GB/T 5314 粉末冶金用粉末的取样方法

3 要求

3.1 产品分类

3.1.1 铸造碳化钨粉按供货状态分为铸造碳化钨粉装产品(YZf)、高碳铸造碳化钨粉装产品(YZGf)、铸造碳化钨管装产品(YZg)。

3.1.2 铸造碳化钨粉的牌号按筛分时粉末通过筛网的网目数确定。

3.1.3 产品牌号表示规则见示例。

示例:

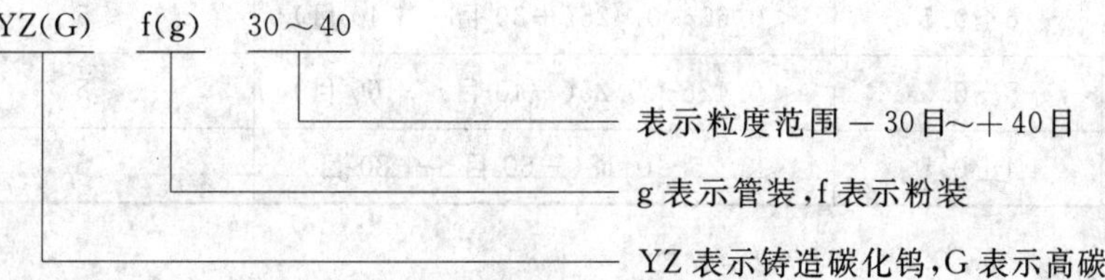

3.2 粒度

3.2.1 铸造碳化钨粉装产品(YZf)的粒度应符合表1的规定。

表 1

牌号	粒度范围/mm	上筛筛上物/%	下筛筛下物/%
YZf20～30	＜0.85～0.60(－20目～＋30目)	≤5	≤7
YZf30～40	＜0.60～0.425(－30目～＋40目)	≤5	≤7

表 1（续）

牌号	粒度范围/mm	上筛筛上物/%	下筛筛下物/%
YZf40～60	＜0.425～0.25(－40 目～＋60 目)	≤5	≤7
YZf60～80	＜0.25～0.18(－60 目～＋80 目)	≤5	≤7
YZf65～100	＜0.21～0.15(－65 目～＋100 目)	≤5	≤7
YZf100～150	＜0.15～0.106(－100 目～＋150 目)	≤5	≤7
YZf150～200	＜0.106～0.075(－150 目～＋200 目)	≤5	≤10
YZf80～200	＜0.18～0.075(－80 目～＋200 目)	≤5	≤7
YZf100～200	＜0.15～0.075(－100 目～＋200 目)	≤5	≤7
YZf200～400	＜0.075～0.038(－200 目～＋400 目)	≤5	≤7
注：需方如对粒度分布另有要求时，供需双方协商确定。			

3.2.2　高碳铸造碳化钨粉装产品(YZGf)的粒度应符合表 2 的规定。

表 2

牌号	粒度范围/mm	上筛筛上物/%	下筛筛下物/%
YZGf18～24	＜1.00～0.71(－18 目～＋24 目)	≤5	≤10
YZGf40～60	＜0.425～0.25(－40 目～＋60 目)	≤5	≤7
YZGf50～80	＜0.3～0.18(－50 目～＋80 目)	≤5	≤7
YZGf70～100	＜0.21～0.15(－70 目～＋100 目)	≤5	≤8
YZGf100～200	＜0.15～0.075(－100 目～＋200 目)	≤1.5	≤8
YZGf200～400	＜0.075～0.038(－200 目～＋400 目)	≤5	≤10
注：需方如对粒度分布另有要求时，供需双方协商确定。			

3.2.3　铸造碳化钨管装产品(YZg)的粒度应符合表 3 的规定。

表 3

牌号	钢管外径/mm	粒度范围/mm	上筛筛上物/%	下筛筛下物/%
YZg20～30	7±0.5	＜0.85～0.60(－20 目～＋30 目)	≤5	≤7
YZg30～40	6±0.5	＜0.60～0.425(－30 目～＋40 目)	≤5	≤7
YZg40～60	5±0.5	＜0.425～0.25(－40 目～＋60 目)	≤5	≤7
YZg60～80	4±0.5	＜0.25～0.18(－60 目～＋80 目)	≤5	≤7

3.3　化学成分

3.3.1　铸造碳化钨粉装产品(YZf)、管装产品(YZg)的化学成分应符合表 4 的规定。

表 4　　%

主成分(质量分数)		杂质含量(质量分数)，不大于						
钨	总碳	游离碳	氯化残渣	铁	铬	钒	钛、钽、铌总量	其他杂质(钴、镍、钼等)总量
95～96	3.8～4.0	0.08	0.10	0.50	0.10	0.10	0.20	0.20
注：钨含量采用减量法求得。								

3.3.2 高碳铸造碳化钨粉装产品(YZGf)的化学成分应符合表5的规定。

表5

%

主成分(质量分数)		杂质含量(质量分数),不大于		
钨	总碳	游离碳	氯化残渣	铁
95～96	3.95～4.10	0.08	0.1	0.5
注:钨含量采用减量法求得。				

3.3.3 管装产品的铸造碳化钨重量应占总重量的60%～70%,余量为钢管重量。钢管采用08或者08f号钢带拉制。

3.4 松装密度

铸造碳化钨粉的松装密度应符合表6规定。

表6

粒度范围/mm	<0.85～0.60	<0.60～0.425	<0.425～0.25	<0.25～0.18	<0.18～0.15	<0.15～0.106	<0.106～0.075	<0.075～0.038
松装密度/(g/cm³)	≥8.0	≥7.8	≥7.6	≥7.5	≥7.4	≥7.2	≥7.0	≥6.7

3.5 金相组织结构

3.5.1 高碳铸造碳化钨粉装产品(YZGf)的共晶针状组织不小于75%。

3.5.2 铸造碳化钨粉装产品(YZf)、铸造碳化钨管装产品(YZg)的金相显微组织要求由供需双方商定。

3.6 外观质量

3.6.1 铸造碳化钨合金粉应呈银灰色,颗粒表面无微粉聚集。

3.6.2 铸造碳化钨管装产品(YZg)的钢管表面应清洗干净,不得有目视可见的黄色锈斑、鼓腰和深度大于0.3 mm的划伤以及影响使用的毛刺、弯曲等缺陷。

3.6.3 铸造碳化钨管装产品(YZg)长度为(390±5)mm。管缝应搭接,不允许对接,不得有粉末漏出等现象。

4 试验方法

4.1 铸造碳化钨粉粒度的检验按GB/T 1480的规定进行。

4.2 铸造碳化钨粉的总碳分析按GB/T 5124.1的规定进行。

4.3 铸造碳化钨粉的游离碳分析按GB/T 5124.2的规定进行。

4.4 铸造碳化钨粉的氯化残渣分析按GB/T 4324.29的规定进行。

4.5 铸造碳化钨粉的其余杂质含量分析按供需双方协商的方法进行。

4.6 管装产品中铸造碳化钨粉重量百分比的测定:每100 kg任取5根,称总量后倒出粉末,称出粉末的重量,计算出粉末重量占总重量的百分比,修约至1%。

4.7 铸造碳化钨粉的松装密度分析按GB/T 1479的规定进行。

4.8 铸造碳化钨高碳产品的共晶组织分析方法按附录A的规定进行。

4.9 铸造碳化钨粉的金相显微组织分析按GB/T 3488的规定进行。

4.10 铸造碳化钨粉的外观质量用目视检验,管装产品的尺寸用相应精度的量具测量。

5 检验规则

5.1 检查和验收

5.1.1 产品应由供方质量检验部门进行检验,保证产品符合本标准及订货单(或合同)的规定,并填写质量证明书。

5.1.2 需方可对收到的产品进行检验，如检验的结果与本标准及订货单(或合同)规定不符时，在收到产品之日起3个月内向供方提出，由供需双方协商解决。

5.2 组批

每批应由同一牌号的产品组成，每批重量不大于400 kg。

5.3 检验项目及取样

每批产品的检验项目及取样数量应符合表7的规定。

表7

检验项目	取样数量	要求的章条号	试验方法的章条号
粒度	按GB/T 5314规定	3.2	4.1
化学成分		3.3	4.2、4.3、4.4、4.5
松装密度		3.4	4.7
金相组织结构		3.5	4.8、4.9
管装铸造碳化钨粉重量	每100 kg取5根	3.3.3	4.6
外观质量	逐盒(桶)	3.6	4.10

5.4 检验结果的判定

5.4.1 粒度、化学成分、松装密度、金相组织结构检验结果不合格时，允许取双倍试样进行重复试验。重复试验结果仍有一项不合格，判该批不合格。

5.4.2 管装铸造碳化钨粉重量检验结果不合格，判该批不合格。

5.4.3 外观质量检验结果不合格，判该盒(桶)不合格。

6 标志、包装、运输和贮存

6.1 标志

6.1.1 在包装好的产品盒(桶)上应附有标志，其上注明：

a) 供方名称或商标；

b) 产品牌号；

c) 产品批号；

d) 重量；

e) 包装日期。

6.1.2 产品外运时，包装箱或桶上注明“防潮”、“易碎”和“向上”的字样或标志。

6.2 包装

6.2.1 每盒管装铸造碳化钨用防锈纸包好装入塑料袋，再用硬纸盒作外包装，每盒净重不超过5 kg。

6.2.2 粉装产品装入塑料袋后，再置于铁桶内，每桶净重不超过200 kg。

6.3 运输、贮存

6.3.1 产品在运输、保管和贮存时，要防止碰撞、受潮和活性化学试剂的腐蚀。

6.4 质量证明书

每盒(桶)产品应附有合格证，每批产品应附有质量证明书，注明：

a) 供方名称或商标；

b) 产品牌号；

c) 产品批号；

d) 净重；

e) 检验结果及技术监督部门印记；

f）检验日期；

g）本标准编号。

7 订货单(或合同)内容

订购本标准所列材料的订货单(或合同)应包括下列内容：

a）产品名称；

b）牌号规格；

c）重量或件数；

d）特殊要求；

e）标准编号；

f）其他。

附 录 A
（规范性附录）
铸造碳化钨粉共晶组织百分含量的金相测定

A.1 范围

本方法规定了铸造碳化钨粉中共晶组织百分含量的金相测定方法。

本方法适用于粒度 0.038 mm～0.297 mm（400 目～50 目）铸造碳化钨粉中共晶组织百分含量的金相测定。

A.2 方法提要

铸造碳化钨组织分为共晶、过共晶、亚共晶，本文只测量共晶（针状）的百分含量。测定方法为在金相显微镜下，选择不同视场，各种视场应分布均匀，适当的放大后分别记录铸造碳化钨粉颗粒数和共晶组织的颗粒数，然后计算百分含量，计算的颗粒总数应大于 200 颗。

A.3 仪器和设备

A.3.1 400 目金刚石磨盘。

A.3.2 金相抛光机及辅助材料。

A.3.3 金相显微镜。

A.4 试样的制备和要求

A.4.1 将少量铸造碳化钨粉与透明有机粉按大约 1∶1 均匀混合后放入热镶嵌机中，再在上面放上白色电玉粉，放入压块，关好热镶嵌机。

A.4.2 将热镶嵌机温度设置在（160±5）℃，镶嵌压力 30 Pa 左右，保温、保压（10～15）min，稍冷后取出。

A.4.3 用水做润滑剂，手持样品在金刚石磨盘上以适当的力反复抛磨，使样品磨平且颗粒磨出即可。

A.4.4 手持样品在金相抛光机上轻轻抛光大约（5～10）min，或样品透亮为止。

A.4.5 用 20％的氢氧化钠和 20％的铁氰化钾等体积混合液，腐蚀（3～5）s。

A.5 共晶组织（针状）百分含量的测定

A.5.1 某一颗粒中针状结构大于 50％，即定义为针状颗粒，反之为块状颗粒。

A.5.2 放大倍率取决于颗粒尺寸，一般正常情况下，以每视场（20～40）颗为好。

A.5.3 如果某颗粒不能被确定，必须加大放大倍率。

A.5.4 按式（A.1）计算铸造碳化钨中共晶组织百分含量，计算的颗粒总数应大于 200 颗。

$$\text{共晶组织（针状）百分含量（\%）} = A/(A+B) \times 100 \quad \cdots\cdots\text{（A.1）}$$

式中：

A——针状结构的颗粒数；

B——块状结构的颗粒数。

A.6 允许误差

A.6.1 计算中保留整数，小数位四舍五入。

A.6.2 误差应不大于 5%。

ICS 77.120.99
H 65

中华人民共和国国家标准

GB/T 2968—2008
代替 GB/T 2968—1994

金属钐

Samarium metal

2008-03-31 发布　　2008-09-01 实施

中华人民共和国国家质量监督检验检疫总局
中国国家标准化管理委员会　发布

前　言

本标准是对 GB/T 2968—1994《金属钐》的修订。本标准与 GB/T 2968—1994 相比，主要变化如下：

——根据 GB/T 17803《稀土产品牌号表示方法》的规定，采用数字牌号表示方法；

——增加了纯度 99.99%的产品牌号；

——对稀土杂质的考核由考核相邻稀土杂质改为考核稀土杂质合量；

——增加了对非稀土杂质 Al、C、Nb、Mo、Ti 的考核指标；

——对仲裁取样的件数进行了调整。

本标准由国家发展和改革委员会稀土办公室提出。

本标准由全国稀土标准化技术委员会归口。

本标准由江西赣州虔东实业(集团)有限公司负责起草。

本标准由北京有色金属研究总院、湖南稀土金属材料研究院参加起草。

本标准主要起草人：姚南红、温斌、杨广禄、翁国庆。

本标准所代替标准的历次版本发布情况为：

——GB/T 2968—1982、GB/T 2968—1994。

金 属 钐

1 范围

本标准规定了金属钐的要求，试验方法，检验规则和标志、包装、运输、贮存。

本标准适用于金属热还原法制得的金属钐，主要供作钐钴永磁材料。

2 规范性引用文件

下列文件中的条款通过本标准的引用而成为本标准的条款。凡是注日期的引用文件，其随后所有的修改单(不包括勘误的内容)或修订版均不适用于本标准，然而，鼓励根据本标准达成协议的各方研究是否可使用这些文件的最新版本。凡是不注日期的引用文件，其最新版本适用于本标准。

GB/T 8170 数值修约规则

GB/T 12690(所有部分) 稀土金属及其氧化物中非稀土杂质化学分析方法

GB/T 14635(所有部分) 稀土金属及其化合物化学分析方法

GB/T 18115.5 稀土金属及其氧化物中稀土杂质化学分析方法 钐中镧、铈、镨、钕、铕、钆、铽、镝、钬、铒、铥、镱、镥和钇量的测定

3 要求

3.1 化学成分

产品牌号及化学成分应符合表1的规定。需方如有特殊要求，供需双方可另行协议。

表 1

产品牌号	化学成分(质量分数)/%										
	RE 不小于	Sm/RE 不小于	杂质含量，不大于								
			稀土杂质/RE	非稀土杂质							
				Fe	Si	Al	Ca	Mg	Cl^-	C	(Nb+Ta+Mo+Ti)
064040	99	99.99	合量 0.01	0.005	0.005	0.005	0.01	0.005	0.01	0.01	0.01
064030	99	99.9	合量 0.1	0.005	0.005	0.01	0.01	0.01	0.02	0.01	0.01
064025	99	99.5	合量 0.5	0.01	0.01	0.02	0.03	0.01	0.03	0.02	0.01
064020	99	99.0	合量 1.0	0.01	0.01	0.02	0.05	0.01	0.05	0.02	0.01

3.2 外观

3.2.1 产品为块状，呈银灰色。

3.2.2 产品表面应清洁，无可见的夹杂物。

4 试验方法

4.1 产品中稀土(RE)总量的分析方法按 GB/T 14635 的规定进行。

4.2 产品中稀土杂质含量的分析方法按 GB/T 18115.5 规定进行。

4.3 产品中铁、硅、铝、钙、镁、氯根、碳、钼、钛含量的分析方法按 GB/T 12690 的规定进行。

4.4 产品中钽、铌含量的分析方法按供方现行方法进行。

4.5 数值修约按 GB/T 8170 的规定进行。

4.6 产品外观用目视检查。

5 检验规则

5.1 检查与验收

5.1.1 产品由供方质量检验部门进行检验，保证产品质量符合本标准规定，并填写质量证明书。

5.1.2 需方应对收到的产品按本标准的规定进行检验，如检验结果与本标准规定不符时，应在收到产品之日起二月内向供方提出，由供需双方协商解决。如需仲裁，可委托双方认可的单位进行，并在需方共同取样。

5.2 组批

产品应成批提交检验，每批应由同一牌号的产品组成。

5.3 检验项目

每批产品应进行化学成分和外观检验。

5.4 取样与制样

化学成分分析的仲裁取样数量按表 2 的规定进行。取样时用直径 5 mm～10 mm 的钻头在金属锭上下两面各钻三点以上，钻点均匀分布，弃去深度 0.5 mm～1.0 mm 的表面钻屑，然后钻取试样，取样量不少于 10 g，将试样混匀后，用四分法迅速缩分至试样所需量，并将试样立即放入带盖的磨口瓶中。

表 2

每批质量/kg	≤10	＞10～50	＞50～100	＞100～200	＞200～500	＞500
取样件数/块	2	3	4	5	8	10

5.5 检验结果判定

化学成分分析结果与本标准规定不符时，则从该批产品中取双倍样锭对不合格项目进行复验，如仍有一项结果不合格，则判该批产品为不合格。

6 标志、包装、运输、贮存

6.1 标志、包装

包装桶(箱)外应有不褪色标志，注明：供方名称、牌号、批号、净重、毛重、出厂日期及“防潮”等标志或字样。产品采取防氧化措施并密封装入铁桶内，如需方对包装有特殊要求，由供需双方协商。

6.2 运输、贮存

运输时严防受潮，产品需存放干燥处，不得露天放置。

6.3 质量证明书

每批产品应附质量证明书，注明：

a) 供方名称；

b) 产品名称；

c) 牌号、批号、净重、毛重、件数；

d) 各项分析检验结果和供方质量检验部门印记；

e) 本标准编号；

f) 检验日期；

g) 出厂日期。

ICS 77.120.99
H 65

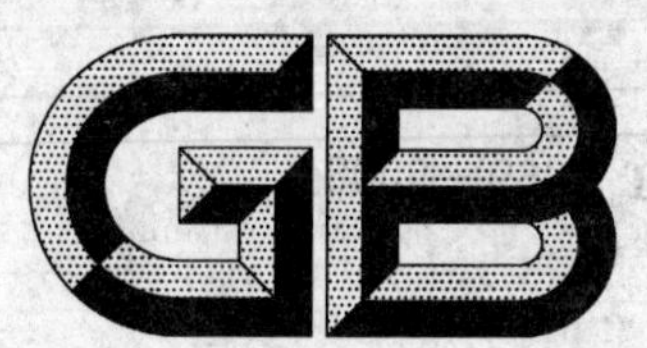

中华人民共和国国家标准

GB/T 2969—2008
代替 GB/T 2969—1994

氧　化　钐

Samarium oxide

2008-03-31 发布　　　　2008-09-01 实施

中华人民共和国国家质量监督检验检疫总局
中国国家标准化管理委员会　发布

前 言

本标准是对 GB/T 2969—1994《氧化钐》的修订。本标准与 GB/T 2969—1994《氧化钐》相比，主要变化如下：

——按 GB/T 17803—1999《稀土产品牌号表示方法》的要求采用数字牌号；

——删除了纯度不小于 96%的产品牌号；

——增加了纯度不小于 99.99%的产品牌号，该牌号除考核相邻稀土杂质外，对其他稀土杂质含量也进行了考核，其他稀土杂质考核采用“合量”；

——增加了对非稀土杂质 Al_2O_3 的考核指标；

——调整了对非稀土杂质 Fe_2O_3、SiO_2、CaO 及 Cl^- 的考核指标。

本标准由国家发展和改革委员会稀土办公室提出。

本标准由全国稀土标准化技术委员会归口。

本标准由江阴加华新材料资源有限公司负责起草。

本标准由上海跃龙新材料股份公司、宜兴新威利成稀土有限公司、湖南稀土金属材料研究院参加起草。

本标准主要起草人：史卫东、谢建伟、肖睿、张飞、俞志春、翁国庆。

本标准所代替标准的历次版本发布情况为：

——GB/T 2969—1982、GB/T 2969—1994。

氧　化　钐

1　范围

本标准规定了氧化钐的要求、试验方法、检验规则与包装、标志、运输、贮存。

本标准适用于化学法制得的氧化钐,可供制作金属钐、磁性材料、电子元器件和陶瓷电容等用。

2　规范性引用文件

下列文件中的条款通过本标准的引用而成为本标准的条款。凡是注日期的引用文件,其随后所有的修改单(不包括勘误的内容)或修订版均不适用于本标准,然而,鼓励根据本标准达成协议的各方研究是否可使用这些文件的最新版本。凡是不注日期的引用文件,其最新版本适用于本标准。

GB/T 8170　数值修约规则

GB/T 12690(所有部分)　稀土金属及其氧化物中非稀土杂质化学分析方法

GB/T 14635(所有部分)　稀土金属及其化合物化学分析方法

GB/T 18115.5　稀土金属及其氧化物中稀土杂质化学分析方法　钐中镧、铈、镨、钕、铕、钆、铽、镝、钬、铒、铥、镱、镥和钇量的测定

3　要求

3.1　化学成分

产品牌号及化学成分应符合表1规定。需方如有特殊要求,供需双方可另行协议。

表 1

产品牌号				061040	061030	061025	061020
化学成分(质量分数)/%	REO,不小于			99	99	99	99
	Sm_2O_3/REO,不小于			99.99	99.9	99.5	99
	杂质含量,不大于	稀土杂质/REO	Pr_6O_{11}	0.002 5	合量 0.1	合量 0.5	合量 1
			Nd_2O_3	0.003 5			
			Eu_2O_3	0.001 0			
			Gd_2O_3	0.001 0			
			Y_2O_3	0.001 0			
			其他稀土杂质	合量 0.001 0			
		非稀土杂质	Fe_2O_3	0.000 5	0.001	0.001	0.005
			SiO_2	0.005	0.005	0.01	0.05
			CaO	0.005	0.01	0.05	0.05
			Al_2O_3	0.01	0.02	0.03	0.04
			Cl^-	0.01	0.01	0.02	0.03
	灼减,不大于			1.0	1.0	1.0	1.0

3.2　外观

3.2.1　产品为略带淡黄色的粉末状。

3.2.2 产品应洁净,无可见夹杂物。

4 试验方法

4.1 稀土总量(REO)的分析方法按 GB/T 14635 的规定进行。

4.2 稀土杂质含量的分析方法按 GB/T 18115.5 的规定进行。

4.3 非稀土杂质含量及灼减含量的分析方法按 GB/T 12690 的规定进行。

4.4 数值修约按 GB/T 8170 的规定进行。

4.5 产品外观用目视检查。

5 检验规则

5.1 检查与验收

5.1.1 产品由供方质量检验部门进行检验,保证产品符合本标准规定,并填写产品质量证明书。

5.1.2 需方应对收到的产品进行检验,如检验结果与本标准规定不符时,应在收到产品之日起二个月内向供方提出,由供需双方协商解决。如需仲裁,可委托双方认可的单位进行,并在需方共同取样。

5.2 组批

产品应成批提交检验,每批应由同一牌号的产品组成。

5.3 检验项目

每批产品应进行化学成分和外观的检验。

5.4 取样与制样

化学成分分析的仲裁取样件数按表 2 规定。用插管在每件(袋)中心及周围等距离处取三点,每件(袋)取样量不少于 10 g,将试样混匀后,用四分法迅速缩分至试样所需数量,装入清洁的塑料瓶(袋)中并封口。

表 2

件(袋)数	1~5	6~49	50~100	>100
取样件(袋)数	件(袋)数的 100%	5	件(袋)数的 10 % 取整数	件(袋)数的平方根 取正整数

5.5 检验结果判断

化学成分仲裁分析结果与本标准规定不符时,则从该批产品中取双倍试样对不合格项目进行复验,如仍有一项结果不合格,则该批产品为不合格。

6 标志、包装、运输、贮存及质量证明书

6.1 标志、包装

桶(箱、袋)外注明:供方名称、产品名称、牌号、批号、净含量、毛重、出厂日期及"防潮"标志或字样。产品分装于双层塑料袋或塑料瓶中,每袋(瓶)净重分别为 1 kg、5 kg、10 kg。再将袋(瓶)置于铁桶(木箱、纸箱或塑料箱)内,每铁桶(木箱、纸箱或塑料箱)净重分别为 5 kg、10 kg、25 kg。如需方有特殊要求,则供需双方另行协商。

6.2 运输、贮存

产品运输时严防淋雨吸潮,需存放于干燥处,不得露天堆放。

6.3 质量证明书

每批产品应附上质量证明书,注明:

a) 供方名称;

b) 产品名称和牌号;

c） 批号；

d） 净含量和件数；

e） 各项分析检验结果及检验部门印记；

f） 标准编号；

g） 出厂日期。

ICS 83.160.10
G 41

中华人民共和国国家标准

GB/T 2977—2008
代替 GB/T 2977—1997,GB/T 19047—2003

载重汽车轮胎规格、尺寸、气压与负荷

Size designation, dimensions, inflation pressure and load capacity for truck tyres

2008-06-04 发布　　2008-12-01 实施

中华人民共和国国家质量监督检验检疫总局
中国国家标准化管理委员会　发布

前　言

本标准与《美国轮胎轮辋协会标准年鉴-2007(TRA-2007)》(英文版)的一致性程度为非等效。

本标准代替 GB/T 2977—1997《载重汽车轮胎系列》和 GB/T 19047—2003《增强型载重汽车轮胎》。

本标准与 GB/T 19047—2003 主要技术内容无差异,与前版标准 GB/T 2977—1997 的主要差异如下:

——增加了负荷指数(本版的表 1～表 21);

——部分轮胎规格在 GB/T 2977—1997 基础上增加了一个层级(本版的表 1～表 4、表 6、表 12、表 15、表 16 中的部分规格);

——增加了部分轮胎规格(本版的表 1～表 21);

——删除了公制斜交轮胎规格(1997 年版的表 9 和表 20)及部分普通断面斜交轮胎规格(1997 年版的表 3、表 5、表 12、表 14 中的部分规格),增加了轻型载重汽车高通过性子午线轮胎规格(本版的表 10)、公路型挂车特种专用 ST 公制轮胎规格(本版的表 11)、载重汽车宽基斜交轮胎规格(本版的表 14)和房屋汽车轮胎规格(本版的表 21);

——取消了气压与负荷对应表(1997 年版的表 2、表 4、表 6、表 8、表 11、表 13、表 15、表 17、表 19、表 22、表 24、表 26、表 28);

——"测量轮辋"代替了"标准轮辋"(1997 年版的表 1、表 3、表 5、表 7、表 9、表 10、表 12、表 14、表 16、表 18、表 20、表 21、表 23、表 25、表 27;本版的表 1～表 21);

——调整了轮胎新胎充气后断面宽度和外直径的公差(1997 年版的表 1、表 5;本版的表 1～表 21);

——调整了轮胎在不同速度下的负荷变化率值(1997 年版的表 31;本版的表 22)。

本标准的附录 A 和附录 B 均为规范性附录。

本标准由中国石油和化学工业协会提出。

本标准由全国轮胎轮辋标准化技术委员会归口。

本标准负责起草单位:风神轮胎股份有限公司、贵州轮胎股份有限公司、双钱集团有限公司、杭州中策橡胶有限公司、北京橡胶工业研究设计院、山东玲珑橡胶有限公司、三角轮胎股份有限公司、安徽佳通轮胎有限公司、厦门正新橡胶工业有限公司、北京首创轮胎有限责任公司、上海米其林回力轮胎股份公司、赛轮有限公司。

本标准主要起草人:尚永宁、申玉德、黄舸舸、苏红斌、陈国华、王克先、刘连波、乔玲玲、施珉、孙全喜、赵冬梅、陆奕、张晓军、安登峰。

本标准所代替标准的历次版本发布情况为:

——GB/T 2977—1982、GB/T 2977—1989、GB/T 2977—1997;

——GB/T 19047—2003。

载重汽车轮胎规格、尺寸、气压与负荷

1 范围

本标准规定了载重汽车轮胎用术语和定义，轮胎规格的表示方法，轮胎规格、尺寸、气压与负荷。

本标准适用于载重汽车、客车和挂车用新的充气轮胎。

2 规范性引用文件

下列文件中的条款通过本标准的引用而成为本标准的条款。凡是注日期的引用文件，其随后所有的修改单(不包括勘误的内容)或修订版均不适用于本标准，然而，鼓励根据本标准达成协议的各方研究是否可使用这些文件的最新版本。凡是不注日期的引用文件，其最新版本适用于本标准。

GB/T 6326 轮胎术语及其定义(GB/T 6326—2005，ISO 4223-1:2002，Definitions of some terms used in tyre industry—Part 1:Pneumatic tyres，NEQ)

3 术语和定义

GB/T 6326 确立的术语和定义适用于本标准。

4 轮胎规格的表示方法

4.1 微型、轻型载重汽车轮胎

示例 1：

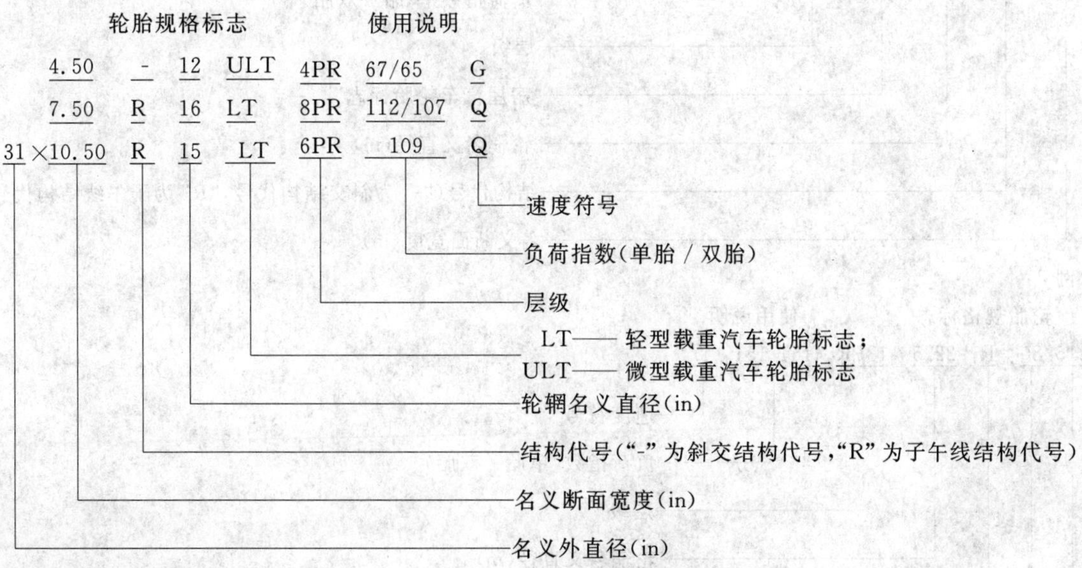

示例 2：

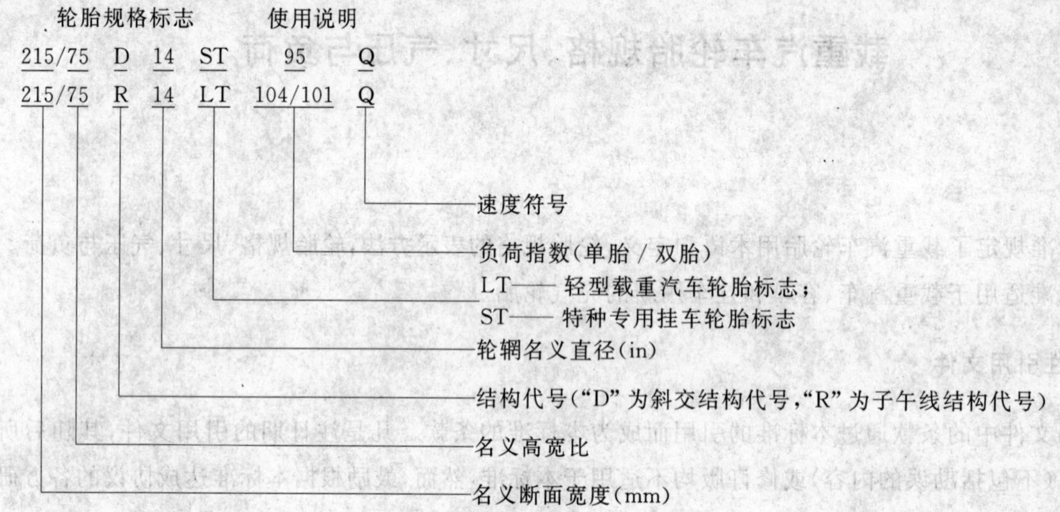

4.2 载重汽车轮胎

示例 1：

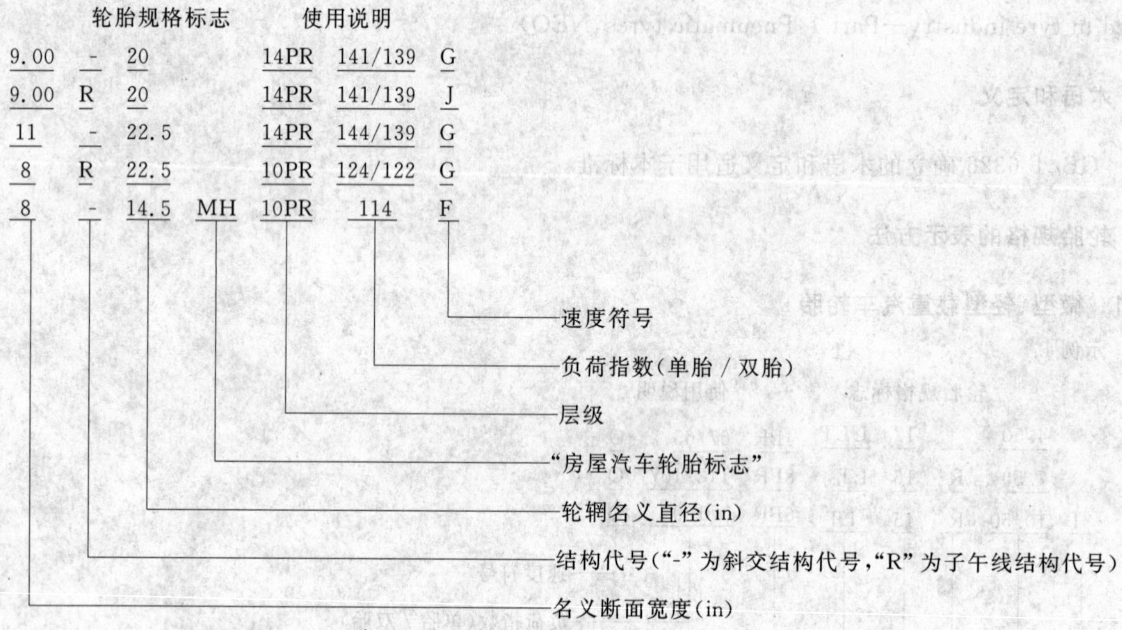

示例 2：

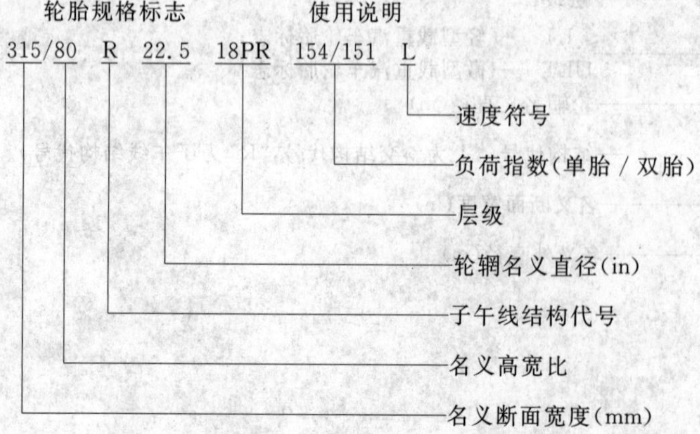

5 轮胎规格、尺寸、气压与负荷

5.1 轮胎规格、层级、负荷指数、测量轮辋、新胎充气后的断面宽度和外直径、轮胎最大使用尺寸、静负荷半径、负荷能力、充气压力、最小双胎间距、允许使用轮辋、气门嘴型号应符合表1～表22的规定。

5.2 轮胎行驶速度与负荷变化的对应关系应符合表23的规定，当负荷增加时应适当增加气压，增加比例与制造方协商解决。

5.3 负荷指数与负荷能力的对应关系应符合附录A的规定。

5.4 速度符号与最高行驶速度的对应关系应符合附录B的规定。

表 1 微型载重汽车普通断面斜交轮胎(5°轮辋)

轮胎规格	层级	负荷指数		测量轮辋	新胎设计尺寸/mm		轮胎最大使用尺寸/mm		静负荷半径/mm	负荷能力/kg		充气压力/kPa	最小双胎间距/mm	允许使用轮辋	气门嘴型号
		单胎	双胎		断面宽度	外直径 公路型	总宽度	外直径 公路型		单胎	双胎				
4.50-12ULT	4	67	65	3.00B	127	545	137	558	254	307	290	240	146	3.00D,3.50B	CF01
4.50-12ULT	6	72	70	3.00B	127	545	137	558	254	355	335	300	146	3.00D,3.50B	CF01
4.50-12ULT	8	77	76	3.00B	127	545	137	558	254	412	400	400	146	3.00D,3.50B	CF01
5.00-10ULT	4	69	67	3.50B	143	517	154	530	240	325	307	240	164	3.00B	CF01
5.00-10ULT	6	73	71	3.50B	143	517	154	530	240	365	345	300	164	3.00B	CF01
5.00-10ULT	8	79	77	3.50B	143	517	154	530	240	437	412	400	164	3.00B	CF01
5.00-12ULT	4	73	71	3.50B	143	568	154	582	265	365	345	240	164	3.00D,3.00B,4.00B	CF01
5.00-12ULT	6	78	76	3.50B	143	568	154	582	265	425	400	300	164	3.00D,3.00B,4.00B	CF01
5.00-12ULT	8	83	81	3.50B	143	568	154	582	265	487	462	400	164	3.00D,3.00B,4.00B	CF01
5.00-12ULT	10	88	86	3.50B	143	568	154	582	265	560	530	500	164	3.00D,3.00B,4.00B	CF01

新胎最大断面宽度＝新胎设计断面宽度×1.07；
新胎最小断面宽度＝新胎设计断面宽度×0.96。
新胎最大外直径＝2×新胎设计断面高度×1.07＋轮辋名义直径；
新胎最小外直径＝2×新胎设计断面高度×0.97＋轮辋名义直径。
注 1：静负荷半径和轮胎最大使用尺寸为使用参考数据。本表中的静负荷半径为轮胎单胎负荷下的静负荷半径，双胎负荷下的静负荷半径为表中数值＋1 mm。
注 2：若要求采用其他型号气门嘴，使用方应与制造方协商解决。
注 3：上述说明和要求及注 1、注 2 亦适用于表 2。

表 2　轻型载重汽车普通断面斜交轮胎(5°轮辋)

轮胎规格	层级	负荷指数		测量轮辋	新胎设计尺寸/mm			轮胎最大使用尺寸/mm			静负荷半径/mm	负荷能力/kg		充气压力/kPa	最小双胎间距/mm	允许使用轮辋	气门嘴型号
		单胎	双胎		断面宽度	外直径		总宽度	外直径			单胎	双胎				
						公路型	牵引型		公路型	牵引型							
5.50-13LT	6	82	78	4.00B	160	620	—	173	645	—	295	475	425	320	186	4.50B,4J，4½J	CF01
5.50-13LT	8	88	84	4.00B	160	620	—	173	645	—	295	560	500	420	186	4.00B,4.50B,4J,4½J	CF01
5.50-14LT	6	84	79	4J	160	645	—	173	671	—	307	500	437	320	186	4½J,5J	CF01
5.50-14LT	8	90	85	4J	160	645	—	173	671	—	307	600	515	420	186	4½J,5J	CF01
6.00-13LT	6	88	83	4.50B	170	655	—	184	681	—	312	560	487	320	197	4.00B,5.00B 4J,4½J,5J	CF01
6.00-13LT	8	93	89	4.50B	170	655	—	184	681	—	312	650	580	420	197	4.00B,5.00B 4J，4½J,5J	CF01
6.00-14LT	6	89	85	4½J	170	680	691	184	707	718	324	580	515	320	197	4J,5J	CF01
6.00-14LT	8	95	90	4½J	170	680	691	184	707	718	324	690	600	420	197	4J,5J	CF01
6.00-14LT	10	100	96	4½J	170	680	691	184	707	718	324	800	710	530	197	4J,5J	CF01
6.00-15LT	6	91	87	4.50E	170	705	717	184	733	744	336	615	545	320	197	4½J	CJ01
6.00-15LT	8	97	92	4.50E	170	705	717	184	733	744	336	730	630	420	197	4½J	CJ01
6.00-15LT	10	101	97	4.50E	170	705	717	184	733	744	336	825	730	530	197	4½J	CJ01
6.00-16LT	6	92	88	4.50E	170	730	743	184	759	771	348	630	560	320	197	4.00E	CJ01
6.00-16LT	8	98	94	4.50E	170	730	743	184	759	771	348	750	670	420	197	4.00E	CJ01
6.00-16LT	10	102	98	4.50E	170	730	743	184	759	771	348	850	750	530	197	4.00E	CJ01
6.50-14LT	6	94	89	4½J	180	705	717	194	733	746	336	670	580	320	209	5J	CF01
6.50-14LT	8	99	95	4½J	180	705	717	194	733	746	336	775	690	420	209	5J	CF01
6.50-14LT	10	104	100	4½J	180	705	717	194	733	746	336	900	800	530	209	5J	CF01
6.50-15LT	6	95	91	4.50E	180	730	742	194	759	771	348	690	615	320	209	4½J,5J,5.00E	CJ01
6.50-15LT	8	101	97	4.50E	180	730	742	194	759	771	348	825	730	420	209	4½J,5J,5.00E	CJ01

表 2（续）

轮胎规格	层级	负荷指数		测量轮辋	新胎设计尺寸/mm			轮胎最大使用尺寸/mm			静负荷半径/mm	负荷能力/kg		充气压力/kPa	最小双胎间距/mm	允许使用轮辋	气门嘴型号
		单胎	双胎		断面宽度	外直径		总宽度	外直径			单胎	双胎				
						公路型	牵引型		公路型	牵引型							
6.50-15LT	10	106	101	4.50E	180	730	742	194	759	771	348	950	825	530	209	4½J,5J,5.00E	CJ01
6.50-16LT	6	97	92	5.50F	185	750	761	200	780	791	357	730	630	320	215	5.00E	CJ01
6.50-16LT	8	102	98	5.50F	185	750	761	200	780	791	357	850	750	420	215	5.00E	CJ01
6.50-16LT	10	107	103	5.50F	185	750	761	200	780	791	357	975	875	530	215	5.00E	CJ01
6.50-16LT	12	110	105	5.50F	185	750	761	200	780	791	357	1 060	925	630	215	5.00E	CJ01
7.00-14LT	6	95	90	5J	185	715	726	200	744	756	340	690	600	320	215	5½J	CF01
7.00-14LT	8	101	96	5J	185	715	726	200	744	756	340	825	710	420	215	5½J	CF01
7.00-14LT	10	105	101	5J	185	715	726	200	744	756	340	925	825	530	215	5½J	CF01
7.00-15LT	6	99	95	5.50F	200	750	760	216	780	790	357	775	690	320	232	6.00G	DG04C
7.00-15LT	8	104	100	5.50F	200	750	760	216	780	790	357	900	800	420	232	6.00G	DG04C
7.00-15LT	10	109	105	5.50F	200	750	760	216	780	790	357	1 030	925	530	232	6.00G	DG04C
7.00-15LT	12	113	109	5.50F	200	750	760	216	780	790	357	1 150	1 030	630	232	6.00G	DG04C
7.00-16LT	6	101	96	5.50F	200	775	785	216	806	816	369	825	710	320	232	6.00G	DG04C
7.00-16LT	8	107	102	5.50F	200	775	785	216	806	816	369	975	850	420	232	6.00G	DG04C
7.00-16LT	10	111	106	5.50F	200	775	785	216	806	816	369	1 090	950	530	232	6.00G	DG04C
7.00-16LT	12	115	110	5.50F	200	775	785	216	806	816	369	1 215	1 060	630	232	6.00G	DG04C
7.00-16LT	14	118	114	5.50F	200	775	785	216	806	816	369	1 320	1 180	730	232	6.00G	DG04C
7.50-15LT	8	110	105	6.00G	215	780	791	232	811	822	371	1 060	925	420	249	5.50F	DG04C
7.50-15LT	10	115	110	6.00G	215	780	791	232	811	822	371	1 215	1 060	530	249	5.50F	DG04C
7.50-15LT	12	119	115	6.00G	215	780	791	232	811	822	371	1 360	1 215	630	249	5.50F	DG04C
7.50-15LT	14	121	117	6.00G	215	780	791	232	811	822	371	1 450	1 285	730	249	5.50F	DG04C

表 2（续）

轮胎规格	层级	负荷指数		测量轮辋	新胎设计尺寸/mm			轮胎最大使用尺寸/mm			静负荷半径/mm	负荷能力/kg		充气压力/kPa	最小双胎间距/mm	允许使用轮辋	气门嘴型号
		单胎	双胎		断面宽度	外直径		总宽度	外直径			单胎	双胎				
						公路型	牵引型		公路型	牵引型							
7.50-16LT	6	106	101	6.00G	215	805	816	232	837	848	383	950	825	320	249	5.50F	DG04C
7.50-16LT	8	112	107	6.00G	215	805	816	232	837	848	383	1 120	975	420	249	5.50F	DG04C
7.50-16LT	10	116	112	6.00G	215	805	816	232	837	848	383	1 250	1 120	530	249	5.50F	DG04C
7.50-16LT	12	120	116	6.00G	215	805	816	232	837	848	383	1 400	1 250	630	249	5.50F	DG04C
7.50-16LT	14	122	118	6.00G	215	805	816	232	837	848	383	1 500	1 320	730	249	5.50F	DG04C
8.25-16LT	6	110	105	6.50H	235	855	867	253	889	901	407	1 060	925	280	273	6.00G,6.5	DG05C
8.25-16LT	8	115	110	6.50H	235	855	867	253	889	901	407	1 215	1 060	350	273	6.00G,6.5	DG05C
8.25-16LT	10	119	114	6.50H	235	855	867	253	889	901	407	1 360	1 180	420	273	6.00G,6.5	DG05C
8.25-16LT	12	123	119	6.50H	235	855	867	253	889	901	407	1 550	1 360	530	273	6.00G,6.5	DG05C
8.25-16LT	14	126	122	6.50H	235	855	867	253	889	901	407	1 700	1 500	630	273	6.00G,6.5	DG05C
8.25-16LT	16	128	124	6.50H	235	855	867	253	889	901	407	1 800	1 600	730	273	6.00G,6.5	DG05C
9.00-16LT	6	115	110	6.50H	255	890	902	275	926	938	424	1 215	1 060	280	296	6.00G,6.5	DG05C
9.00-16LT	8	120	115	6.50H	255	890	902	275	926	938	424	1 400	1 215	350	296	6.00G,6.5	DG05C
9.00-16LT	10	123	119	6.50H	255	890	902	275	926	938	424	1 550	1 360	420	296	6.00G,6.5	DG05C
9.00-16LT	12	127	123	6.50H	255	890	902	275	926	938	424	1 750	1 550	530	296	6.00G,6.5	DG05C
9.00-16LT	14	131	126	6.50H	255	890	902	275	926	938	424	1 950	1 700	630	296	6.00G,6.5	DG05C
9.00-16LT	16	134	129	6.50H	255	890	902	275	926	938	424	2 120	1 850	730	296	6.00G,6.5	DG05C

表 3　轻型载重汽车普通断面子午线轮胎(5°轮辋)

轮胎规格	层级	负荷指数		测量轮辋	新胎设计尺寸/mm			轮胎最大使用尺寸/mm			静负荷半径/mm	负荷能力/kg		充气压力/kPa	最小双胎间距/mm	允许使用轮辋	气门嘴型号
		单胎	双胎		断面宽度	外直径		总宽度	外直径			单胎	双胎				
						公路型	牵引型		公路型	牵引型							
6.00R15LT	6	91	86	4.50E	170	705	715	180	718	728	329	615	530	350	200	4½J	CJ01
6.00R15LT	8	97	92	4.50E	170	705	715	180	718	728	329	730	630	460	200	4½J	CJ01
6.50R15LT	6	95	91	5.50F	185	730	740	200	744	754	340	690	615	350	220	6.00G	CJ01
6.50R15LT	8	101	97	5.50F	185	730	740	200	744	754	340	825	730	460	220	6.00G	CJ01
6.50R15LT	10	106	101	5.50F	185	730	740	200	744	754	340	950	825	560	220	6.00G	CJ01
6.50R16LT	6	97	92	5.50F	185	750	760	200	770	780	350	730	630	350	220	5.00E,5.00F	CJ01
6.50R16LT	8	102	98	5.50F	185	750	760	200	770	780	350	850	750	460	220	5.00E,5.00F	CJ01
6.50R16LT	10	107	102	5.50F	185	750	760	200	770	780	350	975	850	560	220	5.00E,5.00F	CJ01
6.50R16LT	12	110	105	5.50F	185	750	760	200	770	780	350	1 060	925	670	220	5.00E,5.00F	CJ01
7.00R15LT	6	99	95	5.50F	200	750	760	214	769	779	350	775	690	350	236	6.00G	CJ01
7.00R15LT	8	104	100	5.50F	200	750	760	214	769	779	350	900	800	460	236	6.00G	CJ01
7.00R15LT	10	109	105	5.50F	200	750	760	214	769	779	350	1 030	925	560	236	6.00G	CJ01
7.00R15LT	12	113	109	5.50F	200	750	760	214	769	779	350	1 150	1 030	670	236	6.00G	CJ01
7.00R16LT	6	101	96	5.50F	200	775	785	214	800	810	362	825	710	350	236	6.00G	DG04C
7.00R16LT	8	107	102	5.50F	200	775	785	214	800	810	362	975	850	460	236	6.00G	DG04C
7.00R16LT	10	111	107	5.50F	200	775	785	214	800	810	362	1 090	975	560	236	6.00G	DG04C
7.00R16LT	12	115	110	5.50F	200	775	783	214	800	810	362	1 215	1 060	670	236	6.00G	DG04C
7.00R16LT	14	118	114	5.50F	200	775	783	214	800	810	362	1 320	1 180	770	236	6.00G	DG04C
7.50R15LT	8	110	105	6.00G	215	780	790	230	800	810	362	1 060	925	460	255	5.50F,6.50H	CJ01
7.50R15LT	10	115	110	6.00G	215	780	790	230	800	810	362	1 215	1 060	560	255	5.50F,6.50H	CJ01
7.50R16LT	6	105	101	6.00G	215	805	815	230	825	835	375	925	825	350	255	5.50F,6.50H	DG04C
7.50R16LT	8	112	107	6.00G	215	805	815	230	825	835	375	1 120	975	460	255	5.50F,6.50H	DG04C
7.50R16LT	10	116	111	6.00G	215	805	815	230	825	835	375	1 250	1 090	560	255	5.50F,6.50H	DG04C

表 3（续）

轮胎规格	层级	负荷指数		测量轮辋	新胎设计尺寸/mm			轮胎最大使用尺寸/mm			静负荷半径/mm	负荷能力/kg		充气压力/kPa	最小双胎间距/mm	允许使用轮辋	气门嘴型号
		单胎	双胎		断面宽度	外直径		总宽度	外直径			单胎	双胎				
						公路型	牵引型		公路型	牵引型							
7.50R16LT	12	120	116	6.00G	215	805	815	230	825	835	375	1 400	1 250	670	255	5.50F,6.50H	DG04C
7.50R16LT	14	122	118	6.00G	215	805	815	230	825	835	375	1 500	1 320	770	255	5.50F,6.50H	DG04C
8.25R16LT	6	110	105	6.50H	235	855	865	252	876	886	397	1 060	925	320	278	6.00G,6.5	DG05C
8.25R16LT	8	115	110	6.50H	235	855	865	252	876	886	397	1 215	1 060	390	278	6.00G,6.5	DG05C
8.25R16LT	10	119	114	6.50H	235	855	865	252	876	886	397	1 360	1 180	460	278	6.00G,6.5	DG05C
8.25R16LT	12	123	119	6.50H	235	855	865	252	876	886	397	1 550	1 360	560	278	6.00G,6.5	DG05C
8.25R16LT	14	126	122	6.50H	235	855	865	252	876	886	397	1 700	1 500	670	278	6.00G,6.5	DG05C
8.25R16LT	16	128	124	6.50H	235	855	865	252	876	886	397	1 800	1 600	770	278	6.00G,6.5	DG05C
9.00R16LT	6	115	110	6.50H	255	890	900	273	912	922	416	1 215	1 060	320	301	6.00G,6.5	DG05C
9.00R16LT	8	120	115	6.50H	255	890	900	273	912	922	416	1 400	1 215	390	301	6.00G,6.5	DG05C
9.00R16LT	10	123	119	6.50H	255	890	900	273	912	922	416	1 550	1 360	460	301	6.00G,6.5	DG05C
9.00R16LT	12	127	123	6.50H	255	890	900	273	912	922	416	1 750	1 550	560	301	6.00G,6.5	DG05C
9.00R16LT	14	131	126	6.50H	255	890	900	273	912	922	416	1 950	1 700	670	301	6.00G,6.5	DG05C
9.00R16LT	16	134	129	6.50H	255	890	900	273	912	922	416	2 120	1 850	770	301	6.00G,6.5	DG05C

新胎最大断面宽度＝新胎设计断面宽度×1.05；

新胎最小断面宽度＝新胎设计断面宽度×0.96。

新胎最大外直径＝2×新胎设计断面高度×1.03＋轮辋名义直径；

新胎最小外直径＝2×新胎设计断面高度×0.97＋轮辋名义直径。

注 1：静负荷半径和轮胎最大使用尺寸为使用参考数据。本表中的静负荷半径为轮胎单胎负荷下的静负荷半径，双胎负荷下的静负荷半径为表中数值＋1 mm。

注 2：若要求采用其他型号气门嘴，使用方应与制造方协商解决。

注 3：上述说明和要求及注 1、注 2 亦适用于表 4～表 9。

表 4 轻型载重汽车公制子午线轮胎(85 系列,5°轮辋)

轮胎规格	层级	负荷指数		测量轮辋	新胎设计尺寸/mm			轮胎最大使用尺寸/mm			静负荷半径/mm	负荷能力/kg		充气压力/kPa	最小双胎间距/mm	允许使用轮辋	气门嘴型号
		单胎	双胎		断面宽度	外直径		总宽度	外直径			单胎	双胎				
						公路型	牵引型		公路型	牵引型							
215/85R16LT	6	103	100	6J	216	772	778	229	786	793	359	875	800	350	251	5½J,6½J	DG04C
215/85R16LT	8	110	107	6J	216	772	778	229	786	793	359	1 060	975	450	251	5½J,6½J	DG04C
215/85R16LT	10	115	112	6J	216	772	778	229	786	793	359	1 215	1 120	550	251	5½J,6½J	DG04C
235/85R16LT	6	108	104	6½J	235	806	812	249	822	828	373	1 000	900	350	273	6J,7J	DG04C
235/85R16LT	8	114	111	6½J	235	806	812	249	822	828	373	1 180	1 090	450	273	6J,7J	DG04C
235/85R16LT	10	120	116	6½J	235	806	812	249	822	828	373	1 400	1 250	550	273	6J,7J	DG04C
235/85R16LT	12	123	120	6½J	235	806	812	249	822	828	373	1 550	1 400	650	273	6J,7J	DG04C
255/85R16LT	6	112	109	7J	255	840	846	270	858	864	387	1 120	1 030	350	296	6½J,7½J	DG04C
255/85R16LT	8	119	116	7J	255	840	846	270	858	864	387	1 360	1 250	450	296	6½J,7½J	DG04C
255/85R16LT	10	123	120	7J	255	840	846	270	858	864	387	1 550	1 400	550	296	6½J,7½J	DG04C

表 5　轻型载重汽车公制子午线轮胎(5°轮辋)

轮胎规格	层级	负荷指数		测量轮辋	新胎设计尺寸/mm			轮胎最大使用尺寸/mm			静负荷半径/mm	负荷能力/kg		充气压力/kPa	最小双胎间距/mm	允许使用轮辋	气门嘴型号
		单胎	双胎		断面宽度	外直径		总宽度	外直径			单胎	双胎				
						公路型	牵引型		公路型	牵引型							
145R12LT	6	80	78	4.00B	145	537	543	154	546	552	251	450	425	350	168	3.50B,4J	CF01
145R12LT	8	86	84	4.00B	145	537	543	154	546	552	251	530	500	450	168	3.50B,4J	CF01
155R12LT	6	83	81	4.50B	157	553	559	166	563	569	258	487	462	350	182	4.00B,4½J	CF01
155R12LT	8	88	86	4.50B	157	553	559	166	563	569	258	560	530	450	182	4.00B,4½J	CF01
155R13LT	6	85	83	4.50B	157	578	584	166	588	594	270	515	487	350	182	4½J,5.00B,5J	CF01
155R13LT	8	90	88	4.50B	157	578	584	166	588	594	270	600	560	450	182	4½J,5.00B,5J	CF01
165R13LT	6	89	88	4.50B	165	594	600	175	605	611	281	580	560	350	191	4.00B,5.00B	CF01
165R13LT	8	94	93	4.50B	165	594	600	175	605	611	281	670	650	450	191	4.00B,5.00B	CF01
165R14LT	6	91	90	4½J	165	620	626	175	631	637	281	615	600	350	191	4J,5J	CF01
165R14LT	8	96	96	4½J	165	620	626	175	631	637	281	710	690	450	191	4J,5J	CF01
175R13LT	6	92	90	5.00B	177	610	616	188	621	627	297	630	600	350	205	4.50B,4½J,5J,5½J	CF01
175R13LT	8	97	95	5.00B	177	610	616	188	621	627	297	730	690	450	205	4.50B,4½J,5J,5½J	CF01
175R14LT	6	94	92	5J	177	636	642	188	647	653	297	670	630	350	205	4½J,5½J	CF01
175R14LT	8	99	97	5J	177	636	642	188	647	653	297	775	730	450	205	4½J,5½J	CF01
185R13LT	6	94	92	5.50B	189	626	632	200	638	644	291	670	630	350	219	5.00B,5½J	CF01
185R13LT	8	99	97	5.50B	189	626	632	200	638	644	291	775	730	450	219	5.00B,5½J	CF01

表 5（续）

轮胎规格	层级	负荷指数		测量轮辋	新胎设计尺寸/mm			轮胎最大使用尺寸/mm			静负荷半径/mm	负荷能力/kg		充气压力/kPa	最小双胎间距/mm	允许使用轮辋	气门嘴型号
		单胎	双胎		断面宽度	外直径		总宽度	外直径			单胎	双胎				
						公路型	牵引型		公路型	牵引型							
185R14LT	6	97	95	5½J	189	652	658	200	664	670	304	730	690	350	219	6J	CF01
185R14LT	8	102	100	5½J	189	652	658	200	664	670	304	850	800	450	219	6J	CF01
185R15LT	6	98	97	5½J	189	677	683	200	686	695	316	750	730	350	219	6J	CF01
185R15LT	8	103	102	5½J	189	677	683	200	686	695	316	875	850	450	219	6J	CF01
195R14LT	6	100	99	5½J	196	668	674	208	680	687	311	800	775	350	227	6J	CF01
195R14LT	8	105	103	5½J	196	668	674	208	680	687	311	925	875	450	227	6J	CF01
195R15LT	6	101	99	5½J	196	693	699	208	705	712	323	825	775	350	227	6J	CF01
195R15LT	8	106	104	5½J	196	693	699	208	705	712	323	950	900	450	227	6J	CF01
205R14LT	6	102	100	6J	208	684	690	220	697	703	317	850	800	350	241	6½J	CF01
205R14LT	8	107	105	6J	208	684	690	220	697	703	317	975	925	450	241	6½J	CF01
205R16LT	6	106	104	6J	208	734	740	220	747	753	342	950	900	350	241	6½J	DG04C
205R16LT	8	110	108	6J	208	734	740	220	747	753	342	1 060	1 000	450	241	6½J	DG04C
215R14LT	6	104	102	6J	216	700	706	229	714	720	324	900	850	350	251	6½J	CF01
215R14LT	8	110	108	6J	216	700	706	229	714	720	324	1 060	1 000	450	251	6½J	CF01
215R16LT	6	109	107	6J	216	750	756	229	764	770	349	1 030	975	350	251	5½J,6½J	DG04C
215R16LT	8	113	111	6J	216	750	756	229	764	770	349	1 150	1 090	450	251	5½J,6½J	DG04C

表 6 轻型载重汽车公制子午线轮胎(75 系列,5°轮辋)

轮胎规格	层级	负荷指数		测量轮辋	新胎设计尺寸/mm			轮胎最大使用尺寸/mm			静负荷半径/mm	负荷能力/kg		充气压力/kPa	最小双胎间距/mm	允许使用轮辋	气门嘴型号
		单胎	双胎		断面宽度	外直径		总宽度	外直径			单胎	双胎				
						公路型	牵引型		公路型	牵引型							
175/75R16LT	6	91	88	5J	177	668	674	184	678	684	314	615	560	350	205	4½J,5½J	CF01
175/75R16LT	8	100	97	5J	177	668	674	184	678	684	314	730	670	450	205	4½J,5½J	CF01
185/75R16LT	8	100	97	5J	184	684	690	191	695	701	321	800	730	450	213	4½J,5½J	CF01
195/75R14LT	6	93	90	5½J	196	648	654	208	660	666	302	650	600	350	227	5J,6J	CF01
195/75R14LT	8	99	96	5½J	196	648	654	208	660	666	302	775	710	450	227	5J,6J	CF01
195/75R15LT	6	95	92	5½J	196	673	679	208	685	691	315	690	630	350	227	6J	CF01
195/75R15LT	8	101	98	5½J	196	673	679	208	685	691	315	825	750	450	227	6J	CF01
195/75R16LT	6	96	93	5½J	196	698	704	204	710	716	327	710	650	350	227	5J,6J	CF01
195/75R16LT	8	102	99	5½J	196	698	704	204	710	716	327	850	775	450	227	5J,6J	CF01
205/75R14LT	6	96	93	5½J	203	664	670	215	676	683	309	710	650	350	235	5J,6J	CF01
205/75R14LT	8	102	99	5½J	203	664	670	215	676	683	309	850	775	450	235	5J,6J	CF01
205/75R15LT	6	98	95	5½J	203	664	695	215	701	707	321	750	690	350	235	6J,6½J	CF01
205/75R15LT	8	103	100	5½J	203	689	695	215	701	707	321	875	800	450	235	6J,6½J	CF01
205/75R16LT	6	99	96	5½J	203	714	720	215	722	728	334	775	710	350	235	5J,6J	—
215/75R14LT	6	98	95	6J	216	678	684	229	690	696	315	750	690	350	251	5½J,6½J	CF01
215/75R14LT	8	104	101	6J	216	678	684	229	690	696	315	900	825	450	251	5½J,6½J	CF01
215/75R15LT	6	100	97	6J	216	703	709	229	715	723	328	800	730	350	251	5½J,6½J	CF01
215/75R15LT	8	106	103	6J	216	703	709	229	715	723	328	950	875	450	251	5½J,6½J	CF01
215/75R16LT	6	101	98	6J	216	728	734	229	741	747	340	825	750	350	251	5½J,6½J,7J	CF01
215/75R16LT	8	107	104	6J	216	728	734	229	741	747	340	975	900	450	251	5½J,6½J,7J	CF01
215/75R16LT	10	112	109	6J	216	728	734	229	741	747	340	1 120	1 030	550	251	5½J,6½J,7J	CF01
225/75R15LT	6	102	99	6J	223	719	725	236	733	739	335	850	775	350	259	6½J	CF01
225/75R15LT	8	108	104	6J	223	719	725	236	733	739	335	1 000	900	450	259	6½J	CF01

表 6（续）

轮胎规格	层级	负荷指数		测量轮辋	新胎设计尺寸/mm			轮胎最大使用尺寸/mm			静负荷半径/mm	负荷能力/kg		充气压力/kPa	最小双胎间距/mm	允许使用轮辋	气门嘴型号
		单胎	双胎		断面宽度	外直径		总宽度	外直径			单胎	双胎				
						公路型	牵引型		公路型	牵引型							
225/75R16LT	6	103	100	6J	223	744	750	236	758	764	347	875	800	350	259	6½J	CJ07
225/75R16LT	8	110	107	6J	223	744	750	236	758	764	347	1 060	975	450	259	6½J	CJ07
225/75R16LT	10	115	112	6J	223	744	750	236	758	764	347	1 215	1 120	550	259	6½J	CJ07
225/75R16LT	12	120	116	6J	223	744	750	236	758	764	347	1 360	1 250	650	259	6½J	CJ07
235/75R15LT	6	104	101	6½J	235	733	739	249	745	753	341	900	825	350	273	6J,7J	CF03
235/75R15LT	8	110	107	6½J	235	733	739	249	745	753	341	1 060	975	450	273	6J,7J	CF03
235/75R15LT	10	116	113	6½J	235	733	739	249	745	753	341	1 250	1 150	550	273	6J,7J	CF03
245/75R16LT	6	108	104	7J	248	774	780	263	788	795	359	1 000	900	350	288	6½J,7½J	CJ07
245/75R16LT	8	114	111	7J	248	774	780	263	788	795	359	1 180	1 090	450	288	6½J,7½J	CJ07
245/75R16LT	10	120	116	7J	248	774	780	263	788	795	359	1 400	1 250	550	288	6½J,7½J	CJ07
245/75R16LT	12	123	120	7J	248	774	780	263	788	795	359	1 550	1 400	650	288	6½J,7½J	CJ07
255/75R15LT	6	109	105	7J	255	763	769	270	779	785	353	1 030	925	350	296	6½J,7½J	CF01
255/75R15LT	8	115	111	7J	255	763	769	270	779	785	353	1 215	1 090	450	296	6½J,7½J	CF01
255/75R15LT	10	120	117	7J	255	763	769	270	779	785	353	1 400	1 285	550	296	6½J,7½J	CF01
265/75R16LT	6	112	109	7½J	267	804	810	283	820	827	372	1 120	1 030	350	310	7J,8J	CJ07
265/75R16LT	8	119	116	7½J	267	804	810	283	820	827	372	1 360	1 250	450	310	7J,8J	CJ07
265/75R16LT	10	123	120	7½J	267	804	810	283	820	827	372	1 550	1 400	550	310	7J,8J	CJ07
265/75R16LT	12	127	124	7½J	267	804	810	283	820	827	372	1 750	1 600	650	310	7J,8J	CJ07
285/75R16LT	8	122	119	8J	286	834	840	303	852	857	385	1 500	1 360	450	332	7½J,8½J	CJ07
295/75R16LT	6	118	115	8J	294	848	854	312	866	872	391	1 320	1 215	350	341	7½J,8½J,9J	CF01
295/75R16LT	8	123	120	8J	294	848	854	312	866	872	391	1 550	1 400	450	341	7½J,8½J,9J	CF01
315/75R16LT	8	121	—	8½J	313	878	884	332	896	904	404	1 450	—	350	—	8J,9J	CF01

表 7　轻型载重汽车公制子午线轮胎(70 系列,5°轮辋)

轮胎规格	层级	负荷指数		测量轮辋	新胎设计尺寸/mm			轮胎最大使用尺寸/mm			静负荷半径/mm	负荷能力/kg		充气压力/kPa	最小双胎间距/mm	允许使用轮辋	气门嘴型号
		单胎	双胎		断面宽度	外直径		总宽度	外直径			单胎	双胎				
						公路型	牵引型		公路型	牵引型							
165/70R14LT	6	84	80	5J	170	588	594	180	597	603	277	500	450	350	197	4½J,5½J	CF01
195/70R15LT	6	93	90	6J	201	655	661	213	666	672	305	650	600	350	233	5½J,6½J	CF01
195/70R15LT	8	99	96	6J	201	655	661	213	666	672	305	775	710	450	233	5½J,6½J	CF01
195/70R15LT	10	104	101	6J	201	655	661	213	666	672	305	900	825	550	233	5½J,6½J	CF01
195/70R15LT	12	108	105	6J	201	655	661	213	666	672	305	1 000	925	650	233	5½J,6½J	CF01
205/70R14LT	6	94	91	6J	209	644	650	222	656	662	298	670	615	350	242	5½J,6½J	CF03
205/70R14LT	8	100	97	6J	209	644	650	222	656	662	298	800	730	450	242	5½J,6½J	CF03
205/70R14LT	10	105	102	6J	209	644	650	222	656	662	298	925	850	550	242	5½J,6½J	CF03
215/70R15LT	6	98	95	6½J	221	683	689	230	695	701	319	750	690	350	256	6J,7J	CF01
215/70R15LT	8	104	101	6½J	221	683	689	230	695	701	319	900	825	450	256	6J,7J	CF01
215/70R16LT	6	100	97	6½J	221	708	714	234	720	726	328	800	730	350	256	6J,7J	CF01
215/70R16LT	8	106	102	6½J	221	708	714	234	720	726	328	950	850	450	256	6J,7J	CF01
225/70R15LT	6	100	97	6½J	228	697	703	242	710	716	322	800	730	350	264	6J,7J	CF01
225/70R15LT	8	106	103	6½J	228	697	703	242	710	716	322	950	875	450	264	6J,7J	CF01
225/70R16LT	6	102	99	6½J	228	722	728	242	734	740	337	850	775	350	264	6J,7J	CF01
235/70R16LT	6	104	101	7J	240	736	742	254	749	755	340	900	825	350	278	6½J,7½J	CF01
235/70R16LT	8	110	107	7J	240	736	742	254	749	755	340	1 060	975	450	278	6½J,7½J	CF01
245/70R17LT	8	114	110	7J	248	776	782	263	790	796	362	1 180	1 060	450	288	6½J,7½J,8J	CF01
245/70R17LT	10	119	116	7J	248	776	782	263	790	796	362	1 360	1 250	550	288	6½J,7½J,8J	CF01

表 7（续）

轮胎规格	层级	负荷指数		测量轮辋	新胎设计尺寸/mm			轮胎最大使用尺寸/mm			静负荷半径/mm	负荷能力/kg		充气压力/kPa	最小双胎间距/mm	允许使用轮辋	气门嘴型号
		单胎	双胎		断面宽度	外直径		总宽度	外直径			单胎	双胎				
						公路型	牵引型		公路型	牵引型							
255/70R15LT	6	107	103	7½J	260	739	745	276	753	760	340	975	875	350	302	7J,8J	CF01
255/70R15LT	8	113	110	7½J	260	739	745	276	753	760	340	1 150	1 060	450	302	7J,8J	CF01
255/70R16LT	6	109	105	7½J	260	764	770	276	778	785	352	1 030	925	350	302	8J	CJ07
255/70R16LT	8	115	112	7½J	260	764	770	276	778	785	352	1 215	1 120	450	302	8J	CJ07
265/70R16LT	6	110	107	8J	272	778	784	288	792	800	361	1 060	975	350	316	7½J,8½J	CF01
265/70R16LT	8	117	114	8J	272	778	784	288	792	800	361	1 285	1 180	450	316	7½J,8½J	CF01
265/70R17LT	6	112	109	8J	272	804	810	288	818	826	374	1 120	1 030	350	316	7½J,8½J	CF01
265/70R17LT	8	118	115	8J	272	804	810	288	818	826	374	1 320	1 215	450	316	7½J,8½J	CF01
265/70R17LT	10	121	118	8J	272	804	810	288	818	826	374	1 450	1 320	550	316	7½J,8½J	CF01
275/70R16LT	6	112	109	8J	279	792	798	296	807	814	363	1 120	1 030	350	324	7½J,8½J	CJ07
275/70R16LT	8	119	116	8J	279	792	798	296	807	814	363	1 360	1 250	450	324	7½J,8½J	CJ07
285/70R17LT	6	116	113	8½J	292	832	838	310	848	854	386	1 250	1 150	350	339	7½J,8J,9J	CF01
285/70R17LT	8	121	118	8½J	292	832	838	310	848	854	386	1 450	1 320	450	339	7½J,8J,9J	CF01
305/70R16LT	8	118	115	9J	311	834	840	330	852	858	385	1 320	1 215	350	361	8½J,9½J	CF01
305/70R16LT	10	124	121	9J	311	834	840	330	852	858	385	1 600	1 450	450	361	8J,8½J,9½J	CF01
305/70R16LT	12	128	125	9J	311	834	840	330	852	858	385	1 800	1 650	550	361	8J,8½J,9½J	CF01
305/70R17LT	8	119	116	9J	311	860	866	330	878	884	398	1 360	1 250	350	361	8½J,9½J	CF01
315/70R16LT	8	120	117	9½J	323	848	854	342	866	872	391	1 400	1 285	350	375	9J,10J	CF01
315/70R17LT	8	121	118	9½J	323	874	880	342	892	898	404	1 450	1 320	350	375	8½J,9J,10J	CF01

表 8　轻型载重汽车公制子午线轮胎(65 系列,5°轮辋)

轮胎规格	层级	负荷指数		测量轮辋	新胎设计尺寸/mm			轮胎最大使用尺寸/mm			静负荷半径/mm	负荷能力/kg		充气压力/kPa	最小双胎间距/mm	允许使用轮辋	气门嘴型号
		单胎	双胎		断面宽度	外直径		总宽度	外直径			单胎	双胎				
						公路型	牵引型		公路型	牵引型							
185/65R15LT	6	89	85	5½J	189	621	627	200	631	637	291	580	515	350	219	5J,6J	CF01
185/65R15LT	8	95	91	5½J	189	621	627	200	631	637	291	690	615	450	219	5J,6J	CF01
185/65R15LT	10	99	96	5½J	189	621	627	200	631	637	291	775	710	550	219	5J,6J	CF01
185/65R15LT	12	103	100	5½J	189	621	627	200	631	637	291	875	800	650	219	5J,6J	CF01
195/65R16LT	6	93	89	6J	201	660	666	213	670	676	308	650	580	350	233	5½J	CF01
195/65R16LT	8	99	96	6J	201	660	666	213	670	676	308	775	710	450	233	5½J	CF01
195/65R16LT	10	103	100	6J	201	660	666	213	670	676	308	875	800	550	233	5½J	CF01
205/65R15LT	6	94	90	6J	209	647	653	222	658	663	301	670	600	350	242	5½J,6½J	CF01
205/65R15LT	8	100	97	6J	209	647	653	222	658	663	301	800	730	450	242	5½J,6½J	CF01
205/65R16LT	6	95	92	6J	209	672	678	222	683	689	313	690	630	350	242	5½J,6½J	CF01
205/65R16LT	8	101	98	6J	209	672	678	222	683	689	313	825	750	450	242	5½J,6½J	CF01
275/65R18LT	10	123	120	8J	279	815	821	296	829	835	381	1 550	1 400	550	324	7½J,8½J,9J	CF01

表 9　轻型载重汽车公制子午线轮胎(60 系列,5°轮辋)

轮胎规格	层级	负荷指数		测量轮辋	新胎设计尺寸/mm			轮胎最大使用尺寸/mm			静负荷半径/mm	负荷能力/kg		充气压力/kPa	最小双胎间距/mm	允许使用轮辋	气门嘴型号
		单胎	双胎		断面宽度	外直径		总宽度	外直径			单胎	双胎				
						公路型	牵引型		公路型	牵引型							
195/60R15LT	6	89	85	6J	201	615	621	213	624	631	288	580	515	350	233	5½J,6½J	CF01
195/60R15LT	8	95	91	6J	201	615	621	213	624	631	288	690	615	450	233	5½J,6½J	CF01
225/60R15LT	6	96	92	6½J	228	676	682	242	687	693	315	710	630	350	264	7J,7½J	CF01
225/60R15LT	8	101	98	6½J	228	676	682	242	687	693	315	825	750	450	264	7J,7½J	CF01

表 10　轻型载重汽车高通过性子午线轮胎

轮胎规格	层级	负荷指数	测量轮辋	新胎设计尺寸/mm			轮胎最大使用尺寸/mm			静负荷半径/mm	负荷能力/kg	充气压力/kPa	允许使用轮辋	气门嘴型号	
				断面宽度	外直径		总宽度	外直径						有内胎	无内胎
					公路型	牵引型		公路型	牵引型						
30×9.50R15LT	4	96	7½J	240	750	756	260	765	771	346	710	250	7J,8J	CF01	CQ01
30×9.50R15LT	6	104	7½J	240	750	756	260	765	771	346	900	350	7J,8J	CF01	CQ01
31×10.50R15LT	4	100	8½J	268	775	781	289	791	797	358	800	250	8J,9J	CF01	CQ01
31×10.50R15LT	6	109	8½J	268	775	781	289	791	797	358	1 030	350	8J,9J	CF01	CQ01
32×11.50R15LT	4	104	9J	290	801	807	313	817	824	369	900	250	8J,8½J,10J	CF01	CQ01
32×11.50R15LT	6	113	9J	290	801	807	313	817	824	369	1150	350	8J,8½J,10J	CF01	CQ01
33×12.50R15LT	4	100	10J	318	826	832	343	844	850	380	800	170	8½J，9J,11J	CF01	CQ01
33×12.50R15LT	6	108	10J	318	826	832	343	844	850	380	1 000	250	8½J，9J,11J	CF01	CQ01
35×12.50R15LT	6	113	10J	318	877	883	343	897	903	401	1 150	250	8½J，9J,11J	CF01	CQ01
35×12.50R17LT	6	111	10J	318	877	883	343	895	901	—	1 090	250	8½J，9J,11J	CF01	CQ01
35×12.50R17LT	8	119	10J	318	877	883	343	895	901	—	1 360	350	8½J，9J,11J	CF01	CQ01

新胎最大断面宽度＝新胎设计断面宽度×1.05；

新胎最小断面宽度＝新胎设计断面宽度×0.96。

新胎最大外直径＝2×新胎设计断面高度×1.03＋轮辋名义直径；

新胎最小外直径＝2×新胎设计断面高度×0.97＋轮辋名义直径。

注 1：静负荷半径和轮胎最大使用尺寸为使用参考数据。

注 2：若要求采用其他型号气门嘴，使用方应与制造方协商解决。

表 11 公路型挂车特种专用 ST 公制轮胎(5°轮辋)

轮胎规格	层级	负荷指数	测量轮辋	新胎设计尺寸/mm		轮胎最大使用尺寸/mm		静负荷半径/mm	负荷能力/kg	充气压力/kPa	允许使用轮辋	气门嘴型号
				断面宽度	外直径	总宽度	外直径					
235/85 * 16ST	6	116	6½J	235	806	249	822		1 250	350	6J,7J,7½J	CF01
235/85 * 16ST	8	121	6½J	235	806	249	822	—	1 450	450	6J,7J,7½J	CF01
235/85 * 16ST	10	125	6½J	235	806	249	822	—	1 650	550	6J,7J,7½J	CF01
235/85 * 16ST	12	128	6½J	235	806	249	822	—	1 800	660	6J,7J,7½J	CF01
155/80 * 13ST	4	76	4½J	157	578	167	588	—	400	250	5JB	CF01
155/80 * 13ST	6	84	4½J	157	578	167	588	—	500	350	5JB	CF01
165/80 * 13ST	4	80	4½J	165	594	175	604	—	450	250	5JB	CF01
165/80 * 13ST	6	88	4½J	165	594	175	604	—	560	350	5JB	CF01
175/80 * 13ST	4	84	5JB	177	610	188	620	—	500	250	4½JB,5½JB	CF01
175/80 * 13ST	6	91	5JB	177	610	188	620	—	615	350	4½JB,5½JB	CF01
185/80 * 13ST	4	87	5JB	184	626	195	638	—	545	250	4½JB,5½JB,6JB	CF01
185/80 * 13ST	6	94	5JB	184	626	195	638	—	670	350	4½JB,5½JB	CF01
215/80 * 16ST	6	108	6J	216	750	230	764	—	1 000	350	5½J,6½J,7J	CF01
215/80 * 16ST	8	114	6J	216	750	230	764	—	1 180	450	5½J,6½J,7J	CF01
215/80 * 16ST	10	118	6J	216	750	230	764	—	1 320	550	5½J,6½J,7J	CF01
235/80 * 16ST	6	114	6½J	235	782	249	798	—	1 180	350	6J,7J, 7½J	CF01
235/80 * 16ST	8	119	6½J	235	782	249	798	—	1 360	450	6J,7J, 7½J	CF01
235/80 * 16ST	10	123	6½J	235	782	249	798	—	1 550	550	6J,7J, 7½J	CF01
195/75 * 14ST	4	90	5½J	196	648	208	660	—	600	250	5J,6J	CF01
195/75 * 14ST	6	97	5½J	196	648	208	660	—	730	350	5J,6J	CF01
205/75 * 14ST	4	93	5½J	203	664	215	678	—	650	250	5J,6J,6½J	CF01
205/75 * 14ST	6	100	5½J	203	664	215	678	—	800	350	5J,6J,6½J	CF01
205/75 * 15ST	4	94	5½J	203	689	215	703	—	670	250	5J,6J,6½J	CF01
205/75 * 15ST	6	101	5½J	203	689	215	703	—	825	350	5J,6J,6½J	CF01
205/75 * 15ST	8	107	5½J	203	689	215	703	—	975	450	5J,6J,6½J	CF01

表 11（续）

轮胎规格	层级	负荷指数	测量轮辋	新胎设计尺寸/mm		轮胎最大使用尺寸/mm		静负荷半径/mm	负荷能力/kg	充气压力/kPa	允许使用轮辋	气门嘴型号
				断面宽度	外直径	总宽度	外直径					
215/75 * 14ST	4	95	6J	216	678	230	692	—	690	250	5½J,6½J,7J	CF01
215/75 * 14ST	6	102	6J	216	678	230	692	—	850	350	5½J,6½J,7J	CF01
225/75 * 15ST	6	107	6J	223	719	237	733	—	975	350	6½J,7J	CF01
225/75 * 15ST	8	113	6J	223	719	237	733	—	1 150	450	6½J,7J	CF01
225/75 * 15ST	10	117	6J	223	719	237	733	—	1 285	550	6½J,7J	CF01
245/75 * 16ST	6	114	7J	248	774	263	788	—	1 180	350	6½J,7½J	CF01
245/75 * 16ST	8	119	7J	248	774	263	788	—	1 360	450	6½J,7½J	CF01
245/75 * 16ST	10	123	7J	248	774	263	788	—	1 550	550	6½J,7½J	CF01
235/60 * 14ST	4	93	7J	240	638	265	662	—	650	250	6½J,7½J,8J,8½J	CF01
235/60 * 14ST	6	100	7J	240	638	265	662	—	800	350	6½J,7½J,8J,8½J	CF01
235/60 * 14ST	8	106	7J	240	638	265	662	—	950	450	6½J,7½J,8J,8½J	CF01
235/60 * 15ST	4	95	7J	240	663	265	687	—	690	250	6½J,7½J,8J,8½J	CF01
235/60 * 15ST	6	102	7J	240	663	265	687	—	850	350	6½J,7½J,8J,8½J	CF01
235/60 * 15ST	8	108	7J	240	663	265	687	—	1 000	450	6½J,7½J,8J,8½J	CF01
235/60 * 16ST	4	96	7J	240	688	265	712	—	710	250	6½J,7½J,8J,8½J	CF01
235/60 * 16ST	6	103	7J	240	688	265	712	—	875	350	6½J,7½J,8J,8½J	CF01
235/60 * 16ST	8	109	7J	240	688	265	712	—	1 030	450	6½J,7½J,8J,8½J	CF01
285/60 * 16ST	4	108	8½J	292	748	321	776	—	1 000	250	8J,9J,9½J,10J	CF01
285/60 * 16ST	6	116	8½J	292	748	321	776	—	1 250	350	8J,9J,9½J,10J	CF01
285/60 * 16ST	8	121	8½J	292	748	321	776	—	1 450	450	8J,9J,9½J,10J	CF01

新胎最大断面宽度＝新胎设计断面宽度×a(斜交轮胎:a=1.07,子午线轮胎:a=1.05)；

新胎最小断面宽度＝新胎设计断面宽度×0.96。

新胎最大外直径＝2×新胎设计断面高度×b＋轮辋名义直径（斜交轮胎:b=1.07,子午线轮胎:b=1.03)；

新胎最小外直径＝2×新胎设计断面高度×0.97＋轮辋名义直径。

注1：轮胎最大使用尺寸为使用参考数据。

注2：若要求采用其他型号气门嘴，使用方应与制造方协商解决。

* 轮胎规格包括“R”(子午线轮胎)和“-”或“D”(斜交轮胎)。

表 12 载重汽车普通断面斜交轮胎(5°轮辋)

轮胎规格	层级	负荷指数		测量轮辋	新胎设计尺寸/mm			轮胎最大使用尺寸/mm			静负荷半径/mm	负荷能力/kg		充气压力/kPa		最小双胎间距/mm	允许使用轮辋	气门嘴型号
		单胎	双胎		断面宽度	外直径		总宽度	外直径			单胎	双胎	单胎	双胎			
						公路型	牵引型		公路型	牵引型								
7.00-20	8	117	112	5.5	200	904	920	216	940	956	430	1 285	1 120	530	460	230	6.0,6.00S	DG06C
7.00-20	10	121	117	5.5	200	904	920	216	940	956	430	1 450	1 285	630	560	230	6.0,6.00S	DG06C
7.00-20	12	124	120	5.5	200	904	920	216	940	956	430	1 600	1 400	740	670	230	6.0,6.00S	DG06C
7.00-20	14	127	123	5.5	200	904	920	216	940	956	430	1 750	1 550	840	770	230	6.0,6.00S	DG06C
7.50-20	8	121	116	6.0	215	935	952	232	972	991	445	1 450	1 250	530	460	247	6.5,6.50T	DG06C
7.50-20	10	125	121	6.0	215	935	952	232	972	991	445	1 650	1 450	630	560	247	6.5,6.50T	DG06C
7.50-20	12	128	124	6.0	215	935	952	232	972	991	445	1 800	1 600	740	670	247	6.5,6.50T	DG06C
7.50-20	14	130	126	6.0	215	935	952	232	972	991	445	1 900	1 700	810	740	247	6.5,6.50T	DG06C
8.25-20	10	129	124	6.5	236	974	992	254	1 013	1 032	464	1 850	1 600	600	530	270	6.50T,7.0,7.00T	DG06C
8.25-20	12	133	128	6.5	236	974	992	254	1 013	1 032	464	2 060	1 800	700	630	270	6.50T,7.0,7.00T	DG06C
8.25-20	14	136	131	6.5	236	974	992	254	1 013	1 032	464	2 240	1 950	810	740	270	6.50T,7.0,7.00T	DG06C
8.25-20	16	139	135	6.5	236	974	992	254	1 013	1 032	464	2 430	2 180	910	840	270	6.50T,7.0,7.00T	DG06C
9.00-20	10	134	129	7.0	259	1 018	1 038	280	1 059	1 080	485	2 120	1 850	560	490	298	7.00T,7.5,6.5,7.50V	DG07C
9.00-20	12	138	133	7.0	259	1 018	1 038	280	1 059	1 080	485	2 360	2 060	670	600	298	7.00T,7.5,6.5,7.50V	DG07C
9.00-20	14	141	137	7.0	259	1 018	1 038	280	1 059	1 080	485	2 575	2 300	770	700	298	7.00T,7.5,6.5,7.50V	DG07C

表 12（续）

轮胎规格	层级	负荷指数		测量轮辋	新胎设计尺寸/mm			轮胎最大使用尺寸/mm			静负荷半径/mm	负荷能力/kg		充气压力/kPa		最小双胎间距/mm	允许使用轮辋	气门嘴型号
		单胎	双胎		断面宽度	外直径		总宽度	外直径			单胎	双胎	单胎	双胎			
						公路型	牵引型		公路型	牵引型								
9.00-20	16	145	140	7.0	259	1 018	1 038	280	1 059	1 080	485	2 900	2 500	880	810	298	7.00T,7.5,6.5,7.50V	DG07C
10.00-20	12	140	135	7.5	278	1 055	1 073	300	1 097	1 119	502	2 500	2 180	600	530	320	7.50V,8.0	DG08C
10.00-20	14	144	139	7.5	278	1 055	1 073	300	1 097	1 119	502	2 800	2 430	700	630	320	7.50V,8.0	DG08C
10.00-20	16	146	142	7.5	278	1 055	1 073	300	1 097	1 119	502	3 000	2 650	810	740	320	7.50V,8.0	DG08C
10.00-20	18	150	145	7.5	278	1 055	1 073	300	1 097	1 119	502	3 350	2 900	910	840	320	7.50V,8.0	DG08C
11.00-20	12	143	138	8.0	293	1 085	1 105	316	1 128	1 150	517	2 725	2 360	600	530	337	8.00V,8.5	DG09C
11.00-20	14	146	142	8.0	293	1 085	1 105	316	1 128	1 150	517	3 000	2 650	700	630	337	8.00V,8.5	DG09C
11.00-20	16	150	145	8.0	293	1 085	1 105	316	1 128	1 150	517	3 350	2 900	810	740	337	8.00V,8.5	DG09C
11.00-20	18	153	148	8.0	293	1 085	1 105	316	1 128	1 150	517	3 650	3 150	910	840	337	8.00V,8.5	DG09C
11.00-22	12	145	141	8.0	293	1 135	1 150	316	1 180	1 195	540	2 900	2 575	600	530	337	7.5,8.5,8.5VM	DG09C
11.00-22	14	149	144	8.0	293	1 135	1 150	316	1 180	1 195	540	3 250	2 800	700	630	337	7.5,8.5,8.5VM	DG09C
11.00-22	16	152	147	8.0	293	1 135	1 150	316	1 180	1 195	540	3 550	3 075	810	740	337	7.5,8.5,8.5VM	DG09C
12.00-20	14	149	144	8.5	315	1 125	1 145	340	1 170	1 193	536	3 250	2 800	630	560	362	8.50V,9.0	DG09C
12.00-20	16	152	148	8.5	315	1 125	1 145	340	1 170	1 193	536	3 550	3 150	740	670	362	8.50V,9.0	DG09C
12.00-20	18	154	150	8.5	315	1 125	1 145	340	1 170	1 193	536	3 750	3 350	810	740	362	8.50V,9.0	DG09C
12.00-20	20	156	151	8.5	315	1 125	1 145	340	1 170	1 193	536	4 000	3 450	880	810	362	8.50V,9.0	DG09C

表 12（续）

轮胎规格	层级	负荷指数		测量轮辋	新胎设计尺寸/mm			轮胎最大使用尺寸/mm			静负荷半径/mm	负荷能力/kg		充气压力/kPa		最小双胎间距/mm	允许使用轮辋	气门嘴型号
		单胎	双胎		断面宽度	外直径		总宽度	外直径			单胎	双胎	单胎	双胎			
						公路型	牵引型		公路型	牵引型								
12.00-24	14	153	148	8.5	315	1 225	1 247	340	1 274	1 297	583	3 650	3 150	630	560	362	8.50V,9.0	DG09C
12.00-24	16	156	152	8.5	315	1 225	1 247	340	1 274	1 297	583	4 000	3 550	740	670	362	8.50V,9.0	DG09C
12.00-24	18	158	154	8.5	315	1 225	1 247	340	1 274	1 297	583	4 250	3 750	810	740	362	8.50V,9.0	DG09C
12.00-24	20	160	156	8.5	315	1 225	1 247	340	1 274	1 297	583	4 500	4 000	880	810	362	8.50V,9.0	DG09C
13.00-20	16	156	151	9.0	340	1 177	1 200	367	1 224	1 248	560	3 875	3 450	670	600	391	—	DG09C
13.00-20	18	158	154	9.0	340	1 177	1 200	367	1 224	1 248	560	4 250	3 750	770	700	391	—	DG09C
14.00-20	14	152	147	10.0	375	1 240	1 265	405	1 290	1 315	590	3 550	3 075	460	390	431	—	DG09C
14.00-20	16	157	152	10.0	375	1 240	1 265	405	1 290	1 315	590	4 125	3 550	560	490	431	—	DG09C
14.00-20	18	161	156	10.0	375	1 240	1 265	405	1 290	1 315	590	4 625	4 000	670	600	431	—	DG09C
14.00-20	20	164	159	10.0	375	1 240	1 265	405	1 290	1 315	590	5 000	4 375	770	700	431	—	DG09C

新胎最大断面宽度＝新胎设计断面宽度×1.06；

新胎最小断面宽度＝新胎设计断面宽度×0.97。

新胎最大外直径＝2×新胎设计断面高度×1.06＋轮辋名义直径；

新胎最小外直径＝2×新胎设计断面高度×0.97＋轮辋名义直径。

注 1：静负荷半径和轮胎最大使用尺寸为使用参考数据。本表中的静负荷半径为轮胎单胎负荷下的静负荷半径，双胎负荷下的静负荷半径为表中数值＋1 mm。

注 2：若要求采用其他型号气门嘴，使用方应与制造方协商解决。

注 3：上述说明和要求及注 1、注 2 亦适用于表 13、表 22。

表 13 载重汽车普通断面斜交轮胎(15°轮辋)

轮胎规格	层级	负荷指数		测量轮辋	新胎设计尺寸/mm			轮胎最大使用尺寸/mm			静负荷半径/mm	负荷能力/kg		充气压力/kPa		最小双胎间距/mm	允许使用轮辋	气门嘴型号
					断面宽度	外直径		总宽度	外直径									
		单胎	双胎			公路型	牵引型		公路型	牵引型		单胎	双胎	单胎	双胎			
11-22.5	12	140	135	8.25	279	1 054	1 073	305	1 097	1 118	503	2 500	2 180	590	520	318	7.50	DR07
11-22.5	14	144	139	8.25	279	1 054	1 073	305	1 097	1 118	503	2 800	2430	690	620	318	7.50	DR07
11-22.5	16	146	142	8.25	279	1 054	1 073	305	1 097	1 118	503	3 000	2 500	790	720	318	7.50	DR07

表 14 载重汽车宽基斜交轮胎(15°轮辋)

轮胎规格	层级	负荷指数	测量轮辋	新胎设计尺寸/mm			轮胎最大使用尺寸/mm			静负荷半径/mm	负荷能力/kg	充气压力/kPa	允许使用轮辋	气门嘴型号
				断面宽度	外直径		总宽度	外直径						
					公路型	牵引型		公路型	牵引型					
18-22.5	14	156	14.00	457	1 156	1 172	494	1 197	1 214	549	4 000	480	13.00	CJ04,CJ06
18-22.5	16	160	14.00	457	1 156	1 172	494	1 197	1 214	549	4 500	590	13.00	CJ04,CJ06
18-22.5	18	164	14.00	457	1 156	1 172	494	1 197	1 214	549	5 000	690	13.00	CJ04,CJ06
18-22.5	20	167	14.00	457	1 156	1 172	494	1 197	1 214	549	5 450	790	13.00	CJ04,CJ06

新胎最大断面宽度＝新胎设计断面宽度×1.06；

新胎最小断面宽度＝新胎设计断面宽度×0.97。

新胎最大外直径＝2×新胎设计断面高度×1.06＋轮辋名义直径；

新胎最小外直径＝2×新胎设计断面高度×0.97＋轮辋名义直径。

注 1：静负荷半径和轮胎最大使用尺寸为使用参考数据。

注 2：若要求采用其他型号气门嘴，使用方应与制造方协商解决。

表 15 载重汽车普通断面子午线轮胎(5°轮辋)

轮胎规格	层级	负荷指数		测量轮辋	新胎设计尺寸/mm			轮胎最大使用尺寸/mm			静负荷半径/mm	负荷能力/kg		充气压力/kPa	最小双胎间距/mm	允许使用轮辋	气门嘴型号
		单胎	双胎		断面宽度	外直径		总宽度	外直径			单胎	双胎				
						公路型	牵引型		公路型	牵引型							
7.00R20	8	117	115	5.5	200	904	915	216	920	931	422	1 285	1 215	550	236	6.0,6.00S	DG06C
7.00R20	10	121	119	5.5	200	904	915	216	920	931	422	1 450	1 360	660	236	6.0,6.00S	DG06C
7.00R20	12	124	122	5.5	200	904	915	216	920	931	422	1 600	1 500	760	236	6.0,6.00S	DG06C
7.00R20	14	126	124	5.5	200	904	915	216	920	931	422	1 700	1 600	830	236	6.0,6.00S	DG06C
7.50R20	8	121	119	6.0	215	935	947	232	952	964	435	1 450	1 360	550	254	6.5,6.50T	DG06C
7.50R20	10	124	122	6.0	215	935	947	232	952	964	435	1 600	1 500	660	254	6.5,6.50T	DG06C
7.50R20	12	128	126	6.0	215	935	947	232	952	964	435	1 800	1 700	760	254	6.5,6.50T	DG06C
7.50R20	14	130	128	6.0	215	935	947	232	952	964	435	1 900	1 800	830	254	6.5,6.50T	DG06C
8.25R20	10	129	127	6.5	236	974	986	255	993	1 005	452	1 850	1 750	620	278	6.50T,7.0,7.00T	DG06C
8.25R20	12	133	131	6.5	236	974	986	255	993	1 005	452	2 060	1 950	720	278	6.50T,7.0,7.00T	DG06C
8.25R20	14	136	134	6.5	236	974	986	255	993	1 005	452	2 240	2 120	830	278	6.50T,7.0,7.00T	DG06C
8.25R20	16	139	137	6.5	236	974	986	255	993	1 005	452	2 430	2 300	930	278	6.50T,7.0,7.00T	DG06C
9.00R20	10	134	132	7.0	259	1 019	1 030	280	1 039	1 051	471	2 120	2 000	590	306	7.00T,7.5	DG07C
9.00R20	12	138	136	7.0	259	1 019	1 030	280	1 039	1 051	471	2 360	2 240	690	306	7.00T,7.5	DG07C
9.00R20	14	141	139	7.0	259	1 019	1 030	280	1 039	1 051	471	2 575	2 430	790	306	7.00T,7.5	DG07C
9.00R20	16	144	142	7.0	259	1 019	1 030	280	1 039	1 051	471	2 800	2 650	900	306	7.00T,7.5	DG07C
10.00R20	12	140	138	7.5	278	1 054	1 065	300	1 075	1 088	486	2 500	2 360	620	328	7.50V,8.0	DG08C
10.00R20	14	144	142	7.5	278	1 054	1 065	300	1 075	1 088	486	2 800	2 650	720	328	7.50V,8.0	DG08C
10.00R20	16	146	143	7.5	278	1 054	1 065	300	1 075	1 088	486	3 000	2 725	830	328	7.50V,8.0	DG08C
10.00R20	18	149	146	7.5	278	1 054	1 065	300	1 075	1 088	486	3 250	3 000	930	328	7.50V,8.0	DG08C
11.00R20	12	143	141	8.0	293	1 085	1 096	317	1 108	1 120	499	2 725	2 575	620	346	8.00V,8.5	DG09C
11.00R20	14	146	143	8.0	293	1 085	1 096	317	1 108	1 120	499	3 000	2 725	720	346	8.00V,8.5	DG09C
11.00R20	16	150	147	8.0	293	1 085	1 096	317	1 108	1 120	499	3 350	3 075	830	346	8.00V,8.5	DG09C
11.00R20	18	152	149	8.0	293	1 085	1 096	317	1 108	1 120	499	3 550	3 250	930	346	8.00V,8.5	DG09C
11.00R22	12	145	142	8.0	293	1 135	1 147	317	1 158	1 171	525	2 900	2 650	620	346	8.00V,8.5	DG09C

表 15（续）

轮胎规格	层级	负荷指数		测量轮辋	新胎设计尺寸/mm			轮胎最大使用尺寸/mm			静负荷半径/mm	负荷能力/kg		充气压力/kPa	最小双胎间距/mm	允许使用轮辋	气门嘴型号
		单胎	双胎		断面宽度	外直径		总宽度	外直径			单胎	双胎				
						公路型	牵引型		公路型	牵引型							
11.00R22	14	149	146	8.0	293	1 135	1 147	317	1 158	1 171	525	3 250	3 000	720	346	8.00V,8.5	DG09C
11.00R22	16	152	149	8.0	293	1 135	1 147	317	1 158	1 171	525	3 550	3 250	830	346	8.00V,8.5	DG09C
11.00R22	18	154	151	8.0	293	1 135	1 147	317	1 158	1 171	525	3 750	3 450	930	346	8.00V,8.5	DG09C
12.00R20	14	149	146	8.5	315	1 125	1 136	340	1 149	1 162	516	3 250	3 000	660	372	8.50V,9.0	DG09C
12.00R20	16	152	149	8.5	315	1 125	1 136	340	1 149	1 162	516	3 550	3 250	760	372	8.50V,9.0	DG09C
12.00R20	18	154	151	8.5	315	1 125	1 136	340	1 149	1 162	516	3 750	3 450	830	372	8.50V,9.0	DG09C
12.00R20	20	156	153	8.5	315	1 125	1 136	340	1 149	1 162	516	4 000	3 650	900	372	8.50V,9.0	DG09C
12.00R24	14	153	150	8.5	315	1 226	1 238	340	1 251	1 263	572	3 650	3 350	660	372	8.50V,9.0	DG09C
12.00R24	16	156	153	8.5	315	1 226	1 238	340	1 251	1 263	572	4 000	3 650	760	372	8.50V,9.0	DG09C
12.00R24	18	158	155	8.5	315	1 226	1 238	340	1 251	1 263	572	4250	3 875	830	372	8.50V,9.0	DG09C
12.00R24	20	160	157	8.5	315	1 226	1 238	340	1 251	1 263	572	4 500	4 125	900	372	8.50V,9.0	DG09C
13.00R20	16	155	152	9.0	340	1 177	1 189	368	1 204	1 216	538	3 875	3 550	690	401	—	DG09C
13.00R20	18	158	155	9.0	340	1 177	1 189	368	1 204	1 216	538	4 250	3 875	790	401	—	DG09C
14.00R20	14	152	149	10.0	375	1 240	1 253	405	1 271	1 283	565	3 550	3 250	480	443	—	DG09C
14.00R20	16	157	154	10.0	375	1 240	1 253	405	1 271	1 283	565	4 125	3 750	590	443	—	DG09C
14.00R20	18	161	158	10.0	375	1 240	1 253	405	1 271	1 283	565	4 625	4 250	690	443	—	DG09C
14.00R20	20	164	161	10.0	375	1 240	1 253	405	1 271	1 283	565	5 000	4 625	790	443	—	DG09C

新胎最大断面宽度＝新胎设计断面宽度×1.04；

新胎最小断面宽度＝新胎设计断面宽度×0.96。

新胎最大外直径＝2×新胎设计断面高度×1.03＋轮辋名义直径；

新胎最小外直径＝2×新胎设计断面高度×0.97＋轮辋名义直径。

注 1：静负荷半径和轮胎最大使用尺寸为使用参考数据。本表中的静负荷半径为轮胎单胎负荷下的静负荷半径，双胎负荷下的静负荷半径为表中数值＋1 mm。

注 2：若要求采用其他型号气门嘴，使用方应与制造方协商解决。

注 3：上述说明和要求及注 1、注 2 亦适用于表 16～表 19。

表 16 载重汽车普通断面子午线轮胎(15°轮辋)

轮胎规格	层级	负荷指数		测量轮辋	新胎设计尺寸/mm			轮胎最大使用尺寸/mm			静负荷半径/mm	负荷能力/kg		充气压力/kPa	最小双胎间距/mm	允许使用轮辋	气门嘴型号
		单胎	双胎		断面宽度	外直径		总宽度	外直径			单胎	双胎				
						公路型	牵引型		公路型	牵引型							
8R17.5	10	118	116	6.00	203	808	—	219	825	—	378	1 320	1 250	660	231	—	CJ05
8R17.5	12	122	120	6.00	203	808	—	219	825	—	378	1 500	1 400	760	231	—	CJ05
8R19.5	8	117	115	6.00	203	859	871	219	876	888	402	1 285	1 215	550	231	5.25,6.75	CJ05
8R19.5	10	121	119	6.00	203	859	871	219	876	888	402	1 450	1 360	660	231	5.25,6.75	CJ05
8R19.5	12	124	122	6.00	203	859	871	219	876	888	402	1 600	1 500	760	231	5.25,6.75	CJ05
8R22.5	10	124	122	6.00	203	935	947	219	952	964	440	1 600	1 500	660	231	5.25,6.75	—
8R22.5	12	128	126	6.00	203	935	947	219	952	964	440	1 800	1 700	760	231	5.25,6.75	—
8R22.5	14	130	128	6.00	203	935	947	219	952	964	440	1 900	1 800	830	231	5.25,6.75	—
9R17.5	12	126	124	6.75	229	847	—	247	866	—	394	1 700	1 600	720	261	6.00	CJ05
9R17.5	14	129	127	6.75	229	847	—	247	866	—	394	1 850	1 750	830	261	6.00	CJ05
9R17.5	16	132	130	6.75	229	847	—	247	866	—	394	2 000	1 900	930	261	6.00	CJ05
9R19.5	10	124	122	6.75	229	898	909	247	914	926	419	1 600	1 500	550	261	6.00,7.50	CJ05
9R19.5	12	128	126	6.75	229	898	909	247	914	926	419	1 800	1 700	660	261	6.00,7.50	CJ05
9R19.5	14	132	130	6.75	229	898	909	247	914	926	419	2 000	1 900	760	261	6.00,7.50	CJ05
9R22.5	10	129	127	6.75	229	974	986	247	993	1 005	457	1 850	1 750	620	261	6.00,7.50	DR06
9R22.5	12	133	131	6.75	229	974	986	247	993	1 005	457	2 060	1 950	720	261	6.00,7.50	DR06
9R22.5	14	136	134	6.75	229	974	986	247	993	1 005	457	2 240	2 120	830	261	6.00,7.50	DR06
10R17.5	10	127	125	7.50	254	892	—	274	912	—	394	1 750	1 650	590	290	6.75	CJ05
10R17.5	12	131	129	7.50	254	892	—	274	912	—	394	1 950	1 850	690	290	6.75	CJ05
10R17.5	14	135	133	7.50	254	892	—	274	912	—	394	2 180	2 060	790	290	6.75	CJ05

表 16（续）

轮胎规格	层级	负荷指数		测量轮辋	新胎设计尺寸/mm			轮胎最大使用尺寸/mm			静负荷半径/mm	负荷能力/kg		充气压力/kPa	最小双胎间距/mm	允许使用轮辋	气门嘴型号
		单胎	双胎		断面宽度	外直径		总宽度	外直径			单胎	双胎				
						公路型	牵引型		公路型	牵引型							
10R22.5	10	134	132	7.50	254	1 019	1 030	274	1 039	1 051	476	2 120	2 000	590	290	6.75	DR06
10R22.5	12	138	136	7.50	254	1 019	1 030	274	1 039	1 051	476	2 360	2 240	690	290	6.75	DR06
10R22.5	14	141	139	7.50	254	1 019	1 030	274	1 039	1 051	476	2 575	2 430	790	290	6.75	DR06
10R22.5	16	144	142	7.50	254	1 019	1 030	274	1 039	1 051	476	2 800	2 650	900	290	6.75	DR06
11R22.5	12	140	138	8.25	279	1 054	1 065	302	1 075	1 088	491	2 500	2 360	620	318	7.50	DR07
11R22.5	14	144	142	8.25	279	1 054	1 065	302	1 075	1 088	491	2 800	2 650	720	318	7.50	DR07
11R22.5	16	146	143	8.25	279	1 054	1 065	302	1 075	1 088	491	3 000	2 725	830	318	7.50	DR07
11R24.5	12	142	140	8.25	279	1 104	1 116	302	1 126	1 138	516	2 650	2 500	620	318	7.50	DR08
11R24.5	14	146	143	8.25	279	1 104	1 116	302	1 126	1 138	516	3 000	2 725	720	318	7.50	DR08
11R24.5	16	149	146	8.25	279	1 104	1 116	302	1 126	1 138	516	3 250	3 000	830	318	7.50	DR08
12R22.5	12	143	141	9.00	300	1 085	1 096	324	1 108	1 120	504	2 725	2 575	620	342	8.25	DR08
12R22.5	14	146	143	9.00	300	1 085	1 096	324	1 108	1 120	504	3 000	2 725	720	342	8.25	DR08
12R22.5	16	150	147	9.00	300	1 085	1 096	324	1 108	1 120	504	3 350	3 075	830	342	8.25	DR08
12R22.5	18	152	149	9.00	300	1 085	1 096	324	1 108	1 120	504	3 550	3 250	930	342	8.25	DR08
12R24.5	12	145	142	9.00	300	1 135	1 147	324	1 158	1 171	530	2 900	2 650	620	342	8.25	DR08
12R24.5	14	149	146	9.00	300	1 135	1 147	324	1 158	1 171	530	3 250	3 000	720	342	8.25	DR08
12R24.5	16	152	149	9.00	300	1 135	1 147	324	1 158	1 171	530	3 550	3 250	830	342	8.25	DR08
12R24.5	18	154	151	9.00	300	1 135	1 147	324	1 158	1 171	530	3 750	3 450	930	342	8.25	DR08
13R22.5	14	149	146	9.75	320	1 124	1 136	326	1 146	1 158	521	3 250	3 000	660	350	9.00	DR08
13R22.5	16	152	149	9.75	320	1 124	1 136	326	1 146	1 158	521	3 550	3 250	760	350	9.00	DR08
13R22.5	18	154	151	9.75	320	1 124	1 136	326	1 146	1 158	521	3 750	3 450	830	350	9.00	DR08

表 17　载重汽车公制子午线轮胎(80 系列,15°轮辋)

轮胎规格	层级	负荷指数		测量轮辋	新胎设计尺寸/mm			轮胎最大使用尺寸/mm			静负荷半径/mm	负荷能力/kg		充气压力/kPa	最小双胎间距/mm	允许使用轮辋	气门嘴型号
		单胎	双胎		断面宽度	外直径		总宽度	外直径			单胎	双胎				
						公路型	牵引型		公路型	牵引型							
275/80R22.5	16	147	144	8.25	276	1 012	1 018	290	1 030	1 036	473	3 075	2 800	830	311	7.50	DR07
295/80R22.5	16	150	147	9.00	298	1 044	1 050	313	1 062	1 068	487	3 350	3 075	830	335	8.25	DR08
295/80R22.5	18	152	149	9.00	298	1 044	1 050	313	1 062	1 068	487	3 550	3 250	900	335	8.25	DR08
315/80R22.5	14	148	145	9.00	312	1 076	1 082	328	1 096	1 101	500	3 150	2 900	660	351	9.75	DR08
315/80R22.5	16	151	148	9.00	312	1 076	1 082	328	1 096	1 101	500	3 450	3 150	760	351	9.75	DR08
315/80R22.5	18	154	151	9.00	312	1 076	1 082	328	1 096	1 101	500	3 750	3 450	830	351	9.75	DR08

表 18　载重汽车公制子午线轮胎(75 系列,15°轮辋)

轮胎规格	层级	负荷指数		测量轮辋	新胎设计尺寸/mm			轮胎最大使用尺寸/mm			静负荷半径/mm	负荷能力/kg		充气压力/kPa	最小双胎间距/mm	允许使用轮辋	气门嘴型号
		单胎	双胎		断面宽度	外直径		总宽度	外直径			单胎	双胎				
						公路型	牵引型		公路型	牵引型							
215/75R17.5	14	125	122	6.00	211	767	773	222	779	785	360	1 650	1 500	760	237	6.75	DR04
215/75R17.5	16	127	124	6.00	211	767	773	222	779	785	360	1 750	1 600	830	237	6.75	DR04
235/75R17.5	12	124	121	6.75	233	797	803	245	811	817	373	1 600	1 450	660	262	7.50	DR05
235/75R17.5	14	129	126	6.75	233	797	803	245	811	817	373	1 850	1 700	760	262	7.50	DR05
235/75R17.5	16	132	129	6.75	233	797	803	245	811	817	373	2 000	1 850	830	262	7.50	DR05
285/75R24.5	12	141	138	8.25	283	1 050	1 056	297	1 067	1 073	493	2 575	2 360	660	318	—	DR07
285/75R24.5	14	144	141	8.25	283	1 050	1 056	297	1 067	1 073	493	2 800	2 575	760	318	—	DR07
285/75R24.5	16	147	144	8.25	283	1 050	1 056	297	1 067	1073	493	3 075	2 800	830	318	—	DR07
295/75R22.5	12	140	137	9.00	298	1 014	1 020	313	1 032	1 038	474	2 500	2 300	660	335	8.25	DR08
295/75R22.5	14	144	141	9.00	298	1 014	1 020	313	1 032	1 038	474	2 800	2 575	760	335	8.25	DR08
295/75R22.5	16	146	143	9.00	298	1 014	1 020	313	1 032	1 038	474	3 000	2 725	830	335	8.25	DR08
315/75R22.5	16	150	147	9.00	312	1 044	1 050	328	1 062	1 068	487	3 350	3 075	760	351	9.75	DR08
315/75R22.5	18	152	149	9.00	312	1 044	1 050	328	1 062	1 068	487	3 550	3 250	830	351	9.75	DR08
315/75R24.5	16	152	149	9.00	312	1 094	1 110	328	1 113	1 119	512	3 550	3 250	760	351	9.75	DR08
315/75R24.5	18	154	151	9.00	312	1 094	1 110	328	1 113	1 119	512	3 750	3 450	830	351	9.75	DR08

表 19 载重汽车公制子午线轮胎(70 系列,15°轮辋)

轮胎规格	层级	负荷指数		测量轮辋	新胎设计尺寸/mm			轮胎最大使用尺寸/mm			静负荷半径/mm	负荷能力/kg		充气压力/kPa	最小双胎间距/mm	允许使用轮辋	气门嘴型号
		单胎	双胎		断面宽度	外直径		总宽度	外直径			单胎	双胎				
						公路型	牵引型		公路型	牵引型							
225/70R19.5	12	125	123	6.75	226	811	817	237	823	830	382	1 650	1 550	660	254	6.00	DR06
225/70R19.5	14	128	126	6.75	226	811	817	237	823	830	382	1 800	1 700	760	254	6.00	DR06
245/70R19.5	12	129	127	7.50	248	839	845	260	853	859	391	1 850	1 750	660	279	6.75	DR06
245/70R19.5	14	133	131	7.50	248	839	845	260	853	859	391	2 060	1 950	760	279	6.75	DR06
245/70R19.5	16	135	133	7.50	248	839	845	260	853	859	391	2 180	2 060	830	279	6.75	DR06
255/70R22.5	14	138	134	7.50	255	930	936	268	944	951	435	2 360	2 120	760	287	8.25	DR06
255/70R22.5	16	140	137	7.50	255	930	936	268	944	951	435	2 500	2 300	830	287	8.25	DR06
265/70R19.5	12	133	131	7.50	262	867	873	275	882	888	402	2 060	1 950	660	295	8.25	DR06
265/70R19.5	14	137	134	7.50	262	867	873	275	882	888	402	2 300	2 120	760	295	8.25	DR06
275/70R22.5	14	142	139	8.25	276	958	964	290	974	980	446	2 650	2 430	760	311	9.00	DR07
275/70R22.5	16	144	141	8.25	276	958	964	290	974	980	446	2 800	2 575	830	311	9.00	DR07
305/70R19.5	16	144	141	9.00	305	923	929	320	940	946	425	2 800	2 575	760	343	8.25	DR08
305/70R19.5	18	146	143	9.00	305	923	929	320	940	946	425	3 000	2 725	830	343	8.25	DR08
315/70R22.5	16	149	146	9.00	312	1014	1020	328	1 032	1 038	469	3 250	3 000	760	351	9.75	DR08
315/70R22.5	18	151	148	9.00	312	1014	1020	328	1 032	1 038	469	3 450	3 150	830	351	9.75	DR08

表 20 载重汽车公制宽基子午线轮胎(65 系列,15°轮辋)

轮胎规格	层级	负荷指数	测量轮辋	新胎设计尺寸/mm			轮胎最大使用尺寸/mm			静负荷半径/mm	负荷能力/kg	充气压力/kPa	允许使用轮辋	气门嘴型号
				断面宽度	外直径		总宽度	外直径						
					公路型	牵引型		公路型	牵引型					
385/65R22.5	18	158	11.75	389	1 072	1 078	420	1 091	1 098	494	4 250	830	12.25	—
385/65R22.5	20	160	11.75	389	1 072	1 078	420	1 091	1 098	494	4 500	900	12.25	—
425/65R22.5	18	162	12.25	422	1 124	1 130	456	1 147	1 152	515	4 750	760	11.75,13.00	—
425/65R22.5	20	164	12.25	422	1 124	1 130	456	1 147	1 152	515	5 000	830	11.75,13.00	—
445/65R22.5	20	168	13.00	444	1 150	1 156	480	1 173	1 179	526	5 600	830	12.25,14.00	—

新胎最大断面宽度＝新胎设计断面宽度×1.04；
新胎最小断面宽度＝新胎设计断面宽度×0.96。
新胎最大外直径＝2×新胎设计断面高度×1.03＋轮辋名义直径；
新胎最小外直径＝2×新胎设计断面高度×0.97＋轮辋名义直径。
注 1：静负荷半径和轮胎最大使用尺寸为使用参考数据。
注 2：若要求采用其他型号气门嘴，使用方应与制造方协商解决。

表 21 房屋汽车轮胎(15°轮辋)

轮胎规格	层级	负荷指数	测量轮辋	新胎设计尺寸/mm		轮胎最大使用尺寸/mm		静负荷半径/mm	负荷能力/kg	充气压力/kPa	允许使用轮辋	气门嘴型号
				断面宽度	外直径	总宽度	外直径					
7-14.5MH	8	102	6.00MH	185	677	206	707	—	850	480	—	CJ05
7-14.5MH	10	106	6.00MH	185	677	206	707	—	950	590	—	CJ05
7-14.5MH	12	110	6.00MH	185	677	206	707	—	1 060	690	—	CJ05
8-14.5MH	6	104	6.00MH	203	707	226	740	—	900	380	—	CJ05
8-14.5MH	8	109	6.00MH	203	707	226	740	—	1 030	480	—	CJ05
8-14.5MH	10	114	6.00MH	203	707	226	740	—	1 180	590	—	CJ05
8-14.5MH	12	117	6.00MH	203	707	226	740	—	1 285	690	—	CJ05
9-14.5MH	12	122	7.00MH	241	711	268	745	—	1 500	690	—	CJ05

新胎最大断面宽度＝新胎设计断面宽度×1.06；

新胎最小断面宽度＝新胎设计断面宽度×0.97。

新胎最大外直径＝2×新胎设计断面高度×1.06＋轮辋名义直径；

新胎最小外直径＝2×新胎设计断面高度×0.97＋轮辋名义直径。

注 1：轮胎最大使用尺寸为使用参考数据。

注 2：若要求采用其他型号气门嘴，使用方应与制造方协商解决。

表 22　保留生产的轮胎

轮胎规格	层级	测量轮辋	新胎设计尺寸/mm			静负荷半径/mm	负荷下断面宽度/mm	负荷能力/kg	充气压力/kPa	允许使用轮辋	气门嘴型号
			断面宽度	外直径							
				公路型	牵引型						
7.50-17	10	5.00F	208	838	—	—	—	1 100	450	—	CG05C
7.50-17	12	5.00F	208	838	—	—	—	1 200	530	—	CJ01
9.75-18	12	6.00T	—	—	975	458	270	1 700	500	—	CG07C
12.00-18	10	9.00V	327	—	1 090	500	343	1 800	350	9.00T	CG10C
12.00-22	16	8.00V	310	1 170	—	550	325	3 100	600	7.33V,8.37V	CG10C

表 23　轮胎行驶速度与负荷变化对应表

速度/(km/h)	负荷变化率/%			
	微型、轻型载重汽车轮胎		载重汽车轮胎	
	斜交轮胎	子午线轮胎	斜交轮胎	子午线轮胎
40	+15.0	+25.0	+12.5	+15.0
50	+12.5	+20.0	+10.0	+12.0
60	+10.0	+15.0	+7.5	+10.0
70	+7.5	+12.5	+5.0	+7.0
80	+5.0	+10.0	+2.5	+4.0
90	+2.5	+7.5	0	+2.0
100	0	+5.0	0	0
110	0	+2.5	0	0
≥120	0	0	0	0
注：表中的负荷变化是相对于轮胎规格、尺寸、气压与负荷表中规定的负荷能力增加的。				

附　录　A
（规范性附录）
负荷指数与负荷能力的对应关系

负荷指数与负荷能力的对应关系应符合表 A.1 的规定。

表 A.1　负荷指数与负荷能力对应表

负荷指数	负荷能力/kg	负荷指数	负荷能力/kg	负荷指数	负荷能力/kg	负荷指数	负荷能力/kg	负荷指数	负荷能力/kg	负荷指数	负荷能力/kg	负荷指数	负荷能力/kg
60	250	80	450	100	800	120	1 400	140	2 500	160	4 500	180	8 000
61	257	81	462	101	825	121	1 450	141	2 575	161	4 625	181	8 250
62	265	82	475	102	850	122	1 500	142	2 650	162	4 750	182	8 500
63	272	83	487	103	875	123	1 550	143	2 725	163	4 875	183	8 750
64	280	84	500	104	900	124	1 600	144	2 800	164	5 000	184	9 000
65	290	85	515	105	925	125	1 650	145	2 900	165	5 150	185	9 250
66	300	86	530	106	950	126	1 700	146	3 000	166	5 300	186	9 500
67	307	87	545	107	975	127	1 750	147	3 075	167	5 450	187	9 750
68	315	88	560	108	1 000	128	1 800	148	3 150	168	5 600	188	10 000
69	325	89	580	109	1 030	129	1 850	149	3 250	169	5 800	189	10 300
70	335	90	600	110	1 060	130	1 900	150	3 350	170	6 000	190	10 600
71	345	91	615	111	1 090	131	1 950	151	3 450	171	6 150	191	10 900
72	355	92	630	112	1 120	132	2 000	152	3 550	172	6 300	192	11 200
73	365	93	650	113	1 150	133	2 060	153	3 650	173	6 500	193	11 500
74	375	94	670	114	1 180	134	2 120	154	3 750	174	6 700	194	11 800
75	387	95	690	115	1 215	135	2 180	155	3 875	175	6 900	195	12 150
76	400	96	710	116	1 250	136	2 240	156	4 000	176	7 100	196	12 500
77	412	97	730	117	1 285	137	2 300	157	4 125	177	7 300	197	12 850
78	425	98	750	118	1 320	138	2 360	158	4 250	178	7 500	198	13 200
79	437	99	775	119	1 360	139	2 430	159	4 375	179	7 750	199	13 600

附 录 B
（规范性附录）
速度符号与最高行驶速度的对应关系

速度符号与最高行驶速度的对应关系应符合表 B.1 的规定。

表 B.1 速度符号与最高行驶速度对应表

速度符号	最高行驶速度/(km/h)
B	50
C	60
D	65
E	70
F	80
G	90
J	100
K	110
L	120
M	130
N	140
P	150
Q	160
R	170
S	180
T	190
U	200
H	210

ICS 83.160.10
G 41

中华人民共和国国家标准

GB/T 2978—2008
代替 GB/T 2978—1997

轿车轮胎规格、尺寸、气压与负荷

Size designation, dimensions, inflation pressure and load capacity for passenger car tyres

2008-06-04 发布　　　　2008-12-01 实施

中华人民共和国国家质量监督检验检疫总局
中国国家标准化管理委员会　发布

前　言

本标准与《欧洲轮胎轮辋技术组织标准手册-2007（ETRTO-2007）》（英文版）的一致性程度为非等效。

本标准代替 GB/T 2978—1997《轿车轮胎系列》。

本标准与前版标准 GB/T 2978—1997 的主要差异如下：

——将 GB/T 2978—1997 中的“速度级别”均改为“速度符号”（1997 版的第 3 章、第 4 章、第 5 章；本版的第 4 章、第 5 章、表 1～表 19 及附录 B）；

——“标准轮辋”改为“测量轮辋”（1997 版的表 2～表 9；本版的表 1～表 15）；

——本标准增加了轿车子午线轮胎 40、35、30、25 系列和 T 型临时使用的备用轿车轮胎（本版的表 9～表 13）；

——本标准增加了增强型轿车子午线轮胎负荷气压表（本版的表 17）；

——本标准调整了各系列增强型轮胎的基本气压（1997 版的表 2～表 9；本版的表 1～表 14）；

——本标准增加了轿车子午线轮胎增强型及“ZR”识别标识的规定（本版的第 4 章）；

——本标准增加了轿车子午线轮胎的最高使用气压的要求（本版的 5.6）；

——本标准增加了对轿车子午线轮胎气门嘴使用的推荐性要求（本版的第 6 章）；

——本标准增加了行驶速度超过 160 km/h 的轮胎，在最大负荷下不同速度与基本气压对应关系的规定（见表 18）；

——本标准增加了行驶速度超过 210 km/h 的轮胎负荷变化的规定（本版的表 19）；

——本标准调整了轿车轮胎的断面宽度和外直径偏差要求（1997 版的表 2；本版的表 1 ）。

本标准的附录 A 和附录 B 均为规范性附录。

本标准由中国石油和化学工业协会提出。

本标准由全国轮胎轮辋标准化技术委员会（SAC/TC 19）归口。

本标准负责起草单位：广州市华南橡胶轮胎有限公司、山东玲珑橡胶有限公司、三角轮胎股份有限公司、杭州中策橡胶有限公司、北京橡胶工业研究设计院、上海米其林回力轮胎股份有限公司、安徽佳通轮胎有限公司、南京锦湖轮胎有限公司、北京首创轮胎有限责任公司、赛轮有限公司。

本标准主要起草人：卢焜、迟雯、董毛华、伊善会、陈国华、徐丽红、陆奕、肖嵩、王正荣、赵冬梅、刘燕生。

本标准所代替标准的历次版本发布情况为：

——GB/T 2978—1982，GB/T 2978—1989，GB/T 2978—1997。

轿车轮胎规格、尺寸、气压与负荷

1 范围

本标准规定了轿车轮胎用术语和定义、轮胎规格的表示方法、轮胎规格对应的尺寸、气压与负荷等。

本标准适用于新的轿车充气轮胎。

2 规范性引用文件

下列文件中的条款通过本标准的引用而成为本标准的条款。凡是注日期的引用文件,其随后所有的修改单(不包括勘误的内容)或修订版均不适用于本标准,然而,鼓励根据本标准达成协议的各方研究是否可使用这些文件的最新版本。凡是不注日期的引用文件,其最新版本适用于本标准。

GB/ T 6326 轮胎术语及其定义(GB/T 6326—2005,ISO 4223-1:2002,NEQ)

3 术语和定义

GB/T 6326 确立的术语和定义适用于本标准。

4 轮胎规格的表示方法

轿车轮胎是用轮胎规格标志、使用说明进行定义和表述的。

示例 1:

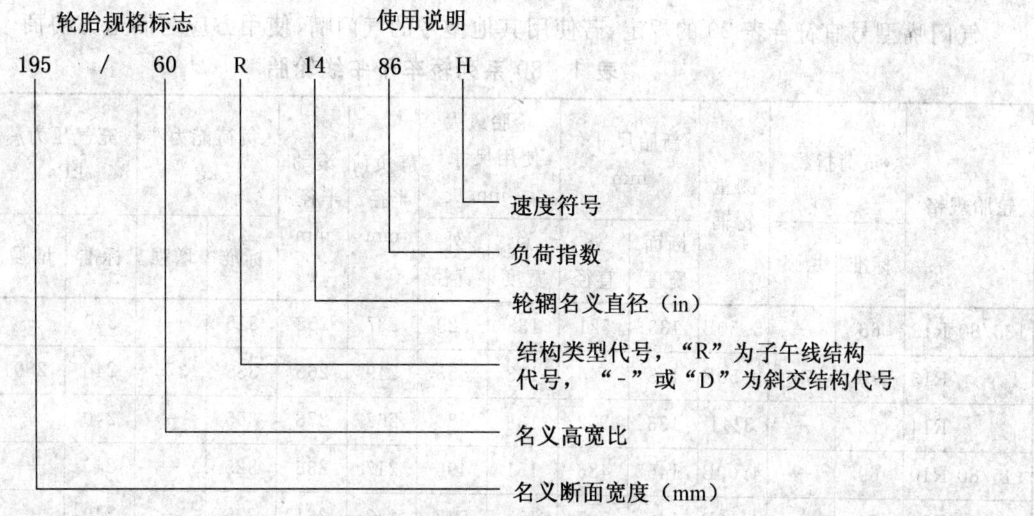

增强型轮胎应增加负荷识别标志“EXTRALOAD(或 XL)”或“REINFORCED(或 REINF)”。

T 型临时使用的备用轮胎应增加规格附加标志“T”,例如:T135/90D16。

最高速度超过 240 km/h 的轮胎,结构类型代号可用“ZR”代替“R”。

示例 2：

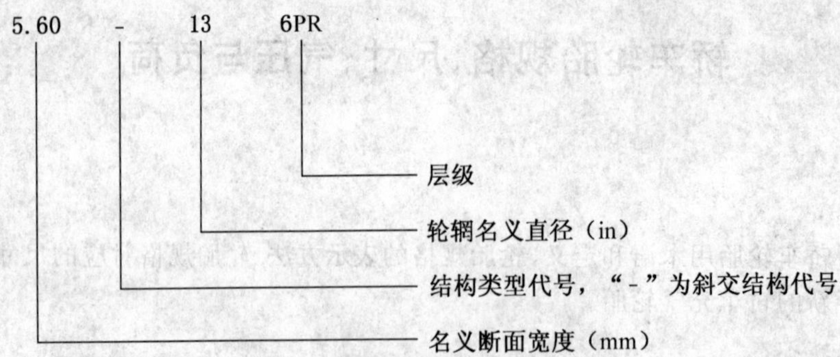

5 轮胎规格、尺寸、气压与负荷

5.1 轿车轮胎的规格、负荷指数(或层级)及其对应的负荷能力和充气压力、测量轮辋、新胎尺寸、最大使用尺寸、静负荷半径、滚动半径、允许使用轮辋应符合表 1～表 15 的规定。

5.2 行驶速度 160 km/h 或以下时，标准型和增强型轿车子午线轮胎在不同充气压力下的负荷能力对应关系应分别符合表 16 和表 17 的规定。

5.4 负荷指数与负荷能力的对应关系应符合附录 A 的规定。

5.5 速度符号与最高速度的对应关系应符合附录 B 的规定。

5.6 本标准提及的气压均指轮胎在常温冷态下的充气压力，不包括行驶过程由于温度上升而导致增加的气压；任何情况下，为安全起见轿车轮胎实际使用的最高充气气压不应大于 350 kPa。

6 气门嘴

气门嘴型号宜符合表 20 的规定，若使用其他型号的气门嘴，使用方应与制造方协商。

表 1 80 系列轿车子午线轮胎

轮胎规格	负荷指数		测量轮辋	新胎尺寸/mm		轮胎最大使用尺寸/mm		静负荷半径/mm	滚动半径/mm	负荷能力/kg		充气压力/kPa		允许使用轮辋
	标准	增强		断面宽度	外直径	总宽度	外直径			标准	增强	标准	增强	
135/80 R12	68	—	3.50B	133	521	138	529	237	253	315	—	240	—	4.00B,4.50B
R13	70	74	3.50B	133	546	138	555	249	265	335	375	240	280	4.00B,4.50B
R14	72	—	3½J	133	572	138	580	262	278	355	—	240	—	4J
145/80 R10	69	—	4.00B	145	486	151	496	217	236	325	—	240	—	3.50B,4.50B
R12	74	—	4.00B	145	537	151	547	243	261	375	—	240	—	3.50B,4.50B
R13	75	79	4.00B	145	562	151	572	255	273	387	437	240	280	3.50B,4.50B
R14	76	—	4J	145	588	151	598	268	286	400	—	240	—	3½J,4½J
R15	77	—	4J	145	613	151	623	281	298	412	—	240	—	3½J,4½J
155/80 R10	73	77	4.50B	157	502	163	512	224	244	365	412	240	280	4.00B,5.00B
R12	77	—	4.50B	157	553	163	563	249	269	412	—	240	—	4.00B,5.00B
R13	79	83	4.50B	157	578	163	588	262	281	437	487	240	280	4.00B,5.00B
R14	81	—	4½J	157	604	163	614	275	293	462	—	240	—	4J,5J

表 1（续）

轮胎规格	负荷指数		测量轮辋	新胎尺寸/mm		轮胎最大使用尺寸/mm		静负荷半径/mm	滚动半径/mm	负荷能力/kg		充气压力/kPa		允许使用轮辋
	标准	增强		断面宽度	外直径	总宽度	外直径			标准	增强	标准	增强	
R15	83	—	4½J	157	629	163	639	287	305	487	—	240	—	4J,5J
165/80 R13	83	87	4.50B	165	594	172	604	268	288	487	545	240	280	4.00B,5.00B
R14	85	—	4½J	165	620	172	630	281	301	515	—	240	—	4J,5J
R15	87	—	4½J	165	645	172	655	293	313	545	—	240	—	4J,5J
175/80 R13	86	—	5.00B	177	610	184	622	274	296	530	—	240	—	4.50B,5.50B
R14	88	92	5J	177	636	184	648	287	309	560	630	240	280	4½J,5½J
R15	89	—	5J	177	661	184	673	299	321	580	—	240	—	4½J,5½J
185/80 R13	90	—	5.00B	184	626	191	638	280	304	600	—	240	—	4.50B,5.50B
R14	91	95	5J	184	652	191	664	293	317	615	690	240	280	4½J,5½J
R15	93	97	5J	184	677	191	689	306	329	650	730	240	280	4½J,5½J
195/80 R14	95	99	5½J	196	668	204	680	300	324	690	775	240	280	5J,6J
R15	96	100	5½J	196	693	204	705	312	337	710	800	240	280	5J,6J
205/80 R14	98	—	5½J	203	684	211	698	306	332	750	—	240	—	5J,6J
R15	99	—	5½J	203	709	211	723	318	344	775	—	240	—	5J,6J
R16	100	104	5½J	203	734	211	748	331	356	800	900	240	280	5J,6J
215/80 R14	101	—	6J	216	700	225	714	312	340	825	—	240	—	5½J,6½J
R15	102	—	6J	216	725	225	739	325	352	850	—	240	—	5½J,6½J
R16	103	107	6J	216	750	225	764	337	364	875	975	240	280	5½J,6½J

新胎最大断面宽度＝新胎断面宽度×1.035，有防擦线设计时，总宽度不大于新胎断面宽度的104%；

新胎最小断面宽度＝新胎断面宽度×0.96；

新胎最大外直径＝2×断面高度×1.03＋轮辋名义直径；

新胎最小外直径＝2×断面高度×0.97＋轮辋名义直径；

表中规定的新胎外直径和轮胎最大使用外直径是普通轮胎的尺寸，雪泥轮胎和特殊轮胎的新胎最大外直径和轮胎最大使用外直径可增加1%。

表中规定的充气压力是轮胎行驶速度在160 km/h或以下时为达到负荷指数对应的负荷能力（即最大负荷）而应具备的最低气压（即基本气压）；当行驶速度超过160 km/h时，该基本气压宜根据速度符号按表18的规定增加。

表中规定的对应于负荷指数的负荷能力是行驶速度在210 km/h或以下时轮胎所承受的最大负荷，当行驶速度超过210 km/h时，实际负荷能力应根据使用说明降低至表19规定的百分率。

注1：测量轮胎外缘尺寸用气压：标准型轮胎测量气压为180 kPa，增强型轮胎测量气压为220 kPa。

注2：静负荷半径、滚动半径和轮胎最大使用尺寸为使用参考数据；静负荷半径和滚动半径是在表中规定的最大负荷和基本气压下的理论计算值，其中滚动半径以60 km/h为基准速度。

注3：表中所列的轮辋规格代号均省略了轮辋直径代号，其中测量轮辋为推荐使用的轮辋，表中规定的B型轮辋可用相同规格的J型轮辋替代。

注4：上述说明和要求及注1、注2、注3亦适用于表2～表12、表14和表15。

表 2 75 系列轿车子午线轮胎

轮胎规格	负荷指数		测量轮辋	新胎尺寸/mm		轮胎最大使用尺寸/mm		静负荷半径/mm	滚动半径/mm	负荷能力/kg		充气压力/kPa		允许使用轮辋
	标准	增强		断面宽度	外直径	总宽度	外直径			标准	增强	标准	增强	
165/75 R13	81	—	4.50B	165	578	172	588	262	281	462	—	250	—	4.00B,5.00B
175/75 R14	86	—	5J	177	618	184	628	280	300	530	—	250	—	4½J,5½J
185/75 R14	89	—	5J	184	634	191	646	286	308	580	—	250	—	4½J,5½J
195/75 R14	92	95	5½J	196	648	204	660	292	315	630	690	250	290	5J,6J
R15	94	—	5½J	196	673	204	685	304	327	670	—	250	—	5J,6J
205/75 R14	95	98	5½J	203	664	211	676	298	322	690	750	250	290	5J,6J
R15	97	—	5½J	203	689	211	701	311	335	730	—	250	—	5J,6J
215/75 R14	100	—	6J	216	678	225	690	304	329	800	—	250	—	5½J,6½J
R15	100	—	6J	216	703	225	715	316	341	800	—	250	—	5½J,6½J
R16	103	107	6J	216	728	225	740	329	354	875	975	250	290	5½J,6½J
225/75 R14	101	—	6J	223	694	232	708	310	337	825	—	250	—	6½J
R15	102	106	6J	223	719	232	733	322	349	850	950	250	290	6½J
R16	104	108	6J	223	744	232	758	335	361	900	1 000	250	290	6½J
235/75 R15	105	109	6½J	235	733	244	747	328	356	925	1 030	250	290	6J,7J
R16	108	112	6½J	235	758	244	772	340	368	1 000	1 120	250	290	6J,7J
245/75 R16	111	—	7J	248	774	258	788	347	376	1 090	—	250	—	6½J,7½J
255/75 R15	110	—	7J	255	763	265	779	339	371	1 060	—	250	—	6½J,7½J
265/75 R15	112	—	7½J	267	779	278	795	346	378	1 120	—	250	—	7J,8J
R16	116	—	7½J	267	804	278	820	358	390	1 250	—	250	—	7J,8J

表 3 70 系列轿车子午线轮胎

轮胎规格	负荷指数		测量轮辋	新胎尺寸/mm		轮胎最大使用尺寸/mm		静负荷半径/mm	滚动半径/mm	负荷能力/kg		充气压力/kPa		允许使用轮辋
	标准	增强		断面宽度	外直径	总宽度	外直径			标准	增强	标准	增强	
135/70 R12	65	—	4.00B	138	495	144	503	227	240	290	—	250	—	3.50B,4.50B
R13	68	—	4.00B	138	520	144	528	239	253	315	—	250	—	3.50B,4.50B
R14	69	—	4J	138	546	144	554	252	265	325	—	250	—	3½J,4½J
145/70 R10	63	—	4.50B	150	458	156	466	207	222	272	—	250	—	4.00B,5.00B
R12	69	—	4.50B	150	509	156	517	232	247	325	—	250	—	4.00B,5.00B
R13	71	—	4.50B	150	534	156	542	245	259	345	—	250	—	4.00B,5.00B
R14	73	—	4½J	150	560	156	568	258	272	365	—	250	—	4J,5J
R15	75	—	4½J	150	585	156	593	270	284	387	—	250	—	4J,5J
155/70 R10	67	—	4.50B	157	472	163	480	212	229	307	—	250	—	4.00B,5.00B
155/70 R12	73	—	4.50B	157	523	163	531	238	254	365	—	250	—	4.00B,5.00B
R13	75	—	4.50B	157	548	163	556	250	266	387	—	250	—	4.00B,5.00B
R14	77	—	4½J	157	574	163	582	263	279	412	—	250	—	4J,5J
R15	78	—	4½J	157	599	163	607	276	291	425	—	250	—	4J,5J

表 3（续）

轮胎规格	负荷指数		测量轮辋	新胎尺寸/mm		轮胎最大使用尺寸/mm		静负荷半径/mm	滚动半径/mm	负荷能力/kg		充气压力/kPa		允许使用轮辋
	标准	增强		断面宽度	外直径	总宽度	外直径			标准	增强	标准	增强	
165/70 R10	72	—	5.00B	170	486	177	496	217	236	355	—	250	—	4.50B,5.50B
R12	77	—	5.00B	170	537	177	547	243	261	412	—	250	—	4.50B,5.50B
R13	79	83	5.00B	170	562	177	572	255	273	437	487	250	290	4.50B,5.50B
R14	81	85	5J	170	588	177	598	268	286	462	515	250	290	4½J,5½J
R15	82	—	5J	170	613	177	623	281	298	475	—	250	—	4½J,5½J
175/70 R12	80	—	5.00B	177	551	184	561	248	268	450	—	250	—	4.50B,5.50B
R13	82	86	5.00B	177	576	184	586	261	280	475	530	250	290	4.50B,5.50B
R14	84	88	5J	177	602	184	612	274	292	500	560	250	290	4½J,5½J
R15	86	—	5J	177	627	184	637	286	305	530	—	250	—	4½J,5½J
185/70 R13	86	—	5.50B	189	590	197	600	266	287	530	—	250	—	5.00B,6.00B
R14	88	92	5½J	189	616	197	626	279	299	560	630	250	290	5J,6J
R15	89	—	5½J	189	641	197	651	292	311	580	—	250	—	5J,6J
R17	92	96	5½J	189	692	197	702	317	336	630	710	250	290	5J,6J
195/70 R13	89	—	6.00B	201	604	209	614	272	293	580	—	250	—	5.00B,5.50B
R14	91	95	6J	201	630	209	640	285	306	615	690	250	290	5½J,6½J
R15	92	97	6J	201	655	209	665	297	318	630	730	250	290	5½J,6½J
205/70 R13	91	—	6.00B	209	618	217	630	277	300	615	—	250	—	5.00B,5.50B
R14	95	98	6J	209	644	217	656	290	313	690	750	250	290	5½J,6½J
R15	96	100	6J	209	669	217	681	303	325	710	800	250	290	5½J,6½J
215/70 R14	96	—	6½J	221	658	230	670	296	320	710	—	250	—	6J,7J
R15	98	—	6½J	221	683	230	695	308	332	750	—	250	—	6J,7J
R16	100	—	6½J	221	708	230	720	321	344	800	—	250	—	6J,7J
225/70 R14	99	—	6½J	228	672	237	684	301	326	775	—	250	—	6J,7J
R15	100	—	6½J	228	697	237	709	314	339	800	—	250	—	6J,7J
R16	103	107	6½J	228	722	237	734	326	351	875	975	250	290	6J,7J
R17	—	108	6½J	228	748	237	761	339	363	—	1 000	—	290	6J,7J
235/70 R14	101	—	7J	240	686	250	700	307	333	825	—	250	—	6½J,7½J
R15	103	107	7J	240	711	250	725	319	345	875	975	250	290	6½J,7½J
R16	106	109	7J	240	736	250	750	332	357	950	1 030	250	290	6½J,7½J
245/70 R16	107	111	7J	248	750	258	764	337	364	975	1 090	250	290	6½J,7½J
R17	110	—	7J	248	776	258	790	350	377	1 060	—	250	—	6½J,7½J
255/70 R15	108	—	7½J	260	739	270	753	330	359	1 000	—	250	—	7J,8J
R16	111	—	7½J	260	764	270	778	343	371	1 090	—	250	—	7J,8J
265/70 R15	112	—	8J	272	753	283	767	336	366	1 120	—	250	—	7½J,8½J
R16	112	—	8J	272	778	283	792	348	378	1 120	—	250	—	7½J,8½J
R17	115	—	8J	272	804	283	818	361	390	1 215	—	250	—	7½J,8½J
275/70 R16	114	—	8J	279	792	290	808	354	385	1 180	—	250	—	7½J,8½J

表 4　65 系列轿车子午线轮胎

轮胎规格	负荷指数		测量轮辋	新胎尺寸/mm		轮胎最大使用尺寸/mm		静负荷半径/mm	滚动半径/mm	负荷能力/kg		充气压力/kPa		允许使用轮辋
	标准	增强		断面宽度	外直径	总宽度	外直径			标准	增强	标准	增强	
145/65 R12	67	—	4.50B	150	493	156	501	226	239	307	—	250	—	4.00B,5.00B
R13	69	—	4.50B	150	518	156	526	238	252	325	—	250	—	4.00B,5.00B
155/65 R12	71	—	4.50B	157	507	163	515	231	246	345	—	250	—	5.00B
R13	73	—	4.50B	157	532	163	540	244	258	365	—	250	—	5.00B
R14	75	—	4½J	157	558	163	566	257	271	387	—	250	—	5J
165/65 R13	77	—	5.00B	170	544	177	552	248	264	412	—	250	—	4.00B,5.50B
R14	79	83	5J	170	570	177	578	261	277	437	487	250	290	4½J,5½J
175/65 R12	78	—	5.00B	177	533	184	543	241	259	425	—	250	—	5.50B
R13	80	—	5.00B	177	558	184	568	254	271	450	—	250	—	5.50B
R14	82	86	5J	177	584	184	594	267	284	475	530	250	290	5½J
R15	84	88	5J	177	609	184	619	279	296	500	560	250	290	5½J
185/65 R13	84	—	5.50B	189	570	197	580	259	277	500	—	250	—	5.00B,6.00B
R14	86	90	5½J	189	596	197	606	272	289	530	600	250	290	5J,6J
R15	88	92	5½J	189	621	197	631	284	302	560	630	250	290	5J,6J
195/65 R13	87	—	6.00B	201	584	209	594	264	284	545	—	250	—	5.50B
R14	89	93	6J	201	610	209	620	277	296	580	650	250	290	5½J,6½J
R15	91	95	6J	201	635	209	645	290	308	615	690	250	290	5½J,6½J
205/65 R14	91	—	6J	209	622	217	632	282	302	615	—	250	—	5½J,6½J
R15	94	99	6J	209	647	217	657	294	314	670	775	250	290	5½J,6½J
R16	95	—	6J	209	672	217	682	307	326	690	—	250	—	5½J,6½J
215/65 R14	94	—	6½J	221	636	230	648	287	309	670	—	250	—	6J,7J
R15	96	100	6½J	221	661	230	673	300	321	710	800	250	290	6J,7J
R16	98	102	6½J	221	686	230	698	312	333	750	850	250	290	6J,7J
R17	99	—	6½J	221	712	230	724	325	346	775	—	250	—	6J,7J
225/65 R15	99	103	6½J	228	673	237	685	304	327	775	875	250	290	6J,7J
235/65 R16	103	107	7J	240	712	250	724	322	346	875	975	250	290	6½J,7½J
R17	104	108	7J	240	738	250	750	335	358	900	1 000	250	290	6½J,7½J
245/65 R17	107	111	7J	248	750	258	762	340	364	975	1 090	250	290	6½J,7½J
255/65 R15	106	—	7½J	260	713	270	727	320	346	950	—	250	—	7J,8J
R16	109	—	7½J	260	738	270	752	332	358	1 030	—	250	—	7J,8J
265/65 R17	112	—	8J	272	776	283	790	350	377	1 120	—	250	—	7½J,8½J
275/65 R17	115	119	8J	279	790	290	804	356	384	1 215	1 360	250	290	7½J,8½J

表 5 60 系列轿车子午线轮胎

轮胎规格	负荷指数		测量轮辋	新胎尺寸/mm		轮胎最大使用尺寸/mm		静负荷半径/mm	滚动半径/mm	负荷能力/kg		充气压力/kPa		允许使用轮辋
	标准	增强		断面宽度	外直径	总宽度	外直径			标准	增强	标准	增强	
155/60 R12	67	—	4.50B	157	491	163	499	225	238	307	—	250	—	5.00B
R13	70	—	4.50B	157	516	163	524	238	251	335	—	250	—	5.00B
165/60 R12	71	—	5.00B	170	503	177	511	230	244	345	—	250	—	4.50B,5.50B
R13	73	—	5.00B	170	528	177	536	242	256	365	—	250	—	4.50B,5.50B
R14	75	—	5J	170	554	177	562	255	269	387	—	250	—	4½J,5½J
175/60 R13	77	—	5.00B	177	540	184	548	247	262	412	—	250	—	5.50B
R14	79	—	5J	177	566	184	574	260	275	437	—	250	—	5½J
185/60 R13	80	—	5.50B	189	552	197	560	252	268	450	—	250	—	5.00B,6.00B
R14	82	86	5½J	189	578	197	586	265	281	475	530	250	290	5J,6J
R15	84	88	5½J	189	603	197	611	277	293	500	560	250	290	5J,6J
195/60 R13	83	—	6.00B	201	564	209	574	256	274	487	—	250	—	5.50B
R14	86	—	6J	201	590	209	600	269	287	530	—	250	—	5½J,6½J
R15	88	—	6J	201	615	209	625	282	299	560	—	250	—	5½J,6½J
R16	89	—	6J	201	640	209	650	294	311	580	—	250	—	5½J,6½J
205/60 R13	86	—	6.00B	209	576	217	586	261	280	530	—	250	—	5.50B
R14	88	—	6J	209	602	217	612	274	292	560	—	250	—	5½J,6½J
R15	91	95	6J	209	627	217	637	286	305	615	690	250	290	5½J,6½J
R16	92	96	6J	209	652	217	662	299	317	630	710	250	290	5½J,6½J
215/60 R14	91	—	6½J	221	614	230	624	279	298	615	—	250	—	6J,7J
R15	94	98	6½J	221	639	230	649	291	310	670	750	250	290	6J,7J
R16	95	99	6½J	221	664	230	674	304	322	690	775	250	290	6J,7J
R17	96	—	6½J	221	690	230	700	317	335	710	—	250	—	6J,7J
225/60 R14	94	—	6½J	228	626	237	636	283	304	670	—	250	—	6J,7J
R15	96	—	6½J	228	651	237	661	296	316	710	—	250	—	6J,7J
R16	98	102	6½J	228	676	237	686	308	328	750	850	250	290	6J,7J
R17	99	—	6½J	228	702	237	712	321	341	775	—	250	—	6J,7J
R18	100	—	6½J	228	727	237	737	334	353	800	—	250	—	6J,7J
235/60 R14	96	—	7J	240	638	250	650	288	310	710	—	250	—	6½J,7½J
R15	98	—	7J	240	663	250	675	300	322	750	—	250	—	6½J,7½J
R16	100	104	7J	240	688	250	700	313	334	800	900	250	290	6½J,7½J
245/60 R14	99	—	7J	248	650	258	662	293	316	775	—	250	—	7½J
255/60 R15	102	—	7½J	260	687	270	699	310	334	850	—	250	—	7J,8J
R16	103	—	7½J	260	712	270	724	322	346	875	—	250	—	7J,8J
265/60 R14	103	—	8J	272	674	283	687	302	327	875	—	250	—	7½J,8½J
R17	108	—	8J	272	750	283	762	340	364	1 000	—	250	—	7½J,8½J
275/60 R15	107	—	8J	279	711	290	725	319	345	975	—	250	—	7½J,8½J
R17	110	—	8J	279	762	290	776	345	370	1 060	—	250	—	7½J,8½J
R20	—	119	8J	279	838	290	852	383	407	—	1 360	—	290	7½J,8½J
285/60 R18	116	120	8½J	292	799	304	813	362	388	1 250	1 400	250	290	8J,9J

表 6　55 系列轿车子午线轮胎

轮胎规格	负荷指数		测量轮辋	新胎尺寸/mm		轮胎最大使用尺寸/mm		静负荷半径/mm	滚动半径/mm	负荷能力/kg		充气压力/kPa		允许使用轮辋
	标准	增强		断面宽度	外直径	总宽度	外直径			标准	增强	标准	增强	
165/55 R12	68	—	5.00B	170	487	177	494	223	237	315	—	250	—	4.50B,5.50B
R13	70	—	5.00B	170	512	177	519	236	249	335	—	250	—	4.50B,5.50B
R14	72	—	5J	170	538	177	545	249	261	355	—	250	—	4½J,5½J
175/55 R15	77	—	5½J	182	573	189	581	265	278	412	—	250	—	5J,6J
185/55 R13	77	—	6.00B	194	534	202	542	245	259	412	—	250	—	5.50B
R14	80	—	6J	194	560	202	568	258	272	450	—	250	—	5½J,6½J
R15	82	86	6J	194	585	202	593	270	284	475	530	250	290	5½J,6½J
195/55 R13	80	—	6.00B	201	544	209	552	248	264	450	—	250	—	5.50B
R14	82	—	6J	201	570	209	578	261	277	475	—	250	—	5½J,6½J
R15	85	89	6J	201	595	209	603	274	289	515	580	250	290	5½J,6½J
205/55 R14	85	—	6½J	214	582	223	592	266	283	515	—	250	—	6J,7J
R15	88	—	6½J	214	607	223	617	279	295	560	—	250	—	6J,7J
R16	90	94	6½J	214	632	223	642	291	307	600	670	250	290	6J,7J
R18	91	95	6½J	214	683	223	693	317	332	615	690	250	290	6J,7J
215/55 R15	89	—	7J	226	617	235	627	283	300	580	—	250	—	6½J,7½J
R16	93	97	7J	226	642	235	652	295	312	650	730	250	290	6½J,7½J
R17	94	98	7J	226	668	235	678	308	324	670	750	250	290	6½J,7½J
225/55 R14	91	—	7J	233	604	242	614	275	293	615	—	250	—	6½J,7½J
R15	92	—	7J	233	629	242	639	287	305	630	—	250	—	6½J,7½J
R16	95	99	7J	233	654	242	664	300	318	690	775	250	290	6½J,7½J
R17	97	101	7J	233	680	242	690	313	330	730	825	250	290	6½J,7½J
235/55 R15	95	—	7½J	245	639	255	649	291	310	690	—	250	—	7J,8J
R17	99	103	7½J	245	690	255	700	317	335	775	875	250	290	7J,8J
245/55 R16	100	104	7½J	253	676	263	686	308	328	800	900	250	290	7J,8J
255/55 R17	104	108	8J	265	712	276	724	325	346	900	1 000	250	290	7½J,8½J
R18	105	109	8J	265	737	276	749	338	358	925	1 030	250	290	7½J,8½J
275/55 R15	104	—	8½J	284	683	295	695	308	332	900	—	250	—	8J,9J
R17	109	—	8½J	284	734	295	746	334	356	1 030	—	250	—	8J,9J
R20	—	117	8½J	284	810	295	822	372	393	—	1 285	—	290	8J,9J

表 7　50 系列轿车子午线轮胎

轮胎规格	负荷指数		测量轮辋	新胎尺寸/mm		轮胎最大使用尺寸/mm		静负荷半径/mm	滚动半径/mm	负荷能力/kg		充气压力/kPa		允许使用轮辋
	标准	增强		断面宽度	外直径	总宽度	外直径			标准	增强	标准	增强	
175/50 R13	72	76	5.50B	182	506	189	514	234	246	355	400	250	290	5.00B,6.00B
R15	75	—	5½J	182	557	189	565	259	271	387	—	250	—	5J,6J
185/50 R14	77	—	6J	194	542	202	550	251	263	412	—	250	—	5½J,6½J
195/50 R13	78	—	6.00B	201	526	209	534	241	255	425	—	250	—	5.50B
R14	80	—	6J	201	552	209	560	254	268	450	—	250	—	5½J,6½J
R15	82	86	6J	201	577	209	585	267	280	475	530	250	290	5½J,6½J
R16	84	88	6J	201	602	209	610	279	292	500	560	250	290	5½J,6½J
205/50 R13	81	—	6.00B	214	536	223	544	245	260	462	—	250	—	5.50B
R14	84	—	6½J	214	562	223	570	258	273	500	—	250	—	6J,7J
R15	86	89	6½J	214	587	223	595	271	285	530	580	250	290	6J,7J
R16	87	91	6½J	214	612	223	620	283	297	545	615	250	290	6J,7J
R17	89	93	6½J	214	638	223	646	296	310	580	650	250	290	6J,7J
215/50 R15	88	—	7J	226	597	235	605	275	290	560	—	250	—	6½J,7½J
R16	90	94	7J	226	622	235	630	287	302	600	670	250	290	6½J,7½J
R17	91	95	7J	226	648	235	656	300	315	615	690	250	290	6½J,7½J
225/50 R15	91	95	7J	233	607	242	617	279	295	615	690	250	290	6½J,7½J
R16	92	96	7J	233	632	242	642	291	307	630	710	250	290	6½J,7½J
R17	94	98	7J	233	658	242	668	304	320	670	750	250	290	6½J,7½J
235/50 R16	95	99	7½J	245	642	255	652	295	312	690	775	250	290	7J,8J
R18	97	101	7½J	245	693	255	703	321	337	730	825	250	290	7J,8J
245/50 R15	96	100	7½J	253	627	263	637	286	305	710	800	250	290	7J,8J
R16	97	—	7½J	253	652	263	662	299	317	730	—	250	—	7J,8J
R17	99	—	7½J	253	678	263	688	312	329	775	—	250	—	7J,8J
255/50 R16	99	—	8J	265	662	276	672	303	322	775	—	250	—	7½J,8½J
R17	101	—	8J	265	688	276	698	316	334	825	—	250	—	7½J,8½J
265/50 R16	101	—	8½J	277	672	288	682	307	326	825	—	250	—	8J,9J
285/50 R15	104	—	9J	297	667	309	679	302	324	900	—	250	—	8½J,9½J
R20	112	116	9J	297	794	309	806	366	386	1 120	1 250	250	290	8½J,9½J
295/50 R20	—	118	9½J	309	804	321	816	369	390	—	1 320	—	290	9J,10J

表 8 45系列轿车子午线轮胎

轮胎规格	负荷指数		测量轮辋	新胎尺寸/mm		轮胎最大使用尺寸/mm		静负荷半径/mm	滚动半径/mm	负荷能力/kg		充气压力/kPa		允许使用轮辋
	标准	增强		断面宽度	外直径	总宽度	外直径			标准	增强	标准	增强	
195/45 R14	77	—	6½J	195	532	203	540	247	258	412	—	250	—	6J,7J
R15	78	—	6½J	195	557	203	565	259	271	425	—	250	—	6J,7J
R16	80	84	6½J	195	582	203	590	272	283	450	500	250	290	6J,7J
205/45 R16	83	87	7J	206	590	214	598	275	287	487	545	250	290	6½J,7½J
R17	84	88	7J	206	616	214	624	288	299	500	560	250	290	6½J,7½J
215/45 R15	84	—	7J	213	575	222	583	266	279	500	—	250	—	7½J
R16	86	—	7J	213	600	222	608	279	291	530	—	250	—	7½J
R17	87	91	7J	213	626	222	634	292	304	545	615	250	290	7½J
225/45 R16	89	93	7½J	225	608	234	616	282	295	580	650	250	290	7J,8J
R17	90	94	7½J	225	634	234	642	295	308	600	670	250	290	7J,8J
R18	91	95	7½J	225	659	234	667	307	320	615	690	250	290	7J,8J
235/45 R15	88	—	8J	236	593	245	601	273	288	560	—	250	—	7½J,8½J
R17	93	97	8J	236	644	245	652	299	313	650	730	250	290	7½J,8½J
245/45 R16	94	98	8J	243	626	253	634	289	304	670	750	250	290	7½J,8½J
R17	95	99	8J	243	652	253	660	302	317	690	775	250	290	7½J,8½J
R18	96	100	8J	243	677	253	685	314	329	710	800	250	290	7½J,8½J
255/45 R15	93	—	8½J	255	611	265	621	280	297	650	—	250	—	8J,9J
R17	98	102	8½J	255	662	265	672	306	322	750	850	250	290	8J,9J
R18	99	103	8½J	255	687	265	697	318	334	775	875	250	290	8J,9J
R20	101	105	8½J	255	738	265	748	344	358	825	925	250	290	8J,9J
275/45 R20	—	110	9J	273	756	284	766	351	367	—	1 060	—	290	8½J,9½J
285/45 R18	103	—	9½J	285	713	296	723	328	346	875	—	250	—	9J,10J
305/45 R22	—	118	10J	303	833	315	845	386	405	—	1 320	—	290	9½J,10½J

表 9　40 系列轿车子午线轮胎

轮胎规格	负荷指数		测量轮辋	新胎尺寸/mm		轮胎最大使用尺寸/mm		静负荷半径/mm	滚动半径/mm	负荷能力/kg		充气压力/kPa		允许使用轮辋
	标准	增强		断面宽度	外直径	总宽度	外直径			标准	增强	标准	增强	
205/40 R16	—	83	7½J	212	570	220	576	267	277	—	487	—	290	7J,8J
R17	80	84	7½J	212	596	220	602	280	289	450	500	250	290	7J,8J
215/40 R16	82	86	7½J	218	578	227	584	270	281	475	530	250	290	7J,8J
R17	83	87	7½J	218	604	227	610	283	293	487	545	250	290	7J,8J
R18	85	89	7½J	218	629	227	635	296	305	515	580	250	290	7J,8J
225/40 R14	82	—	8J	230	536	239	544	248	260	475	—	250	—	7½J,8½J
R16	85	—	8J	230	586	239	594	273	285	515	—	250	—	7½J,8½J
R17	86	90	8J	230	612	239	620	286	297	530	600	250	290	7½J,8½J
R18	88	92	8J	230	637	239	645	299	309	560	630	250	290	7½J,8½J
235/40 R17	90	94	8½J	241	620	251	628	289	301	600	670	250	290	8J,9J
R18	91	95	8½J	241	645	251	653	302	313	615	690	250	290	8J,9J
245/40 R17	91	95	8½J	248	628	258	636	292	305	615	690	250	290	8J,9J
R18	93	97	8½J	248	653	258	661	305	317	650	730	250	290	8J,9J
R20	95	99	8½J	248	704	258	712	330	342	690	775	250	290	8J,9J
255/40 R16	92	—	9J	260	610	270	618	283	296	630	—	250	—	8½J,9½J
R17	94	98	9J	260	636	270	644	296	309	670	750	250	290	8½J,9½J
R18	95	99	9J	260	661	270	669	308	321	690	775	250	290	8½J,9½J
R19	96	100	9J	260	687	270	695	321	334	710	800	250	290	8½J,9½J
R20	—	101	9J	260	712	270	720	334	346	—	825	—	290	8½J,9½J
265/40 R17	96	100	9½J	271	644	282	652	299	313	710	800	250	290	9J,10J
R18	97	101	9½J	271	669	282	677	311	325	730	825	250	290	9J,10J
R22	—	106	9½J	271	771	282	779	362	374	—	950	—	290	9J,10J
275/40 R17	98	—	9½J	278	652	289	660	302	317	750	—	250	—	9J,10J
R20	102	106	9½J	278	728	289	736	340	354	850	950	250	290	9J,10J
285/40 R15	92	—	10J	290	609	302	619	279	296	630	—	250	—	9½J,10½J
R17	100	—	10J	290	660	302	670	305	321	800	—	250	—	9½J,10½J
R18	101	—	10J	290	685	302	695	317	333	825	—	250	—	9½J,10½J
R24	—	112	10J	290	838	302	848	394	407	—	1 120	—	290	9½J,10½J
295/40 R17	102	—	10½J	301	668	313	678	308	324	850	—	250	—	10J,11J
R18	103	—	10½J	301	693	313	703	321	337	875	—	250	—	10J,11J
305/40 R22	110	114	11J	313	803	326	813	375	390	1 060	1 180	250	290	10½J,11½J

表 10　35 系列轿车子午线轮胎

轮胎规格	负荷指数		测量轮辋	新胎尺寸/mm		轮胎最大使用尺寸/mm		静负荷半径/mm	滚动半径/mm	负荷能力/kg		充气压力/kPa		允许使用轮辋
	标准	增强		断面宽度	外直径	总宽度	外直径			标准	增强	标准	增强	
215/35 R18	80	84	7½J	218	607	227	613	287	295	450	500	250	290	7J,8J
R19	—	85	7½J	218	633	227	639	300	307	—	515	—	290	7J,8J
225/35 R18	83	87	8J	230	615	239	621	290	299	487	545	250	290	7½J,8½J
R19	84	88	8J	230	641	239	647	303	311	500	560	250	290	7½J,8½J
R20	—	90	8J	230	666	239	672	316	323	—	600	—	290	8½J,9½J
235/35 R19	87	91	8½J	241	647	251	653	305	314	545	615	250	290	8J,9J
R20	—	92	8½J	241	672	251	678	318	326	—	630	—	290	8J,9J
245/35 R19	89	93	8½J	248	655	258	661	309	318	580	650	250	290	8J,9J
R20	91	95	8½J	248	680	258	686	321	330	615	690	250	290	8J,9J
255/35 R18	90	94	9J	260	635	270	643	298	308	600	670	250	290	8½J,9½J
R20	93	97	9J	260	686	270	694	323	333	650	730	250	290	8½J,9½J
265/35 R18	93	97	9½J	271	643	282	651	301	312	650	730	250	290	9J,10J
R19	94	98	9½J	271	669	282	677	314	325	670	750	250	290	9J,10J
R22	98	102	9½J	271	745	282	753	352	362	750	850	250	290	9J,10J
275/35 R19	96	100	9½J	278	675	289	683	316	328	710	800	250	290	9J,10J
R20	98	102	9½J	278	700	289	708	329	340	750	850	250	290	9J,10J
R22	—	104	9½J	278	751	289	759	354	365	—	900	—	290	9J,10J
285/35 R22	102	106	10J	290	759	302	767	358	368	850	950	250	290	9½J,10½J
R24	—	108	10J	290	810	302	818	383	393	—	1 000	—	290	9½J,10½J
295/35 R22	—	108	10½J	301	765	313	773	360	372	—	1 000	—	290	10J,11J
R24	—	110	10½J	301	816	313	824	385	396	—	1 060	—	290	10J,11J
305/35 R24	—	112	11J	313	824	326	832	388	400	—	1 120	—	290	10½J,11½J
325/35 R28	—	120	11½J	331	939	344	949	444	456	—	1 400	—	290	11J,12J

表 11　30 系列轿车子午线轮胎

轮胎规格	负荷指数		测量轮辋	新胎尺寸/mm		轮胎最大使用尺寸/mm		静负荷半径/mm	滚动半径/mm	负荷能力/kg		充气压力/kPa		其他允许使用轮辋
	标准	增强		断面宽度	外直径	总宽度	外直径			标准	增强	标准	增强	
225/30 R20	—	85	8J	230	644	239	650	307	313	—	515	—	290	—
235/30 R20	—	88	8½J	242	650	252	656	309	316	—	560	—	290	—
R22	—	90	8½J	242	701	252	707	335	340	—	600	—	290	—
245/30 R20	86	90	8½J	248	656	258	662	312	319	530	600	250	290	8J,9J
R22	—	92	8½J	248	707	258	713	337	343	—	630	—	290	8J,9J
255/30 R20	88	92	9J	260	662	270	668	314	322	560	630	—	290	8½J,9½J
R22	—	95	9J	260	713	270	719	340	346	—	690	—	290	8½J,9½J
R24	—	97	9J	260	764	270	770	365	371	—	730	—	290	8½J,9½J
275/30 R19	92	96	9½J	278	649	289	655	306	315	630	710	250	290	9J,10J
R20	93	97	9½J	278	674	289	680	319	327	650	730	250	290	9J,10J
R22	—	99	9½J	278	725	289	731	344	352	—	775	—	290	9J,10J
R24	—	101	9½J	278	776	289	782	370	377	—	825	—	290	9J,10J
285/30 R18	93	97	10J	290	629	302	635	296	305	650	730	250	290	9½J,10½J
R20	95	99	10J	290	680	302	686	321	330	690	775	250	290	9½J,10½J
R22	—	101	10J	290	731	302	737	347	355	—	825	—	290	9½J,10½J
R24	—	103	10J	290	782	302	788	372	380	—	875	—	290	9½J,10½J
295/30 R18	94	98	10½J	301	635	313	643	298	308	670	750	250	290	10J,11J
R22	99	103	10½J	301	737	313	745	349	358	775	875	250	290	10J,11J
R26	—	107	10½J	301	838	313	846	399	407	—	975	—	290	10J,11J
305/30 R22	—	105	11J	313	743	326	751	351	361	—	925	—	290	10½J,11½J
R24	—	107	11J	313	794	326	802	377	386	—	975	—	290	10½J,11½J
R26	—	109	11J	313	844	326	852	402	410	—	1 030	—	290	10½J,11½J
325/30 R21	104	108	11½J	331	729	344	737	343	354	900	1 000	250	290	11J,12J

表 12 25 系列轿车子午线轮胎

轮胎规格	负荷指数		测量轮辋	新胎尺寸/mm		轮胎最大使用尺寸/mm		静负荷半径/mm	滚动半径/mm	负荷能力/kg		充气压力/kPa		其他允许使用轮辋
	标准	增强		断面宽度	外直径	总宽度	外直径			标准	增强	标准	增强	
275/25 R20	87	91	10J	283	646	294	652	308	314	545	615	250	290	—
R22	—	93	10J	283	697	294	703	333	339	—	650	—	290	—
R24	92	96	10J	283	748	294	754	359	363	630	710	250	290	—
285/25 R20	—	93	10½J	295	650	307	656	309	316	—	560	—	290	—
R22	—	95	10½J	295	701	307	707	335	340	—	690	—	290	—
295/25 R20	—	95	10½J	301	656	313	662	312	319	—	690	—	290	10J,11J
R22	—	97	10½J	301	707	313	713	337	343	—	730	—	290	10J,11J
305/25 R20	93	97	11J	313	660	326	666	313	321	650	730	250	290	10½J,11½J
R22	—	99	11J	313	711	326	717	339	345	—	775	—	290	10½J,11½J
R26	—	103	11J	313	812	326	818	389	394	—	875	—	290	10½J,11½J

表 13 T 型临时使用的备用轮胎

轮胎规格	负荷指数	测量轮辋	新胎尺寸/mm		最大使用尺寸/mm		负荷能力/kg	充气压力/kPa	允许使用轮辋
			断面宽度	外直径	总宽度	外直径			
T135/90*15	100	4T	138	625	152	645	800	420	—
T135/90*16	102	4T	138	650	152	670	850	420	—
T155/90*16	110	4T	152	686	168	710	1 060	420	—
T125/80*15	95	4T	131	581	145	599	690	420	—
T135/80*17	103	4T	138	648	152	666	875	420	—
T105/70*14	84	4T	116	504	130	522	500	420	—
T115/70*14	88	4T	123	518	137	536	560	420	—
T115/70*15	90	4T	123	543	137	561	600	420	—
T125/70*15	95	4T	131	557	145	575	690	420	—
T125/70*16	96	4T	131	582	145	600	710	420	—
T135/70*15	99	4T	138	571	152	589	775	420	—
T135/70*16	100	4T	138	596	152	614	800	420	—

新胎最大断面宽度＝新胎断面宽度×1.035；

新胎最小断面宽度＝新胎断面宽度×0.96；

新胎最大外直径＝2×断面高度×1.03＋轮辋名义直径；

新胎最小外直径＝2×断面高度×0.97＋轮辋名义直径。

注：测量轮胎外缘尺寸用气压:360 kPa。

注：*表示轮胎结构类型代号包括“R”(子午线轮胎)和“-”或“D”(斜交轮胎)。

表 14 保留生产的轿车子午线轮胎[a]

轮胎规格	负荷指数		测量轮辋	新胎尺寸/mm		轮胎最大使用尺寸/mm		静负荷半径/mm	滚动半径/mm	负荷能力/kg		充气压力/kPa		允许使用轮辋
	标准	增强		断面宽度	外直径	总宽度	外直径			标准	增强	标准	增强	
135R12	65	70	4.00B	137	522	142	531	237	253	290	335	220	270	3.50B,4.50B
135R13	69	72	4.00B	137	548	142	557	250	266	325	355	230	270	3.50B,4.50B
145R12	72	76	4.00B	147	542	153	551	244	263	355	400	220	270	3.50B,4.50B
145R13	74	78	4.00B	147	566	153	575	250	275	375	425	220	270	3.50B,4.50B
145R14	76	80	4.00B	147	590	153	599	269	286	400	450	220	270	3.50B,4.50B
155R12	76	80	4.50B	157	550	163	560	248	267	400	450	220	270	4.00B,5.00B
155R13	78	82	4.50B	157	578	163	588	262	281	425	475	220	270	4.00B,5.00B
155R14	80	84	4½J	157	604	163	614	275	293	450	500	220	270	4J,5J
155R15	82	86	4½J	157	630	163	640	288	306	475	530	220	270	4J,5J
165R13	82	86	4½J	167	596	174	607	269	289	475	530	230	290	4J,5J
165R14	84	88	4½J	167	622	174	633	282	302	500	560	230	290	4J,5J
165R15	86	90	4½J	167	646	174	657	294	314	530	600	230	290	4J,5J
175R13	86	89	5J	178	608	185	619	273	295	530	580	230	290	4½J,5½J
175R14	88	91	5J	178	634	185	645	286	308	560	615	230	290	4½J,5½J
185R14	90	94	5J	188	650	196	662	293	316	600	670	230	300	5J,6J

[a] 新设计的车辆不推荐使用这些规格的轮胎。

表 15 保留生产的轿车斜交轮胎[a]

轮胎规格	层级	测量轮辋	新胎尺寸/mm		轮胎最大使用尺寸/mm		静负荷半径/mm	滚动半径/mm	负荷能力/kg	充气压力/kPa	允许使用轮辋
			断面宽度	外直径	总宽度	外直径					
5.00-12	4	3.50B	128	532	136	548	248	253	245	170	3.50D,4J
5.60-13	4	4J	145	600	154	618	278	286	330	170	4½J
5.60-13	6	4J	145	600	154	618	278	286	370	210	4½J
5.60-13	8	4J	145	600	154	618	278	286	410	250	4½J
6.00-12	4	4.50B	156	574	165	591	266	273	320	170	4½J,5J
6.00-12	6	4.50B	156	574	165	591	266	273	360	210	4½J,5J
6.00-12	8	4.50B	156	574	165	591	266	273	400	250	4½J,5J
6.15-13	4	4½J	157	582	166	599	271	277	340	170	5J
6.15-13	6	4½J	157	582	166	599	271	277	385	210	5J
6.40-14	4	4½J	163	667	173	687	308	317	435	170	5J
6.40-14	6	4½J	163	667	173	687	308	317	470	210	5J
6.70-13	6	4½J	170	658	180	678	303	313	515	210	5J
6.95-14	4	5J	178	643	189	662	299	306	450	170	5½JJ
6.95-14	6	5J	178	643	189	662	299	306	515	210	5½JJ
7.00-13	6	5J	178	644	189	663	297	307	510	210	5½J
7.00-14	6	5J	178	669	189	689	309	318	545	210	5½J
7.35-14	6	5½JJ	185	659	196	679	305	314	530	210	6JJ
7.50-14	6	5½J	190	691	201	712	319	329	590	210	6JJ
7.50-14	8	5½J	190	691	201	712	319	329	640	250	6JJ

[a] 新设计车辆不推荐使用这些规格的轮胎。

表 16 标准型轿车子午线轮胎负荷与气压对应表

负荷指数	不同气压[a](kPa)下标准型轮胎的负荷能力/kg										
	150	160	170	180	190	200	210	220	230	240	250
62	175	185	195	205	215	220	230	240	250	255	265
63	180	190	200	210	220	230	235	245	255	265	272
64	185	195	205	215	225	235	245	255	260	270	280
65	195	205	210	225	235	245	250	260	270	280	290
66	200	210	220	230	240	250	260	270	280	290	300
67	205	215	225	235	245	255	265	275	285	295	307
68	210	220	230	240	255	265	275	285	295	305	315
69	215	225	240	250	260	270	285	295	305	315	325
70	225	235	245	260	270	280	290	300	315	325	335
71	230	240	255	265	275	290	300	310	325	335	345
72	235	250	260	275	285	295	310	320	330	345	355
73	245	255	270	280	295	305	315	330	340	355	365
74	250	260	275	290	300	315	325	340	350	365	375
75	255	270	285	300	310	325	335	350	360	375	387
76	265	280	295	310	320	335	350	360	375	385	400
77	275	290	305	315	330	345	360	370	385	400	412
78	280	295	310	325	340	355	370	385	400	410	425
79	290	305	320	335	350	365	380	395	410	425	437
80	300	315	330	345	360	375	390	405	420	435	450
81	305	325	340	355	370	385	400	415	430	445	462
82	315	330	350	365	380	395	415	430	445	460	475
83	325	340	360	375	390	405	425	440	455	470	487
84	330	350	365	385	400	420	435	450	470	485	500
85	340	360	380	395	415	430	450	465	480	500	515
86	350	370	390	410	425	445	460	480	495	515	530
87	360	380	400	420	440	455	475	490	510	525	545
88	370	390	410	430	450	470	485	505	525	540	560
89	385	405	425	445	465	485	505	525	545	560	580
90	400	420	440	460	480	500	520	540	560	580	600
91	410	430	450	475	495	515	535	555	575	595	615
92	420	440	465	485	505	525	550	570	590	610	630
93	430	455	475	500	520	545	565	585	610	630	650

表 16（续）

负荷指数	不同气压[a]（kPa）下标准型轮胎的负荷能力/kg										
	150	160	170	180	190	200	210	220	230	240	250
94	445	470	490	515	540	560	585	605	625	650	670
95	460	485	505	530	555	575	600	625	645	670	690
96	470	495	520	545	570	595	620	640	665	685	710
97	485	510	535	560	585	610	635	660	685	705	730
98	500	525	550	575	600	625	650	675	700	725	750
99	515	540	570	595	620	650	675	700	725	750	775
100	530	560	590	615	640	670	695	720	750	775	800
101	550	575	605	635	660	690	720	745	770	800	825
102	565	595	625	655	680	710	740	765	795	825	850
103	580	610	645	675	705	730	760	790	820	845	875
104	600	630	660	690	725	755	785	815	840	870	900
105	615	645	680	710	745	775	805	835	865	895	925
106	630	665	700	730	765	795	825	860	890	920	950
107	650	680	715	750	785	815	850	880	910	945	975
108	665	700	735	770	805	835	870	905	935	970	1 000
109	685	720	755	790	825	860	895	930	965	995	1 030
110	705	740	780	815	850	885	920	955	990	1 025	1 060
111	725	765	800	840	875	910	950	985	1 020	1 055	1 090
112	745	785	825	860	900	935	975	1 010	1 050	1 085	1 120
113	765	805	845	885	925	960	1 000	1 040	1 075	1 115	1 150
114	785	825	865	905	945	985	1 025	1 065	1 105	1 140	1 180
115	805	850	890	935	975	1 015	1 055	1 095	1 135	1 175	1 215
116	830	875	920	960	1 005	1 045	1 085	1 130	1 170	1 210	1 250
117	855	900	945	990	1 030	1 075	1 120	1 160	1 200	1 245	1 285
118	875	925	970	1 015	1 060	1 105	1 150	1 190	1 235	1 280	1 320
119	905	950	1 000	1 045	1 090	1 140	1 185	1 230	1 270	1 315	1 360
120	930	980	1 030	1 075	1 125	1 170	1 220	1 265	1 310	1 355	1 400
121	965	1 015	1 065	1 115	1 165	1 215	1 260	1 310	1 355	1 405	1 450
122	995	1 050	1 100	1 155	1 205	1 255	1 305	1 355	1 405	1 450	1 500
123	1 030	1 085	1 140	1 190	1 245	1 295	1 350	1 400	1 450	1 500	1 550
124	1 065	1 120	1 175	1 230	1 285	1 340	1 390	1 445	1 495	1 550	1 600
125	1 095	1 155	1 210	1 270	1 325	1 380	1 435	1 490	1 545	1 595	1 650

[a] 指轮胎的行驶速度为 160 km/h 或以下、车轮外倾角不大于 2°时，为达到相应负荷能力而应备的最低气压。

表 17　增强型轿车子午线轮胎负荷与气压对应表

负荷指数	不同气压[a](kPa)下增强型轮胎的负荷能力/kg														
	150	160	170	180	190	200	210	220	230	240	250	260	270	280	290
66	175	185	195	205	215	225	230	240	250	260	265	275	285	290	300
67	180	190	200	210	220	230	235	245	255	265	275	280	290	300	307
68	185	195	205	215	225	235	245	255	260	270	280	290	295	305	315
69	190	200	210	220	230	240	250	260	270	280	290	300	305	315	325
70	200	210	220	230	240	250	260	270	280	290	295	305	315	325	335
71	205	215	225	235	245	255	265	275	285	295	305	315	325	335	345
72	210	220	230	240	255	265	275	285	295	305	315	325	335	345	355
73	215	225	240	250	260	270	280	295	305	315	325	335	345	355	365
74	220	235	245	255	265	280	290	300	310	320	335	345	355	365	375
75	230	240	250	265	275	285	300	310	320	335	345	355	365	375	387
76	235	250	260	275	285	295	310	320	330	345	355	365	380	390	400
77	245	255	270	280	295	305	320	330	340	355	365	380	390	400	412
78	250	260	275	290	305	315	330	340	355	365	375	390	400	415	425
79	260	270	285	300	310	325	340	350	365	375	390	400	415	425	437
80	265	280	295	305	320	335	350	360	375	385	400	410	425	440	450
81	275	285	300	315	330	345	355	370	385	395	410	425	435	450	482
82	280	295	310	325	340	355	365	380	395	410	420	435	450	460	475
83	285	305	320	335	345	360	375	390	405	420	430	445	460	475	487
84	295	310	325	340	355	370	385	400	415	430	445	460	470	485	500
85	305	320	335	350	365	385	400	415	430	445	455	470	485	500	515
86	315	330	345	360	380	395	410	425	440	455	470	485	500	515	530
87	320	340	355	370	390	405	420	435	455	470	485	500	515	530	545
88	330	350	365	380	400	415	435	450	465	480	495	515	530	545	560
89	340	360	380	385	415	430	450	465	480	500	515	530	550	565	580
90	355	375	390	410	430	445	465	480	500	515	535	550	565	585	600
91	365	380	400	420	440	455	475	495	510	530	545	565	580	600	615
92	370	390	410	430	450	470	485	505	525	540	560	575	595	615	630
93	385	405	425	445	465	485	500	520	540	560	575	595	615	630	650
94	395	415	435	455	480	500	520	535	555	575	595	615	635	650	670
95	405	430	450	470	490	515	535	555	575	595	615	630	650	670	690
96	420	440	465	485	505	525	550	570	590	610	630	650	670	690	710
97	430	455	475	500	520	540	565	585	605	625	650	670	690	710	730

表 17（续）

负荷指数	不同气压[a]（kPa）下增强型轮胎的负荷能力/kg														
	150	160	170	180	190	200	210	220	230	240	250	260	270	280	290
98	445	465	490	510	535	555	580	600	625	645	665	685	710	730	750
99	455	480	505	530	555	575	600	620	645	665	690	710	730	755	775
100	470	495	520	545	570	595	620	640	665	690	710	735	755	780	800
101	485	515	540	565	590	615	635	660	685	710	735	755	780	800	825
102	500	530	555	580	605	630	655	680	705	730	755	780	805	825	850
103	515	545	570	595	625	650	675	700	725	750	775	800	825	850	875
104	530	560	585	615	640	670	695	720	750	775	800	825	850	875	900
105	545	575	605	630	650	685	715	740	770	795	820	850	875	900	925
106	560	590	620	650	675	705	735	760	790	815	845	870	895	925	950
107	575	605	635	665	695	725	755	780	810	840	865	895	920	950	975
108	590	620	650	685	715	745	770	800	830	860	890	915	945	970	1 000
109	610	640	670	705	735	765	795	825	855	885	915	945	975	1 000	1 030
110	625	660	690	725	755	785	820	850	880	910	940	970	1 000	1 030	1 060
111	645	675	710	745	775	810	840	875	905	935	970	1 000	1 030	1 060	1 090
112	660	695	730	765	800	830	865	900	930	965	995	1 025	1 060	1 090	1 120
113	680	715	750	785	820	855	890	920	955	990	1 020	1 055	1 085	1 120	1 150
114	695	735	770	805	840	875	910	945	980	1 015	1 050	1 080	1 115	1 145	1 180
115	715	755	795	830	865	905	940	975	1 010	1 045	1 080	1 115	1 145	1 180	1 215
116	740	775	815	855	890	930	965	1 000	1 040	1 075	1 110	1 145	1 180	1 215	1 250
117	760	800	840	875	915	955	995	1 030	1 065	1 105	1 140	1 180	1 215	1 250	1 285
118	780	820	860	900	940	980	1 020	1 060	1 095	1 135	1 170	1 210	1 245	1 285	1 320
119	805	845	885	930	970	1 010	1 050	1 090	1 130	1 170	1 210	1 245	1 285	1 320	1 360
120	825	870	915	955	1 000	1 040	1 080	1 120	1 165	1 205	1 245	1 285	1 320	1 360	1 400
121	855	900	945	990	1 035	1 075	1 120	1 160	1 205	1 245	1 290	1 330	1 370	1 410	1 450
122	885	930	980	1 025	1 070	1 115	1 160	1 205	1 245	1 290	1 330	1 375	1 415	1 460	1 500
123	915	965	1 010	1 060	1 105	1 150	1 195	1 245	1 290	1 330	1 375	1 420	1 465	1 505	1 550
124	945	995	1 045	1 090	1 140	1 190	1 235	1 285	1 330	1 375	1 420	1 465	1 510	1 555	1 600
125	975	1 025	1 075	1 125	1 175	1 225	1 275	1 325	1 370	1 420	1 485	1 510	1 580	1 605	1 650
126	1 005	1 055	1 110	1 160	1 210	1 265	1 315	1 365	1 410	1 460	1 510	1 560	1 605	1 655	1 700
127	1 035	1 085	1 140	1 195	1 250	1 300	1 350	1 405	1 455	1 505	1 555	1 605	1 655	1 700	1 750
128	1 060	1 120	1 175	1 230	1 285	1 335	1 390	1 445	1 495	1 545	1 600	1 650	1 700	1 750	1 800
129	1 090	1 150	1 205	1 265	1 320	1 375	1 430	1 485	1 535	1 590	1 645	1 695	1 745	1 800	1 850
130	1 120	1 180	1 240	1 295	1 355	1 410	1 470	1 525	1 580	1 635	1 685	1 740	1 795	1 845	1 900

[a] 指轮胎的行驶速度为 160 km/h 或以下、车轮外倾角不大于 2°时，为达到相应负荷能力而应备的最低气压。

表 18　行驶速度超过 160 km/h 时轿车子午线轮胎最低气压的调整方法

行驶速度/(km/h)	最大负荷下的各种速度符号的轿车轮胎基于不同行驶速度的基本气压/kPa								
	Q	R	S	T	U	H	V	W	Y
160	250	250	250	250	250	250	250	250	250
170	—	260	260	260	260	260	260	250	250
180	—	—	260	260	260	260	260	250	250
190	—	—	—	270	270	270	270	250	250
200	—	—	—	—	270	270	270	260	250
210	—	—	—	—	—	280	280	270	250
220	—	—	—	—	—	—	280	280	250
230	—	—	—	—	—	—	280	290	260
240	—	—	—	—	—	—	280	300	270
250	—	—	—	—	—	—	—	300	280
260	—	—	—	—	—	—	—	300	290
270	—	—	—	—	—	—	—	300	300
280	—	—	—	—	—	—	—	—	300
290	—	—	—	—	—	—	—	—	300
300	—	—	—	—	—	—	—	—	300

注 1：可使用线性插值法，求得在上列的各速度之间的速度所对应的基本气压值。

注 2：对于增强型轮胎，应在上述数值基础上相应增加 40 kPa。

注 3：基本气压低于 250 kPa 时可参照调整。

表 19　行驶速度超过 210 km/h 时轿车轮胎的负荷能力变化百分率

行驶速度/(km/h)	不同速度符号的轿车轮胎基于不同行驶速度的负荷能力变化百分率/%			
	H	V	W	Y
210	100	100	100	100
220	—	97	100	100
230	—	94	100	100
240	—	91	100	100
250	—	—	95	100
260	—	—	90	100
270	—	—	85	100
280	—	—	—	95
290	—	—	—	90
300	—	—	—	85

注：可使用线性插值法，求得在上列各速度之间的速度下对应的负荷能力变化百分率。

表 20 轿车轮胎用气门嘴型号

轮胎类型		气门嘴型号
有内胎	轮辋名义直径 12～17	CF01
	轮辋名义直径 10	CF01、DG01、DG13C 或 DG12C
无内胎	所有	CQ02、CQ03、CQ05、CQ09C （气门嘴孔直径 11.5 mm）

附 录 A
（规范性附录）
负荷指数和负荷能力的对应关系

行驶速度在 210 km/h 或以下时，负荷指数与负荷能力的对应关系应符合表 A.1 的规定。

表 A.1 负荷指数与负荷能力对应表

负荷指数	负荷能力/kg	负荷指数	负荷能力/kg	负荷指数	负荷能力/kg	负荷指数	负荷能力/kg	负荷指数	负荷能力/kg	负荷指数	负荷能力/kg	负荷指数	负荷能力/kg
60	250	70	335	80	450	90	600	100	800	110	1 060	120	1 400
61	257	71	345	81	462	91	615	101	825	111	1 090	121	1 450
62	265	72	355	82	475	92	630	102	850	112	1 120	122	1 500
63	272	73	365	83	487	93	650	103	875	113	1 150	123	1 550
64	280	74	375	84	500	94	670	104	900	114	1 180	124	1 600
65	290	75	387	85	515	95	690	105	925	115	1 215	125	1 650
66	300	76	400	86	530	96	710	106	950	116	1 250	126	1 700
67	307	77	412	87	545	97	730	107	975	117	1 285	127	1 750
68	315	78	425	88	560	98	750	108	1 000	118	1 320	128	1 800
69	325	79	437	89	580	99	775	109	1 030	119	1 360	129	1 850

附 录 B
（规范性附录）
速度符号和最高行驶速度的对应关系

速度符号与最高速度的对应关系应符合表 B.1 的规定。

表 B.1 速度符号与最高速度对应表

速度符号	最高速度/(km/h)	速度符号	最高速度/(km/h)
C	60	P	150
D	65	Q	160
E	70	R	170
F	80	S	180
G	90	T	190
J	100	H	210
K	110	V	240
L	120	W	270
M	130	Y	300
N	140	—	—

ICS 83.160.30
G 41

中华人民共和国国家标准

GB/T 2979—2008
代替 GB/T 2979—1999

农业轮胎规格、尺寸、气压与负荷

Size designation, dimensions, inflation pressure and load capacity for agricultural tyres

(ISO 4251-1:2005, Tyres (ply rating marked series) and rims for agricultural tractors and machines—Part 1:Tyre designation and dimensions, and approved rim contours; ISO 4251-2:2005, Tyres (ply rating marked series) and rims for agricultural tractors and machines—Part 2:Tyre load ratings; ISO 4251-4:1992, Tyres (ply rating marked series) and rims for agricultural tractors and machines—Part 4:Tyre classification and nomenclature; ISO 4251-5:1992, Tyres (ply rating marked series) and rims for agricultural tractors and machines—Part 5:Logging and forestry service tyres, NEQ)

2008-06-18 发布 2009-02-01 实施

中华人民共和国国家质量监督检验检疫总局
中国国家标准化管理委员会 发布

前言

本标准与国际标准 ISO 4251-1:2005《农业拖拉机与农业机械轮胎和轮辋—第 1 部分:轮胎的名称尺寸和标准轮辋轮廓》(英文版);ISO 4251-2:2005《农业拖拉机与农业机械轮胎和轮辋—第 2 部分:轮胎额定负荷》(英文版);ISO 4251-4:1992《农业拖拉机与农业机械轮胎和轮辋—第 4 部分:轮胎分类和命名》(英文版);ISO 4251-5:1992《农业拖拉机与农业机械轮胎和轮辋—第 5 部分:林业轮胎》(英文版)的一致性程度为非等效。

本标准代替 GB/T 2979—1999《农业轮胎系列》。

本标准与 GB/T 2979—1999 的主要差异如下:

——调整了对轮胎尺寸的偏差要求(1999 版的表 1 注,本版的 5.2、5.3);

——“标准轮辋”改为“测量轮辋”(1999 版的表 1～表 14;本版的表 1～表 16);

——增加了高通过性农业轮胎和全地形车辆轮胎(本版表 14、表 15)。

本标准的附录 A 为规范性附录、附录 B 为资料性附录。

本标准由中国石油和化学工业协会提出。

本标准由全国轮胎轮辋标准化技术委员会(SAC/TC 19)归口。

本标准负责起草单位:杭州中策橡胶有限公司、天津国际联合橡胶轮胎有限公司、徐州徐工轮胎有限公司、山东玲珑橡胶有限公司、贵州轮胎股份有限公司。

本标准主要起草人:陈国华、王道和、王礼均、裴晓辉、陈少梅、陈传慧、朱建军。

本标准所代替标准的历次版本发布情况为:

——GB/T 2979—1982、GB/T 2979—1991、GB/T 2979—1999。

农业轮胎规格、尺寸、气压与负荷

1 范围

本标准规定了农业轮胎规格用术语和定义、轮胎规格的表示方法、轮胎规格、尺寸、气压与负荷。

本标准适用于新的农业充气轮胎。

2 规范性引用文件

下列文件中的条款通过本标准的引用而成为本标准的条款。凡是注日期的引用文件，其随后的所有的修改单(不包括勘误的内容)或修订版均不适用于本标准，然而，鼓励根据本标准达成协议的各方研究是否可使用这些文件的最新版本。凡是不注日期的引用文件，其最新版本适用于本标准。

GB/T 6326 轮胎术语及其定义(GB/T 6326—2005，ISO 4223-1:2002，Definitions of some terms used in tyre industry—Part 1:Pneumatic tyres，NEQ)

3 术语和定义

GB/T 6326 确立的术语和定义适用于本标准。

4 轮胎规格的表示方法

农业轮胎是通过轮胎规格标志及其他标志进行定义和表述的。

示例：

轮胎规格标志：

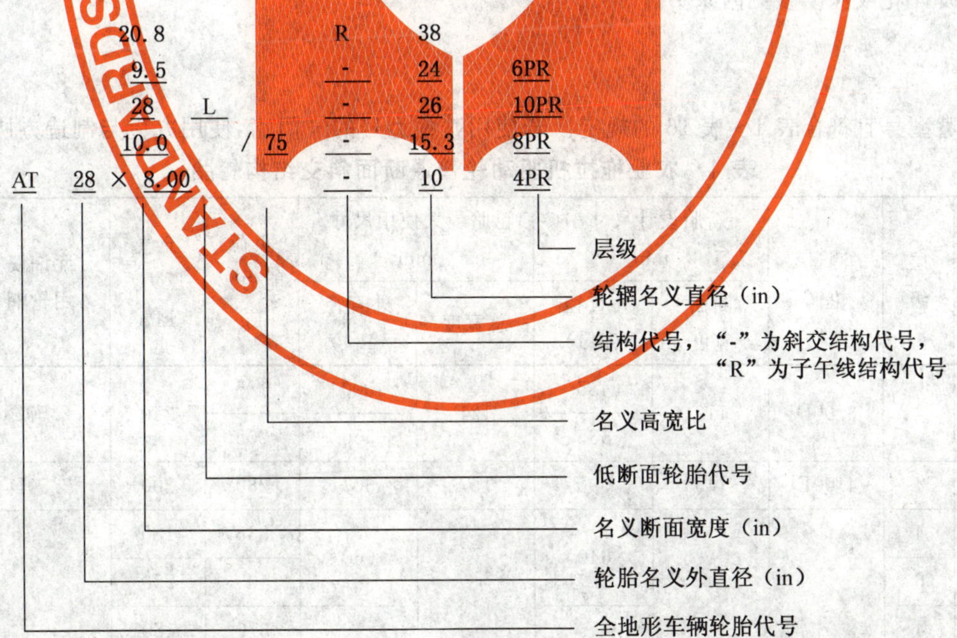

5 轮胎规格、尺寸、气压与负荷

5.1 轮胎的规格、层级及其对应的负荷能力和充气压力、测量轮辋、新胎设计尺寸、最大使用尺寸、气门嘴型号、允许使用轮辋应符合表 1～表 16 的规定。

5.2 新胎最大、最小断面宽度

新胎最大总宽度＝设计断面宽度×a

除农业拖拉机驱动轮水田斜交轮胎以外的轮胎 $a=1.06$

农业拖拉机驱动轮水田斜交轮胎 $a=1.12$

新胎最小断面宽度＝设计断面宽度×0.96

5.3 新胎最大、最小外直径

新胎最大外直径＝2×设计断面高度×b＋轮辋名义直径

拖拉机驱动轮普通断面子午线结构 $b=1.04$

拖拉机斜交结构驱动轮轮胎和林业机械轮胎 $b=1.05$

拖拉机导向轮、农机具和全地形轮胎 $b=1.06$

园艺拖拉机、高通过性轮胎、农业拖拉机驱动轮水田斜交轮胎 $b=1.08$

最小外直径＝2×设计断面高度×0.96＋轮辋名义直径

5.4 表1～表16规定的气压是当轮胎处于环境温度下测定的，不含由于车辆行驶增高的气压。

表1～表16中规定的充气压力是相应负荷速度下的最低气压，如果行驶速度发生变化时按轮胎规格尺寸表中的规定进行调整。

5.5 轮胎规格尺寸表中规定的负荷能力是相应使用条件下的最大负荷。在实际使用中可按表中给出的负荷能力与速度的对应关系进行调整。

6 轮胎花纹

6.1 花纹分类

农业轮胎花纹分类见附录A。

6.2 设计花纹深度

轮胎设计花纹深度参见附录B。

7 气门嘴

气门嘴型号宜符合表1～表16的规定。若使用其他型号的气门嘴，使用方应与制造方协商。

表1 农业拖拉机驱动轮普通断面斜交结构轮胎

<table>
<tr><th rowspan="2">轮胎规格</th><th rowspan="2">层级</th><th rowspan="2">测量轮辋</th><th colspan="2">新胎设计尺寸/mm</th><th colspan="2">轮胎最大使用尺寸/mm</th><th rowspan="2">负荷能力[b]/kg</th><th rowspan="2">充气压力/kPa</th><th rowspan="2">允许使用轮辋</th><th rowspan="2">气门嘴型号</th></tr>
<tr><th>断面宽度</th><th>外直径[a] (R-1)</th><th>总宽度</th><th>外直径 (R-1)</th></tr>
<tr><td>4.00-10</td><td rowspan="2">4</td><td rowspan="2">3.00D</td><td rowspan="2">112</td><td>485</td><td rowspan="2">121</td><td>500</td><td>185</td><td rowspan="2">240</td><td rowspan="2">2.50C</td><td rowspan="7">CF01</td></tr>
<tr><td>4.00-12</td><td>535</td><td>550</td><td>205</td></tr>
<tr><td>5.00-12</td><td>4</td><td>4.00E</td><td>145</td><td>590</td><td>157</td><td>607</td><td>280</td><td>200</td><td>3.50D</td></tr>
<tr><td rowspan="2">6.00-12</td><td>4</td><td rowspan="6">4.50E</td><td rowspan="6">165</td><td rowspan="2">640</td><td rowspan="6">178</td><td rowspan="2">660</td><td>335</td><td>180</td><td rowspan="6">5.00F</td></tr>
<tr><td>6</td><td>405</td><td>250</td></tr>
<tr><td rowspan="2">6.00-14</td><td>4</td><td rowspan="2">690</td><td rowspan="2">710</td><td>370</td><td>180</td></tr>
<tr><td>6</td><td>450</td><td>250</td></tr>
<tr><td rowspan="2">6.00-16</td><td>4</td><td rowspan="2">745</td><td rowspan="2">765</td><td>405</td><td>180</td><td rowspan="2">CJ01</td></tr>
<tr><td>6</td><td>495</td><td>250</td></tr>
</table>

表 1（续）

<table>
<tr><th rowspan="2">轮胎规格</th><th rowspan="2">层级</th><th rowspan="2">测量轮辋</th><th colspan="2">新胎设计尺寸/mm</th><th colspan="2">轮胎最大使用尺寸/mm</th><th rowspan="2">负荷能力[b]/kg</th><th rowspan="2">充气压力/kPa</th><th rowspan="2">允许使用轮辋</th><th rowspan="2">气门嘴型号</th></tr>
<tr><th>断面宽度</th><th>外直径[a] (R-1)</th><th>总宽度</th><th>外直径 (R-1)</th></tr>
<tr><td>6.50-16</td><td>6</td><td>5.00F</td><td>180</td><td>765</td><td>194</td><td>786</td><td>565</td><td>250</td><td>4.50E，5.50F</td><td rowspan="3">CJ01</td></tr>
<tr><td>7.50-16</td><td rowspan="2">6</td><td rowspan="2">5.50F</td><td rowspan="2">205</td><td>810</td><td rowspan="2">221</td><td>834</td><td>650</td><td rowspan="2">210</td><td>5.00F，6LB</td></tr>
<tr><td>7.50-20</td><td>910</td><td>934</td><td>760</td><td>5.00F，6.00F</td></tr>
<tr><td rowspan="2">8.30-20</td><td>4</td><td rowspan="6">W7</td><td rowspan="6">210</td><td rowspan="2">895</td><td rowspan="6">227</td><td rowspan="2">918</td><td>550</td><td>160</td><td rowspan="6">W6</td><td rowspan="24">CG01C</td></tr>
<tr><td>6</td><td>695</td><td>240</td></tr>
<tr><td rowspan="2">8.3-24</td><td>4</td><td rowspan="2">995</td><td rowspan="2">1 018</td><td>625</td><td>160</td></tr>
<tr><td>6</td><td>810</td><td>240</td></tr>
<tr><td rowspan="2">8.3-26</td><td>4</td><td rowspan="2">1 045</td><td rowspan="2">1 068</td><td>695</td><td>160</td></tr>
<tr><td>6</td><td>880</td><td>240</td></tr>
<tr><td rowspan="3">9.5-20</td><td>4</td><td rowspan="9">W8</td><td rowspan="9">240</td><td rowspan="3">950</td><td rowspan="9">259</td><td rowspan="3">976</td><td>640</td><td>140</td><td rowspan="9">W7，W8H</td></tr>
<tr><td>6</td><td>810</td><td>210</td></tr>
<tr><td>8</td><td>955</td><td>280</td></tr>
<tr><td rowspan="3">9.5-24</td><td>4</td><td rowspan="3">1 050</td><td rowspan="3">1 076</td><td>740</td><td>140</td></tr>
<tr><td>6</td><td>940</td><td>210</td></tr>
<tr><td>8</td><td>1 110</td><td>280</td></tr>
<tr><td rowspan="3">9.5-32</td><td>4</td><td rowspan="3">1 250</td><td rowspan="3">1 276</td><td>840</td><td>140</td></tr>
<tr><td>6</td><td>1 065</td><td>210</td></tr>
<tr><td>8</td><td>1 260</td><td>280</td></tr>
<tr><td rowspan="3">11.2-20</td><td>4</td><td rowspan="10">W10</td><td rowspan="10">285</td><td rowspan="3">1 005</td><td rowspan="10">308</td><td rowspan="3">1 035</td><td>760</td><td>130</td><td rowspan="10">W9，W10H</td></tr>
<tr><td>6</td><td>920</td><td>180</td></tr>
<tr><td>8</td><td>1 085</td><td>240</td></tr>
<tr><td rowspan="4">11.2-24</td><td>4</td><td rowspan="4">1 105</td><td rowspan="4">1 135</td><td>845</td><td>130</td></tr>
<tr><td>6</td><td>1 045</td><td>180</td></tr>
<tr><td>8</td><td>1 225</td><td>240</td></tr>
<tr><td>10</td><td>1 380</td><td>300</td></tr>
<tr><td rowspan="3">11.2-28</td><td>4</td><td rowspan="3">1 205</td><td rowspan="3">1 235</td><td>900</td><td>130</td></tr>
<tr><td>6</td><td>1 115</td><td>180</td></tr>
<tr><td>8</td><td>1 305</td><td>240</td></tr>
<tr><td rowspan="3">12.4-24</td><td>4</td><td rowspan="3">W11</td><td rowspan="3">315</td><td rowspan="3">1 160</td><td rowspan="3">340</td><td rowspan="3">1 193</td><td>945</td><td>110</td><td rowspan="3">W10，W10H</td></tr>
<tr><td>6</td><td>1 200</td><td>170</td></tr>
<tr><td>8</td><td>1 415</td><td>230</td></tr>
</table>

表 1（续）

轮胎规格	层级	测量轮辋	新胎设计尺寸/mm		轮胎最大使用尺寸/mm		负荷能力[b]/kg	充气压力/kPa	允许使用轮辋	气门嘴型号
			断面宽度	外直径[a]（R-1）	总宽度	外直径（R-1）				
12.4-28	4	W11	315	1 260	340	1 293	1 005	110	W10，W10H	CG01C
	6						1 275	170		
	8						1 510	230		
12.4-32	4			1 360		1 393	1 070	110	W10	
	6						1 355	170		
	8						1 605	230		
	10						1 800	280		
12.4-36	4			1 465		1 498	1 135	110	W10，DW11	
	6						1 440	170		
	8						1 700	230		
12.4-38	4			1 565		1 601	1 165	110	W10，DW10，DW12	
	6						1 480	170		
	8						1 750	230		
13.6-24	4	W12	345	1 210	373	1 246	1 030	100	W11，DW12	
	6						1 340	160		
	8						1 545	210		
	10						1 790	250		
13.6-28	4			1 310		1 346	1 100	100	W11	
	6						1 430	160		
	8						1 645	210		
	10						1 910	250		
13.6-32	8			1 410		1 446	1 780	200	W11，DW11，DW12	
13.6-36	4			1 515		1 551	1 240	100	W11	
	6						1 615	160		
	8						1 855	210		
	10						2 150	250		
13.6-38	4			1 565		1 601	1 275	100	W11，DW11，DW12	
	6						1 660	160		
	8						1 910	210		
	10						2 215	250		
14.9-24	4	W13	378	1 265	408	1 304	1 210	100	W12，DW12	
	6						1 510	140		

表 1（续）

轮胎规格	层级	测量轮辋	新胎设计尺寸/mm		轮胎最大使用尺寸/mm		负荷能力[b]/kg	充气压力/kPa	允许使用轮辋	气门嘴型号
			断面宽度	外直径[a]（R-1）	总宽度	外直径（R-1）				
14.9-24	8	W13	378	1 265	408	1 304	1 760	180	W12，DW12	CG01C
	10						1 990	230		
14.9-26	6			1 315		1 354	1 560	140		
	8						1 820	180		
	10						2 055	230		
14.9-28	4			1 365		1 404	1 310	100	W12	
	6						1 610	140		
	8						1 880	180		
	10						2 120	230		
14.9-30	6			1 415		1 454	1 665	140	W12，DW12	
	8						1 940	180		
	10						2 190	230		
14.9-38	6			1 615		1 654	1 870	140		
	8						2 180	180		
	10						2 460	230		
15.5—38	6	W14L	395	1 570	426	1 606	1 765	140	DW14	
	8						2 060	180		
	10						2 320	230		
16.9-24	6	W15L	430	1 335	464	1 378	1 725	130	DW14，W14L	
	8						2 040	170		
	10						2 230	200		
16.9-26	6			1 385		1 428	1 780	130		
	8						2 105	170		
	10						2 305	200		
16.9-28	6			1 435		1 478	1 840	130		
	8						2 175	170		
	10						2 380	200		
16.9-30	6			1 485		1 528	1 900	130		
	8						2 245	170		
	10						2 455	200		
	12						2 730	240		
16.9-34	6			1 585		1 628	2 015	130		
	8						2 380	170		
	10						2 605	200		
16.9-38	6			1 685		1 728	2 130	130		
	8						2 520	170		
	10						2 760	200		

表 1（续）

轮胎规格	层级	测量轮辋	新胎设计尺寸/mm 断面宽度	新胎设计尺寸/mm 外直径[a]（R-1）	轮胎最大使用尺寸/mm 总宽度	轮胎最大使用尺寸/mm 外直径（R-1）	负荷能力[b]/kg	充气压力/kPa	允许使用轮辋	气门嘴型号
18.4-26	6	DW16	467	1 450	504	1 497	1 990	110	W15L	CG01C
	8						2 265	140		
	10						2 645	180		
	12						2 985	230		
18.4-28	6	W16L		1 500		1 547	2 040	110	W15L，DW16	
	8						2 310	140		
	10						2 715	180		
	12						3 135	220		
18.4-30	6			1 550		1 597	2 120	110		
	8						2 415	140		
	10						2 815	180		
	12						3 180	230		
18.4-34	6			1 655		1 702	2 250	110		
	8						2 565	140		
	10						2 990	180		
	12						3 375	230		
	14						3 630	260		
18.4-38	6			1 755		1 802	2 380	110	W15L	
	8						2 715	140		
	10						3 165	180		
	12						3 575	230		
18.4-42	6	W16	467	1 857	505	1 904	2 485	110	DW16A	
	8						2 860	140		
	10						3 330	180		
20.8-34	8	W18L	528	1 735	570	1 787	2 920	130	—	
	10						3 285	160		
	12						3 785	200		
20.8-38	8			1 835		1 887	3 090	130		
	10						3 475	160		
	12						4 000	200		
23.1-26	8	DW20	587	1 605	634	1 662	2 850	110		
	10						3 245	140		
	12						3 610	170		
	14						3 970	200		
23.1-30	8	DW20	587	1 705	634	1 762	3 035	110	—	
	10						3 460	140		
	12						3 850	170		

表 1（续）

<table>
<tr><th rowspan="2">轮胎规格</th><th rowspan="2">层级</th><th rowspan="2">测量轮辋</th><th colspan="2">新胎设计尺寸/mm</th><th colspan="2">轮胎最大使用尺寸/mm</th><th rowspan="2">负荷能力[b]/kg</th><th rowspan="2">充气压力/kPa</th><th rowspan="2">允许使用轮辋</th><th rowspan="2">气门嘴型号</th></tr>
<tr><th>断面宽度</th><th>外直径[a]（R-1）</th><th>总宽度</th><th>外直径（R-1）</th></tr>
<tr><td rowspan="3">23.1-34</td><td>8</td><td rowspan="3">DW20</td><td rowspan="3">587</td><td rowspan="3">1 810</td><td rowspan="3">634</td><td rowspan="3">1 867</td><td>3 225</td><td>110</td><td rowspan="3">—</td><td rowspan="5">CG01C</td></tr>
<tr><td>10</td><td>3 675</td><td>140</td></tr>
<tr><td>12</td><td>4 090</td><td>170</td></tr>
<tr><td rowspan="2">24.5-32</td><td>10</td><td rowspan="2">DW21</td><td rowspan="2">622</td><td rowspan="2">1 805</td><td rowspan="2">672</td><td rowspan="2">1 864</td><td>3 950</td><td>140</td><td rowspan="2">DW20</td></tr>
<tr><td>12</td><td>4 390</td><td>170</td></tr>
</table>

a R-2、R-3、R-4 型花纹轮胎，其新胎设计外直径按附录 B 中表 B.1 的规定计算。

b 当拖拉机驱动轮胎装于前轴（导向轮）上时，轮胎最大负荷和气压的数值也适用。负荷能力与速度的对应关系如下：

速度/(km/h)	负荷变化率/%
10	+40（气压增加 30 kPa）
20	+20
25	+7
30	0
35	−10
40	−20

表 2　农业拖拉机驱动轮普通断面子午线结构轮胎

<table>
<tr><th rowspan="2">轮胎规格</th><th rowspan="2">层级</th><th rowspan="2">测量轮辋</th><th colspan="2">新胎设计尺寸/mm</th><th colspan="2">轮胎最大使用尺寸/mm</th><th rowspan="2">负荷能力[b]/kg</th><th rowspan="2">充气压力/kPa</th><th rowspan="2">允许使用轮辋</th><th rowspan="2">气门嘴型号</th></tr>
<tr><th>断面宽度</th><th>外直径[a]（R-1）</th><th>总宽度</th><th>外直径（R-1）</th></tr>
<tr><td rowspan="2">8.3R24</td><td>4</td><td rowspan="2">W7</td><td rowspan="2">210</td><td rowspan="2">985</td><td rowspan="2">227</td><td rowspan="2">1 000</td><td>550</td><td>160</td><td rowspan="2">W6</td><td rowspan="15">CJ08</td></tr>
<tr><td>6</td><td>715</td><td>240</td></tr>
<tr><td rowspan="3">9.5R24</td><td>4</td><td rowspan="6">W8</td><td rowspan="6">240</td><td rowspan="3">1 040</td><td rowspan="3">259</td><td rowspan="3">1 057</td><td>650</td><td>140</td><td rowspan="6">W7，W8H</td></tr>
<tr><td>6</td><td>825</td><td>210</td></tr>
<tr><td>8</td><td>975</td><td>280</td></tr>
<tr><td rowspan="3">9.5R32</td><td>4</td><td rowspan="3">1 245</td><td rowspan="3">259</td><td rowspan="3">1 262</td><td>740</td><td>140</td></tr>
<tr><td>6</td><td>935</td><td>210</td></tr>
<tr><td>8</td><td>1 110</td><td>280</td></tr>
<tr><td rowspan="4">11.2R24</td><td>4</td><td rowspan="4">W10</td><td rowspan="7">285</td><td rowspan="4">1 095</td><td rowspan="7">308</td><td rowspan="4">1 114</td><td>745</td><td>130</td><td rowspan="7">W9，W10H</td></tr>
<tr><td>6</td><td>920</td><td>180</td></tr>
<tr><td>8</td><td>1 080</td><td>240</td></tr>
<tr><td>10</td><td>1 215</td><td>300</td></tr>
<tr><td rowspan="3">11.2R28</td><td>4</td><td rowspan="3">W10</td><td rowspan="3">1 200</td><td rowspan="3">1 220</td><td>790</td><td>130</td></tr>
<tr><td>6</td><td>980</td><td>180</td></tr>
<tr><td>8</td><td>1 150</td><td>240</td></tr>
</table>

表 2（续）

轮胎规格	层级	测量轮辋	新胎设计尺寸/mm 断面宽度	新胎设计尺寸/mm 外直径[a] (R-1)	轮胎最大使用尺寸/mm 总宽度	轮胎最大使用尺寸/mm 外直径 (R-1)	负荷能力[b]/kg	充气压力/kPa	允许使用轮辋	气门嘴型号
12.4R24	4	W11	315	1 145	340	1 166	830	110	W10,W10H	CJ08
12.4R24	6	W11	315	1 145	340	1 166	1 055	170	W10,W10H	CJ08
12.4R24	8	W11	315	1 145	340	1 166	1 245	230	W10,W10H	CJ08
12.4R28	4	W11	315	1 250	340	1 271	885	110	W10,W10H	CJ08
12.4R28	6	W11	315	1 250	340	1 271	1 120	170	W10,W10H	CJ08
12.4R28	8	W11	315	1 250	340	1 271	1 330	230	W10,W10H	CJ08
12.4R32	4	W11	315	1 350	340	1 371	940	110	W10	CJ08
12.4R32	6	W11	315	1 350	340	1 371	1 190	170	W10	CJ08
12.4R32	8	W11	315	1 350	340	1 371	1 410	230	W10	CJ08
12.4R32	10	W11	315	1 350	340	1 371	1 580	280	W10	CJ08
12.4R36	4	W11	315	1 450	340	1 471	1 000	110	W10,DW10	CJ08
12.4R36	6	W11	315	1 450	340	1 471	1 265	170	W10,DW10	CJ08
12.4R36	8	W11	315	1 450	340	1 471	1 495	230	W10,DW10	CJ08
12.4R38	4	W11	315	1 500	340	1 521	1 025	110	W10,DW10,DW11	CJ08
12.4R38	6	W11	315	1 500	340	1 521	1 300	170	W10,DW10,DW11	CJ08
12.4R38	8	W11	315	1 500	340	1 521	1 540	230	W10,DW10,DW11	CJ08
13.6R24	4	W12	345	1 190	373	1 213	905	100	DW12,W11	CJ08
13.6R24	6	W12	345	1 190	373	1 213	1 180	160	DW12,W11	CJ08
13.6R24	8	W12	345	1 190	373	1 213	1 360	200	DW12,W11	CJ08
13.6R24	10	W12	345	1 190	373	1 213	1 575	250	DW12,W11	CJ08
13.6R28	4	W12	345	1 295	373	1 318	970	100	W11	CJ08
13.6R28	6	W12	345	1 295	373	1 318	1 260	160	W11	CJ08
13.6R28	8	W12	345	1 295	373	1 318	1 450	200	W11	CJ08
13.6R28	10	W12	345	1 295	373	1 318	1 680	250	W11	CJ08
13.6R36	4	W12	345	1 500	373	1 575	1 090	100	W11	CJ08
13.6R36	6	W12	345	1 500	373	1 575	1 420	160	W11	CJ08
13.6R36	8	W12	345	1 500	373	1 575	1 630	200	W11	CJ08
13.6R36	10	W12	345	1 500	373	1 575	1 890	250	W11	CJ08
13.6R38	4	W12	345	1 550	373	1 625	1 120	100	DW12,W11,DW11	CJ08
13.6R38	6	W12	345	1 550	373	1 625	1 460	160	DW12,W11,DW11	CJ08
13.6R38	8	W12	345	1 550	373	1 625	1 680	200	DW12,W11,DW11	CJ08
13.6R38	10	W12	345	1 550	373	1 625	1 950	250	DW12,W11,DW11	CJ08

表 2（续）

轮胎规格	层级	测量轮辋	新胎设计尺寸/mm 断面宽度	新胎设计尺寸/mm 外直径[a] (R-1)	轮胎最大使用尺寸/mm 总宽度	轮胎最大使用尺寸/mm 外直径 (R-1)	负荷能力[b]/kg	充气压力/kPa	允许使用轮辋	气门嘴型号
14.9R24	6	W13	378	1 245	408	1 270	1 330	140	W12,DW12	CJ08
	8						1 550	180		
	10						1 750	230		
14.9R26	6			1 295		1 320	1 375	140		
	8						1 600	180		
	10						1 810	230		
14.9R28	6			1 350		1 376	1 415	140	W12	
	8						1 650	180		
	10						1 865	230		
14.9R30	6			1 400		1 426	1 465	140	W12,DW12	
	8						1 705	180		
	10						1 925	230		
15.5R38	6	W14L	395	1 565	427	1 589	1 765	140	DW14	
	8						2 060	180		
	10						2 320	230		
16.9R24	6	W15L	430	1 320	464	1 348	1 725	130	W14L,DW14	
	8						2 040	170		
	10						2 230	200		
16.9R26	6			1 370		1 398	1 780	130		
	8						2 105	170		
	10						2 305	200		
16.9R28	6			1 420		1 448	1 840	130		
	8						2 175	170		
	10						2 380	200		
16.9R30	6			1 475		1 503	1 900	130		
	8						2 245	170		
	10						2 455	200		
	12						2 730	240		
16.9R34	6			1 575		1 603	2 015	130		
	8						2 380	170		
	10						2 605	200		
16.9R38	6			1 675		1 703	2 130	130		
	8						2 520	170		
	10						2 760	200		

表 2（续）

轮胎规格	层级	测量轮辋	新胎设计尺寸/mm 断面宽度	新胎设计尺寸/mm 外直径[a] (R-1)	轮胎最大使用尺寸/mm 总宽度	轮胎最大使用尺寸/mm 外直径 (R-1)	负荷能力[b]/kg	充气压力/kPa	允许使用轮辋	气门嘴型号
18.4R26	6	DW16	467	1 440	504	1 471	1 750	110	W15L	CJ08
	8						1 995	140		
	10						2 330	180		
	12						2 625	230		
18.4R30	6	DW16L		1 545		1 576	1 865	110	W15L,DW16	
	8						2 125	140		
	10						2 475	180		
	12						2 800	230		
18.4R34	6	W16L	467	1 645	504	1 676	1 980	110		
	8						2 255	140		
	10						2 630	180		
	12						2 970	230		
	14						3 190	260		
18.4R38	6			1 750		1 781	2 095	110	W15L	
	8						2 390	140		
	10						2 785	180		
	12						3 145	230		
20.8R34	6	W18L	525	1 735	570	1 770	2 570	130	—	
	8						2 890	160		
	10						3 330	200		
20.8R38	6			1 835		1 870	2 720	130		
	8						3 060	160		
	10						3 520	200		

[a] R-2、R-3、R-4 型花纹轮胎，其新胎设计外直径按附录 B 中表 B.1 的规定计算。

[b] 当拖拉机驱动轮胎装于前轴（导向轮）上时轮胎最大负荷和气压的数值也适用。负荷能力与速度的对应关系如下：

速度/(km/h)	负荷变化率/%
10	+40（气压增加 30 kPa）
20	+20
25	+7
30	0
35	−10
40	−20

表 3 农业拖拉机驱动轮低断面斜交结构轮胎

轮胎规格	层级	测量轮辋	新胎设计尺寸/mm 断面宽度	新胎设计尺寸/mm 外直径[a] (R-1)	轮胎最大使用尺寸/mm 总宽度	轮胎最大使用尺寸/mm 外直径 (R-1)	负荷能力[b]/kg	充气压力/kPa	允许使用轮辋	气门嘴型号
17.5L-24	6	W15L	445	1 265	480	1 304	1 270	110	—	CG01C
	8						1 500	150		
	10						1 725	190		
19.5L-24	8	DW16	495	1 340	535	1 382	1 725	140	W16L,W15L	
	10						1 925	170		
	12						2 145	210		
21L-24	10	DW18	533	1 400	576	1 450	2 090	150	W18L	
	12						2 410	190		
	16						2 795	250		
28L-26	10	DW25	715	1 615	772	1 672	3 460	120	—	
	12						3 785	140		
	14						4 245	170		
30.5L-32	12	DW27	775	1 820	837	1 880	4 745	140		

[a] R-2、R-3、R-4 型花纹轮胎，其新胎设计外直径按附录 B 中表 B.1 的规定计算。

[b] 当拖拉机驱动轮胎装于前轴(导向轮)上时，轮胎最大负荷和气压的数值也适用。负荷能力与速度的对应关系如下：

速度/(km/h)	负荷变化率/%
10	+40(气压增加 30 kPa)
20	+20
25	+7
30	0
35	−10
40	−20

表 4 农业拖拉机驱动轮中耕斜交结构轮胎

轮胎规格	层级	测量轮辋	新胎设计尺寸/mm 断面宽度	新胎设计尺寸/mm 外直径[a] (CR-1)	轮胎最大使用尺寸/mm 总宽度	轮胎最大使用尺寸/mm 外直径 (CR-1)	负荷能力[b]/kg	充气压力/kPa	允许使用轮辋	气门嘴型号
7.2-36	6	W6	183	1 250	198	1 270	865	280	—	CG01C
	8						1 005	370		
7.2-40	6			1 350		1 370	935	280		
	8						1 090	370		

表 4（续）

轮胎规格	层级	测量轮辋	新胎设计尺寸/mm		轮胎最大使用尺寸/mm		负荷能力[b]/kg	充气压力/kPa	允许使用轮辋	气门嘴型号
			断面宽度	外直径[a]（CR-1）	总宽度	外直径（CR-1）				
8.3-36	6	W7	210	1 300	227	1 323	970	240	W6	CG01C
	8						1 160	320		
8.3-42	6			1 450		1 473	1 055	240		
	8						1 255	320		
8.3-44	6	W7	210	1 500	227	1 523	1 080	240		
	8						1 290	320		
9.5-36	6	W8	240	1 355	259	1 381	1 130	210	W7	
	8						1 335	280		
9.5-44	6			1 555		1 581	1 255	210		
	8						1 485	280		
9.5-48	6			1 655		1 681	1 320	210		
	8						1 560	280		

a R-2、R-3、R-4 型花纹轮胎，其新胎设计外直径按附录 B 中表 B.1 的规定计算。

b 当拖拉机驱动轮胎装于前轴（导向轮）上时，轮胎最大负荷和气压的数值也适用。负荷能力与速度的对应关系如下：

速度/(km/h)	负荷变化率/%
10	+40（气压增加 30 kPa）
20	+20
25	+7
30	0
35	−10
40	−20

表 5 农业拖拉机中耕子午线结构轮胎

轮胎规格	层级	测量轮辋	新胎设计尺寸/mm		轮胎最大使用尺寸/mm		负荷能力/kg	充气压力/kPa	允许使用轮辋	气门嘴型号
			断面宽度	外直径（CR-1）	总宽度	外直径（CR-1）				
8.3R36	6	W7	210	1 290	227	1 315	970	240	W6	CG01C
	8						1 160	320		
8.3R42	6			1 440		1 465	1 055	240		
	8						1 255	320		
8.3R44	6			1 495		1 495	1 080	240		
	8						1 290	320		

表 5（续）

轮胎规格	层级	测量轮辋	新胎设计尺寸/mm		轮胎最大使用尺寸/mm		负荷能力/kg	充气压力/kPa	允许使用轮辋	气门嘴型号
			断面宽度	外直径（CR-1）	总宽度	外直径（CR-1）				
9.5R36	6	W8	240	1 345	259	1 365	1 130	210	W7	CG01C
	8						1 335	280		
9.5R44	6			1 550		1 575	1 255	210		
	8						1 485	280		
9.5R48	6			1 650		1 675	1 320	210		
	8						1 560	280		

表 6　农业拖拉机驱动轮水田斜交结构轮胎

轮胎规格	层级	测量轮辋	新胎设计尺寸/mm		轮胎最大使用尺寸/mm		负荷能力[a]/kg	充气压力/kPa	允许使用轮辋	气门嘴型号
			断面宽度	外直径（PR-1）	总宽度	外直径（PR-1）				
6.5-16	6	5.00F	165	830	190	870	565	250	—	CJ01
6.5-22		5.50F		980	178	1 005	700	310		
6.5-26				1 080		1 105	800			
7.2-28		W6	185	1 170	200	1 197	670	240		CG01C
7.5-16		5.50F	195	890	210	935	750	300		CJ01
8.3-20		W7	210	950	227	976	970	270	W6	CG01C
8.3-24				1 050		1 076	1 135			
8.3-32				1 340		1 372	1 300		—	
9.5-20		W8	240	1 050	259	1 082	1 140	240	W7，W8H	
9.5-24				1 150		1 182	1 315			
9.5-36				1 500		1 535	1 580		—	
11-32		W10	305	1 460	340	1 495	1 080	160	DW10	
11.2-24			285	1 205	308	1 241	1 465	210	W9，W10H	
12.4-26		W11	315	1 265	340	1 301	1 728	200	W10，W10H W10，W10H	
12.4-28				1 315		1 351	1 785			
12.4-32				1 415		1 451	1 895			
13.6-28		W12	345	1 370	373	1 406	2 000	190	W11	
13.6-38	8			1 710		1 755	2 675	230	W11，DW11，DW12	

a　最高速度 10 km/h。

表 7 林业机械普通断面斜交结构轮胎

<table>
<tr><th rowspan="2">轮胎规格</th><th rowspan="2">层级</th><th rowspan="2">测量轮辋</th><th colspan="2">新胎设计尺寸/mm</th><th colspan="2">轮胎最大使用尺寸/mm</th><th rowspan="2">负荷能力[b]/kg</th><th rowspan="2">充气压力/kPa</th><th rowspan="2">允许使用轮辋</th><th rowspan="2">气门嘴型号</th></tr>
<tr><th>断面宽度</th><th>外直径[a]（LS-2）</th><th>总宽度</th><th>外直径（LS-2）</th></tr>
<tr><td>16.9-30LS</td><td>10</td><td rowspan="3">W15L</td><td rowspan="3">430</td><td rowspan="3">1 510</td><td rowspan="3">464</td><td rowspan="3">1 555</td><td>2 575</td><td>210</td><td rowspan="3">DW14，W14L</td><td rowspan="9">CG01C</td></tr>
<tr><td>16.9-30LS</td><td>12</td><td>2 800</td><td>240</td></tr>
<tr><td>16.9-30LS</td><td>14</td><td>3 000</td><td>280</td></tr>
<tr><td>18.4-26LS</td><td>10</td><td>DW16</td><td rowspan="4">467</td><td>1 475</td><td rowspan="4">504</td><td>1 524</td><td>2 580</td><td>170</td><td rowspan="2">W15L</td></tr>
<tr><td>18.4-30LS</td><td>12</td><td>DW16A</td><td>1 575</td><td>1 600</td><td>3 075</td><td>210</td></tr>
<tr><td rowspan="2">18.4-34LS</td><td>10</td><td rowspan="2">W16L</td><td rowspan="2">1 680</td><td rowspan="2">1 729</td><td>2 920</td><td>170</td><td rowspan="2">DW16</td></tr>
<tr><td>12</td><td>3 250</td><td>210</td></tr>
<tr><td>23.1-26LS</td><td>10</td><td>DW20</td><td>587</td><td>1 630</td><td>634</td><td>1 689</td><td>3 250</td><td>140</td><td>—</td></tr>
<tr><td>24.5-32LS</td><td>12</td><td>DW21</td><td>622</td><td>1 830</td><td>672</td><td>1 891</td><td>4 495</td><td>170</td><td>DW20</td></tr>
</table>

a LS-1、LS-3 型花纹轮胎，其新胎设计外直径应按附录 B 中表 B.4 的规定计算。

b 负荷能力与速度的对应关系如下：

速度/(km/h)	负荷变化率/%
15	+20
25	+10
30	0
40	−10

表 8 林业机械低断面斜交结构轮胎

<table>
<tr><th rowspan="2">轮胎规格</th><th rowspan="2">层级</th><th rowspan="2">测量轮辋</th><th colspan="2">新胎设计尺寸/mm</th><th colspan="2">轮胎最大使用尺寸/mm</th><th rowspan="2">负荷能力[b]/kg</th><th rowspan="2">充气压力/kPa</th><th rowspan="2">允许使用轮辋</th><th rowspan="2">气门嘴型号</th></tr>
<tr><th>断面宽度</th><th>外直径[a]（LS-2）</th><th>总宽度</th><th>外直径（LS-2）</th></tr>
<tr><td rowspan="2">28L-26LS</td><td>12</td><td rowspan="2">DW25</td><td rowspan="2">715</td><td rowspan="2">1 645</td><td rowspan="2">772</td><td rowspan="2">1 704</td><td>3 760</td><td>140</td><td rowspan="4">—</td><td rowspan="4">CG01C</td></tr>
<tr><td>14</td><td>4 285</td><td>170</td></tr>
<tr><td rowspan="2">30.5L-32LS</td><td>12</td><td rowspan="2">DW27</td><td rowspan="2">775</td><td rowspan="2">1 845</td><td rowspan="2">837</td><td rowspan="2">1 907</td><td>4 710</td><td>140</td></tr>
<tr><td>16</td><td>5 370</td><td>170</td></tr>
</table>

a LS-1、LS-3 型花纹轮胎，其新胎设计外直径应按附录 B 中表 B.4 规定计算。

b 负荷能力与速度的对应关系如下：

速度/(km/h)	负荷变化率/%
15	+20
25	+10
30	0
40	−10

表 9　农业拖拉机导向轮普通断面斜交结构轮胎

轮胎规格	层级	测量轮辋	新胎设计尺寸/mm 断面宽度	新胎设计尺寸/mm 外直径[a] (F-2)	轮胎最大使用尺寸/mm 总宽度	轮胎最大使用尺寸/mm 外直径 (F-2)	负荷能力[b]/kg	充气压力/kPa	允许使用轮辋	气门嘴型号
4.00-8	4	3.00D	110	425	120	443	180	340	2.50C	CF01
4.00-12				535		554	250			
4.00-14				590		609	270		—	
4.00-15				610		629	290			CJ01
4.00-16				640		659	300			
4.00-19				720		739	345			
5.00-15	4	4J	140	665	152	688	365	280	4.00E, 3.00D	
	6						465	420		
5.50-16	4	4.00E	150	710	164	734	425	250	4.50E	
	6						525	370		
6.00-16	4		160	740	174	767	450	230	4.50E, 5.00F, 5K	
	6						560	340		
	8						675	450		
6.00-19	6	4.50E	165	814	180	830	650	330	3.00D,4.00E, 5.00F	JZ02
6.50-16	4	4.50E	175	760	191	788	510	230	4.00E, 5.00F,5K	CJ01
	6						615	310		
	8						735	420		
6.50-20	4	5.00F	180	860	196	888	600	230	4.50E, 5.50F	
	6						725	310		
	8						865	420		
7.50-16	4	5.50F	205	810	233	842	605	200	5.00F,5K, 6.00F,6LB	
	6						745	280		
	8						870	370		
7.50-18	4			860		892	655	200	—	
	6						810	280		
	8						945	370		
7.50-20	4	5.50F	205	910	233	942	710	200	5.00F	
	6						875	280		
	8						1 020	370		
9.00-16	6	6LB	235	860	256	892	900	230	6.00F	
	8						1 080	310		
	10						1 245	390		

表 9（续）

轮胎规格	层级	测量轮辋	新胎设计尺寸/mm 断面宽度	新胎设计尺寸/mm 外直径[a]（F-2）	轮胎最大使用尺寸/mm 总宽度	轮胎最大使用尺寸/mm 外直径（F-2）	负荷能力[b]/kg	充气压力/kPa	允许使用轮辋	气门嘴型号
10.00-16	6	W8L	275	910	300	934	965	200	8LB，W8	CG01C
	8						1 190	280		
	10						1 325	340		
11.00-16	6	W10L	315	970	343	1 015	1 140	200	10LB	
	8						1 320	250		
	10						1 485	310		

[a] F-1 、F-3 型花纹轮胎，其新胎设计外直径应按附录 B 中表 B.2 的规定计算。

[b] 负荷能力与速度的对应关系如下：

速度/(km/h)	负荷变化率/%
10	＋50
20	＋35
25	＋15
30	0
35	－10
40	－20
10(限距 100 m、6 层级及其以上导向轮，气压增加 30 kPa)	＋100

表 10 农业拖拉机导向轮低断面斜交结构轮胎

轮胎规格	层级	测量轮辋	新胎设计尺寸/mm 断面宽度	新胎设计尺寸/mm 外直径[a]（F-2）	轮胎最大使用尺寸/mm 总宽度	轮胎最大使用尺寸/mm 外直径（F-2）	负荷能力[b]/kg	充气压力/kPa	允许使用轮辋	气门嘴型号
7.5L-15	4	6LB	208	745	227	774	585	200	5KB，5K 5½J，5½K	CJ01
	6						720	280		
	8						840	370		
9.5L-15	6	8LB	240	780	261	812	770	230	—	
	8						930	310		
11L-15	6		280	810	305	844	865	200	W8L	
	8						1 070	280		
	10						1 190	340		
	12						1 355	420		
11L-16	6			835		870	915	200		
	8						1 115	280		
	10						1 240	340		
	12						1 395	420		

表 10（续）

轮胎规格	层级	测量轮辋	新胎设计尺寸/mm		轮胎最大使用尺寸/mm		负荷能力[b]/kg	充气压力/kPa	允许使用轮辋	气门嘴型号
			断面宽度	外直径[a]（F-2）	总宽度	外直径（F-2）				
14L-16.1	6	16.1×W11C	355	985	387	103	1 295	170	—	CG01C
	8						1 530	230		
	10						1 745	280		
	12						1 940	340		
16.5L-16.1	8	16.1×14LB	420	1 017	458	1 123	1 815	200	16.1×W14C	

[a] F-1、F-3 型花纹轮胎，其新胎设计外直径应按附录 B 中表 B.2 的规定计算。

[b] 负荷能力与速度的对应关系如下：

速度/(km/h)	负荷变化率/%
10	+50
20	+35
25	+15
30	0
35	−10
40	−20
10(限距 100 m、6 层级及其以上导向轮，气压增加 30 kPa)	+100

表 11 农机具普通断面斜交结构轮胎

轮胎规格	层级	测量轮辋	新胎设计尺寸/mm		轮胎最大使用尺寸/mm		负荷能力[b]/kg	充气压力/kPa	允许使用轮辋	气门嘴型号
			断面宽度	外直径[a]（I-1）	总宽度	外直径（I-1）				
3.50-12	4	2.50C	98	495	107	510	305	300	3.00D	CF01
4.00-8	2	3.00D	112	415	122	432	155	150	2.50C	
	4						225	275		
4.00-10	4			470		487	265			
4.00-12				520		537	300			
4.00-15				595		612	355		4J	CJ01
4.00-16				620		637	435			
4.00-18	2			670		687	300	150		
	4						460	275		
4.50-16	6		122	655	133	675	615	360		
5.00-14	8		130	620	142	640	500	420		

表 11（续）

轮胎规格	层级	测量轮辋	新胎设计尺寸/mm		轮胎最大使用尺寸/mm		负荷能力[b]/kg	充气压力/kPa	允许使用轮辋	气门嘴型号
			断面宽度	外直径[a] (I-1)	总宽度	外直径 (I-1)				
5.00-14	10	3.00D	130	620	142	640	600	500	4J	CJ01
5.00-15	4			640		661	430	225	4.00E,4J	
5.00-16	8	4.00E		655		675	550	420	4J	
	10						650	500		
5.50-16	4		150	685	163	707	500	200	4.50E	
	6						600	300		
	8						700	420		
	10						800	500		
5.90-15	4	4J		665		688	480	200	4½K,5K,5KB	
6.00-16	4	4.00E	158	710	172	736	570	200	4.50E,5.00F,5K	CJ01
	6						685	275		
6.40-15	4	4½K	163	685	178	706	555	200	4J,4.00E,5.50F	
	6						670	275		
6.50-16	4	4.50E	173	735	188	761	640	200	4.00E,5.00F,5K	
	6						775	275		
6.70-15	4	4½K	170	705	185	731	545	195	5K,5KB	
	6						730	275		
7.50-16	4	5.50F	203	785	221	815	700	150	5.00F,5K,6.00F,6LB	
	6						890	225		
	8						1 100	325		
	10						1 240	400		
7.50-18	4	5.50F	203	835	221	865	720	150	5.00F	
	6						950	225		
7.50-20	4			885		917	775	150		
	6						980	225		
7.50-24	4			990		1 012	830	160	—	
	8						1 270	325		
9.00-16	8	6LB	235	850	254	885	1 315	275	5.50F,6.00F	
	14						1 445	325		
9.00-24	4	W8	272	1 095	296	1 134	1 280	160	W7,W8H	CG01C
	8						1 590	250		

表 11（续）

轮胎规格	层级	测量轮辋	新胎设计尺寸/mm		轮胎最大使用尺寸/mm		负荷能力[b]/kg	充气压力/kPa	允许使用轮辋	气门嘴型号
			断面宽度	外直径[a] (I-1)	总宽度	外直径 (I-1)				
10.00-15	8	8LB	276	855	300	891	1 425	240	—	CJ01
11.25-24	8	W10	325	1 170	354	1 215	1 860	200	W8,W8H,W10H	CG01C
11.25-28	8			1 275		1 318	1 925		W10H	
	10						2 245	260		
13.50-16.1	6	16.1×W11C	335	1 020	385	1 069	1 600	140	—	
	8						1 855	180		
	10						2 195	240		

a I-2 型花纹轮胎，其新胎设计外直径应按附录 B 的表 B.3 计算。

b 负荷能力和速度的对应关系如下：

速度/(km/h)	负荷变化率/%	气压变化率/%
10	+20	+30
30	0	0
30(拖车)	+20	+30

表 12　农机具低断面斜交结构轮胎

轮胎规格	层级	测量轮辋	新胎设计尺寸/mm			轮胎最大使用尺寸/mm			负荷能力[a]/kg	充气压力/kPa	允许使用轮辋	气门嘴型号
			断面宽度	外直径 (I-1)	外直径 (I-3)	总宽度	外直径 (I-1)	外直径 (I-3)				
8.5L-14	6	6KB	215	720	735	234	749	765	850	220	8KB	CF01
	8								1 150	300		
9.5L-15	6	8LB	240	765	780	262	796	812	895	190	—	CJ01
	8								1 100	280		
11L-14	6	8KB	280	750	770	305	783	803	925	170	—	CF01
	8								1 245	220		
11L-15	6	W8L		775	795		810	830	950	170	10LB,8LB,W10L	CG01C
	8								1 130	220		
	10								1 285	280		
11L-16	6			800	820		834	854	995	170		
	8								1 175	220		
	10								1 340	280		

表 12（续）

轮胎规格	层级	测量轮辋	新胎设计尺寸/mm			轮胎最大使用尺寸/mm			负荷能力[a]/kg	充气压力/kPa	允许使用轮辋	气门嘴型号
			断面宽度	外直径 (I-1)	外直径 (I-3)	总宽度	外直径 (I-1)	外直径 (I-3)				
12.5L-16	8	W10L	317	850	870	346	883	907	1 400	220	10LB	CG01C
	12								1 800	330		
	14								1 900	360		
14L-16.1	10	16.1×11LB	355	940	—	387	982	—	1 835	220	—	
	12								2 090	280		
16.5L-16.1	6	16.1×14LB	420	1 025	1 045	458	1 074	1 097	1 800	150	16.1×W14C	
	8								2 000	170		
	10								2 360	220		
	12								2 575	250		
	14								2 900	300		
19L-16.1	10	16.1×16LB	483	1 085	—	526	1 139	—	2 725	190	16.1×W16C	
21.5L-16.1	8	16.1×18LB	545	1 130	—	594	1 187	—	2 725	150	16.1×16LB、16.1×W16C	
	10								3 000	170		
	12								3 250	190		
	14								3 550	220		
5.5/85-9	8	4.00E	145	475	495	152	495	506	655	500	—	CF01
10.0/80-12	4	9.00	264	710	730	277	730	751	815	150	—	CG01C
	6								1 040	230		
	8								1 240	310		
10.0/75-15.3	4	9.00	264	760	780	277	779	800	880	150		
	6								1 120	230		
	8								1 330	310		
	10								1 525	390		
10.5/80-18	6	9	274	885	905	288	906	930	1 430	220		
	8								1 710	300		
	10								1 935	370		
11.5/80-15.3	6	9.00	290	845	865	305	868	891	1 410	200		
	8								1 675	270		
	10								1 930	340		
	12								2 145	410		

表 12（续）

轮胎规格	层级	测量轮辋	新胎设计尺寸/mm			轮胎最大使用尺寸/mm			负荷能力[a]/kg	充气压力/kPa	允许使用轮辋	气门嘴型号
			断面宽度	外直径		总宽度	外直径					
				(I-1)	(I-3)		(I-1)	(I-3)				
12.0/75-18	6	9	299	915	935	314	938	961	1 555	190	—	CG01C —
	8								1 880	260		
	10								2 160	330		
12.5/80-18	6	9	308	965	985	323	990	1 014	1 790	200		
	8								2 090	250		
	10								2 375	310		
	12								2 625	370		
	14								2 910	430		
	16								3 130	490		
13.0/65-18	6	11	336	890	910	353	912	953	1 530	180		
	8								1 810	240		
	10								2 070	300		
	12								2 310	360		
	14								2 555	430		
	16								2 750	490		
14.5/75-20	8	12	372	1 060	1 080	390	1 087	1 111	2 530	220		
15.0/70-18	8	13	391	990	1 010	411	1 017	1 040	2 260	210		
	10								2 575	260		
	12								2 890	310		
	14								3 115	360		
15.5/70-24	10	W12	395	—	1 260	415	—	1 300	2 650	250		
	12								2 900	300		
	14								3 150	350		
16.0/70-20	8	14	418	1 075	1 095	439	1 105	1 126	2 645	200		
	10								3 015	250		
	12								3 355	300		
	14								3 670	350		
	16								3 970	400		

[a] 负荷能力和速度的对应关系如下：

速度/(km/h)	负荷变化率/%	气压变化率/%
10	+20	+30
30	0	0
30(拖车)	+30	+30

表 13 园艺拖拉机斜交结构轮胎

轮胎规格	层级	测量轮辋	新胎设计尺寸/mm		轮胎最大使用尺寸/mm		负荷能力/kg	充气压力/kPa	允许使用轮辋	气门嘴型号
			断面宽度	外直径	总宽度	外直径				
4.10-4	2	3.25A	102	268	113	288	105	170	—	DF01
	4						160	340		
4.10-5	2			294		313	120	170		
4.10-6	2			319		339	130	170		
	4						200	340		
4.80-8	2	3.75I	121	423	134	449	305	290		
	4						200	140		
5.30-6	2	4.25A	135	373	149	400	190	120		
	4						290	260		
低断面轮胎										
11×4.00-4	2	3.25A	102	279	113	307	100	150	2.75A	CF01
	4						150	320		
11×4.00-5	2	3.00A	104	272	116	289	100	150	—	
	4						150	320		
13×5.00-6	2	3.50A	122	320	135	340	135	140		
	4						200	280		
13×6.50-6	2	5.375I	163	330	181	352	140	100		
	4						210	210		
15×6.00-6	2	4.50A	155	366	172	391	170	100		
	4						260	210		
16×6.50-8	2	5.375I	165	406	183	431	190	100		
	4						280	190		
16×7.50-8	2	5.375I	188	411	209	436	220	80		
18×6.50-8	2		163	457	181	488	235	100		
	4						350	190		
18×8.50-8	2	7.00I	213	450	237	479	235	70		
	4						370	150		
	6						475	230		
18×9.50-8	2		235	462	261	493	320	80		
	4						470	170		
20×8.00-8	2		209	508	232	545	270	70		
	4						430	150		

表 13（续）

轮胎规格	层级	测量轮辋	新胎设计尺寸/mm		轮胎最大使用尺寸/mm		负荷能力/kg	充气压力/kPa	允许使用轮辋	气门嘴型号
			断面宽度	外直径	总宽度	外直径				
20×10.00-8	2	8.00I	254	508	282	545	340	70	7.00I	CF01
	4						540	150		
20×8.00-10	2	6.00I	193	495	214	524	270	80	—	
	4						410	170		
20×10.00-10	2	8.00I	254	508	282	538	335	70	7.00I	
	4						530	150		
22×11.00-8	2	8.50I	276	559	307	601	425	70	10.50I	
	4						675	150		
23×8.50-12	2	7.00I	213	574	237	607	320	70	—	
	4						510	150		
	6						655	230		
23×10.50-12	2	8.50I	264	579	293	612	405	70	7.00I	
	4						610	140		
	6						800	220		
24×12.00-12	2	10.50I	314	610	347	646	515	70	—	
26×12.00-12	2	10.50I	307	648	341	689	540	70	8.50I	
	4						810	140		
最高速度：15 km/h。 轮辋直径代号为 10 及其以上的轮胎以 50 km/h 的速度行驶时，在相同气压下，表中的负荷必须减少 20%。										

表 14　高通过性农业轮胎

轮胎规格	层级	测量轮辋	新胎设计尺寸/mm		轮胎最大使用尺寸/mm		负荷能力[a]/kg	充气压力/kPa	允许使用轮辋	气门嘴型号
			断面宽度	外直径	总宽度	外直径				
48×25.00-20	6	20.50HF	635	1 245	699	1 318	2 000	140	20.50VF	ZR01
	8						2 575	210		
	10						2 800	240		
	14						3 450	340		
48×31.00-20	6	26.00HF	775		852		2 120	140	26.00VF	ZR01
	8						2 430	170		
	10						2 650	210		
	12						3 150	280		
	14						3 350	310		

表 14（续）

<table>
<tr><th rowspan="2">轮胎规格</th><th rowspan="2">层级</th><th rowspan="2">测量轮辋</th><th colspan="2">新胎设计尺寸/mm</th><th colspan="2">轮胎最大使用尺寸/mm</th><th rowspan="2">负荷能力[a]/kg</th><th rowspan="2">充气压力/kPa</th><th rowspan="2">允许使用轮辋</th><th rowspan="2">气门嘴型号</th></tr>
<tr><th>断面宽度</th><th>外直径</th><th>总宽度</th><th>外直径</th></tr>
<tr><td>66×43.00-25</td><td>10</td><td>36.0TH</td><td>1 054</td><td rowspan="8">1 702</td><td rowspan="6">1 160</td><td>1 808</td><td>4 500</td><td>170</td><td rowspan="8">—</td><td>HZ01</td></tr>
<tr><td rowspan="5">66×43.00-26</td><td>6</td><td rowspan="5">DW36A</td><td rowspan="5">1 054</td><td rowspan="5">1 806</td><td>3 350</td><td>100</td><td rowspan="5">—</td></tr>
<tr><td>8</td><td>4 000</td><td>140</td></tr>
<tr><td>10</td><td>4 500</td><td>170</td></tr>
<tr><td>12</td><td>5 000</td><td>210</td></tr>
<tr><td>14</td><td>5 600</td><td>240</td></tr>
<tr><td rowspan="2">66×44.00-25</td><td>10</td><td rowspan="2">36.0TH</td><td rowspan="2">1 118</td><td rowspan="2">1 229</td><td rowspan="2">1 808</td><td>4 625</td><td>170</td><td rowspan="2">ZR01</td></tr>
<tr><td>16</td><td>6 150</td><td>280</td></tr>
<tr><td rowspan="5">67×34.00-25</td><td>6</td><td rowspan="5">30.0TH</td><td rowspan="5">864</td><td rowspan="5">1 727</td><td rowspan="5">950</td><td rowspan="5">1 836</td><td>4 000</td><td>140</td><td rowspan="5">—</td><td rowspan="5">HZ01</td></tr>
<tr><td>8</td><td>4 625</td><td>170</td></tr>
<tr><td>10</td><td>5 150</td><td>210</td></tr>
<tr><td>12</td><td>5 600</td><td>240</td></tr>
<tr><td>14</td><td>6 000</td><td>280</td></tr>
<tr><td rowspan="3">68×50.00-32</td><td>8</td><td rowspan="3">DW44A</td><td rowspan="3">1 270</td><td rowspan="3">1 753</td><td rowspan="3">1 397</td><td rowspan="3">1 847</td><td>4 000</td><td>140</td><td rowspan="3">44DWM,
DH44</td><td rowspan="3">—</td></tr>
<tr><td>12</td><td>4 500</td><td>170</td></tr>
<tr><td>16</td><td>5 600</td><td>240</td></tr>
<tr><td>VA73×44.00-32</td><td>12</td><td>36.0VA</td><td>1 118</td><td>1 880</td><td>1 229</td><td>1 986</td><td>5 800</td><td>210</td><td>—</td><td>HZ01</td></tr>
<tr><td rowspan="2">DH73×44.00-32</td><td>12</td><td rowspan="2">DH36</td><td rowspan="2">1 118</td><td rowspan="2">1 880</td><td rowspan="2">1 229</td><td rowspan="2">1 986</td><td>5 800</td><td>210</td><td rowspan="2">36DWM</td><td rowspan="2">—</td></tr>
<tr><td>16</td><td>6 900</td><td>280</td></tr>
</table>

[a] 负荷能力和速度的对应关系如下：

速度/(km/h)	负荷变化率/%
50	0
30	+12
15	+32
10	+58
蠕动*	+100
静止	+165

* 蠕动是指 30 min 内行程不超过 60 m 的行驶速度。

表 15 全地形车辆轮胎

轮胎规格	测量轮辋	新胎设计尺寸/mm		最大使用尺寸/mm		不同气压下的负荷能力[a]/kg			允许使用轮辋
		断面宽度	外直径	总宽度	外直径	25 kPa	35 kPa	45 kPa	
AT16×8-7	6.5AT	204	406	222	458	58	71	82.5	6.0AT
AT18×7-7	5.5AT	177	457	193	517	61.5	75	87.5	
AT18×11-8	9.0AT	281		306		95	115	132	8.5AT
AT19×8-7	6.5AT	204	483	222	544	73	90	103	6.0AT
AT19×7-8	5.5AT	177		193		67	80	92.5	
AT19×8-8	6.5AT	204		222		73	90	103	
AT19×9-8	7.0AT	227		247		85	103	118	7.5AT
AT20×7-8	5.5AT	177	508	193	573	71	87.5	100	6.0AT
AT20×9-8	7.0AT	227		247		90	112	128	6.5AT、7.5AT
AT20×10-8	8.0AT	254		277		100	121	140	7.5AT、8.5AT
AT20×11-8	9.0AT	281		306		109	132	155	8.5AT
AT20×11-9	9.0AT	281		306		109	132	155	
AT20×11-10	9.0AT	281		306		106	128	150	
AT21×9-8	7.0AT	227	533	247	603	125	150	175	6.5AT、7.5AT
AT21×10-8	8.0AT	254		277		106	128	175	7.5AT、8.5AT
AT21×11-8	9.0AT	281		306		115	140	165	8.5AT
AT21×12-8	9.5AT	304		331		128	160	185	9.0AT、10.0AT
AT21×7-10	5.5AT	177		193		75	92.5	106	6.0AT
AT22×11-8	9.0AT	281	559	306	632	125	155	180	8.5AT
AT22×12-8	9.5AT	304		331		136	170	195	9.0AT、10.0AT
AT22×10-9	8.0AT	254		277		112	136	160	7.5AT、8.5AT
AT22×11-9	9.0AT	281		306		125	155	180	8.5AT
AT22×7-10	5.5AT	177	559	193	629	82.5	100	115	6.0AT
AT22×8-10	6.5AT	204		222		90	109	125	
AT22×9-10	7.0AT	227		247		100	121	140	7.5AT
AT22×10-10	8.0AT	254		277		112	136	160	7.5AT、8.5AT
AT22×11-10	9.0AT	281		306		121	150	175	8.5AT
AT22×7-11	5.5AT	177		193		80	97.5	112	6.0AT
AT23×7-10	5.5AT	177	584	193	658	90	109	125	
AT23×8-10	6.5AT	204		222		97.5	118	136	
AT23×10-10	8.0AT	254		277		118	145	170	7.5AT、8.5AT
AT23×8-11	6.5AT	204		222		95	115	132	6.0AT

表 15（续）

轮胎规格	测量轮辋	新胎设计尺寸/mm		最大使用尺寸/mm		不同气压下的负荷能力[a]/kg			允许使用轮辋
		断面宽度	外直径	总宽度	外直径	25 kPa	35 kPa	45 kPa	
AT24×11-10	9.0AT	281	610	306	686	140	175	200	8.5AT
AT24×8-11	6.5AT	204		222		103	125	145	6.0AT
AT24×8-12	6.5AT	204		222		100	121	140	6.0AT
AT24×9-11	7.0AT	227		247		115	140	165	6.5AT、7.5AT
AT24×10-11	8.0AT	254		277		125	155	180	7.5AT、8.5AT
AT25×12-9	9.5AT	304	635	331	718	160	195	224	9.0AT、10.0AT
AT25×13-9	10.5AT	330		359		175	212	243	10.0AT
AT25×12-10	9.5AT	304		331		160	195	224	9.0AT、10.0AT
AT25×8-12	6.5AT	204		222		109	132	155	6.0AT
A25×10-12	8.0AT	254		277		132	165	190	7.5AT、8.5AT
AT26×10-12	8.0AT	254	660	277	744	140	170	200	7.5AT、8.5AT
AT26×12-12	9.5AT	304		331		170	206	236	9.0AT、10.0AT
AT27×10-12	8.0AT	254	686	277	773	150	185	212	7.5AT、8.5AT
AT27×12-12	9.5AT	304		331		180	218	250	9.0AT、10.0AT
AT28×10-12	8.0AT	254	711	277	803	160	195	224	7.5AT、8.5AT
AT28×12-12	9.5AT	304		331		190	230	265	9.0AT、10.0AT

[a] 负荷能力和速度的对应关系如下：

速度/(km/h)	负荷变化率/%
50及其以下	+12
60	+7
70	+3
80	0
90	−5
100	−10
110	−15
120	−20
130	−25

表 16 保留生产的斜交结构轮胎[a]

<table>
<tr><th rowspan="2">轮胎规格</th><th rowspan="2">层级</th><th rowspan="2">测量轮辋</th><th colspan="2">新胎设计尺寸/mm</th><th colspan="2">轮胎最大使用尺寸/mm</th><th rowspan="2">负荷能力/kg</th><th rowspan="2">充气压力/kPa</th><th rowspan="2">允许使用轮辋</th><th rowspan="2">气门嘴型号</th></tr>
<tr><th>断面宽度</th><th>外直径</th><th>总宽度</th><th>外直径</th></tr>
<tr><td colspan="11">农业拖拉机驱动轮胎(R-1),最高速度 30 km/h</td></tr>
<tr><td>10-28</td><td rowspan="3">6</td><td>W9</td><td>275</td><td>1 200</td><td>297</td><td>1 229</td><td>800</td><td rowspan="4">140</td><td>DW9</td><td rowspan="6">CG01C</td></tr>
<tr><td>11-32</td><td rowspan="2">W10</td><td rowspan="2">305</td><td>1 360</td><td rowspan="2">329</td><td>1 393</td><td>1 000</td><td rowspan="2">DW10</td></tr>
<tr><td>11-38</td><td>1 540</td><td>1 574</td><td>1 400</td></tr>
<tr><td>12-38</td><td rowspan="2">8</td><td>DW11</td><td>330</td><td>1 575</td><td>356</td><td>1 615</td><td>1 570</td><td>W11</td></tr>
<tr><td>14-28</td><td>DW12</td><td>385</td><td>1 440</td><td>416</td><td>1 484</td><td>1 720</td><td>150</td><td>W12</td></tr>
<tr><td>15-24</td><td>10</td><td>DW14</td><td>410</td><td>1 330</td><td>443</td><td>1 373</td><td>2 800</td><td>280</td><td>W14</td></tr>
<tr><td colspan="11">农业拖拉机驱动轮水田轮胎(PR-1),最高速度 10 km/h</td></tr>
<tr><td>6.00-12</td><td rowspan="2">6</td><td>4.50E</td><td>165</td><td>690</td><td>178</td><td>713</td><td>425</td><td>270</td><td>5.00F</td><td>CF01</td></tr>
<tr><td>11-28</td><td>W10</td><td>305</td><td>1 315</td><td>329</td><td>1 351</td><td>1 000</td><td>160</td><td>DW10</td><td>CG01C</td></tr>
<tr><td colspan="11">农业拖拉机导向轮胎(F-1),最高速度 30 km/h</td></tr>
<tr><td>3.50-5</td><td rowspan="2">4</td><td>3.00D</td><td>95</td><td>290</td><td>103</td><td>303</td><td>200</td><td>500</td><td rowspan="2">—</td><td rowspan="2">CF01</td></tr>
<tr><td>4.00-12</td><td>2.50C</td><td>105</td><td>520</td><td>114</td><td>537</td><td>240</td><td>360</td></tr>
<tr><td>6.00-20</td><td rowspan="2">6</td><td>4.00E</td><td>165</td><td>840</td><td>180</td><td>867</td><td>550</td><td rowspan="2">270</td><td>3.75P</td><td rowspan="2">CJ01</td></tr>
<tr><td>6.50-20</td><td>5.50F</td><td>180</td><td>880</td><td>196</td><td>910</td><td>660</td><td>—</td></tr>
<tr><td colspan="11">畜力车轮胎</td></tr>
<tr><td>25×4.5</td><td rowspan="2">8</td><td>3.00D</td><td>120</td><td>645</td><td rowspan="3">—</td><td rowspan="3">—</td><td>1 000</td><td>600</td><td rowspan="2">—</td><td>CG01C</td></tr>
<tr><td>28×6</td><td>4.00E</td><td>160</td><td>710</td><td>950</td><td rowspan="2">560</td><td>CJ01</td></tr>
<tr><td>32×6</td><td>10</td><td>4.33R</td><td>180</td><td>885</td><td>1 300</td><td>5.00S</td><td>CG01C</td></tr>
<tr><td colspan="11">a 新设计的车辆不推荐使用这些规格的轮胎。</td></tr>
</table>

附 录 A
（规范性附录）
农业轮胎花纹分类

农业轮胎花纹分类应符合表 A.1 的规定。

表 A.1 农业轮胎花纹分类

分类代号	类型命名	适用范围
R——农业拖拉机驱动轮轮胎		
R-1	普通型	旱田作业、短途田间运输
R-2	蔗田和稻田型	土壤湿度大、较泥泞的田间作业
R-3	浮力型	松软的沙土地作业
R-4	工业型	农业工程作业
F——农业拖拉机导向轮轮胎		
F-1	单条型	水稻田作业
F-2	双条或多条型	耕整地及短途田间运输作业
F-3	浮力多条型	沙地及松土壤作业
I——农机具轮胎		
I-1	多条型	农机具的导向轮及支撑轮
I-2	牵引型	农机具的驱动轮
I-3	重牵引型	农机具的驱动轮
I-4	犁尾轮型	农机具的支撑轮
I-5	导向型	专用于导向轮
I-6	浮力型	沙地及松软土壤
LS——林业机械轮胎		
LS-1	普通型	林业机械驱动轮
LS-2	中深型	林业机械驱动轮
LS-3	深型	林业机械驱动轮
PR——水田拖拉机驱动轮轮胎		
PR-1	水田型	水田作业
CR——中耕拖拉机驱动轮轮胎		
CR-1	中耕型	田间中耕作业
G——园艺车辆用轮胎		
G-1	牵引型	园田作业

附　录　B
（资料性附录）
农业轮胎设计花纹深度

农业轮胎设计花纹深度应符合表 B.1～表 B.7 的规定。

表 B.1　农业拖拉机驱动轮普通断面与低断面轮胎设计花纹深度

<table>
<tr><th rowspan="2">轮胎名义
断面宽度/
in</th><th colspan="4">设计花纹深度/
mm</th></tr>
<tr><th>R-1</th><th>R-2[a]</th><th>R-3[b]</th><th>R-4[b]</th></tr>
<tr><td>4.00</td><td>22</td><td rowspan="6">—</td><td rowspan="6">—</td><td rowspan="10">—</td></tr>
<tr><td>5.00</td><td rowspan="2">24</td></tr>
<tr><td>6.00</td></tr>
<tr><td>6.50</td><td>25</td></tr>
<tr><td>7.50</td><td>26</td></tr>
<tr><td>8.3</td><td>30</td></tr>
<tr><td>9.5</td><td>33</td><td>60</td><td>15</td></tr>
<tr><td>11.2</td><td>35</td><td>63</td><td>16</td></tr>
<tr><td>12.4</td><td>36</td><td>67</td><td>17</td></tr>
<tr><td>13.6</td><td>37</td><td>70</td><td>19</td></tr>
<tr><td>14.9</td><td>38</td><td>73</td><td>20</td><td>26</td></tr>
<tr><td>15.5</td><td>37</td><td>70</td><td>—</td><td>—</td></tr>
<tr><td>16.9</td><td>39</td><td>76</td><td>21</td><td>27</td></tr>
<tr><td>18.4</td><td>41</td><td>81</td><td>24</td><td>28</td></tr>
<tr><td>20.8</td><td>42</td><td>85</td><td>—</td><td>—</td></tr>
<tr><td>23.1</td><td>42</td><td>89</td><td>28</td><td>30</td></tr>
<tr><td>24.5</td><td>43</td><td>91</td><td>29</td><td>—</td></tr>
<tr><td colspan="5">农业拖拉机驱动轮低断面轮胎</td></tr>
<tr><td>17.5L</td><td>39</td><td>73</td><td>21</td><td>26</td></tr>
<tr><td>19.5L</td><td>40</td><td>76</td><td>22</td><td>27</td></tr>
<tr><td>21L</td><td>41</td><td>81</td><td>24</td><td>29</td></tr>
<tr><td>28 L</td><td>44</td><td>89</td><td>28</td><td rowspan="2">—</td></tr>
<tr><td>30.5 L</td><td>45</td><td>92</td><td>—</td></tr>
<tr><td colspan="5">a　对于蔗田和稻田型花纹(R-2)轮胎，除去名义断面宽度代号 15.5 这一轮胎的断面高度为普通型花纹(R-1)轮胎断面高度的 1.135 倍外，其他轮胎的断面高度均为普通型花纹轮胎断面高度的 1.06 倍。
b　对于浮力型花纹(R-3)和工业型花纹(R-4)轮胎，其轮胎断面高度比普通型花纹轮胎的断面高度小 12 mm。</td></tr>
</table>

表 B.2 农业拖拉机导向轮普通断面与低断面轮胎设计花纹深度

<table>
<tr><td rowspan="2">轮胎名义
断面宽度/
in</td><td colspan="3">设计花纹深度/
mm</td></tr>
<tr><td>F-1</td><td>F-2</td><td>F-3</td></tr>
<tr><td>4.00</td><td>17</td><td>11</td><td>4.5</td></tr>
<tr><td>5.00</td><td>19</td><td>13</td><td>5.5</td></tr>
<tr><td>5.50</td><td>21</td><td>15</td><td>6.0</td></tr>
<tr><td>6.00</td><td>22</td><td>16</td><td>6.5</td></tr>
<tr><td>6.50</td><td>—</td><td>17.5</td><td>7.0</td></tr>
<tr><td>7.50</td><td>26</td><td>20</td><td>7.5</td></tr>
<tr><td>9.00</td><td>—</td><td>23</td><td>8.5</td></tr>
<tr><td>10.00</td><td>32</td><td>26</td><td>—</td></tr>
<tr><td>11.00</td><td>34</td><td>29</td><td>12</td></tr>
<tr><td colspan="4">农业拖拉机导向轮低断面轮胎</td></tr>
<tr><td>7.5L</td><td rowspan="5">—</td><td>20</td><td rowspan="2">—</td></tr>
<tr><td>9.5L</td><td>24</td></tr>
<tr><td>11L</td><td>27</td><td>12</td></tr>
<tr><td>14L</td><td>33</td><td>15</td></tr>
<tr><td>16.5L</td><td>36</td><td>16</td></tr>
<tr><td colspan="4">单条型花纹(F-1)和浮力多条型花纹(F-3)轮胎的断面高度等于双条或多条型花纹(F-2)轮胎的断面高度加上或减去其模型花纹深度的差。</td></tr>
</table>

表 B.3 农机具普通断面与低断面轮胎设计花纹深度

<table>
<tr><td rowspan="2">轮胎名义
断面宽度/
in</td><td colspan="3">设计花纹深度/
mm</td></tr>
<tr><td>I-1</td><td>I-2</td><td>I-3</td></tr>
<tr><td>3.50</td><td>4.0</td><td rowspan="12">—</td><td>10.5</td></tr>
<tr><td>4.00</td><td>4.5</td><td>11</td></tr>
<tr><td>4.50</td><td>5.0</td><td>—</td></tr>
<tr><td>5.00</td><td>5.5</td><td>12</td></tr>
<tr><td>5.50</td><td rowspan="2">6.0</td><td rowspan="2">12.5</td></tr>
<tr><td>5.90</td></tr>
<tr><td>6.00</td><td>6.5</td><td>13</td></tr>
<tr><td>6.40</td><td>6.0</td><td rowspan="2">—</td></tr>
<tr><td>6.50</td><td>7.0</td></tr>
<tr><td>6.70</td><td>6.5</td><td>13</td></tr>
<tr><td>7.50</td><td>7.5</td><td>14</td></tr>
<tr><td>9.00</td><td>8.5</td><td>—</td></tr>
</table>

表 B.3（续）

<table>
<tr><th rowspan="2">轮胎名义
断面宽度/
in</th><th colspan="3">设计花纹深度/
mm</th></tr>
<tr><th>I-1</th><th>I-2</th><th>I-3</th></tr>
<tr><td>10.00</td><td>9.0</td><td rowspan="2">—</td><td rowspan="2">—</td></tr>
<tr><td>11.25</td><td>9.5</td></tr>
<tr><td>13.50</td><td>10</td><td>15</td><td>19</td></tr>
<tr><td colspan="4">农机具低断面轮胎</td></tr>
<tr><td>8.5L</td><td rowspan="4">9.0</td><td rowspan="5">—</td><td>14</td></tr>
<tr><td>9.5L</td><td>15</td></tr>
<tr><td>11L</td><td>16</td></tr>
<tr><td>12.5L</td><td>17</td></tr>
<tr><td>14L</td><td>10</td><td rowspan="4">—</td></tr>
<tr><td>16.5L</td><td>11</td><td>16</td></tr>
<tr><td>19L</td><td>12</td><td>—</td></tr>
<tr><td>21.5L</td><td>14</td><td>19</td></tr>
<tr><td colspan="4">牵引型花纹(I-2)和重牵引型花纹(I-3)两种轮胎的断面高度，等于多条型(I-1)轮胎的断面高度加上两者花纹设计深度差的 1.25 倍。</td></tr>
</table>

表 B.4　林业机械普通断面与低断面轮胎设计花纹深度

<table>
<tr><th rowspan="2">轮胎名义
断面宽度/
in</th><th colspan="3">设计花纹深度/
mm</th></tr>
<tr><th>LS-1</th><th>LS-2[a]</th><th>LS-3[b]</th></tr>
<tr><td>16.9</td><td>39</td><td>49</td><td>76</td></tr>
<tr><td>18.4</td><td>41</td><td>51</td><td>81</td></tr>
<tr><td>23.1</td><td>42</td><td>53</td><td>89</td></tr>
<tr><td>24.5</td><td>43</td><td>54</td><td>91</td></tr>
<tr><td colspan="4">林业机械低断面轮胎</td></tr>
<tr><td>28L</td><td>47</td><td>57</td><td>89</td></tr>
<tr><td>30.5L</td><td>44</td><td>55</td><td>92</td></tr>
<tr><td colspan="4">a LS-2 的断面高度等于 LS-1 的轮胎断面高度加上两者花纹设计深度差的 1.25 倍。
b LS-3 的断面高度等于 LS-1 的轮胎断面高度的 1.06 倍。</td></tr>
</table>

表 B.5　农业拖拉机中耕轮胎设计花纹深度

<table>
<tr><th rowspan="2">轮胎名义
断面宽度/
in</th><th>设计花纹深度/
mm</th></tr>
<tr><th>CR-1</th></tr>
<tr><td>7.2</td><td>26</td></tr>
<tr><td>8.3</td><td>30</td></tr>
<tr><td>9.5</td><td>33</td></tr>
</table>

表 B.6　农业拖拉机驱动轮水田专用轮胎设计花纹深度

轮胎名义 断面宽度/ in	设计花纹深度/ mm
	PR-1
6.5	70
7.2	75
8.3	80
9.5	
11.2	85
12.4	
13.6	95

表 B.7　园艺拖拉机轮胎设计花纹深度

轮胎规格	设计花纹深度/ mm
	G-1
4.10-4	6.0
4.10-5	6.0
4.10-6	6.0
5.30-6	6.5
4.80-8	6.5
11×4.00-4	4.0
11×4.00-5	4.0
13×5.00-6	4.5
13×6.50-6	6.5
15×6.00-6	6.5
16×6.50-8	7.0
16×7.50-8	7.0
18×6.50-8	7.5
18×8.50-8	8.5
18×9.50-8	8.5
20×8.00-8	7.0
20×10.00-8	7.0
22×11.00-8	12.5

表 B.7（续）

轮胎规格	设计花纹深度/ mm
	G-1
20×8.00-10	7.0
20×10.00-10	7.0
23×8.50-12	8.5
23×10.50-12	9.0
24×12.00-12	9.0
26×12.00-12	9.0

ICS 83.160.10
G 41

中华人民共和国国家标准

GB/T 2983—2008
代替 GB/T 2983—1997

摩托车轮胎系列

Series of motorcycle tyres

(ISO 4249-1:1985,Motorcycle tyres and rims (code-designated series)—Part 1: Tyre;ISO 4249-2:1990,Motorcycle tyres and rims(code-designated series)—Part 2:Tyre load ratings;ISO 4249-3:2004,Motorcycle tyres and rims(code-designated series)—Part 3:Rims;ISO 5751-1:2004,Motorcycle tyres and rims(metric series)—Part 1:Design guides;ISO 5751-2:2004,Motorcycle tyres and rims(metric series)—Part 2:Tyre dimensions and load-carrying capacities;ISO 5751-3:2004,Motorcycle tyres and rims (metric series)—Part 3:Range of approved rim contours;ISO 5995-1:1982,Moped tyres and rims—Part 1:Tyres;ISO 6054-1:1994,Motorcycle tyres and rims(code-designated series)—Diameter codes 4 to 12—Part 1:Tyres,NEQ)

2008-06-18 发布　　　　2009-02-01 实施

中华人民共和国国家质量监督检验检疫总局
中国国家标准化管理委员会　发布

前　言

本标准与 ISO 4249-1:1985《摩托车轮胎和轮辋(代号表示系列)　第 1 部分:轮胎》、ISO 4249-2:1990《摩托车轮胎和轮辋(代号表示系列)　第 2 部分:轮胎额定负荷》、ISO 4249-3:2004《摩托车轮胎和轮辋(代号表示系列)　第 3 部分:轮辋》、ISO 5751-1:2004《摩托车轮胎和轮辋(公制系列)　第 1 部分:设计指南》、ISO 5751-2:2004《摩托车轮胎和轮辋(公制系列)　第 2 部分:轮胎尺寸及负荷能力》、ISO 5751-3:2004《摩托车轮胎和轮辋(公制系列)　第 3 部分:配套轮辋轮廓范围》、ISO 5995-1:1982《轻便型摩托车轮胎和轮辋　第 1 部分:轮胎》、ISO 6054-1:1994《摩托车轮胎和轮辋(代号表示系列)　直径代号 4 至 12　第 1 部分:轮胎》,日本 JIS D 4203—1998《摩托车轮胎名称和尺寸》和欧洲 ETRTOEDI—2006《欧洲轮胎轮辋技术组织工程设计手册》的一致性程度为非等效。

本标准代替 GB/T 2983—1997《摩托车轮胎系列》。

本标准与 GB/T 2983—1997 的主要差异:

——代号表示系列摩托车轮胎的规格标志示例中增加了层级、速度符号和负荷指数的说明(1997 年版的 3.1.1,本版的 5.1);

——代号表示系列摩托车轮胎中增加了部分加强型和部分载重型摩托车轮胎的规格及低断面 4.10、4.60 规格(1997 年版的表 1、表 10,本版的表 1、表 2);

——将原小轮径系列并入代号表示系列(1997 年版的表 10,本版的表 2);

——增加了不同结构(斜交、带束斜交、子午线)、不同速度的公制系列轮胎规格表示方法(1997 版的 3.2.1,本版的 5.2);

——对代号表示系列摩托车轮胎允许使用轮辋轮廓中的部分允许轮辋作了修改(1997 版的表 2,本版的表 3);

——对原 100、90、80、70、60、55、50 系列公制轮胎的规格作了补充,增加了轮辋名义直径≥13 的 65、40 系列摩托车轮胎规格和轮辋名义直径≤12 的 70、60 系列摩托车轮胎规格(1997 版的表 3、表 4,本版的表 5、表 6、表 7);

——增加了带束斜交轮胎和子午线轮胎的最大使用断面总宽度(1997 版的表 3,本版的表 5、表 6);

——增加了公制系列摩托车轮胎允许使用轮辋轮廓表中,加括号的轮辋仅用于斜交和带束斜交结构摩托车轮胎的说明,并对部分允许轮辋作了修改(1997 版的表 5,本版的表 8);

——删除了原标准规格尺寸表中公制系列高速型轮胎的充气压力、负荷指数和相应的负荷能力值,增加了轮胎最大负荷下不同速度所需充气压力的对应表(1997 年版的表 3,本版的表 9);

——修改了轮胎尺寸公差的计算方法(1997 年版的 4.5,本版的表 1、表 2、表 5、表 6、表 7、表 10 和表 11);

——在速度符号与最高速度对应表中增加了 V、W 速度符号,在不同速度下的负荷能力变化率表中增加了轮辋直径≤12 且速度符号为 K、L 的摩托车轮胎负荷能力变化,及速度≥210 km/h 的摩托车轮胎负荷能力变化要求(1997 版的附录 A,本版的附录 B)。

本标准的附录 A 为资料性附录,附录 B 为规范性附录。

本标准由中国石油和化学工业协会提出。

本标准由全国轮胎轮辋标准化技术委员会归口。

本标准委托全国摩托车自行车轮胎轮辋标准化分技术委员会负责解释。

本标准起草单位:广州广橡企业集团有限公司钻石车胎厂、厦门正新橡胶工业有限公司、天津万达轮胎集团有限公司、东莞市华城轮胎厂。

本标准主要起草人:陈秋发、肖楚华、雷铃、王传敏、黄林周。

本标准所代替标准的历次版本发布情况为:

——GB 2983—1982、GB 2983—1991、GB/T 2983—1997。

摩托车轮胎系列

1 范围

本标准规定了摩托车轮胎术语和定义、分类、规格标志及其附加标志的表示方法、规格、尺寸、气压与负荷及轮辋。

本标准适用于新的摩托车充气轮胎。

2 规范性引用文件

下列文件中的条款通过本标准的引用而成为本标准的条款。凡是注日期的引用文件，其随后所有的修改单(不包括勘误的内容)或修订版均不适用于本标准，然而，鼓励根据本标准达成协议的各方研究是否可使用这些文件的最新版本。凡是不注日期的引用文件，其最新版本适用于本标准。

GB/T 6326 轮胎术语及其定义(GB/T 6326—2005，ISO 4223-1：2002，Definitions of some terms used in tyre industry—Part 1：Pneumatic tyres，NEQ)

GB/T 13202 摩托车轮辋系列(GB/T 13202—2007，ISO 4249-3：2004，Motorcycle tyres and rims (code-designated series)—Part 3：Rims，ISO 5995-2：1988，Moped tyres and rims—Part 2：Rims，ISO 6054-2：1990，Motorcycle tyres and rims (code-designated series)—Diameter codes 4 to 12—Part 2：Rims，MOD)

3 术语和定义

GB/T 6326 确立的术语和定义适用于本标准。

4 分类

4.1 代号表示系列摩托车轮胎

本系列轮胎适用于轮辋名义直径 4 至 21 的轮辋。

轮辋名义直径大于或等于 14 的轮胎，应采用圆柱型 WM 或 5°斜底式 MT 轮辋。

轮辋名义直径小于或等于 12 的轮胎，应采用对开式 DT 或深(槽)式 DC 或 5°斜底式 MT 轮辋，其最高行驶速度为 100 km/h，该轮胎不宜用于搬运等非公路型作业。

4.2 公制系列摩托车轮胎

本系列规定了轮胎名义高宽比为 40、50、55、60、65、70、80、90、100 的公制系列摩托车轮胎，并适用于轮辋名义直径 8 至 21 的圆柱型 WM 和 5°斜底式 MT 轮辋。当安装在轮辋名义直径≤12 的轮辋上时，轮胎最高速度为 120 km/h。

4.3 轻便型系列摩托车轮胎

本系列轮胎适用于最高速度不超过 50 km/h、发动机工作容量不超过 50 mL 的二轮或三轮摩托车。

本系列轮胎适用于轮辋名义直径 8 至 10 的对开式 DT 轮辋、深(槽)式 DC 轮辋、轮辋名义直径 12 至 22 的斜底(直边)式轮辋、圆柱型 WM 轮辋。

5 规格标志及其附加标志表示方法

5.1 代号表示系列摩托车轮胎

示例：

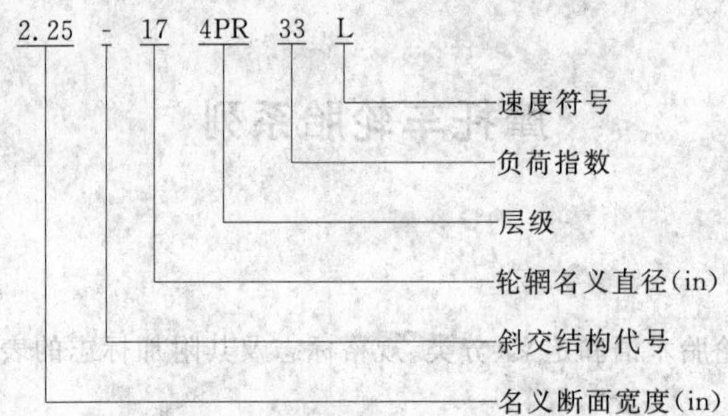

5.2 **公制系列摩托车轮胎**

示例：

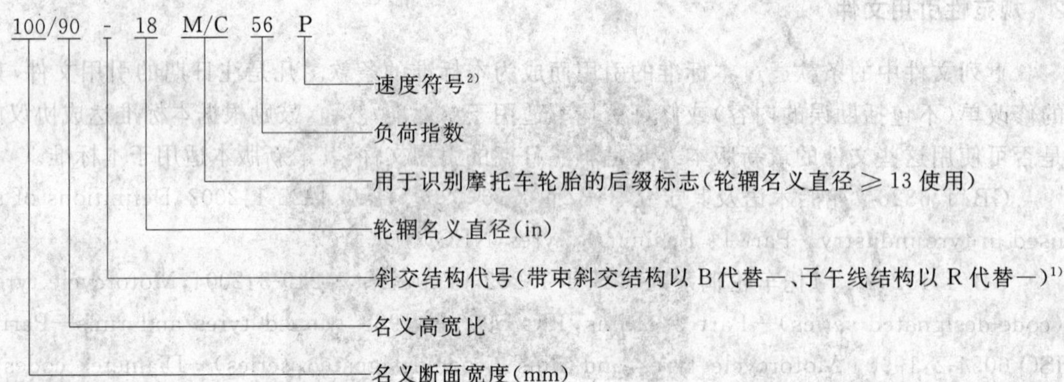

5.3 **轻便型系列摩托车轮胎**

示例：

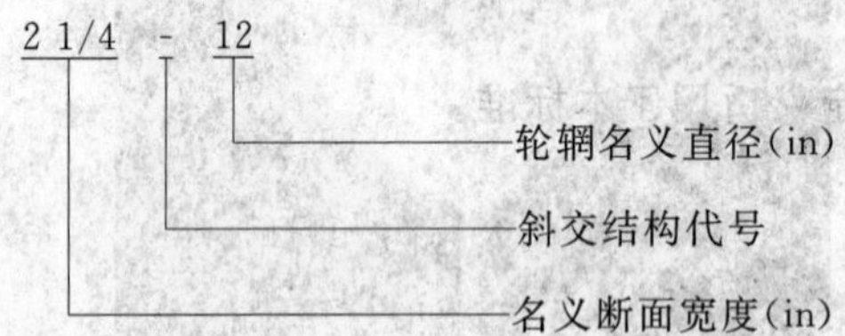

6 规格、尺寸、气压与负荷及轮辋

6.1 代号表示系列摩托车轮胎的规格、测量轮辋宽度代号、新胎充气后断面宽度和外直径、负荷能力、负荷指数和充气压力应符合表1和表2的规定。

代号表示系列摩托车轮胎的允许使用轮辋轮廓见表3和表4。

6.2 公制系列摩托车轮胎的规格、测量轮辋宽度代号、新胎充气后断面宽度和外直径、负荷能力和负荷指数应符合表5、表6和表7的规定。

公制系列摩托车轮胎的允许使用轮辋轮廓见表8。

公制系列摩托车轮胎最大负荷下不同速度对应的充气压力见表9。

公制系列摩托车轮胎的胎面型式参见附录A。

---

1) 最高行驶速度超过240 km/h的轮胎，以速度等级取代结构代号：带束斜交结构为VB或ZB，子午线结构为VR或ZR，其中ZB、ZR适用于新设计的摩托车上；

2) 对于速度符号为V、W的轮胎，当行驶速度可超过速度符号V、W所对应的最高行驶速度时，应使用括号将负荷指数与速度符号括起来。

例如(55 V)——可超过240 km/h，(55 W)——可超过270 km/h，最高可行驶的速度，请向摩托车轮胎生产商咨询。

轮胎最高行驶速度也可以标在轮胎上。例如：V250——最高行驶速度为250 km/h。

6.3 轻便型系列摩托车轮胎的规格、测量轮辋宽度(代号)、新胎充气后断面宽度和外直径、负荷能力和充气压力应符合表10和表11的规定。

轻便型系列摩托车轮胎允许使用轮辋轮廓见表12和表13。

表1 代号表示系列摩托车轮胎

(轮辋名义直径14、15、16、17、18、19及21)

轮胎规格	负荷指数			测量轮辋宽度代号	设计新胎尺寸/mm		最大使用尺寸/mm		负荷能力/kg			充气压力/kPa
	标准型	加强型	载重型		断面[a]宽度	外直径[b]	断面总宽度	外直径	标准型	加强型	载重型	
2.00-14	21					466		478	82.5			
2.00-17	27	—	—	1.20	52	542	57	554	97.5	—	—	
2.00-19	31					593		605	109			
2.25-14	27	32				480		492	97.5	112		
2.25-15	29	34				505		517	103	118		
2.25-16	31	36	—	1.60	61	530	67	542	109	125	—	
2.25-17	33	38				556		568	115	132		
2.25-18	35	40				581		593	121	140		
2.25-19	37	42				607		619	128	150		
2.50-14	32	37	—			492		506	112	128	—	
2.50-15	34	39	—			517		531	118	136	—	
2.50-16	36	41	—			542		556	125	145	—	
2.50-17	38	43	45	1.60	65	568	72	582	132	155	165	标准型 225 加强型 280 载重型 300
2.50-18	40	45	47			593		607	140	165	175	
2.50-19	41	46	—			619		633	145	170	—	
2.50-21	43	48	—			669		683	155	180	—	
2.75-14	35	41	44			512		524	121	145	160	
2.75-15	37	42	—			537		549	128	150	—	
2.75-16	40	46	—			562		574	140	170	—	
2.75-17	41	47	50	1.85	75	588	83	600	145	175	190	
2.75-18	42	48	51			613		625	150	180	195	
2.75-19	43	49	—			639		651	155	185	—	
2.75-21	45	52	—			689		701	165	200	—	
3.00-14	40	45	48			526		540	140	165	180	
3.00-15	41	47	—			551		565	145	175	—	
3.00-16	43	48	51			576		590	155	180	195	
3.00-17	45	50	53	1.85	80	602	88	616	165	190	206	
3.00-18	47	52	55			627		641	175	200	218	
3.00-19	49	54	—			653		667	185	212	—	
3.00-21	51	57	—			703		717	195	230	—	

表 1（续）

轮胎规格	负荷指数			测量轮辋宽度代号	设计新胎尺寸/mm		最大使用尺寸/mm		负荷能力/kg			充气压力/kPa
	标准型	加强型	载重型		断面宽度[a]	外直径[b]	断面总宽度	外直径	标准型	加强型	载重型	
3.25-14	44	52	—	2.15	89	538	98	552	160	200	—	标准型 225 加强型 280 载重型 300
3.25-15	46	53	—			563		577	170	206	—	
3.25-16	48	55	58			588		602	180	218	236	
3.25-17	50	57	—			614		628	190	230	—	
3.25-18	52	59	62			639		653	200	243	265	
3.25-19	54	60	—			665		679	212	250	—	
3.25-21	57	62	—			715		729	230	265	—	
3.50-14	48	54	—	2.15	93	548	102	564	180	212	—	
3.50-15	50	56	—			573		589	190	224	—	
3.50-16	52	58	61			598		614	200	236	257	
3.50-17	54	60	—			624		640	212	250	—	
3.50-18	56	62	—			649		665	224	265	—	
3.50-19	57	63	—			675		691	230	272	—	
3.50-21	60	65	—			725		741	250	290	—	
3.75-18	60	—	—	2.15	99	661	109	677	250	—	—	
3.75-19	61	66				687		703	257	300		
4.00-16	60	—	—	2.15	104	620	114	638	250	—	—	
4.00-18	64	—				671		689	280	—		
4.00-19	65	70				697		715	290	335		
4.25-17	64	—	—	2.15	108	658	119	676	280	—	—	
4.25-18	66					683		701	300			
4.25-19	67					709		727	307			
4.50-17	67	—	—	2.15	111	666	122	684	307	—	—	
4.50-18	70					691		709	335			
5.00-16	71	—	—	3.00	129	666	142	686	345	—	—	
4.10-18	59	—	—	2.15	104	639	114	654	243	—	—	225
4.60-16	59	—	—	2.15	111	604	122	619	243	—	—	225
4.60-18	63					654		670	272			

注 1：标准型可用 4PR 表示，加强型可用 REINF 或 6PR 或 LRC 表示，载重型可用 8PR 表示。

注 2：表中的最大使用尺寸为使用参考数据。

[a] 轮胎设计断面宽度 100 mm 以下，断面宽度公差为±4 mm；
轮胎设计断面宽度 100 mm 及其以上，断面宽度公差为±4%。

[b] 轮胎最大外直径＝2×设计断面高度×1.04＋轮辋名义直径
非前轮轮胎最小外直径＝2×设计断面高度×0.96＋轮辋名义直径
前轮轮胎最小外直径＝2×设计断面高度×0.93＋轮辋名义直径
轮辋名义直径见表 14，设计断面高度见表 15。

表 2 代号表示系列摩托车轮胎规格尺寸
(轮辋名义直径 4、5、6、7、8、9、10 及 12)

轮胎规格	负荷指数				测量轮辋宽度代号	设计新胎尺寸/mm		最大使用尺寸/mm		负荷能力/kg				充气压力/kPa
	轻载型	标准型	加强型	载重型		断面宽度[a]	外直径[b]	断面总宽度	外直径	轻载型	标准型	加强型	载重型	
2.50-8	16	28	—	—	1.50	65	338	70	352	71	100	—	—	轻载型 175 标准型 250 加强型 280 载重型 300
2.50-9	20	30					364		376	80	106			
2.50-10	22	33					389		403	85	115			
2.75-9	24	35	—	—	1.75	71	374	77	389	90	121	—	—	
2.75-10	—	37	42				399		414	—	128	150		
3.00-5	10	22	—	—	2.15	80	276	86	291	60	85	—	—	
3.00-7	18	30	—	—			327		342	75	106	—	—	
3.00-8	26	38	43	—			362		378	95	132	155	—	
3.00-10	32	42	47	49			413		429	112	150	175	185	
3.00-12	38	47	—	—			464		480	132	175	—	—	
3.25-12	40	51	—	—	2.50	88	475	95	492	140	195	—	—	
3.50-4	16	28	—	—	2.50	92	274	99	291	71	100	—	—	
3.50-5	20	32	—	—			299		316	80	112	—	—	
3.50-6	24	36	—	—			324		341	90	125	—	—	
3.50-7	28	40	—	—			350		367	100	140	—	—	
3.50-8	35	46	—	—			386		404	121	170	—	—	
3.50-9	39	48	—	—			412		430	136	180	—	—	
3.50-10	41	51	56	58			437		455	145	195	224	236	
3.50-12	45	57	—	—			488		506	165	230	—	—	
4.00-5	32	41	—	—	2.50	105	326	113	346	112	145	—	—	
4.00-7	38	48					377		397	132	180			
4.00-8	44	55					415		436	160	218			
4.00-10	49	60					466		487	185	250			
4.00-12	54	65					517		538	212	290			
4.50-6	42	52	—	—	3.00	120	376	130	398	150	200	—	—	
4.50-12	61	72					544		568	257	355			
6.00-6	57	68	—	—	4.00	154	436	166	464	230	315	—	—	
6.00-9	69	79					532		562	325	437			

注 1:轻载型可用 2PR 表示,标准型可用 4PR 表示,加强型可用 REINF 或 6PR 或 LRC 表示,载重型可用 8PR 表示。

注 2:表中的最大使用尺寸为使用参考数据。

[a] 轮胎设计断面宽度 100 mm 以下,断面宽度公差为±4 mm。
轮胎设计断面宽度 100 mm 及其以上,断面宽度公差为±4%。

[b] 轮胎最大外直径=2×设计断面高度×1.03+轮辋名义直径
轮胎最小外直径=2×设计断面高度×0.97+轮辋名义直径
轮辋名义直径见表 14,设计断面高度见表 15。

表 3　代号表示系列摩托车轮胎允许使用轮辋轮廓
（轮辋名义直径 14、15、16、17、18、19 及 21）

轮胎名义断面宽度/in	允许使用轮辋宽度代号
2.00	1.10、**1.20**、1.35
2.25	1.20、1.35、1.40、1.50、**1.60**
2.50	1.35、1.40、1.50、**1.60**
2.75	1.40、1.50、1.60、**1.85**
3.00	1.60、**1.85**、2.15
3.25	1.85、**2.15**、2.50
3.50	1.85、**2.15**、2.50
3.75	1.85、**2.15**、2.50
4.00/4.10	**2.15**、2.50、2.75、3.00
4.25	**2.15**、2.50、2.75、3.00
4.50/4.60	**2.15**、2.50、2.75、3.00
5.00	2.50、2.75、**3.00**、3.50

注 1：圆柱型 WM、5°斜底式 MT 型轮辋适用。
注 2：黑体字为测量轮辋宽度代号。

表 4　代号表示系列摩托车轮胎允许使用轮辋轮廓
（轮辋名义直径 4、5、6、7、8、9、10 及 12）

轮胎名义断面宽度/in	允许使用轮辋宽度代号
2.50	**1.50**、1.75、1.85
2.75	1.50、**1.75**、1.85、2.10、2.15
3.00	1.80、2.10、**2.15**、2.50
3.25	2.10、2.15、**2.50**
3.50	2.10、2.15、**2.50**
4.00	2.15、**2.50**、3.00
4.50	2.50、**3.00**
6.00	**4.00**

注 1：对开式 DT、深(槽)式 DC、5°斜底式 MT 轮辋适用。
注 2：黑体字为测量轮辋宽度代号。

表 5 公制 100、90、80 系列摩托车轮胎
（轮辋名义直径 13、14、15、16、17、18、19 及 21）

名义高宽比	轮胎规格	负荷指数		测量轮辋宽度代号	设计新胎尺寸/mm		最大使用尺寸/mm				负荷能力/kg	
		标准型	加强型		断面宽度[a]	外直径[b]	断面总宽度		外直径		标准型	加强型
							A.B.C 型胎面	D 型胎面	A.B 型胎面	C.D 型胎面		
100系列	60/100-14M/C	29	—	1.50	61	476	67 (65)	76	484	490	103	
	60/100-16M/C	31	38			526			534	540	109	132
	60/100-17M/C	33	39			552			560	566	115	136
	70/100-14M/C	37	42	1.60	69	496	76 (74)	86	506	514	128	150
	70/100-15M/C	38	—			521			531	537	132	—
	70/100-16M/C	39	45			546			556	562	136	165
	70/100-17M/C	40	46			572			582	588	140	170
	70/100-18M/C	41	47			597			607	613	145	175
	70/100-19M/C	42	48			623			633	639	150	180
	70/100-21M/C	44	—			673			683	689	160	
	80/100-14M/C	43	49	1.85	80	516	88 (86)	100	528	536	155	185
	80/100-15M/C	44	—			541			553	561	160	—
	80/100-16M/C	45	51			566			578	586	165	195
	80/100-17M/C	46	53			592			604	612	170	206
	80/100-18M/C	47	54			617			629	637	175	212
	80/100-19M/C	49	55			643			655	663	185	218
	80/100-21M/C	51	—			693			705	713	195	—
	90/100-14M/C	49	55	2.15	90	536	99(96)	113	548	558	185	218
	90/100-15M/C	50	—			561			573	583	190	—
	90/100-16M/C	51	58			586			598	608	195	236
	90/100-17M/C	53	59			612			624	634	206	243
	90/100-18M/C	54	60			637			649	659	212	250
	90/100-19M/C	55	61			663			675	685	218	257
	100/100-16M/C	57	—	2.50	101	606	111(108)	126	620	630	230	—
	100/100-17M/C	58	64			632			646	656	236	280
	100/100-18M/C	59	65			657			671	681	243	290
	100/100-19M/C	60	66			683			697	707	250	300
	110/100-17M/C	63	69	2.50	109	652	120(117)	136	668	678	272	325
	110/100-18M/C	64	70			677			693	703	280	335
	110/100-19M/C	65	71			703			719	729	290	345
	120/100-17M/C	67	73	2.75	119	672	131(127)	149	688	700	307	365
	120/100-18M/C	68	74			697			713	725	315	375
	120/100-19M/C	69	75			723			739	751	325	387
	130/100-16M/C	70	76	3.00	129	666	142(138)	161	684	698	335	400
	130/100-17M/C	71	77			692			710	724	345	412
	130/100-18M/C	72	78			717			735	749	355	425
	130/100-19M/C	73	79			743			761	775	365	437
	140/100-16M/C	74	80	3.50	142	686	156(152)	178	706	720	375	450

表 5（续）

名义高宽比	轮胎规格	负荷指数		测量轮辋宽度代号	设计新胎尺寸/mm		最大使用尺寸/mm				负荷能力/kg	
		标准型	加强型		断面宽度[a]	外直径[b]	断面总宽度		外直径		标准型	加强型
							A.B.C型胎面	D型胎面	A.B型胎面	C.D型胎面		
90系列	60/90-16M/C	29	35	1.50	61	514	67(65)	76	522	530	103	121
	60/90-17M/C	30	36			540			548	556	106	125
	70/90-14M/C	34	40	1.60	69	482	76 (74)	86	490	498	118	140
	70/90-16M/C	36	42			532			540	550	125	150
	70/90-17M/C	38	43			558			566	574	132	155
	70/90-18M/C	39	44			583			591	599	136	160
	70/90-19M/C	40	45			609			617	625	140	165
	70/90-21M/C	43	—			659			667	675	155	—
	80/90-14M/C	40	—	1.85	80	500	88 (86)	100	510	518	140	—
	80/90-16M/C	43	48			550			560	568	155	180
	80/90-17M/C	44	50			576			586	594	160	190
	80/90-18M/C	45	51			601			611	619	165	195
	80/90-19M/C	46	52			627			637	645	170	200
	80/90-21M/C	48	—			677			687	695	180	—
	90/90-14M/C	46	—	2.15	90	518	99 (96)	113	530	538	170	—
	90/90-15M/C	47	—			543			555	563	175	—
	90/90-16M/C	48	55			568			580	588	180	218
	90/90-17M/C	49	56			594			606	614	185	224
	90/90-18M/C	51	57			619			631	639	195	230
	90/90-19M/C	52	58			645			657	665	200	236
	90/90-21M/C	54	—			695			707	715	212	—
	100/90-15M/C	53	—	2.50	101	561	111(108)	126	573	583	206	—
	100/90-16M/C	54	—			586			598	608	212	—
	100/90-17M/C	55	61			612			624	634	218	257
	100/90-18M/C	56	62			637			649	659	224	265
	100/90-19M/C	57	63			663			675	685	230	272
	100/90-21M/C	59	—			713			725	735	243	—
	110/90-13M/C	56	—	2.50	109	528	120(117)	136	542	552	224	—
	110/90-15M/C	58	—			579			593	603	236	—
	110/90-16M/C	59	65			604			618	628	243	290
	110/90-17M/C	60	66			630			644	654	250	300
	110/90-18M/C	61	67			655			669	679	257	307
	110/90-19M/C	62	68			681			695	705	265	315
	120/90-15M/C	62	—	2.75	119	597	131(127)	149	613	623	265	—
	120/90-16M/C	63	—			622			638	648	272	—
	120/90-17M/C	64	70			648			664	674	280	335
	120/90-18M/C	65	71			673			689	699	290	345
	120/90-19M/C	66	72			699			715	725	300	355

表 5（续）

名义高宽比	轮胎规格	负荷指数		测量轮辋宽度代号	设计新胎尺寸/mm		最大使用尺寸/mm				负荷能力/kg	
		标准型	加强型		断面宽度[a]	外直径[b]	断面总宽度 A.B.C型胎面	断面总宽度 D型胎面	外直径 A.B型胎面	外直径 C.D型胎面	标准型	加强型
90系列	130/90-15M/C	66	72	3.00	129	615	142(138)	161	631	643	300	355
	130/90-16M/C	67	73			640			656	668	307	365
	130/90-17M/C	68	74			666			682	694	315	375
	130/90-18M/C	69	75			691			707	719	325	387
	130/90-19M/C	70	76			717			733	745	335	400
	140/90-15M/C	70	76	3.50	142	633	156(152)	178	651	663	335	400
	140/90-16M/C	71	77			658			676	688	345	412
	140/90-17M/C	72	—			684			702	714	355	—
	140/90-18M/C	73	—			709			727	739	365	—
	150/90-15M/C	74	80	3.50	150	651	165(161)	188	669	683	375	450
	150/90-16M/C	75	81			676			694	708	387	462
	150/90-17M/C	76	—			702			720	732	400	—
80系列	70/80-18M/C	36	41	1.60	69	569	76(74)	86	577	583	125	145
	80/80-14M/C	—	43	1.85	80	484	88(86)	100	492	500	—	155
	80/80-16M/C	40	45			534			542	550	140	165
	80/80-17M/C	41	—			560			568	576	145	—
	80/80-18M/C	42	48			585			593	601	150	180
	80/80-19M/C	43	—			611			619	627	155	—
	80/80-21M/C	45	—			661			669	677	165	—
	90/80-14M/C	43	49	2.15	90	500	99(96)	113	510	518	155	185
	90/80-16M/C	45	51			550			560	568	165	195
	90/80-17M/C	46	—			576			586	594	170	—
	90/80-18M/C	47	54			601			611	619	175	212
	90/80-19M/C	49	—			627			637	645	185	—
	90/80-21M/C	51	—			677			687	695	195	—
	100/80-14M/C	48	54	2.50	101	516	111(108)	126	528	536	180	212
	100/80-16M/C	50	—			566			578	586	190	—
	100/80-17M/C	52	—			592			604	612	200	—
	100/80-18M/C	53	59			617			629	637	206	243
	100/80-19M/C	54	—			643			655	663	212	—
	100/80-21M/C	56	—			693			705	713	224	—
	110/80-14M/C	53	59	2.50	109	532	120(117)	136	542	554	206	243
	110/80-16M/C	55	—			582			594	604	218	—
	110/80-17M/C	57	—			608			620	630	230	—
	110/80-18M/C	58	64			633			645	655	236	280
	110/80-19M/C	59	—			659			671	681	243	—

表 5（续）

名义高宽比	轮胎规格	负荷指数 标准型	负荷指数 加强型	测量轮辋宽度代号	设计新胎尺寸/mm 断面[a]宽度	设计新胎尺寸/mm 外直径[b]	最大使用尺寸/mm 断面总宽度 A.B.C型胎面	最大使用尺寸/mm 断面总宽度 D型胎面	最大使用尺寸/mm 外直径 A.B型胎面	最大使用尺寸/mm 外直径 C.D型胎面	负荷能力/kg 标准型	负荷能力/kg 加强型
80系列	120/80-13M/C	56	62	2.75	119	522	131(127)	149	536	546	224	265
	120/80-14M/C	58	—			548			562	572	236	—
	120/80-16M/C	60	—			598			612	622	250	—
	120/80-17M/C	61	—			624			638	648	257	—
	120/80-18M/C	62	68			649			663	673	265	315
	120/80-19M/C	63	—			675			689	699	272	—
	130/80-14M/C	62	—	3.00	129	564	142(138)	161	578	588	265	—
	130/80-15M/C	63	68			589			603	613	272	315
	130/80-16M/C	64	—			614			628	638	280	—
	130/80-17M/C	65	—			640			654	664	290	—
	130/80-18M/C	66	72			665			679	689	300	355
	130/80-19M/C	67	—			691			705	715	307	—
	140/80-15M/C	67	73	3.50	142	605	156(152)	178	621	631	307	365
	140/80-16M/C	68	—			630			646	656	315	—
	140/80-17M/C	69	—			656			672	682	325	—
	140/80-18M/C	70	76			681			697	707	335	400
	140/80-19M/C	71	—			707			723	733	345	—
	150/80-15M/C	70	76	3.50	150	621	165(161)	188	637	649	335	400
	150/80-16M/C	71	77			646			662	674	345	412
	150/80-17M/C	72	—			672			688	700	355	—
	150/80-18M/C	73	79			697			713	725	365	437
	160/80-14M/C	72	—	4.00	162	612	178(173)	203	630	642	355	—
	160/80-15M/C	74	—			637			655	667	375	—
	160/80-16M/C	75	81			662			680	692	387	462
	160/80-18M/C	—	83			713			731	743	—	487
	170/80-15M/C	77	83	4.00	170	653	187(182)	213	673	685	412	487

注 1：带束斜交结构轮胎以 B 代替一、子午线结构轮胎以 R 代替一。

注 2：括号外尺寸适用于斜交、带束斜交结构，括号内尺寸适用于子午线结构。

注 3：充气压力见表 9。

注 4：加强型可用 REINF 表示。

注 5：表中所列负荷适用于行驶速度为 210 km/h 及其以下，150 km/h 以上轮胎的最大负荷，其他行驶速度下负荷能力变化率见表 B3、表 B4。

注 6：表中的最大使用尺寸为使用参考数据。

[a] 轮胎设计断面宽度 100 mm 以下，断面宽度公差为±4 mm；
轮胎设计断面宽度 100 mm 及其以上，断面宽度公差为±4％；
对 B 型胎面的轮胎，最小断面宽度是指胎面总宽度。

[b] 轮胎最大外直径＝2×设计断面高度×1.03＋轮辋名义直径
轮胎最小外直径＝2×设计断面高度×0.97＋轮辋名义直径
轮辋名义直径见表 14，设计断面高度见表 15。

表 6 公制 70、65、60、55、50、40 系列摩托车轮胎
（轮辋名义直径 13、14、15、16、17、18、19 及 21）

名义高宽比	轮胎规格	负荷指数		测量轮辋宽度代号	设计新胎尺寸/mm		最大使用尺寸/mm		负荷能力/kg	
		标准型	加强型		断面[a]宽度	外直径[b]	断面总宽度 A、B 型胎面	外直径 A、B 型胎面	标准型	加强型
70系列	80/70-16M/C	—	43	2.15	79	518	87(85)	526	—	155
	100/70-16M/C	47	—	2.75	100	546	110(107)	556	175	—
	100/70-17M/C	49				572		582	185	
	100/70-18M/C	50				597		607	190	
	100/70-19M/C	51				623		633	195	
	110/70-16M/C	52	—	3.00	110	560	121(118)	570	200	—
	110/70-17M/C	54				586		596	212	
	110/70-18M/C	55				611		621	218	
	110/70-19M/C	56				637		647	224	
	120/70-13M/C	53	—	3.50	122	498	134(131)	510	206	—
	120/70-14M/C	55	61			524		536	218	257
	120/70-15M/C	56	—			549		561	224	—
	120/70-16M/C	57	—			574		586	230	—
	120/70-17M/C	58	—			600		612	236	—
	120/70-18M/C	59	—			625		637	243	—
	120/70-19M/C	60	—			651		663	250	—
	120/70-21M/C	62	—			701		713	265	—
	130/70-13M/C	57	63	3.50	129	512	142(138)	524	230	272
	130/70-16M/C	61	—			588		600	257	—
	130/70-17M/C	62	—			614		626	265	—
	130/70-18M/C	63	—			639		651	272	—
	130/70-19M/C	64	—			665		677	280	—
	140/70-14M/C	62	68	3.75	139	552	153(149)	566	265	315
	140/70-16M/C	65	—			602		616	290	—
	140/70-17M/C	66	72			628		642	300	335
	140/70-18M/C	67	—			653		667	307	—
	140/70-19M/C	68	—			679		693	315	—
	150/70-13M/C	64	—	4.25	151	540	166(162)	554	280	—
	150/70-14M/C	66	72			566		580	300	355
	150/70-16M/C	68	—			616		630	315	—
	150/70-17M/C	69	—			642		656	325	—
	150/70-18M/C	70	—			667		681	335	—
	150/70-19M/C	71	—			693		707	345	—
	160/70-16M/C	71	—	4.50	161	630	177(172)	646	345	—
	160/70-17M/C	73				656		672	365	
	160/70-18M/C	74				681		697	375	
	160/70-19M/C	75				707		723	387	
	170/70-15M/C	73	—	4.50	168	619	185(180)	635	365	—
	180/70-15M/C	76	—	5.00	180	633	198(193)	651	400	—
	180/70-16M/C	77				658		676	412	
	200/70-15M/C	82	—	5.50	200	661	220(214)	681	475	—

表 6（续）

名义高宽比	轮胎规格	负荷指数		测量轮辋宽度代号	设计新胎尺寸/mm		最大使用尺寸/mm		负荷能力/kg	
		标准型	加强型		断面[a]宽度	外直径[b]	断面总宽度 A、B型胎面	外直径 A、B型胎面	标准型	加强型
65系列	120/65-17M/C	56	—	3.50	122	588	134(131)	598	224	—
60系列	110/60-16M/C	49	—	3.00	110	538	121(118)	548	185	—
	110/60-17M/C	50				564		574	190	
	110/60-18M/C	51				589		599	195	
	110/60-19M/C	53				615		625	206	
	120/60-16M/C	53	—	3.50	122	550	134(131)	560	206	—
	120/60-17M/C	55				576		586	218	
	120/60-18M/C	56				601		611	224	
	120/60-19M/C	57				627		637	230	
	130/60-13M/C	53	60	3.50	129	486	142(138)	496	206	250
	130/60-16M/C	58	—			562		572	236	—
	130/60-17M/C	59	—			588		598	243	—
	130/60-18M/C	60	—			613		623	250	—
	130/60-19M/C	61	—			639		649	257	—
	140/60-13M/C	57	63	3.75	139	498	153(149)	510	230	272
	140/60-16M/C	61	—			574		586	257	
	140/60-17M/C	63	—			600		612	272	—
	140/60-18M/C	64	—			625		637	280	
	140/60-19M/C	65	—			651		663	290	
	150/60-13M/C	61	66	4.25	151	510	166(162)	522	257	300
	150/60-14M/C	62	—			536		548	265	—
	150/60-16M/C	65	—			586		598	290	—
	150/60-17M/C	66	—			612		624	300	—
	150/60-18M/C	67	—			637		649	307	—
	150/60-19M/C	68	—			663		657	315	—
	160/60-14M/C	65	—	4.50	161	548	177(172)	562	290	—
	160/60-15M/C	67				573		587	307	
	160/60-16M/C	68				598		612	315	
	160/60-17M/C	69				624		638	325	
	160/60-18M/C	70				649		663	335	
	160/60-19M/C	71				675		689	345	
	170/60-16M/C	71	—	4.50	168	610	185(180)	624	345	—
	170/60-17M/C	72				636		650	355	
	170/60-18M/C	73				661		675	365	
	170/60-19M/C	74				687		701	375	
	180/60-16M/C	74	—	5.00	180	622	198(193)	638	375	—
	180/60-17M/C	75				648		664	387	

表 6（续）

名义高宽比	轮胎规格	负荷指数		测量轮辋宽度代号	设计新胎尺寸/mm		最大使用尺寸/mm		负荷能力/kg	
		标准型	加强型		断面宽度[a]	外直径[b]	断面总宽度 A、B型胎面	外直径 A、B型胎面	标准型	加强型
60系列	190/60-17M/C	78	—	5.00	188	660	207(201)	676	425	—
	200/60-16M/C	79		5.50	200	646	220(214)	662	437	—
	210/60-16M/C	82		6.00	212	658	233(227)	676	475	—
	230/60-15M/C	86		6.25	229	657	252(245)	677	530	—
55系列	130/55-16M/C	55	—	4.00	129	550	142(138)	560	218	—
	130/55-17M/C	57				576		586	230	
	130/55-18M/C	58				601		611	236	
	130/55-19M/C	59				627		637	243	
	140/55-16M/C	59	—	4.50	141	560	155(151)	570	243	—
	140/55-17M/C	60				586		596	250	
	140/55-18M/C	61				611		621	257	
	140/55-19M/C	62				637		647	265	
	150/55-16M/C	63	—	4.50	148	572	163(158)	584	272	—
	150/55-17M/C	64				598		610	280	
	150/55-18M/C	65				623		635	290	
	150/55-19M/C	66				649		661	300	
	160/55-16M/C	65	—	5.00	160	582	176(171)	594	290	—
	160/55-17M/C	67				608		620	307	
	160/55-18M/C	68				633		645	315	
	160/55-19M/C	69				659		671	325	
	170/55-16M/C	69	—	5.50	172	594	189(184)	608	325	—
	170/55-17M/C	70				620		634	335	
	170/55-18M/C	71				645		659	345	
	170/55-19M/C	72				671		685	355	
	180/55-16M/C	71	—	5.50	178	604	196(190)	618	345	—
	180/55-17M/C	73				630		644	365	
	180/55-18M/C	74				655		669	375	
	180/55-19M/C	75				681		695	387	
	190/55-16M/C	74	—	6.00	190	616	209(203)	630	375	—
	190/55-17M/C	75				642		656	387	
	190/55-18M/C	76				667		681	400	
	190/55-19M/C	77				693		707	412	
	200/55-17M/C	78	—	6.25	200	652	220(214)	668	425	—
	200/55-18M/C	79				677		693	437	
	210/55-18M/C	82		6.50	209	689	230(224)	705	462	—

表 6（续）

名义高宽比	轮胎规格	负荷指数 标准型	负荷指数 加强型	测量轮辋宽度代号	设计新胎尺寸/mm 断面宽度[a]	设计新胎尺寸/mm 外直径[b]	最大使用尺寸/mm 断面总宽度 A、B型胎面	最大使用尺寸/mm 外直径 A、B型胎面	负荷能力/kg 标准型	负荷能力/kg 加强型
50系列	160/50-16M/C	63	—	5.00	160	566	176(171)	578	272	—
	160/50-17M/C	64				592		604	280	
	160/50-18M/C	65				617		629	290	
	160/50-19M/C	66				643		655	300	
	170/50-16M/C	66	—	5.50	172	576	189(184)	588	300	—
	170/50-17M/C	67				602		614	307	
	170/50-18M/C	68				627		639	315	
	170/50-19M/C	69				653		665	325	
	180/50-16M/C	69	—	5.50	178	586	196(190)	598	325	—
	180/50-17M/C	70				612		624	335	
	180/50-18M/C	71				637		649	345	
	180/50-19M/C	72				663		675	355	
	190/50-16M/C	72	—	6.00	190	596	209(203)	610	355	—
	190/50-17M/C	73				622		636	365	
	190/50-18M/C	74				647		661	375	
	190/50-19M/C	75				673		687	387	
	200/50-17M/C	75	—	6.25	200	632	221(214)	646	387	—
	200/50-18M/C	76				657		671	400	
	210/50-17M/C	78	—	6.50	209	642	230(224)	656	425	—
	240/50-16M/C	84	—	7.50	239	646	263(256)	662	500	—
40系列	240/40-18M/C	79	—	8.50	240	649	257	663	437	—
	250/40-18M/C	81	—	9.00	251	657	269	671	462	—

注 1：带束斜交结构轮胎以 B 代替—、子午线结构轮胎以 R 代替—。

注 2：括号外尺寸适用于斜交、带束斜交结构，括号内尺寸适用于子午线结构。

注 3：充气压力见表 9。

注 4：加强型可用 REINF 表示。

注 5：表中所列负荷适用于行驶速度为 210 km/h 及其以下，150 km/h 以上轮胎的最大负荷，其他行驶速度下负荷能力变化率见表 B3、表 B4。

注 6：表中的最大使用尺寸为使用参考数据。

[a] 轮胎设计断面宽度 100 mm 以下，断面宽度公差为±4 mm；
轮胎设计断面宽度 100 mm 及其以上，断面宽度公差为±4%；
对 B 型胎面的轮胎，最小断面宽度是指胎面总宽度。

[b] 轮胎最大外直径＝2×设计断面高度×1.03＋轮辋名义直径
轮胎最小外直径＝2×设计断面高度×0.97＋轮辋名义直径
轮辋名义直径见表 14，设计断面高度见表 15。

表 7 公制 100、90、80、70、60 系列摩托车轮胎
（轮辋名义直径 8、10 及 12）

名义高宽比	轮胎规格	负荷指数			测量轮辋宽度代号	设计新胎尺寸/mm		最大使用尺寸/mm		负荷能力/kg		
		轻载型	标准型	加强型		断面[a]宽度	外直径[b]	断面总宽度 A、B型胎面	外直径 A、B型胎面	轻载型	标准型	加强型
100系列	60/100-12	—	36	—	1.50	61	425	66	433	—	125	—
	70/100-8	26	36	41			343		353	95	125	145
	70/100-10	30	40	45	1.60	69	394	75	404	106	140	165
	70/100-12	34	43	48			445		455	118	155	180
	80/100-8	34	43	48			363		375	118	155	180
	80/100-10	38	46	52	1.85	80	414	86	426	132	170	200
	80/100-12	41	50	55			465		477	145	190	218
	90/100-8	40	49	54			383		395	140	185	212
	90/100-10	43	53	58	2.15	90	434	97	446	155	206	236
	90/100-12	46	56	61			485		497	170	224	257
	100/100-8	45	55	60			403		417	165	218	250
	100/100-10	49	59	64	2.50	101	454	109	468	185	243	280
	100/100-12	52	62	67			505		519	200	265	307
	110/100-8	50	60	65			423		439	190	250	290
	110/100-10	54	64	69	2.50	109	474	118	490	212	280	325
	110/100-12	58	67	72			525		541	236	307	355
	120/100-8	55	65	70			443		459	218	290	335
	120/100-10	59	68	73	2.75	119	494	129	510	243	315	365
	120/100-12	62	71	76			545		561	265	345	400
	130/100-8	60	69	74			463		481	250	325	375
	130/100-10	64	73	78	3.00	129	514	139	532	280	365	425
	130/100-12	66	75	80			565		583	300	387	450
90系列	60/90-8	16	25	30			311		319	71	92.5	106
	60/90-10	20	30	35	1.50	61	362	66	370	80	106	121
	60/90-12	24	34	39			413		421	90	118	136
	70/90-8	24	34	39			329		337	90	118	136
	70/90-10	28	38	43	1.60	69	380	75	388	100	132	155
	70/90-12	31	41	46			431		439	109	145	170
	80/90-8	31	41	46			347		357	109	145	170
	80/90-10	35	44	49	1.85	80	398	86	408	121	160	185
	80/90-12	39	48	53			449		459	136	180	206
	90/90-8	38	47	52			365		377	132	175	200
	90/90-10	41	50	55	2.15	90	416	97	428	145	190	218
	90/90-12	44	54	59			467		479	160	212	243
	100/90-8	43	53	58			383		395	155	206	236
	100/90-10	46	56	61	2.50	101	434	109	446	170	224	257
	100/90-12	49	59	64			485		497	185	243	280
	110/90-8	48	58	63			401		415	180	236	272
	110/90-10	51	61	66	2.50	109	452	118	466	195	257	300
	110/90-12	54	64	69			503		517	212	280	325
	120/90-8	52	62	67			419		435	200	265	307
	120/90-10	57	66	71	2.75	119	470	129	486	230	300	345
	120/90-12	60	69	74			521		537	250	325	375
	130/90-8	57	66	71			437		453	230	300	345
	130/90-10	61	70	75	3.00	129	488	139	504	257	335	387
	130/90-12	64	73	78			539		555	280	365	425

表 7（续）

名义高宽比	轮胎规格	负荷指数			测量轮辋宽度代号	设计新胎尺寸/mm		最大使用尺寸/mm		负荷能力/kg		
		轻载型	标准型	加强型		断面宽度[a]	外直径[b]	断面总宽度 A、B型胎面	外直径 A、B型胎面	轻载型	标准型	加强型
80系列	60/80-8	13	22	27	1.50	61	299	66	305	65	85	97.5
	60/80-10	17	26	31			350		356	73	95	109
	60/80-12	20	30	35			401		407	80	106	121
	70/80-8	20	30	35	1.60	69	315	75	323	80	106	121
	70/80-10	25	35	40			366		374	92.5	121	140
	70/80-12	28	38	43			417		425	100	132	155
	80/80-8	27	37	42	1.85	80	331	86	339	97.5	128	150
	80/80-10	31	41	46			382		390	109	145	170
	80/80-12	35	44	49			433		441	121	160	185
	90/80-8	34	43	48	2.15	90	347	97	357	118	155	180
	90/80-10	38	47	52			398		408	132	175	200
	90/80-12	41	50	55			449		459	145	190	218
	100/80-8	40	49	54	2.50	101	363	109	375	140	185	212
	100/80-10	43	53	58			414		426	155	206	236
	100/80-12	46	56	61			465		477	170	224	257
	110/80-8	44	54	59	2.50	109	379	118	391	160	212	243
	110/80-10	48	58	63			430		442	180	236	272
	110/80-12	51	61	66			481		493	195	257	300
	120/80-8	49	59	64	2.75	119	395	129	409	185	243	280
	120/80-10	52	62	67			446		460	200	265	307
	120/80-12	55	65	70			497		511	218	290	335
	130/80-8	53	63	68	3.00	129	411	139	425	206	272	315
	130/80-10	57	66	71			462		476	230	300	345
	130/80-12	60	69	74			513		527	250	325	375
70系列	110/70-12	—	47	—	3.00	110	459	119	469	—	175	—
	120/70-10	—	48	54	3.50	122	422	132	434	—	180	212
	120/70-12	44	51	58			473		485	160	195	236
	130/70-8	42	—	—	3.50	129	385	139	397	150	—	—
	130/70-10	—	52	59			436		448	—	200	243
	130/70-12	49	56	62			487		499	185	224	265
	140/70-8	—	53	—	3.75	139	399	150	413	—	206	—
	140/70-12		60	65			501		515		250	290
60系列	100/60-12	—	39	45	2.75	100	425	108	433	—	136	165
	140/60-12	—	56	62	4.00	141	473	152	485	—	224	265

注 1：带束斜交结构轮胎以 B 代替—、子午线结构轮胎以 R 代替—。

注 2：充气压力见表 9。

注 3：加强型可用 REINF 表示。

注 4：表中的最大使用尺寸为使用参考数据。

[a] 轮胎设计断面宽度 100 mm 以下，断面宽度公差为±4 mm；
轮胎设计断面宽度 100 mm 及其以上，断面宽度公差为±4%；
对 B 型胎面的轮胎，最小断面宽度是指胎面总宽度。

[b] 轮胎最大外直径＝2×设计断面高度×1.06＋轮辋名义直径
轮胎最小外直径＝2×设计断面高度×0.97＋轮辋名义直径
轮辋名义直径见表 14，设计断面高度见表 15。

表 8　公制系列摩托车轮胎允许使用轮辋轮廓

名义高宽比	名义断面宽度/mm	允许使用轮辋
40	240	MT8.00、**MT8.50**、MT9.00
	250	MT8.50、**MT9.00**、MT9.50
50 及 55	130	MT3.75、**MT4.00**
	140	MT4.00、**MT4.50**
	150	**MT4.50**、MT5.00
	160	MT4.50、**MT5.00**
	170	MT5.00、**MT5.50**
	180	**MT5.50**、MT6.00
	190	MT5.50、**MT6.00**
	200	MT6.00、**MT6.25**、MT6.50
	210	MT6.25、**MT6.50**、MT7.00
	240	MT7.00、**MT7.50**、MT8.00
60、65 及 70	80	(1.85)、(MT1.85)、2.15、**MT2.15**、2.50、MT2.50
	100	(2.50)、(MT2.50)、2.75、**MT2.75**、MT3.00
	110	(2.50)、(MT2.50)、(2.75)、(MT2.75)、**MT3.00**、MT3.50
	120	(2.75)、(MT2.75)、(MT3.00)、**MT3.50**、MT3.75
	130	(MT3.00)、**MT3.50**、MT3.75、MT4.00
	140	(MT3.50)、**MT3.75**、MT4.00、MT4.25、MT4.50
	150	(MT3.50)、(MT3.75)、MT4.00、**MT4.25**、MT4.50
	160	(MT3.75)、(MT4.00)、MT4.25、**MT4.50**、MT5.00
	170	(MT4.00)、MT4.25、**MT4.50**、MT5.00、MT5.50
	180	(MT4.25)、(MT4.50)、**MT5.00**、MT5.50
	200	(MT4.75)、(MT5.00)、**MT5.50**、MT6.00、MT6.25
	210	(MT5.00)、(MT5.50)、**MT6.00**、MT6.25、MT6.50
	230	(MT5.50、(MT6.00)、**MT6.25**、MT6.50、MT7.00
80、90 及 100	60	(1.20)、1.40、**1.50**、**MT1.50**、1.60、MT1.60
	70	(1.40)、(1.50)、(MT1.50)、**1.60**、**MT1.60**、1.85、MT1.85
	80	(1.60)、(MT1.60)、**1.85**、**MT1.85**、2.15、MT2.15
	90	(1.85)、(MT1.85)、**2.15**、**MT2.15**、MT2.50
	100	(2.15)、(MT2.15)、**2.50**、**MT2.50**、2.75、MT2.75
	110	(2.15)、(MT2.15)、**2.50**、**MT2.50**、2.75、MT2.75、3.00、MT3.00
	120	(2.50)、(MT2.50)、**2.75**、**MT2.75**、3.00、MT3.00
	130[a]	(2.50)、(MT2.50)、(2.75)、(MT2.75)、**3.00**、**MT3.00**、MT3.50
	140[a]	(2.75)、(MT2.75)、(3.00)(MT3.00)、**MT3.50**、MT3.75
	150[a]	(3.00)、(MT3.00)、**MT3.50**、MT3.75、MT4.00、MT4.25
	160	(MT3.50)、MT3.75、**MT4.00**、MT4.25、MT4.50
	170	(MT3.50)、(MT3.75)、**MT4.00**、MT4.25、MT4.50

注 1：表中括号内的轮辋仅适用于斜交和带束斜交结构轮胎。

注 2：无标注 MT 的轮辋为圆柱型 WM 轮辋，黑体字为测量轮辋。

[a] 130/90-16、140/90-16、150/90-16 轮胎允许使用特殊轮辋直径 405.6 mm±0.4 mm 并带凸峰的 3.00D 轮辋。

表 9 公制系列摩托车轮胎最大负荷下不同速度对应的充气压力

轮辋名义直径	名义高宽比	速度/(km/h)	充气压力/kPa		
			轻载型	标准型	加强型
≥13	40~100	≤150	—	225	280
		160~180	—	250	300
		190~210	—	280	330
		240~270	—	290	340
≤12	80~100	≤120	175	250	300
	60~70		175	225	280

表 10 轻便型摩托车轮胎系列

(轮辋名义直径 8、9、10 及 12)

轮胎规格	测量轮辋宽度代号	设计新胎尺寸/mm		最大使用尺寸/mm		不同气压下的负荷能力/kg	
		断面宽度[a]	外直径[b]	断面总宽度	外直径	250 kPa	280 kPa
2-12	1.50	55	417	59	426	70	—
2 1/4-12	1.50	62	431	67	441	80	—
2 1/2-8	1.75	70	345	76	356	75	105
2 1/2-9			371		382	80	—
2 3/4-9	1.75	73	381	79	393	90	—
3-10	2.15 MT	84	418	91	431	110	—
3-12			469		482	120	

注：表中的最大使用尺寸为使用参考数据。

[a] 轮胎设计断面宽度 100 mm 以下，断面宽度公差为±4 mm；
轮胎设计断面宽度 100 mm 及其以上，断面宽度公差为±4%；

[b] 轮胎最大外直径＝2×设计断面高度×1.06＋轮辋名义直径
轮胎最小外直径＝2×设计断面高度×0.94＋轮辋名义直径
轮辋名义直径见表 14，设计断面高度见表 15。

表 11 轻便型摩托车轮胎系列

(轮辋名义直径 14、15、16、17、18、19 及 22)

轮胎规格	测量轮辋宽度/mm	设计新胎尺寸/mm		最大使用尺寸/mm		不同气压下的负荷能力/kg	
		断面宽度[a]	外直径[b]	断面总宽度	外直径	250 kPa	280 kPa
1 3/4-19	30.5	50	589	54	597	80	—
2-14	34	56	468	59	477	75	—
2-16			518		527	80	—
2-17			544		553	85	110
2-18			569		578	85	—
2-19			595		604	90	—
2-22			670		680	95	—

表 11（续）

轮胎规格	测量轮辋宽度/mm	设计新胎尺寸/mm		最大使用尺寸/mm		不同气压下的负荷能力/kg	
		断面宽度[a]	外直径[b]	断面总宽度	外直径	250 kPa	280 kPa
2 1/4-14	38	62	482	67	492	90	—
2 1/4-15			507		517	90	—
2 1/4-16			532		542	95	130
2 1/4-17			553		568	100	135
2 1/4-18			583		593	105	—
2 1/4-19			609		619	105	145
2 1/4-22			685		695	115	155
2 1/2-15	40.5	68	523	73	534	105	—
2 1/2-16			548		559	110	150
2 1/2-17			574		585	115	155
2 1/2-18			599		610	120	—
2 1/2-19			625		636	120	165
2 3/4-15	47	75	533	81	545	120	—
2 3/4-16			558		570	125	170
2 3/4-17			584		596	130	175
2 3/4-18			609		621	135	—
3-17	47	81	596	87	607	145	195
3 1/4-18	55	89	637	96	651	175	—

注：表中的最大使用尺寸为使用参考数据。

a 轮胎设计断面宽度 100 mm 以下，断面宽度公差为±4 mm；
轮胎设计断面宽度 100 mm 及其以上，断面宽度公差为±4%；

b 轮胎最大外直径＝2×设计断面高度×1.06＋轮辋名义直径
轮胎最小外直径＝2×设计断面高度×0.94＋轮辋名义直径
轮辋名义直径见表 14，设计断面高度见表 15。

表 12 轻便型摩托车轮胎允许使用轮辋轮廓（轮辋名义直径 8、9 及 10）

轮胎名义断面宽度/in	允许使用轮辋	
	对开式 DT 轮辋	深(槽)式 DC 轮辋
2 1/2	1.50、**1.75**	1.50、1.85
3	1.75、2.10	1.85、**2.15MT**、2.50、2.50C

注：黑体字为测量轮辋。

表 13 轻便型摩托车轮胎允许使用轮辋轮廓（轮辋名义直径 12、14、15、16、17、18、19 及 22）

轮胎名义断面宽度/in	允许使用轮辋	
	斜底(直边)轮辋	圆柱型 WM 轮辋
1 3/4	27、**30.5**	1.20
2	27、30.5、**34**	1.20、1.35
2 1/4	27、30.5、34、**38**	1.20、1.35、1.50
2 1/2	30.5、34、38、**40.5**	1.20、1.35、1.50、1.60
2 3/4	34、38、**47**	1.35、1.50、1.60、1.85
3	38、**47**	1.50、1.60、1.85

注：黑体字为测量轮辋。

表 14 轮辋名义直径

轮辋名义直径		轮辋名义直径	
in	mm	in	mm
4	102	14	356
5	127	15	381
6	152	16	406
7	178	17	432
8	203	18	457
9	229	19	483
10	254	21	533
12	305	22	559
13	330		

表 15 轮胎设计断面高度

代号表示系列				公制系列											轻便型系列	
名义断面宽度 in	设计断面高度/mm			名义断面宽度 mm	设计断面高度/mm										名义断面宽度/in	设计断面高度/mm
	轮辋名义直径/in				名义高宽比/%											
	4～7	8～2	12 以上		100	90	80	70	65	60	55	50	45	40		
2.00	—	—	55	60	60	54	—	—	—	—	—	—	—	—	1 3/4	53
2.25	—	—	62	70	70	63	56	—	—	—	—	—	—	—	2	56
2.50	—	67.5	68	80	80	72	64	56	—		—	—	—	—	2 1/4	63
2.75	—	72.5	78	90	90	81	72	63	59	54	55	—	—	—	2 1/2	71
3.00	74.5	79.5	85	100	100	90	80	70	65	60	61	50	—	—	2 3/4	76
3.25	—	85	91	110	110	99	88	77	72	66	66	55	—	—	3	82
3.50	86	91.5	96	120	120	108	96	84	78	72	—	60	—	—	3 1/4	90
3.75	—	—	102	130	130	117	104	91	85	78	72	65	—	—		
4.00	99.5	106	107	140	140	126	112	98	91	84	77	70	—	—		
4.25	—	—	113	150	150	135	120	105	98	90	83	75	—	—		
4.50	112	119.5	117	160	160	144	128	112	104	96	88	80	—	—		
5.00	—	—	130	170	170	153	136	119	111	102	94	85	—	—		
6.00	142	151.5	—	180	180	162	144	126	117	108	99	90	—	—		
				190	—	—	—	—	124	114	105	95	45	40		
				200	—	—	—	—	130	120	110	100	90	80		
				210	—	—	—	—	—	126	116	105	95	84		
				220	—	—	—	—	—	132	121	110	99	88		
				230	—	—	—	—	—	138	127	115	104	92		
				240	—	—	—	—	—	144	132	120	108	96		
				250	—	—	—	—	—	150	138	125	113	100		

6.4 轮胎使用条件特征

轮胎的使用条件特征见附录 B。

附 录 A
（资料性附录）
公制系列摩托车轮胎的胎面型式

A.1 胎面型式

公制系列轮胎的胎面型式分为A型、B型、C型和D型(见图A.1)，供不同行驶速度、用途和路面的条件下选用。

S——轮胎断面宽度；
S_G——轮胎断面总宽度；
R_M——测量轮辋宽度。

图A.1 公制系列轮胎的胎面型式

A.2 适用范围

A型胎面适用于低速公路轮胎，速度符号一般为S以下；

B型胎面适用于高速公路轮胎，速度符号一般为S及以上；

C型胎面适用于公路和越野轮胎，速度符号一般为H及以下；

D型胎面适用于越野轮胎，速度符号一般为M。

附 录 B
（规范性附录）
轮胎使用条件特征

B.1 负荷指数

负荷指数与负荷能力对应关系见表B.1。

表B.1 负荷指数与负荷能力对应表

负荷指数	负荷能力/kg	负荷指数	负荷能力/kg	负荷指数	负荷能力/kg	负荷指数	负荷能力/kg
0	45	30	106	60	250	90	600
1	46.2	31	109	61	257	91	615
2	47.5	32	112	62	265	92	630
3	48.7	33	115	63	272	93	650
4	50	34	118	64	280	94	670
5	51.5	35	121	65	290	95	690
6	53	36	125	66	300	96	710
7	54.5	37	128	67	307	97	730
8	56	38	132	68	315	98	750
9	58	39	136	69	325	99	775
10	60	40	140	70	335	100	800
11	61.5	41	145	71	345	101	825
12	63	42	150	72	355	102	850
13	65	43	155	73	365	103	875
14	67	44	160	74	375	104	900
15	69	45	165	75	387	105	925
16	71	46	170	76	400	106	950
17	73	47	175	77	412	107	975
18	75	48	180	78	425	108	1 000
19	77.5	49	185	79	437	109	1 030
20	80	50	190	80	450	110	1 060
21	82.5	51	195	81	462	111	1 090
22	85	52	200	82	475	112	1 120
23	87.5	53	206	83	487	113	1 150
24	90	54	212	84	500	114	1 180
25	92.5	55	218	85	515	115	1 215
26	95	56	224	86	530	116	1 250
27	97.5	57	230	87	545	117	1 285
28	100	58	236	88	560	118	1 320
29	103	59	243	89	580	119	1 360

B.2 速度符号

速度符号与最高行驶速度对应关系见表B.2。

表B.2 速度符号与最高行驶速度对应表

速度符号	最高行驶速度/(km/h)	速度符号	最高行驶速度/(km/h)
A1～A8	5～40	N	140
B	50	P	150
C	60	Q	160
D	65	R	170
E	70	S	180
F	80	T	190
G	90	U	200
J	100	H	210
K	110	V	240
L	120	W	270
M	130	—	—

B.3 轮胎负荷与速度

当轮胎实际使用速度不同于轮胎负荷指数对应下的速度时，轮胎的负荷能力可按表 B.3、表 B.4 的负荷变化率进行变化。

表 B.3 不同速度的负荷能力变化率
（速度≤150 km/h）

速度/(km/h)	负荷变化/%								
	轮辋名义直径≤12			轮辋名义直径≥13					
	速度符号								
	J	K	L	J	K	L	M	N	P及其以上
50	+30	+30	+30	+30	+30	+30	+30	+30	+30
60	+23	+23	+23	+23	+23	+23	+23	+23	+23
70	+16	+16	+16	+16	+16	+16	+16	+16	+16
80	+10	+10	+10	+10	+10	+10	+10	+10	+14
90	+5	+5	+7.5	+5	+5	+7.5	+7.5	+7.5	+12
100	0	0	+5	0	0	+5	+5	+5	+10
110	−7	0	+2.5	—	0	+2.5	+2.5	+2.5	+8
120	−15	−6	0	—	—	0	0	0	+6
130	−25	−12	−5	—	—	—	0	0	+4
140	—	—	—	—	—	—	—	0	0
150	—	—	—	—	—	—	—	—	0

表 B.4 不同速度的负荷能力变化率
（速度≥210 km/h）

速度/(km/h)	负荷变化/%		
	速度符号		
	H	V	W[a]
210	0	0	0
220	—	−5	0
230	—	−10	0
240	—	−15	0
250	—	−20[b]	−5
260	—	−25[b]	−15
270	—	−30[b]	−25
280	—	−35[b]	—

[a] 对速度等级为 ZR 和 ZB 的轮胎，当最高速度＞270 km/h 时与轮胎厂协商。

[b] 仅适于速度等级为 VB 和 VR 的轮胎。

B.4 尺寸

若使用允许轮辋时，设计新胎断面宽度 S 和最大使用断面总宽度 W_{max} 将随测量轮辋宽度的改变而改变，轮辋宽度代号每改变 0.1(2.5 mm)，S 和 W_{max} 相应变化 1 mm。

ICS 37.020
N 32

中华人民共和国国家标准

GB/T 2985—2008
代替 GB/T 2985—1999

生物显微镜

Biological microscope

2008-07-28 发布　　　　2009-02-01 实施

中华人民共和国国家质量监督检验检疫总局
中国国家标准化管理委员会　发布

前　言

本标准代替 GB/T 2985—1999《生物显微镜》。

本标准与 GB/T 2985—1999 版本的主要差异为：

——增加了摄影、摄像系统的性能要求，并规定了相应的试验方法。

——电气安全性能要求根据 GB 4793.1—2007《测量、控制和试验室用电气设备的安全要求　第1部分：通用要求》中的有关要求制定，试验方法也作相应的规定。

——将原版本中“物镜像差校正及清晰范围”、“聚光镜的要求”、“物镜转换器定位误差”、“微调机构空回”4 条技术指标的要求从引用其他相关标准改为具体的指标要求。

——普及显微镜的机械筒长改为 160 mm 或∞。

——普及显微镜的目镜与镜管的配合尺寸改为 $\phi 23.2\,\frac{F8}{h8}$。

——显微镜物镜、目镜放大率允差统一改为±5%。

——试验工具 SY-1 型细菌检验标本片、SY-2 型血球检验标本片的型号不作具体规定，即删除 SY-1 型及 SY-2 型。

——试验工具 600 线/mm 网格光栅改为 600 线/mm 光栅。

——删除检验规则中型式检验的抽样方案。

本标准由中国机械工业联合会提出。

本标准由全国光学和光子学标准化技术委员会(SAC/TC 103)归口。

本标准起草单位：上海理工大学、宁波永新光学股份有限公司、宁波市教学仪器有限公司、宁波市华光精密仪器有限公司、梧州奥卡光学仪器有限公司、宁波舜宇仪器有限公司、广州粤显光学仪器有限责任公司、江南永新光学股份有限公司、麦克奥迪实业集团公司、凤凰光学控股有限公司。

本标准参加起草单位：重庆光电仪器有限公司。

本标准主要起草人：黄卫佳、胡钰、毛磊、王国瑞、徐利明、张景华、沈晓江、李弥高、李晞、肖倩、吴国通。

本标准所代替标准的历次版本发布情况为：

——GB 2985—1982、GB 2985—1991、GB/T 2985—1999。

生物显微镜

1 范围

本标准规定了生物显微镜产品的分类及基本参数、要求、试验方法、检验规则、标志、包装及运输贮存。

本标准适用于在可见光下进行观察的机械筒长为160 mm或无限远的各类生物显微镜。

本标准适用于采用摄影、摄像技术进行图像观察和处理的各类生物显微镜(以下简称显微镜)。

2 规范性引用文件

下列文件中的条款通过本标准的引用而成为本标准的条款。凡是注日期的引用文件,其随后所有的修改单(不包括勘误的内容)或修订版均不适用于本标准,然而,鼓励根据本标准达成协议的各方研究是否可使用这些文件的最新版本。凡是不注日期的引用文件,其最新版本适用于本标准。

GB/T 2609 显微镜 物镜

GB/T 2828.1 计数抽样检验程序 第1部分:按接收质量限(AQL)检索的逐批检验抽样计划(GB/T 2828.1—2003,ISO 2859-1:1999,IDT)

GB/T 9246 显微镜 目镜

GB/T 9247 显微镜 聚光镜

GB/T 15464 仪器仪表包装通用技术条件

GB/T 22055.1 显微镜 物镜螺纹 第1部分:RMS型物镜螺纹(4/5 in×1/36 in)(GB/T 22055.1—2008,ISO 8038-1:1997,IDT)

GB/T 22056 显微镜 物镜和目镜的标志(GB/T 22056—2008,ISO 8578:1997,MOD)

GB/T 22057.1 显微镜 相对机械参考平面的成像距离 第1部分:筒长160 mm(GB/T 22057.1—2008,ISO 9345-1:1996,MOD)

GB/T 22057.2 显微镜 相对机械参考平面的成像距离 第2部分:无限远校正光学系统(GB/T 22057.2—2008,ISO 9345-2:2003,MOD)

JB/T 8230.7 显微镜载物台装置压簧和移动尺用孔的尺寸和位置

JB/T 8230.8 显微镜可拆卸之聚光镜及滤色片连接尺寸

JB/T 9329 仪器仪表运输、运输贮存基本环境条件及试验方法

3 分类及基本参数

3.1 显微镜的分类按表1规定。

表1

<table>
<tr><th rowspan="3">项　目</th><th colspan="4">型　式</th></tr>
<tr><th colspan="2">普及显微镜</th><th rowspan="2">实验室显微镜</th><th rowspan="2">研究用显微镜</th></tr>
<tr><th>低倍</th><th>高倍</th></tr>
<tr><td>机械筒长</td><td colspan="4">160 mm或∞</td></tr>
<tr><td>最高总放大率</td><td>≤640×</td><td colspan="3">>640×</td></tr>
<tr><td>适用的显微术种类</td><td>适用于一般明场观察</td><td>适用于一般明场观察</td><td>适用于明场、暗场、荧光、相衬显微术及显微摄影术</td><td>适用于明场、暗场、荧光、相衬、偏光、微分干涉显微术及显微摄影术</td></tr>
</table>

表 1（续）

项　　目		型　　式			
		普及显微镜		实验室显微镜	研究用显微镜
		低倍	高倍		
物镜	类别	消色差、半平场消色差		平场消色差	平场消色差，平场半复消色差及平场复消色差
	放大率	根据 GB/T 2609 规定选用			
目镜	放大率	根据 GB/T 9246 选用与物镜性能相适应的目镜			
	观察形式	单目	单目或双目	双目	
	镜筒形式	单筒	单筒或双筒	三筒	
	目镜与镜管的配合尺寸	$\phi23.2\frac{F8}{h8}$		$\phi23.2\frac{F8}{h8}$或$\phi30\frac{F8}{h8}$	
物镜转换器规格		三孔或不具备转换器	三孔或三孔以上	四孔或四孔以上	
聚光镜		无	根据 GB/T 9247 选用		
载物台		中心可调式载物台或仅有标本压簧的固定载物台	机械式载物台或附标本移动尺的固定载物台	机械式载物台，以光轴为中心的移动范围 X 方向　±35 mm Y 方向　±15 mm	机械式载物台、以光轴为中心的移动范围 X 方向　±35 mm Y 方向　±25 mm
微调机构		可不具有微调机构	有微调机构，分度值为 0.005 mm～0.002 mm	有微调机构，分度值为 0.002 mm	有微调机构，分度值为 0.002 mm～0.001 mm
必需具备的选购附件		—	—	相衬装置、荧光装置、显微摄影摄像装置、暗场照明装置	相衬装置、荧光装置、偏光装置、显微摄影摄像装置、暗场照明装置、微分干涉装置
其他附件		—	显微摄影摄像装置、暗场照明装置、显微描绘器	显微描绘器	显微光度计 垂直照明装置

3.2　第一次像面与目镜安装定位面之间的距离为 10 mm。

3.3　显微镜物镜的像距为无限远的光学系统，其镜筒透镜的焦距应按 GB/T 22057.2 的规定选用。

3.4　显微镜载物台上安装标本移动尺或标本夹(压簧)的孔的尺寸和位置应符合 JB/T 8230.7 的规定。

3.5　双目镜筒两出瞳间距离可调节，左右两出瞳之间的距离最小不大于 55 mm，最大不小于 75 mm。

3.6　显微镜物镜和目镜的标志应符合 GB/T 22056 的规定。

3.7　物镜齐焦尺寸应符合 GB/T 22057.1 和 GB/T 22057.2 的规定。

3.8　显微镜物镜螺纹尺寸应符合 GB/T 22055.1 的规定。

3.9　显微镜可拆卸聚光镜、滤色片的连接尺寸应符合 JB/T 8230.8 的规定。

3.10　显微镜物镜、目镜、聚光镜等可拆卸的光学部件应按 GB/T 2609、GB/T 9246 及 GB/T 9247 等相关标准制造。

4　要求

4.1　各类物镜应校正好相应的像差。

消色差物镜应校正好球差、色差和彗差。

半平场消色差物镜除了必须达到消色差物镜的要求外，还应适当校正物镜的场曲。

平场消色差物镜除了必须达到消色差物镜的要求外，还应很好地校正物镜的场曲。

平场半复消色差物镜除了必须达到平场消色差物镜的要求外，还应较好地校正物镜的二级光谱。

平场复消色差物镜除了必须达到平场消色物镜的要求外，还应很好地校正物镜的二级光谱和色球差。

对于 CF 型物镜应校正垂轴色差。

4.2 显微镜成像应清晰，其清晰范围(直径)不应小于表 2 的规定。

表 2

单位为毫米

数值孔径	消色差物镜	半平场消色差物镜	平场消色差物镜	平场半复消色差物镜	平场复消色差物镜
≤0.20	7	11	13.5	15.5	15.5
>0.20～0.40	7	10.5	13.5	14	14.5
>0.40～0.80	6.5	9.5	13.5	13.5	13.5
>0.80～1.00	5.5	8	11	11.5	12
>1.00	4	7	10	10.5	11

4.3 使用物镜转换器换用不同放大率的物镜时，各物镜应齐焦，齐焦差允许范围见表 3。

表 3

单位为毫米

显微镜类别	物镜转换		
	由 10 倍换用 10 倍以下的其他物镜	由 10 倍换用 10 倍以上的干燥系物镜	由干燥系高倍物镜至浸液系物镜
普及显微镜	±0.15	±0.06	±0.03
实验室和研究用显微镜	±0.12	±0.04	+0.02 −0.03
注：负号是指物镜接近标本的方向。			

4.4 物镜转换器定位应准确稳定，其重复性误差应符合下列要求：

a) 低倍普及显微镜：不大于 0.030 mm；

b) 高倍普及显微镜：不大于 0.025 mm；

c) 实验室显微镜：不大于 0.020 mm；

d) 研究用显微镜：不大于 0.015 mm。

4.5 使用物镜转换器换用不同放大率的物镜后，原像面中心不应越出视场。

4.6 载物台与显微镜架的联接应牢固，当载物台的左侧或右侧受到 5 N 水平方向的作用力时，其最大位移不得大于 0.05 mm，作用力撤去后，载物台应恢复到原位，相对于原位的偏移量不大于 0.005 mm。

4.7 使用机械式载物台或标本移动尺使标本在 5 mm×5 mm 范围内移动时标本像不应模糊，如需要重新调焦时，其调节量应符合下列要求：

a) 普及显微镜：不大于 0.012 mm；

b) 实验室显微镜及研究用显微镜：不大于 0.008 mm。

4.8 视场内像的清晰区域应与视场同心，无一边清晰一边模糊现象。

4.9 使用微调焦机构时，用 10 倍物镜观察，在景深范围内像面中心位移应符合下列要求：

a) 普及显微镜：不大于 0.1 mm；

b) 实验室显微镜及研究用显微镜：不大于0.05 mm。

4.10 微调焦机构空回应符合下列要求：

a) 低倍普及显微镜：不大于0.016 mm；

b) 高倍普及显微镜：不大于0.008 mm；

c) 实验室显微镜：不大于0.004 mm；

d) 研究用显微镜：不大于0.002 mm。

4.11 显微镜物镜放大率允差不超出±5%。

4.12 显微镜目镜放大率允差不超出±5%。

4.13 带有倾斜式目镜筒的显微镜，当目镜筒作360°旋转时，目镜焦平面上像中心的位移不大于0.6 mm。

4.14 照明系统与观察系统的光轴应一致，视场内照明均匀，无一边亮一边暗或拦光现象。当聚光镜上升到最高位置时，聚光镜顶端应低于载物台表面0.03 mm～0.4 mm。

4.15 暗场聚光镜照明应均匀，载物台上不放试样时，干型暗场聚光镜视场应基本黑暗，浸液型暗场聚光镜视场背景应比较黑暗，观察标本应清晰，亮度足够。

4.16 浸液明场聚光镜和浸液暗场聚光镜应有可靠的密封措施。

4.17 显微镜双目系统性能

4.17.1 双目显微镜左右两系统放大率差应符合下列要求：

a) 目镜视场角不超过50°时，不大于2.0%；

b) 目镜视场角大于50°时，不大于1.5%。

4.17.2 双目显微镜左右两系统光谱色应基本一致，其明暗差不大于18%。

4.17.3 双目显微镜左右两系统视场像面方位差不大于40′。

4.17.4 在双目瞳距为55 mm～75 mm范围内，左右视场中心偏差应符合下列要求：

a) 上下：0.2 mm；

b) 左右外侧：0.2 mm；

c) 左右内侧：0.4 mm。

4.17.5 双目镜筒的左右出射光束应平行，在瞳距为55 mm～75 mm范围的任意位置上进行测量，其平行度允差应符合下列要求：

a) 水平方向的发散度不大于60′；

b) 水平方向的会聚度不大于30′；

c) 垂直方向的交叉不大于30′。

4.17.6 双目镜筒左右两系统处于零视度时，两目镜筒端面高低差不大于1.5 mm。

4.18 显微镜摄影、摄像系统性能

4.18.1 目镜观察与显示屏观察的图像应同步，其物方调焦量应不超过±0.05 mm。

4.18.2 摄影、摄像视场清晰范围应符合下列要求：

a) 普及显微镜：不小于45%；

b) 实验室显微镜：不小于60%；

c) 研究用显微镜：不小于75%。

4.18.3 显示屏视场与目镜视场内的图像中心点应基本一致，最大中心偏移量不超过显示屏视场对角线的五分之一。

4.18.4 显示屏上观察到的图像与用目镜观察到的图像的方位应基本一致。

4.18.5 显示屏视场内应洁净，亮度均匀，无影响观察的阴影、斑点、条纹及各种反射光斑或闪烁现象。

4.19 显微镜的电气安全性能

4.19.1 带有电气设备的显微镜在试验电压升至如表 4 所示的规定值时保持 5 s，无击穿和飞弧现象（交流、直流试验是任选的试验方法，设备能通过二者之一即可。例如：一般情况选择交流试验；为了避免容性电流，选择直流试验）。

表 4

采用交流试验时		采用直流试验时	
工作电压 U/V	试验电压(交流)/V	工作电压 U/V	试验电压(直流)/V
$100<U\leqslant150$	1 000	$100<U\leqslant150$	1 250
$150<U\leqslant300$	1 500	$150<U\leqslant300$	2 150

4.19.2 显微镜在常温常湿条件下的泄漏电流不应大于 1 mA。

4.19.3 带有电源输入插口的显微镜，在插口中的保护接地点与保护接地的所有可能触及金属部件之间的阻抗不超过 0.1 Ω。

带有不可拆卸电源软电线的设备，网电源插头中的保护接地脚和已保护接地的所有可能触及金属部件之间的阻抗不超过 0.2 Ω。

4.20 显微镜内部装有光源的仪器表面操作部位温度与室温的差值不得大于 25 ℃。

4.21 显微镜各移动、转动部分应舒适灵活，无过紧过松及滞涩急跳现象。

4.22 显微镜光学零部件表面应清洁，无擦痕裂纹，无有害气泡、晕雾、霉点、尘埃，胶合面无脱胶，在视场内不应有妨碍观察的阴影或反射光斑等疵病。

4.23 显微镜各可拆卸的部件应装卸方便，无安装不可靠或无法安装等影响使用的现象。

4.24 显微镜外表应美观，具体要求如下：

a) 显微镜上的刻度，刻字以及铭牌标记应清晰明显；

b) 电镀表面不应有脱皮和斑点存在；

c) 漆面不得有碰伤痕迹及有碍美观的疵病；

d) 零件表面光洁，边缘倒棱无毛刺，外露的零部件接合处应平整。

4.25 带运输包装的显微镜运输环境条件应符合 JB/T 9329 的试验要求，其中高温选用＋55 ℃，低温选用－40 ℃，自由跌落高度选用 250 mm，交变湿热试验相对湿度选用 95%。

5 试验方法

5.1 试验条件

a) 环境温度为 5 ℃～30 ℃；

b) 相对湿度为 45%～85%。

5.2 显微镜物镜的像差校正

5.2.1 试验工具

与被测物镜数值孔径相适应的星点板，其盖玻片厚为 $0.17_{-0.01}^{\ 0}$ mm。

5.2.2 试验程序

用星点试验板检查每一只物镜，根据物镜所给出的星点衍射像与理想的艾利斑比较，按中心点亮度准则判别球差校正情况，如果存在中心彗差，则第一衍射环的缺口必须小于 1/2 环。在整个视场的 2/3 区域以内不允许有明显的像散，星点衍射斑在焦前焦后不应成十字。

5.3 显微镜成像清晰范围

5.3.1 试验工具

a) 10× 十字分划目镜，其视场数为 18 mm（分格值为 0.1 mm，任意两分划线间的极限偏差不大于 0.005 mm，十字分划中心与目镜外圆机械轴同轴度为 ϕ0.02 mm，十字分划刻线面与目镜定位面之间距离为（10±0.1）mm）；

b) 100线/mm、300线/mm网格光栅,600线/mm光栅;

c) 细菌检验标本片,其盖玻片厚为$0.17_{-0.01}^{0}$ mm,载玻片厚为$1.1_{-0.01}^{0}$ mm。

5.3.2 试验程序

5.3.2.1 各种规格的物镜所使用的试验工具按表5规定。

表5

物镜数值孔径	0.08~<0.2	0.2~<0.4	0.4~<1.0	≥1.0
试验工具规格	100线/mm	300线/mm	600线/mm	细菌检验标本片

5.3.2.2 用被试验物镜及10×十字分划目镜对网格光栅或细菌检验标本片进行调焦,使成像清晰,当视场中心像最清晰时,以最大的清晰范围直径作为测定值。

5.4 齐焦

5.4.1 试验工具

a) 同5.3.1a);

b) 血球检验标本片(盖玻片厚$0.17_{-0.01}^{0}$ mm,载玻片厚为$1.1_{-0.01}^{0}$ mm,上下两表面之间的平行度不大于0.5′);

c) 分度值为0.001 mm的量仪。

5.4.2 试验程序

将标本置于被检显微镜之载物台上,先以10倍物镜调焦和10×十字分划目镜对标本调焦,得一清晰像,将量仪的测量头接触到显微镜的适当部位上,然后换用相邻放大率的物镜,再对标本片进行调焦,在量仪上读出其调焦量即为各物镜间的齐焦差。试验时,从10倍物镜开始顺序往高倍或低倍逐个进行,以相邻两个物镜转换时,所需的最大调焦量为测定值。

5.5 物镜转换器定位重复性

5.5.1 试验工具

a) 同5.3.1a);

b) 分划值为0.01 mm的分划尺。

5.5.2 试验程序

在被检显微镜载物台上放置0.01 mm分划尺,镜筒内装一十字分划目镜,并对分划尺调焦,使分划尺上某一分划线的像与十字分划目镜的竖线重合,然后转动物镜转换器向左向右多次定位(不少于3次)观察分划尺像的偏移。对转换器上所有物镜螺孔位置均用同样的方法检查,以最大偏移值为测定值。

5.6 转换物镜后像面中心位移

5.6.1 试验工具

a) 十字分划板;

b) 同5.3.1a)。

5.6.2 试验程序

在被检显微镜的载物台上放十字分划板,镜筒内装十字分划目镜,先用10倍物镜对十字分划板调焦,使其像面与目镜分划板十字线相重合,然后转换任一放大率的物镜,观察物方分划板十字线像中心的偏移。检验时应将物镜调换至转换器上各螺孔位置,重复上述操作。

5.7 载物台与镜架联接的牢固性

5.7.1 试验工具

a) 同5.3.1a)、5.5.1b);

b) 测力计,测量范围0 N~10 N。

5.7.2 试验程序

用 40 倍物镜对 0.01 mm 分划尺调焦，使目镜十字线的竖线与 0.01 mm 分划尺的某一分划线的像重合，然后用测力计先后在载物台左侧和右侧中间位置加以 5 N 水平方向的力，读出分划线像相对于目镜十字分划板竖线的偏移量，作用力撤销后，分划尺像恢复原位，此时读出其相对于原位的偏移量。

5.8 标本移动时物平面的离焦量

5.8.1 试验工具

a) 同 5.4.1b)；

b) 分度值为 0.001 mm 的量仪。

5.8.2 试验程序

以 40 倍物镜及 10 倍目镜对标本片进行调焦，当标本片像清晰时，记下此时量仪上的读数及标本片的坐标位置（X 向或 Y 向），然后沿 X 向或 Y 向移动标本 5 mm，如像的清晰度有改变，则用微调手轮重新调焦清晰，读取量仪上的读数，计算出前后两次读数差。检验时 X 向及 Y 向应分别进行检测，同时每个方向上应在 2～3 个位置进行测量，选择最大读数差为测定值。

5.9 视场内像的清晰区域与视场同心

5.9.1 试验工具

a) 同 5.4.1b)；

b) 专用 40 倍物镜，其光轴与螺纹轴线同轴度不大于 ϕ 0.01 mm。

5.9.2 试验方法

按要求目视检验。

5.10 微调焦机构的偏摆

5.10.1 试验工具

同 5.6.1。

5.10.2 试验程序

在显微镜载物台上放置十字分划板，用十字分划目镜及 10 倍物镜对分划板进行调焦，使分划板成像清晰，并使分划板十字线像与目镜分划板十字线重合，转动微调焦手轮，在目镜分划板上测得分划板十字线像在景深范围内的最大偏摆即为测定值。

5.11 微调焦机构空回

5.11.1 试验工具

分度值为 0.001 mm 的量仪。

5.11.2 试验程序

将量仪的测量头接触在载物台（或镜筒）上，先朝一个方向旋转微调焦手轮至某一位置，读取量仪上的指示值，然后继续朝同一方向旋转微调焦手轮若干格，随即反向旋转手轮至原来位置，读取量仪上的指示值，前后两次读数差即为空回值，检验时应在微调焦范围内至少三个位置上检测，以最大值为测定值。

5.12 显微镜物镜放大率允差

5.12.1 试验工具

a) 测微目镜；

b) 同 5.5.1b)；

c) 专用显微镜架（其镜筒透镜的焦距应与被测物镜相适应）。

5.12.2 试验程序

5.12.2.1 对于机械筒长为 160 mm 的物镜，将被检验物镜装在专用显微镜架上，调整时应使物平面（分划尺所在平面）至测微目镜分划板平面之间的距离为 195 mm，然后对分划板进行调焦，使分划尺成像清晰，按测微目镜的使用及读数方法进行测量，测得对物镜名义放大率的相对误差即为测定值。

5.12.2.2 对于机械筒长为无限远的显微镜物镜，所使用的专用显微镜架的镜筒透镜的焦距应与被测显微镜镜筒透镜焦距相同，测微目镜的分划板应位于镜筒透镜的像方焦面上，将被检物镜安装在专用显微镜架上，然后按5.12.2.1所述方法进行测量与计算，当在某种特定的试验场合，不具备符合规定要求的专用显微镜架时，亦可用带分划尺且可调视度的目镜直接在产品上测量，后一种方法不适宜用于厂内部的产品检验。

5.13 显微镜目镜放大率允差

5.13.1 试验工具

焦距仪，其测量不确定度为1%。

5.13.2 试验程序

按焦距仪的使用方法先测出被检目镜的焦距，然后按公式(1)计算出目镜放大率。

$$M_E = \frac{250}{f'} \qquad \cdots\cdots(1)$$

式中：

M_E——目镜放大率；

f'——目镜焦距，单位为毫米(mm)；

250——明视距离，单位为毫米(mm)。

当目镜的放大率计算出以后，其对名义放大率的相对误差即为测定值。

5.14 目镜筒作360°旋转时，目镜焦平面上像的位移

5.14.1 试验工具

a) 十字分划板；

b) 同5.3.1a)。

5.14.2 试验程序

将十字分划板置于载物台上，以10倍物镜及十字分划目镜对分划板进行调焦，使成像清晰，并使分划板十字线像中心与目镜分划板十字线中心重合，然后转动目镜筒180°，此时的偏移值为测定值。

5.15 照明均匀及聚光镜位置

5.15.1 试验工具

a) 刀口尺；

b) 塞片规。

5.15.2 试验程序

a) 先将各倍率物镜安装到物镜转换器上，使用10倍目镜，然后按不同显微术的要求，调整光源及聚光镜的位置，观察视场内照明均匀情况；

b) 将聚光镜上升到最高位置，使用刀口尺搁在载物台上，用塞片规测量。

5.16 暗场聚光镜的质量

5.16.1 试验工具

颗粒状均匀分布标本片。

5.16.2 试验程序

在显微镜的聚光镜移动座上装上被检暗场聚光镜，转换器上装10倍和40倍物镜，目镜筒内插入10倍目镜，载物台上放颗粒状均匀分布标本片，正确调节暗场聚光镜，用10倍物镜观察时，成像清晰，亮度足够，整个视场无明显不均匀现象。用40倍物镜观察时，成像清晰，视场背景应基本黑暗。

如果被检的是浸液暗场聚光镜，则转换器上装相应的浸液物镜，目镜筒内插入10倍目镜，载物台上放颗粒状均匀分布标本片，在暗场聚光镜和标本片上平面分别滴油并正确调节，标本像应清晰，视场背景应比较黑暗，整个视场无明显不均匀现象。

5.17 浸液聚光镜的密封质量

5.17.1 试验工具

内盛浸液(与聚光镜相对应的浸液)的培养皿。

5.17.2 试验程序

被检的浸液明场聚光镜或浸液暗场聚光镜的前端浸入浸液内4小时,目视观察聚光镜内部不应有浸液渗入。

5.18 显微镜双目系统性能

5.18.1 双目显微镜左右两系统放大率差

试验程序:

先按5.13方法测得显微镜每一对目镜的实际放大率对名义放大率的绝对误差,则左右系统放大率差 ΔM_T 按公式(2)计算:

$$\Delta M_T = \frac{\Delta M_{E1} - \Delta M_{E2}}{M_E} \qquad \cdots\cdots(2)$$

式中:

ΔM_{E1}、ΔM_{E2}——两只成对目镜的实际放大率对名义放大率的绝对误差;

M_E——目镜名义放大率。

5.18.2 双目显微镜左右系统像的光谱色及明暗差

5.18.2.1 试验工具

照度计。

5.18.2.2 试验程序

a) 双目系统像面光谱色用目视检验。

b) 用照度计分别对左右两系统像的光束强度进行测量,得 B_1、B_2,然后按公式(3)计算出左右系统明暗差 ΔB。

$$\Delta B = \frac{B_1 - B_2}{B_1} \text{(其中 } B_1 > B_2\text{)} \qquad \cdots\cdots(3)$$

5.18.3 双目显微镜左右两系统视场像面方位差

5.18.3.1 试验工具

a) 专用双筒望远镜,其两光轴的平行度为2′,左右望远镜分划板两横丝间的平行度为2′;

b) 十字分划板。

5.18.3.2 试验程序

将十字分划板置于载物台上,用低倍物镜(小于10倍)和一对10×目镜对十字分划板调焦清晰,并将十字分划线像置中。然后用专用双筒望远镜在显微镜目镜后面观察,使自显微镜出瞳出射的光束通过望远镜物镜在望远镜目镜分划板上成像,并使来自显微镜左筒的十字分划线像与望远镜左筒目镜分划板刻线重合,这时,在望远镜右筒上可以看到来自显微镜右筒的下十字分划线像不与望远镜目镜分划板刻线重合,转动望远镜分划板使它们的横丝、竖丝相互平行,读出望远镜分划板转动的角度即为测定值。

5.18.4 双目显微镜左右视场中心偏差

5.18.4.1 试验工具

同5.3.1a)、5.6.1a)。

5.18.4.2 试验程序

将十字分划板置于载物台上,用10倍物镜及十字分划目镜对十字分划板调焦,并使左筒内十字分划线像中心与十字分划目镜的分划板中心重合,然后在右筒内观察十字分划板的十字线像中心在目镜分划板上的位置,读出其与分划板中心偏离的数值即为测定值。

5.18.5 双目显微镜双目镜筒左右出射光束平行度

5.18.5.1 试验工具

同5.18.3.1。

5.18.5.2 试验程序

试验时的操作同5.18.3.2，只是在调整到十字分划板十字线像与左侧(或右侧)望远镜的分划板的十字线重合后，在右侧(或左侧)望远镜视场内，根据十字线像交点在望远镜分划板上的位置，直接读出两光轴的平行度，检验时应在瞳距55 mm、65 mm、75 mm三个位置上进行，并应转动显微镜目镜，以最大值作为测定值。

5.18.6 双目显微镜左右镜筒端面高低差

5.18.6.1 试验工具

a) 刀口尺；

b) 塞片规。

5.18.6.2 试验程序

a) 双目系统如一边镜管长度固定，一边镜管可调视度的，则先将视度指标线对零位，然后按要求测量；

b) 双目系统如两个镜管都因瞳距变化引起筒长变化而设计成可调筒长的，则应将两个镜管都按同一瞳距值调整好，然后按要求测量。

测量时，在55 mm～75 mm瞳距范围内选择三个测量点，以最大值作为测定值。

5.19 显微镜摄影、摄像系统性能

5.19.1 目镜图像和显示屏图像同步

5.19.1.1 试验工具

a) 同5.3.1a)、5.4.1b)；

b) 分度值为0.001 mm的量仪。

5.19.1.2 试验程序

将血球检验标本片置于被检显微镜的载物台上，以10倍物镜和10×十字分划目镜对标本片调焦，得一清晰像，记下此时量仪上的读数；然后换用摄影、摄像系统观察标本图像，并对标本进行调焦使显示屏上的图像最清晰，读取量仪上的读数，两者之差即为测定值。

5.19.2 摄影、摄像视场清晰范围

5.19.2.1 试验工具

同5.3.1b)、5.3.1c)。

5.19.2.2 试验程序

用各物镜及10×目镜对网格光栅或细菌检验标本片进行调焦，使显示屏成像清晰，当显示屏中心像最清晰时，测得显示屏上成像清晰的范围，与显示屏视场大小(对角线)的比值作为测定值。

5.19.3 显示屏视场与目镜视场中心的偏移量

5.19.3.1 试验工具

a) 0.1 mm十字分划板；

b) 同5.3.1a)。

5.19.3.2 试验程序

将十字分划板置于被检显微镜的载物台上，镜筒内装十字分划目镜，先用10倍物镜对十字分划板调焦，使其像面中心与目镜分划板十字中心重合，然后换用摄影摄像系统，通过显示屏观察十字分划板中心相对显示屏中心的偏移量。

5.19.4　显示屏与目镜视场内图像的方位差

5.19.4.1　试验工具

a)　0.1 mm 网格板；

b)　同 5.3.1a)。

5.19.4.2　试验程序

将网格板置于被检显微镜的载物台上，镜筒内装十字分划目镜，先用 10 倍物镜对网格板调焦，使其像面上某一十字线与目镜分划板十字线相重合，并使其横线处于水平位置，然后换用摄影、摄像系统观察，网络板的横线与显示屏边框的横线应基本平行。

5.19.5　显示屏视场质量

5.19.5.1　试验工具

同 5.4.1b)。

5.19.5.2　试验程序

将血球检验标本片置于被检显微镜的载物台上，用 40 倍物镜对标本片调焦至清晰后，取下标本片，换用显示屏观察其视场内的情况，然后再换用其他倍数的物镜观察显示屏上视场内的情况。

5.20　显微镜电气安全要求

5.20.1　耐压试验

5.20.1.1　试验工具

泄漏电流耐压测试仪一台，其测试电压 AC/DC 范围为 0 kV～3 kV，漏电流测试范围为 0.5 mA～20 mA，试验交压器容量为 500 VA。

5.20.1.2　试验程序

在确定电压表指示为“0”，且测试红灯不亮的情况下，将仪器的“高压输出端”和“测试端”的测试线分别与被测显微镜电源的 LIVE-NEUTRAL 端、GND 端连接，如图 1 所示，然后按下“启动”按钮，顺时针缓慢旋动“电压调节”旋钮在 5 s 或 5 s 以内逐渐升至表 5 所规定的相应电压值，保持 5 s(也可用定时开关)，再将“电压调节”旋钮逆时针方向旋至“0”位置并按下“复位”按钮，切断输出电压。

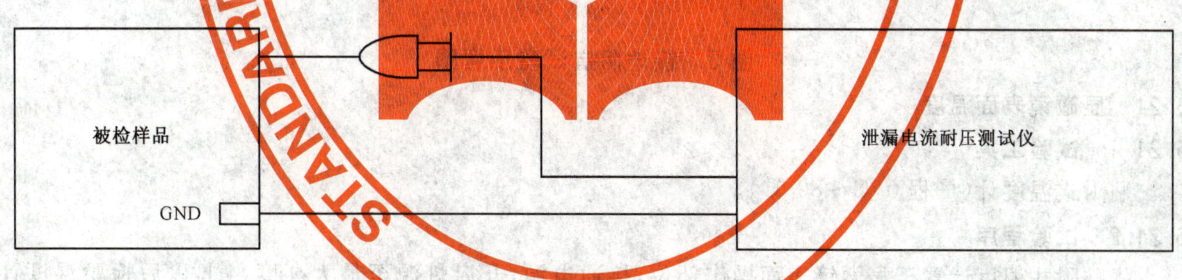

图 1　耐压试验示意图

5.20.2　泄漏电流试验

5.20.2.1　试验工具

泄漏电流耐压测试仪一台，其测试电压范围为 110 V(AC)～260 V(AC)，漏电流测试范围为 0 mA～5 mA，测量总阻为 1.5 kΩ，试验交压器容量为 500 VA。

5.20.2.2　试验程序

按下“测量预置”开关置“预置”状态，将“测量总阻”置于 1.5 kΩ 档，弹起“测量预置”开关置“测量”状态(通常此项已被设置)。然后确定电压表指示为“0”，且测试红灯不亮的情况下，把被测显微镜的电源开关打开，将电源线插头插入仪器面板上的“泄漏电流测试”插座，如图 2 所示。按下“启动”按钮，顺时针缓慢旋动“电压调节”旋钮至输入电压为最高额定电压的 110%的条件下，保持 1 min(也可用定时开关)，读电流表数值。

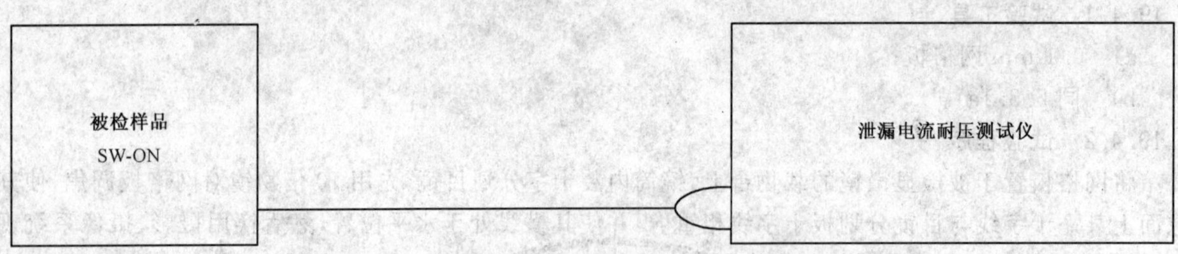

图 2 泄漏电流试验示意图

5.20.3 接地阻抗试验

5.20.3.1 试验工具

交流接地电阻测试仪一台，其低电阻测试范围为 0 Ω～0.6 Ω，测试电流范围为 5 A～30 A。

5.20.3.2 试验程序

将“电压输出”端的两根测试线分别接至被测仪器电源的 GND 端与仪器灯座的金属支架之间，将测试电流调至 25 A，如图 3 所示。按下“启动”按钮 2 s，观察电流表读数。

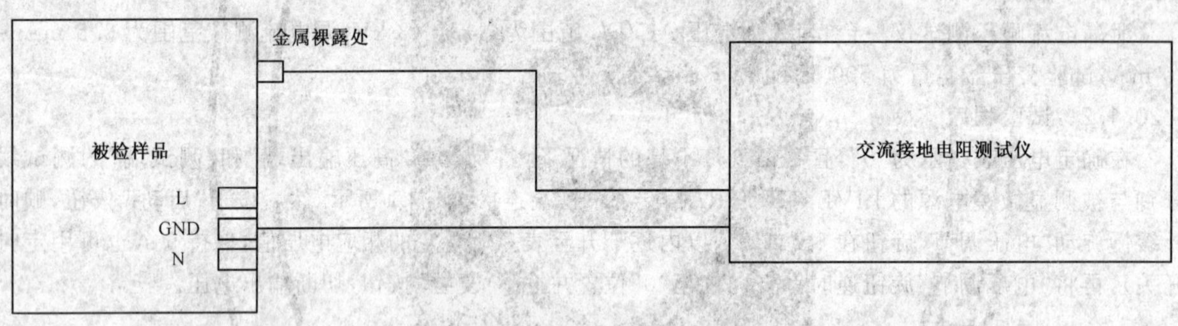

图 3 接地阻抗试验示意图

5.21 显微镜表面温度

5.21.1 试验工具

贴附式温度计(量程 0 ℃～80 ℃)。

5.21.2 试验程序

将贴附式温度计置于显微镜表面操作部位，接通电源，开启灯源至最大亮度，4 h 以后检验温度计指示值减去室温即为测定值。

5.22 各移动、转动部分舒适性

试验方法：手感检验。

5.23 光学零部件疵病

试验方法：目视检验。

5.24 显微镜可拆卸部件装卸可靠性与方便性

试验方法：实际装卸应用检验。

5.25 显微镜外观质量

试验方法：目视检验。

5.26 运输环境试验

按 JB/T 9329 的规定进行试验。

6 检验规则

6.1 检验分类

产品的检验分为出厂检验和型式检验。

6.2 出厂检验(即交货检验)

6.2.1 出厂检验的样品数根据 GB/T 2828.1 的一般检查水平 I、正常检查一次抽样方案确定,或由供需双方协商确定,通常从正常检查开始,根据检验结果随时执行 GB/T 2828.1 规定的转移规则。

6.2.2 出厂检验的检验样品应在供货方提交的检验批中随机抽取。

6.2.3 出厂检验不包括 4.25 的内容。

6.2.4 出厂检验的项目由供需双方协商确定。

6.2.5 提交检验的批中,除 4.19 不允许出现不合格品外,对 A 类不合格品,B 类不合格品及 C 类不合格品的接收质量限(AQL)值见表 6。

表 6

不合格品类别	AQL
A 类	2.5
B 类	4.0
C 类	6.5

6.2.6 抽检合格的批直接接受,但所发现的不合格品应予剔除或更换。

6.2.7 检验项目的分类见表 7。

表 7

不合格类别	项　　目
A 类	4.1,4.2,4.3,4.18.1,4.18.2
B 类	4.5,4.7,4.10,4.15,4.16,4.17.5,4.18.5,4.21,4.22,4.23,4.24
C 类	4.4,4.6,4.8,4.9,4.11,4.12,4.13,4.14,4.17.1,4.17.2,4.17.3,4.17.4,4.17.6,4.18.3,4.18.4,4.20

注:4.19 中电气安全不允许存在缺陷,不适用 GB/T 2828.1。

6.3 型式检验

6.3.1 型式检验应对标准中规定的要求全部进行检验,型式检验的样品应从检验合格的产品批中随机抽取。

6.3.2 型式检验的受试样品在按 JB/T 9329 的要求进行环境条件试验后,各项要求仍应符合标准的规定。

6.3.3 型式检验的周期一般为一年,在两次型式检验的周期内发生下列情况之一时,也应进行型式检验:

a) 产品的结构、材料、工艺有较大的改变,可能影响产品的性能时;

b) 出厂检验结果与上次型式检验结果有较大的差异时;

c) 产品停产一年以上再恢复生产时。

6.3.4 经过型式检验后的样品,不经过整理不得作为合格品出厂。

7 标志、包装、运输及贮存

7.1 标志

每台显微镜产品至少应有如下标志:

a） 制造厂厂名或注册商标；

b） 产品型号或产品名称；

c） 产品编号(由六位以上数字组成,前两位是产品制造年份)。

7.2 包装

产品包装应符合 GB/T 15464 的有关规定。

7.3 运输

显微镜应用任何有遮蔽的运输工具运送。

7.4 贮存

显微镜应贮存在有遮蔽的场所,周围无酸性气体、碱、有机溶剂及其他有害物质。

ICS 81.080
Q 46

中华人民共和国国家标准

GB/T 2994—2008
代替 GB/T 2994—1994

高铝质耐火泥浆

High alumina refractory mortars

2008-10-30 发布 2009-07-01 实施

中华人民共和国国家质量监督检验检疫总局
中国国家标准化管理委员会 发布

前　言

本标准代替 GB/T 2994—1994《高铝质耐火泥浆》。

本标准与 GB/T 2994—1994 相比主要技术差异为：

——删去了 LN-55B、LN-85B 两个牌号；

——磷酸盐结合耐火泥浆牌号改为用 P 表示；

——增加了 GN-90P 牌号；

——调整了 GN-85P 荷重软化温度指标。

本标准由全国耐火材料标准化技术委员会(SAC/TC 193)提出并归口。

本标准起草单位：武汉威林炉衬材料有限责任公司、武汉冶建技术研究有限责任公司。

本标准主要起草人：苏伯平、方昌荣、雷青云、谢朝晖、李波、彭艳。

本标准所代替标准的历次版本发布情况为：

——GB/T 2994—1982、GB/T 2994—1994。

高铝质耐火泥浆

1 范围

本标准规定了高铝质耐火泥浆的分类、技术要求、试验方法、质量评定程序、包装、标志、运输、储存及质量证明书。

本标准适用于砌筑高铝质耐火砖用的高铝质耐火泥浆。

2 规范性引用文件

下列文件中的条款通过本标准的引用而成为本标准的条款。凡是注日期的引用文件，其随后所有的修改单(不包括勘误的内容)或修订版均不适用于本标准，然而，鼓励根据本标准达成协议的各方研究是否可使用这些文件的最新版本。凡是不注日期的引用文件，其最新版本适用于本标准。

GB/T 6900 铝硅系耐火材料化学分析方法

GB/T 7322 耐火材料 耐火度试验方法

GB/T 15545 不定形耐火材料包装、标志、运输和储存

GB/T 17617 耐火原料和不定形耐火材料取样

GB/T 22459.3 耐火泥浆 第3部分：粘接时间试验方法

GB/T 22459.4 耐火泥浆 第4部分：常温抗折粘结强度试验方法

GB/T 22459.5 耐火泥浆 第5部分：粒度分布(筛分析)试验方法

GB/T 22459.7 耐火泥浆 第7部分：高温性能试验方法

3 产品分类

高铝质耐火泥浆按 Al_2O_3 含量分为如下3类7个牌号：

——普通高铝质耐火泥浆：LN-55、LN-65、LN-75；

——磷酸盐结合高铝质耐火泥浆：LN-65P、LN-75P；

——磷酸盐结合刚玉质耐火泥浆：GN-85P、GN-90P。

L、N、G分别为铝、泥、刚(玉)的汉语拼音首字母，其后的数字代表主要成分的质量分数，P代表磷酸盐结合耐火泥浆。

4 技术要求

高铝质耐火泥浆的理化指标应符合表1的要求。

表1 高铝质耐火泥浆理化指标

项目		指标						
		LN-55	LN-65	LN-75	LN-65P	LN-75P	GN-85P	GN-90P
$w(Al_2O_3)$/% 不小于		55	65	75	65	75	85	90
耐火度/℃ 不低于		1 760	1 780	1 780	1 780	1 780	1 780	1 800
常温抗折粘接强度/MPa 不小于	110 ℃干燥后	1.0	1.0	1.0	2.0	2.0	2.0	2.0
	1 400 ℃×3 h烧后	4.0	4.0	4.0	6.0	6.0	—	—
	1 500 ℃×3 h烧后	—					6.0	6.0

表 1（续）

<table>
<tr><td colspan="2" rowspan="2">项　　目</td><td colspan="7">指　　标</td></tr>
<tr><td>LN-55</td><td>LN-65</td><td>LN-75</td><td>LN-65P</td><td>LN-75P</td><td>GN-85P</td><td>GN-90P</td></tr>
<tr><td colspan="2">0.2 MPa 荷重软化温度 T_2/℃
不低于</td><td colspan="3">—</td><td colspan="2">1 400</td><td>1 600</td><td>1 650</td></tr>
<tr><td rowspan="2">加热永久线变化率/
%</td><td>1 400 ℃×3 h烧后</td><td colspan="5">−5～+1</td><td colspan="2">—</td></tr>
<tr><td>1 500 ℃×3 h烧后</td><td colspan="5">—</td><td colspan="2">−5～+1</td></tr>
<tr><td colspan="2">粘接时间/min</td><td colspan="7">1～3</td></tr>
<tr><td rowspan="3">粒度/
%</td><td><1.0 mm</td><td colspan="7">100</td></tr>
<tr><td>>0.5 mm,不大于</td><td colspan="7">2</td></tr>
<tr><td><0.075 mm,不小于</td><td colspan="5">50</td><td colspan="2">40</td></tr>
<tr><td colspan="9">注：如有特殊要求,粘接时间由供需双方协商确定。</td></tr>
</table>

5 试验方法

5.1 化学分析按 GB/T 6900 进行。

5.2 耐火度的检验按 GB/T 7322 进行。

5.3 粘接时间的试验按 GB/T 22459.3 进行。

5.4 常温抗折粘结强度的检验按 GB/T 22459.4 进行。

5.5 粒度筛分析按 GB/T 22459.5 进行。

5.6 荷重软化温度和加热永久线变化率的检验按 GB/T 22459.7 进行。

6 质量评定程序

6.1 组批

6.1.1 产品按连续正常生产的同一牌号组批。原料或生产工艺变动时,则应另行组批。

6.1.2 同一牌号的产品每批最大量为 60 吨。

6.2 抽样

产品的抽样按 GB/T 17617 的规定进行。

6.3 判定规则

耐火度、常温抗折粘接强度、荷重软化温度为验收检验项目。检验结果均符合表 1 的规定值时,该批产品为合格。

检验结果有不合格项时,应按 6.2 的规定重新抽取双倍数量的试样进行复验。复验结果的单值符合表 1 的规定,则判定该批产品合格;否则,判为不合格批。

6.4 合格评定形式

合格评定可采用供货方声明、使用方认定或由第三方认证的形式进行。

7 包装、标志、运输、贮存及质量证明书

7.1 包装、标志、运输、储存应符合 GB/T 15545 的规定。

7.2 可将液体结合剂用塑料桶包装分别发货。

7.3 产品发出时供方应提供质量证明书和产品使用说明书,质量证明书应载明供方名称、需方名称、生产日期、合同号、标准编号、产品名称、牌号、批号、理化指标及保存期等内容。

ICS 73.040
D 21

中华人民共和国国家标准

GB/T 3058—2008
代替 GB/T 3058—1996

煤中砷的测定方法

Determination of arsenic in coal

(ISO 11723:2004, Solid mineral fuels—Determination of arsenic and selenium—Eschka's mixture and hydride generation method, MOD)

2008-07-29 发布　　　　2009-05-01 实施

中华人民共和国国家质量监督检验检疫总局
中国国家标准化管理委员会 发布

前 言

本标准修改采用 ISO 11723:2004(E)《固体矿物燃料——砷和硒的测定——艾氏卡混合氢化物发生法》(2004 年英文版)。

本标准与 ISO 11723:2004 的主要差异如下:

——删除了 ISO 11723:2004 中有关硒测定的内容;

——增加了"砷钼蓝分光光度法";

——修改了"艾氏卡混合氢化物发生法"中样品质量和空白溶液配置方法。

本标准与 ISO 11723:2004 的有关技术性差异已编入正文中并在它们所涉及的条款的页边空白处用垂直单线标识。为方便比较,在附录 A 中列出了本标准章条编号和 ISO 11723:2004 章条编号的对照一览表;在附录 B 中给出了这些技术性差异及其原因的一览表以供参考。

本标准代替 GB/T 3058—1996《煤中砷的测定方法》。

本标准与 GB/T 3058—1996 相比主要变化如下:

——增加了"规范性引用文件"一章(本版第 2 章);

——明确了用单刻度移液管吸取 3 mL 碘溶液,1 mL 碳酸氢钠溶液和 6 mL 水(1996 年版 2.4.1.3,本版3.4.1.3);

——用 μg/g 代替%表示煤中砷的质量分数;

——修改了测定结果计算公式(1996 年版 2.5 和 3.5,本版 3.5 和 4.5);

——修改了精密度表示方法(1996 年版 2.6,本版 3.6);

——增加了"试验报告"一章(本版第 5 章)。

本标准的附录 A 和附录 B 均为资料性附录。

本标准由中国煤炭工业协会提出。

本标准由全国煤炭标准化技术委员会归口。

本标准起草单位:煤炭科学研究总院煤炭分析实验室、河北煤田地质研究所。

本标准主要起草人:杨华玉、施玉英、李家铸、苏寄璋。

本标准所代替的历次版本和发布情况为:

——GB 3058—1982,GB/T 3058—1996。

煤中砷的测定方法

1 范围

本标准规定了砷钼蓝分光光度法和氢化物发生-原子吸收法测定煤中砷的试剂和材料、仪器设备、试验步骤、结果计算及方法精密度。

本标准适用于褐煤、烟煤和无烟煤。

2 规范性引用文件

下列文件中的条款通过本标准的引用而成为本标准的条款。凡是注明日期的引用文件，其随后所有的修改单(不包括勘误的内容)或修改版均不适用于本标准，然而，鼓励根据本标准达成协议的各方研究是否可使用这些文件的最新版本。凡是不注明日期的引用文件，其最新版本适用于本标准。

GB/T 483　煤炭分析试验方法一般规定(GB/T 483—2007,ISO 1213-2:1992,Solid mineral fuels—Vocabulary—Part 2:Terms relating to sampling, testing and analysis, NEQ)

GB/T 6682　分析实验室用水规格和试验方法(GB/T 6682—2008,ISO 3696:1987,Water for analytical use—Specification and test methods, MOD)

3 砷钼蓝分光光度法(仲裁法)

3.1 方法提要

将煤样与艾氏卡试剂混合灼烧，用盐酸溶解灼烧物，加入还原剂，使五价砷还原成三价，加入锌粒，放出氢气，使砷形成氢化砷气体释出，然后被碘溶液吸收并氧化成砷酸，加入钼酸铵-硫酸肼溶液使之生成砷钼蓝，然后用分光光度计测定。

3.2 试剂和材料

3.2.1　水：本试验使用的水应符合 GB/T 6682 中三级水的规格要求。

3.2.2　无砷金属锌：颗粒状，粒度约 5 mm。

3.2.3　艾氏卡试剂(以下简称艾氏剂)：市购或以 2 份质量的化学纯轻质氧化镁与 1 份质量的化学纯无水碳酸钠混匀并研细至粒度小于 0.2 mm 后，保存在密闭容器中。

3.2.4　盐酸：相对密度 1.18。

3.2.5　硫酸：相对密度 1.84。

3.2.6　盐酸溶液：$c(HCl)=6$ mol/L。1 体积盐酸与 1 体积水混合均匀。

3.2.7　硫酸溶液：$c(1/2H_2SO_4)=6$ mol/L。

量取硫酸(3.2.5)167 mL 缓慢加入适量水中，边加边搅拌，然后用水稀释至 1 L。

3.2.8　硫酸溶液：$c(1/2H_2SO_4)=5$ mol/L。

量取硫酸(3.2.5)139 mL 缓慢加入适量水中，边加边搅拌，然后用水稀释至 1 L。

3.2.9　碘化钾溶液：176.5 g/L。

3.0 g 碘化钾溶于 17 mL 水中，使用前现配。

3.2.10　氯化亚锡溶液：666.7 g/L。

8.0 g 氯化亚锡溶于 12 mL 盐酸(3.2.4)中，使用前现配。

3.2.11 碘溶液：1.5 g /L。

将 9 g 碘化钾和 1.5 g 碘用少量水溶解后，稀释到 1 L。

3.2.12 钼酸铵溶液：10 g/L。将 10.0 g 钼酸铵溶解于 1 L 硫酸溶液(3.2.8)中。

3.2.13 硫酸肼溶液：1.2 g /L。将 1.2 g 硫酸肼溶于 1 L 水中。

3.2.14 钼酸铵-硫酸肼混合溶液

将 1 体积钼酸铵溶液(3.2.12)和 1 体积硫酸肼溶液(3.2.13)混合均匀，使用前现配。

3.2.15 碳酸氢钠溶液：40 g/L。将 40.0 g 碳酸氢钠溶于 1 L 水中。

3.2.16 氢氧化钠溶液：$c(\mathrm{NaOH})=6$ mol/L。称取 48.0 g 氢氧化钠用少量水溶解后，稀释到 200 mL。

3.2.17 砷标准储备溶液：100 μg/mL。

准确称取已在(105～110)℃下干燥约 2 h 的优级纯三氧化二砷 0.132 0 g 溶于 2 mL 氢氧化钠溶液(3.2.16)中，加入约 50 mL 水，待完全溶解后，再加 2.5 mL 硫酸(3.2.7)，用水稀释至 1 000 mL。

注：砷标准储备溶液也可使用市售有证砷标准物质溶液。

3.2.18 砷标准工作溶液：10 μg/mL。

准确吸取砷标准储备溶液(3.2.17)50 mL 于 500 mL 容量瓶中，用水稀释至刻度，摇匀，转入塑料瓶中储存备用。

3.2.19 乙酸铅棉

将脱脂棉在浓度为 400 g/L 的乙酸铅溶液中充分浸泡，取出，拧干，在(80～100)℃下烘干，存放在干燥器中备用。

3.2.20 瓷坩埚：容量为 30 mL。内表面瓷釉完好。

3.3 仪器设备

3.3.1 砷测定仪：结构如图 1 所示。

砷测定仪应严格符合图 1 规定。对于新购置和使用的砷测定仪，都应检查其尺寸是否合格，各磨口处是否紧密。然后用下述方法检查砷测定仪是否符合要求：在每个测定仪中加入 10 μg 或 20 μg 砷标准工作溶液(3.2.18)，按 3.4 所述试验步骤进行测定，然后与直接法(砷标准工作溶液不经过氢化砷发生步骤，而直接显色)的测定结果相比较，计算其回收率，选择回收率不小于 90% 者作为日常使用仪器。

3.3.2 分光光度计：波长范围(200～1 000) nm。

3.3.3 水浴。

3.3.4 马弗炉：能在 2 h 内从室温加热到(800±10)℃，通风良好。

3.3.5 分析天平：感量 0.1 mg。

3.3.6 分析天平：感量 0.01 g。

3.3.7 分析天平：感量 0.1 g。

3.3.8 单刻度移液管：1 mL，2 mL，3 mL，4 mL，5 mL。

3.4 试验步骤

3.4.1 工作曲线的绘制

3.4.1.1 分别用单刻度移液管吸取 0.00 mL，1.00 mL，2.00 mL，3.00 mL，4.00 mL，5.00 mL 的砷标准溶液(3.2.18)于砷测定仪圆烧瓶中，先加入 10 mL 硫酸(3.2.7)，再加入 20 mL 盐酸(3.2.6)，用水稀释至 50 mL。

3.4.1.2 然后加入 2 mL 碘化钾溶液(3.2.9)，1 mL 氯化亚锡溶液(3.2.10)，摇匀，在室温下放置15 min。

单位为毫米

1——圆烧瓶；

2——外套管；

3——吸收器。

图 1 砷测定仪

3.4.1.3 用移液管往砷测定仪吸收器中加入 3 mL 碘溶液(3.2.11)，1 mL 碳酸氢钠溶液(3.2.15)，6 mL 水，将吸收器插入装有乙酸铅棉(3.2.19)的吸收器套管中。

3.4.1.4 往圆烧瓶中加入 5.0 g 无砷金属锌(3.2.2)，立即将吸收器套管与烧瓶连接好，确认仪器各接口不漏气后，让发生过程持续约 1 h。

3.4.1.5 取出吸收器，加入 5 mL 钼酸铵-硫酸肼混合溶液(3.2.14)，并用洗耳球从吸收器侧孔往内打气约 10 次，使吸收液充分混合均匀。将吸收器放在沸腾的水浴中加热 20 min，取出，冷却至室温。

3.4.1.6 在分光光度计上，用 10 mm 比色皿于 830 nm(或 700 nm)波长下以标准空白溶液为参比，测量各标准溶液的吸光度。相同浓度的砷在 830 nm 波长下吸光度是 700 nm 波长下吸光度的 3 倍左右，煤中砷含量较低时，最好在 830 nm 波长下测定吸光度。

3.4.1.7 以标准系列溶液中砷质量(μg)为横坐标，相应的吸光度为纵坐标，绘制工作曲线。绘制工作曲线应与煤样分析同时进行，每次测定应绘制工作曲线。

3.4.2 煤样测定

3.4.2.1 测试样品溶液的制备

3.4.2.1.1 在瓷坩埚内称取艾氏剂 2 g(称准至 0.01 g)，然后称取粒度小于 0.2 mm 的空气干燥煤样(1.00±0.01) g(称准至 0.000 2 g)，用玻璃棒仔细搅拌均匀，再用 1 g(称准至 0.01 g)艾氏剂均匀覆盖在混匀的煤样上面(见不到黑色的煤炭颗粒)。

注：称取煤样质量可根据其砷含量适当增减。

3.4.2.1.2 将坩埚放入马弗炉中，在约 2 h 内从室温加热到(800±10)℃，并在此温度下保持(2～3)h，取出坩埚，冷却至室温。

3.4.2.1.3 将灼烧物转移到砷测定仪圆烧瓶中，用 20 mL 硫酸(3.2.7)分 2 次～3 次冲洗坩埚，将坩埚内洗液小心转移至烧瓶中，再用 30 mL 盐酸(3.2.6)分数次洗坩埚，把坩埚内洗液小心全部转移至烧瓶中，摇动烧瓶使灼烧物充分溶解至不再冒气泡，然后按 3.4.1.2～3.4.1.5 的步骤进行操作。

3.4.2.2 样品空白溶液的制备

每分析一批煤样应同时制备一个样品空白溶液，制备方法同 3.4.2.1，但不加煤样。

3.4.2.3 煤样中砷含量测定

按 3.4.1.6 规定的方法测定样品空白溶液和样品溶液的吸光度，从绘制的工作曲线(3.4.1.7)上查得相应砷的质量 (μg)。

3.5 结果计算

空气干燥煤样中砷的质量分数按式 (1) 计算：

$$w(As_{ad}) = \frac{m_1 - m_0}{m} \qquad \cdots\cdots(1)$$

式中：

$w(As_{ad})$——空气干燥煤样中砷的质量分数，单位为微克每克(μg/g)；

m_1——从工作曲线上查得样品溶液中砷的质量，单位为微克(μg)；

m_0——从工作曲线上查得样品空白溶液中砷的质量，单位为微克(μg)；

m——空气干燥煤样质量，单位为克(g)。

计算结果按 GB/T 483 规定的数字修约规则修约至整数。

3.6 方法的精密度

砷钼蓝分光光度法测定煤中砷的重复性限和再现性临界差如表 1 规定。

表 1 砷钼蓝分光光度法测定煤中砷的精密度

砷质量分数 $w(As_{ad})/(\mu g/g)$	重复性限 $w(As_{ad})/(\mu g/g)$	再现性临界差 $w(As_{d})/(\mu g/g)$
<6	1	2
6～20	2	3
>20～60	3	4
>60	10	20

4 氢化物发生-原子吸收法

4.1 方法提要

将煤样与艾氏剂混合灼烧，用盐酸溶解灼烧物，用碘化钾将五价砷还原为三价，再用硼氢化钠将三价砷还原为氢化砷，以氮气为载气将其导入石英管原子化器，用原子吸收法测定。

4.2 试剂和材料

4.2.1 水:同 3.2.1。

4.2.2 艾氏剂:同 3.2.3。

4.2.3 盐酸:同 3.2.4。

4.2.4 氢氧化钠溶液:5 g/L。称取 5 g 氢氧化钠溶于 1 L 水中。

4.2.5 硼氢化钠溶液:18 g/L。

称取 18 g 硼氢化钠溶于 1 L 氢氧化钠溶液(4.2.4)中,使用时现配。

4.2.6 碘化钾溶液:300 g/L。

将 300 g 碘化钾溶于 1 L 水中。

4.2.7 硫代硫酸钠溶液:饱和溶液。

4.2.8 砷标准储备溶液:100 μg/mL,同 3.2.17。

4.2.9 砷标准中间溶液:10 μg/mL,同 3.2.18。

4.2.10 砷标准工作溶液:0.2 μg/mL。

吸取砷标准中间溶液(4.2.9)1 mL 于 50 mL 容量瓶中,用空白溶液(4.4.2.2) 稀释至刻度,摇匀。

4.2.11 氮气:纯度 99.9%以上。

4.2.12 瓷坩埚:同 3.2.20。

4.2.13 瓷蒸发皿:容量为 100 mL。内表面瓷釉完好。

4.3 仪器设备

4.3.1 原子吸收分光光度计:具有吸收峰面积积分和峰高测量功能。

4.3.2 光源:砷空心阴极灯或砷无极放电灯。

4.3.3 自动氢化物发生器:能自动进行洗涤,量液,精度应达 0.5%。

4.3.4 马弗炉:同 3.3.4。

4.3.5 分析天平:同 3.3.5。

4.3.6 分析天平:同 3.3.6。

4.4 分析步骤

4.4.1 样品溶液的制备

4.4.1.1 在瓷坩埚内称取艾氏剂 1.5 g(称准至 0.01 g),然后称取粒度小于 0.2 mm 的空气干燥煤样(1.00±0.01) g(称准至 0.000 2 g),用玻璃棒仔细搅拌均匀,再用 1.5 g(称准至 0.01 g)艾氏剂均匀覆盖在混匀的煤样上面(见不到黑色的煤炭颗粒)。

注:当灰分大于 40%,或砷含量大于 10 μg 或全硫含量大于 8%时,称样量为 0.5 g。

4.4.1.2 将坩埚放入冷马弗炉中,半开炉门,由室温缓慢加热到 500 ℃,在此温度下保持约 1 h,然后升温至(800±10)℃,并在此温度下再加热 3 h,取出坩埚,冷却至室温。

4.4.1.3 将灼烧过的样品搅碎并转移到盛有 20 mL~30 mL 热水的 150 mL 烧杯中。向坩埚中加入 5 mL盐酸(4.2.3),使坩埚内的残存物溶解后倒入烧杯中。再用 15 mL 盐酸(4.2.3)分 3 次(每次 5 mL)洗涤坩埚,洗液转移到烧杯中。搅拌溶液,待溶液冷却后,全部移入 100 mL 容量瓶中,用水稀释至刻度,摇匀。

4.4.2 空白溶液的制备

4.4.2.1 称取 15 g 艾氏剂(称准至 0.01 g)放入 100 mL 瓷蒸发皿中,将皿放入马弗炉中,由室温缓慢加热到 500 ℃,在此温度下保持约 1 h,然后升温至(800±10)℃,并在此温度下再加热 3 h,取出蒸发皿,冷却至室温。

4.4.2.2 将灼烧过的艾氏剂转移到盛有 100 mL~150 mL 热水的 400 mL 烧杯中,用 25 mL 盐酸(4.2.3)溶解皿内残渣,并转移到烧杯中,用水将残渣全部冲入烧杯,再用 75 mL 盐酸分三次(每次25 mL)洗涤蒸发皿,将溶液转移到烧杯中。搅拌使艾氏剂全部溶解,冷却到室温,转移到 500 mL 容量瓶中,用水稀释到刻度，溶液移入塑料瓶中储存。

4.4.3 标准系列溶液配制和预还原

4.4.3.1 取 6 个 100 mL 容量瓶，分别加入砷标准工作溶液（4.2.10）0.0 mL、1.0 mL、2.0 mL、3.0 mL、4.0 mL 和 5.0mL，然后分别加入空白溶液（4.4.2.2）5 mL、4 mL、3 mL、2 mL、1 mL 和 0 mL，摇匀。

4.4.3.2 于上述系列溶液中，各加入 10 mL 盐酸（4.2.3），混匀，再加入碘化钾溶液（4.2.6）5 mL，用水稀释到约 50 mL，放置 30 min。于瓶中滴加饱和硫代硫酸钠溶液（4.2.7）至碘退色，用水稀释到刻度，摇匀。

4.4.4 氢化物发生-原子吸收测定

4.4.4.1 仪器准备

按仪器说明书将氢化物发生器的原子化器正确安装到原子吸收分光光度计的燃烧器上，使石英管位于燃烧器狭缝的正上方。调节燃烧器的上下、前后的位置和转角，使石英管的轴心与原子吸收分光光度计的主光轴重合。连接好气路。

4.4.4.2 原子吸收分光光度计工作参数选择

参数选择如下：

a） 测量方式：吸收峰面积积分或峰高；

b） 火焰：空气-乙炔焰加热石英管原子化器；

c） 光源：砷空心阴极灯或砷无极放电灯，单色器波长 193.7 nm，灯电流及狭缝宽度等参数，根据仪器的具体情况，调到最佳工作状态。

4.4.4.3 氢化物发生器工作参数的选择

按照仪器说明书合理选定。一般为：试液 5 mL，硼氢化钠溶液（4.2.5）2 mL，载气（4.2.11）流速 1 L /min。

4.4.4.4 工作曲线的绘制

按确定的仪器工作条件，以空白溶液（4.4.2.2）调零后，测定标准系列溶液（4.4.3.2）的原子吸收信号（峰面积积分或峰高）。

以标准系列溶液（4.4.3.2）中砷的质量（分别为 0.0 μg，0.2 μg，0.4 μg，0.6 μg，0.8 μg，1.0 μg）为横坐标，相应的原子吸收信号为纵坐标，绘制工作曲线。

4.4.4.5 样品溶液的测定

分别准确吸取样品溶液（4.4.1.3）和样品空白溶液（4.4.2.2）5 mL 于 100 mL 容量瓶中，按 4.4.3.2～4.4.4.4 所述步骤进行预还原、氢化物发生和原子吸收测定。从工作曲线（4.4.4.4）中查出样品溶液和样品空白溶液中砷的质量。

4.5 结果计算

空气干燥煤样中砷的质量分数按式（2）计算：

$$w(As_{ad}) = \frac{m_1 - m_0}{m} \times \frac{100}{V} \qquad \cdots\cdots(2)$$

式中：

$w(As_{ad})$——空气干燥煤样中砷的质量分数，单位为微克每克（μg/g）；

m_1——从工作曲线上查得样品溶液中砷的质量，单位为微克（μg）；

m_0——从工作曲线上查得样品空白溶液中砷的质量，单位为微克（μg）；

100——测定样品溶液的体积，单位为毫升（mL）；

V——测定时分取样品溶液的体积，单位为毫升（mL）；

m——空气干燥煤样质量，单位为克（g）。

计算结果按 GB/T 483 规定的数字修约规则修约至整数。

4.6 方法精密度

氢化物发生-原子吸收法测定煤中砷的重复性限和再现性临界差同3.6规定。

5 试验报告

试验报告应包括下列信息：

a) 试样编号；

b) 依据标准；

c) 试验结果；

d) 与标准的偏离；

e) 试验中观察到的异常现象；

f) 试验日期。

附　录　A
（资料性附录）
本标准章条编号与 ISO 11723:2004 章条编号对照

表 A.1 给出了本标准章条编号与 ISO 11723:2004 章条编号对照一览表。

表 A.1　本标准章条编号与 ISO 11723:2004 章条编号对照

本标准章条编号	ISO 11723:2004 章条编号
1	1
2	2
3	—
4.1	3
4.2	4
4.3	5
—	6
4.4	7
4.4.1	7.2
4.4.2	7.1
4.4.3	7.3
4.4.4	7.4、8
4.5	9
4.6	10
5	11
附录 A	—
附录 B	—

附 录 B
（资料性附录）
本标准章条编号与 ISO 11723:2004 的技术性差异及其原因

表 B.1 给出了本标准与 ISO 11723:2004 的技术性差异及其原因的一览表。

表 B.1 本标准与 ISO 11723:2004 的技术性差异及其原因

本标准章条编号	技术性差异	原 因
1 和 3	增加了砷钼蓝分光光度法测定煤中砷含量	砷钼蓝分光光度法是 ISO 11723:2004 中没有规定的方法，但该方法是测定煤中砷含量的经典方法之一，在我国使用了很多年，实验证明其测定结果准确可靠，所以保留了该方法
2	引用了与国际标准相应的中国标准，而非国际标准	适合我国国情
—	删除 ISO 11723:2004 有关测定硒的内容	本标准中不包括硒的测定内容
4.4.2	将 ISO 11723:2004 中 7.1 和 7.3 中有关空白溶液的制备合并	加强试验步骤的可理解性和可操作性
4.4.3	将 ISO 11723:2004 中试剂中 4.7 和 4.8 放在系列标准溶液配制中并增大系列标准溶液浓度	加强试验步骤的可理解性和与测定我国煤中砷含量范围相一致
4.4.4	将 ISO 11723:2004 中 7.4.2 和 8 的内容合并，按照我国习惯重新编写	加强试验步骤的可理解性和可操作性
—	删除 ISO 11723:2004 中 6“测试样品的制备”	内容在引用文件 GB/T 483 中
4.5	将 ISO 11723:2004 中 9“结果表示”中计算公式和有效数字进行修改	符合本标准测定方法和 GB/T 483 中的要求
4.6	修改 ISO 11723:2004 中 10“精密度”中含量范围，重复性限和再现性临界差	与砷钼蓝分光光度法相一致（有试验数据支持），以适合国情

ICS 29.050
Q 51

中华人民共和国国家标准

GB/T 3074.1—2008
代替 GB/T 3074.1—1982

石墨电极抗折强度测定方法

Method for the determination of the flexure strength of graphite electrodes

2008-05-13 发布　　2008-11-01 实施

中华人民共和国国家质量监督检验检疫总局
中国国家标准化管理委员会　发布

前言

GB/T 3074《石墨电极测定方法》分为5个部分：

——石墨电极抗折强度测定方法；

——石墨电极弹性模量测定方法；

——石墨电极氧化性测定方法；

——石墨电极热膨胀系数(CTE)测定方法；

——测定石墨电极用石油焦热膨胀系数试样的制备方法。

本部分为GB/T 3074的第1部分。

本部分代替GB/T 3074.1—1982《石墨电极抗折强度测定方法》。

本部分与GB/T 3074.1—1982相比主要变化如下：

——增加了范围、规范性引用文件、原理条款；

——增加了规格ϕ500 mm以上电极的测定要求；

——删减了定义条款；

——计算公式中抗折强度单位变为MPa。

本部分由中国钢铁工业协会提出。

本部分由冶金工业信息标准研究院归口。

本部分起草单位：中钢集团吉林炭素股份有限公司、冶金工业信息标准研究院。

本部分主要起草人：朱丽娟、康健、孙伟。

本部分1982年首次发布。

石墨电极抗折强度测定方法

1 范围

本部分规定了石墨电极抗折强度测定原理、仪器设备、试样、试验步骤、结果计算。

本部分适用于室温下石墨电极抗折强度测定。

2 规范性引用文件

下列文件中的条款通过本部分的引用而成为本部分的条款。凡是注日期的引用文件,其随后所有的修改单(不包括勘误的内容)或修订版均不适用于本部分,然而,鼓励根据本部分达成协议的各方研究是否可使用这些文件的最新版本。凡是不注日期的引用文件,其最新版本适用于本部分。

GB/T 1427 炭素材料取样方法

GB/T 8170 数值修约规则

3 原理

抗折强度是材料受外力弯曲时所能承受最大负荷的量度,其数值为试样弯曲断裂时,横截面上正应力的大小。

4 仪器设备

4.1 材料试验机:量程 0 N～5 000 N,精度 2.5 N。

4.2 采用四点法加载。

直径小于 300 mm 的电极,上压头间距为 35 mm,压头曲率半径 5 mm;下压头间距 105 mm,压头曲率半径 3 mm。

直径 300 mm～500 mm 的电极,上压头间距为 40 mm,压头曲率半径 5 mm;下压头间距 120 mm,压头曲率半径 3 mm。

直径大于 500 mm 的电极,上压头间距为 50 mm,压头曲率半径 5 mm;下压头间距 150 mm,压头曲率半径 3 mm。下托板采用钢球支承。如图 1 所示(A 为试样 ϕ20 mm×160 mm 的夹具尺寸)。

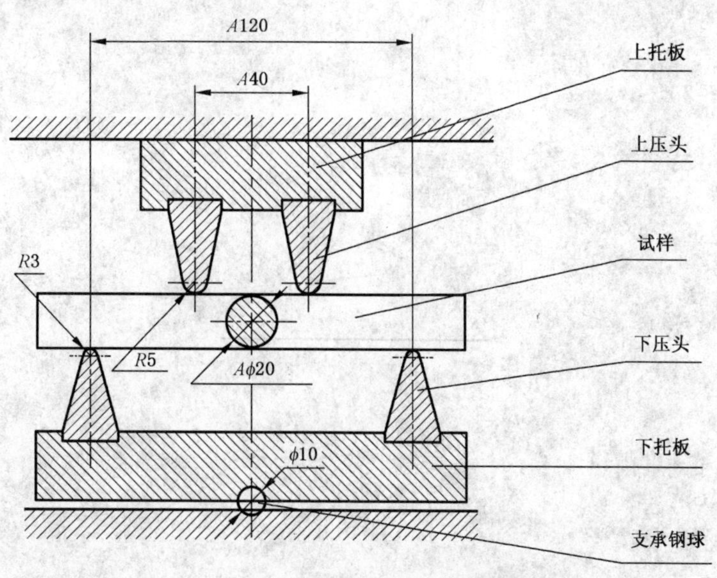

图 1 抗折强度试验装置图

4.3 游标卡尺:测量范围 0 mm～200 mm,精度 0.02 mm。

4.4 烘箱:室温～200℃。

5 试样

按 GB/T 1427 的规定取样、加工。

其中:(1) 直径 500 mm 以上电极的试样尺寸:ϕ30 mm±0.1 mm×180 mm±0.2 mm。

(2) 内串石墨化炉(LWG)每炉次取三个试样。

6 试验步骤

6.1 试样在 110℃±5℃烘箱中烘干 2 h,贮存在干燥器中冷却至室温备用。

6.2 测量试样的直径和长度,精确至 0.02 mm。

6.3 将试样放在试验机的下压头上,试样中心与上压头间距中心对齐,且使上、下压头轴向皆垂直于试样轴。

6.4 将试验机空载速度调节至 1.5 mm/min,然后加载至试样断裂,记录最大负荷。

7 结果计算

试样的抗折强度按下式计算:

$$\sigma = \frac{16PL}{\pi d^3}$$

式中:

σ——抗折强度,单位为帕,MPa。

P——最大负荷,单位为牛,N。

L——压头与支点相邻距离,单位为毫米,mm。

d——试样直径,单位为毫米,mm。

计算结果保留一位小数,数值修约按 GB/T 8170 规定。

8 试验报告

试验报告包括下列内容:

a) 委托单位;

b) 试样名称;

c) 试样编号;

d) 试验结果;

e) 试验单位;

f) 试验人员;

g) 试验日期。

ICS 29.050
Q 51

中华人民共和国国家标准

GB/T 3074.2—2008
代替 GB/T 3074.2—1982

石墨电极弹性模量测定方法

Method for the determination of the elastic modulus of graphite electrodes

2008-05-13 发布　　　　2008-11-01 实施

中华人民共和国国家质量监督检验检疫总局
中国国家标准化管理委员会　发布

前 言

GB/T 3074《石墨电极测定方法》分为5个部分：

——石墨电极抗折强度测定方法；

——石墨电极弹性模量测定方法；

——石墨电极氧化性测定方法；

——石墨电极热膨胀系数(CTE)测定方法；

——测定石墨电极用石油焦热膨胀系数试样的制备方法。

本部分为GB/T 3074的第2部分。

本部分代替GB/T 3074.2—1982《石墨电极弹性模量测定方法》。

本部分与GB/T 3074.2—1982相比主要进行了如下修订：

——增加了前言、规范性引用文件、原理、试验结果条款；

——删减了定义、计算公式条款；

——修改了试样条款；

——计算公式中弹性模量单位变为GPa。

本部分由中国钢铁工业协会提出。

本部分由冶金工业信息标准研究院归口。

本部分起草单位：中钢集团吉林炭素股份有限公司、冶金工业信息标准研究院。

本部分主要起草人：朱丽娟、孙权、孙伟。

本部分1982年首次发布。

石墨电极弹性模量测定方法

1 范围

本部分规定了石墨电极弹性模量测定原理、仪器设备、试样、试验步骤、结果计算。

本部分适用于室温下石墨电极弹性模量的测定。

2 规范性引用文件

下列文件中的条款通过本部分的引用而成为本部分的条款。凡是注日期的引用文件，其随后所有的修改单(不包括勘误表的内容)或修订均不适用于本部分，然而，鼓励根据本部分达成协议的各方研究是否可使用这些文件的最新版本。凡是不注日期的引用文件，其最新版本适用于本部分。

GB/T 1427 炭素材料取样方法

GB/T 8170 数值修约规则

3 原理

弹性模量是材料在外力作用下，应力与伸长或压缩弹性形变之间关系的量度，其数值为试样横截面所受正应力与应变之比。

本方法采用共振法测定物体的弹性模量。材料的弹性模量与它的固有频率有关，通过测定物体的固有频率即可得出弹性模量。

4 仪器设备

4.1 激励器：电能/机械能 换能器，用以激发试样共振。

4.2 接收器：机械能/电能 换能器，用以接收试样共振讯号。

4.3 驱动回路：提供音频正弦电讯号。

4.4 检测回路：放大显示来自接收器的电讯号。

4.5 试样支架：安放试样。

4.6 游标卡尺：测量范围 0 mm～200 mm，精度 0.02 mm。

4.7 千分尺：测量范围 0 mm～25 mm，25 mm～50 mm，精度 0.01 mm。

4.8 烘箱：室温～200℃。

4.9 工业天平：感量 0.01 g。

5 试样

按 GB/T 1427 的规定取样、加工。

其中：(1) 直径 500 mm 以上电极的试样尺寸：ϕ30 mm±0.1 mm×180 mm±0.2 mm。

(2) 内串石墨化炉(LWG)每炉次取三个试样。

6 试验步骤

6.1 试样在 110℃±5℃干燥箱中烘干 2 h，在干燥器中冷却至室温备用。

6.2 测量试样的直径，长度和质量。直径测量要求沿试样轴向测三处，每处测两次，两次对应的直径相互垂直，将测得的六个数据平均。长度测量三点，取平均值。求出直径与长度的比值，按此比值查表 1 确定校正系数 Cr。

6.3 开启所有仪器，预热 30 min，用已知不锈钢标样检查仪器的灵敏度和稳定性是否正常，试验装置如图 1 所示。

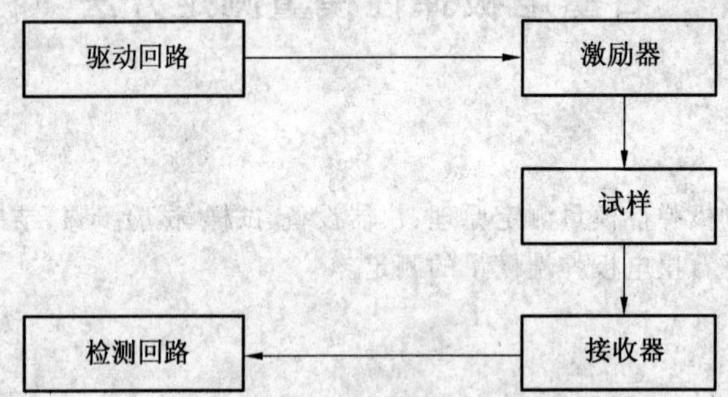

图 1 弹性模量试验装置图

6.4 将试样仔细悬挂(安放)在支架上，改变音频讯号输出频率，迫使试样在基频处共振，记录共振频率；再将试样绕轴向旋转 90°后，重复上述操作，取两次测量结果的平均值。

表 1 校正系数 *Cr* 值

d/*l*	*Cr*	*d*/*l*	*Cr*	*d*/*l*	*Cr*
0.081	3 127	0.123	930	0.164	414
0.082	3 015	0.124	909	0.165	406
0.083	2 908	0.125	889	0.166	399
0.084	2 809	0.126	869	0.167	394
0.085	2 713	0.127	848	0.168	386

7 结果计算

试样的弹性模量 E 按下式计算：

$$E = \frac{Crmf^2}{d} \times 10^{-9}$$

式中：

E——弹性模量，单位为帕，GPa；

Cr——校正系数；

m——试样质量，单位为克，g；

f——频率，单位为赫兹，Hz；

d——试样直径，单位为毫米，mm。

计算结果精确至小数点后一位，数值修约按 GB/T 8170 规定。

8 试验报告

试验报告包括下列内容：

a) 委托单位；

b) 试样名称；

c) 试样编号；

d) 试验结果；

e) 试验单位；

f) 试验人员；

g) 试验日期。

ICS 29.050
Q 51

中华人民共和国国家标准

GB/T 3074.3—2008
代替 GB/T 3074.3—1982

石墨电极氧化性测定方法

Method for the determination of the oxidation resistance of graphite electrodes

2008-05-13 发布　　　　2008-11-01 实施

中华人民共和国国家质量监督检验检疫总局
中国国家标准化管理委员会　发布

前　言

GB/T 3074《石墨电极测定方法》分为5个部分：

——石墨电极抗折强度测定方法；

——石墨电极弹性模量测定方法；

——石墨电极氧化性测定方法；

——石墨电极热膨胀系数(CTE)测定方法；

——测定石墨电极用石油焦热膨胀系数试样的制备方法。

本部分为GB/T 3074的第3部分。

本部分代替GB/T 3074.3—1982《石墨电极氧化性测定方法》。

本部分与GB/T 3074.3—1982相比，主要变化内容如下：

——原仪器设备中的电光分析天平改为分析天平，称量范围200 g，感量0.1 mg；

——原仪器设备中的民用鼓风机改为吹风机能保证流量为2 L/min；

——试样尺寸由原ϕ26×50 mm改为ϕ25×50 mm；

——试样量由原每批测4个样改为每批测2个样；

——取消了试样用酒精擦拭的步骤和测量比重的步骤；

——将每隔半小时记录一次重量改为每一个小时记录一次温度、空气流量和试样质量；

——增加了氧化性测定装置示意图。

本部分由中国钢铁工业协会提出。

本部分由冶金工业信息标准研究院归口。

本部分起草单位：中钢集团吉林炭素股份有限公司。

本部分起草人：张西粉、孙权、赫晶远。

本部分1982年首次发布。

石墨电极氧化性测定方法

1 范围

本部分规定了石墨电极氧化性测定的原理、仪器设备、试样制备、试验步骤和结果计算。

本部分适用于石墨电极氧化性的测定。

2 规范性引用文件

下列文件中的条款通过本部分的引用而成为本部分的条款。凡是注日期的引用文件，其随后所有的修改单(不包括勘误的内容)或修订版均不适用于本部分，然而，鼓励根据本部分达成协议的各方研究是否可使用这些文件的最新版本，凡是不注日期的引用文件，其最新版本适用于本部分。

GB/T 1427 炭素材料取样方法

GB/T 8170 数值修约规则

3 原理

氧化性是石墨试样在650℃温度下通入空气，每小时每克试样氧化损失的毫克数。

4 仪器设备

4.1 分析天平：称量范围200 g，感量0.1 mg。

4.2 加热炉：温度能达650℃以上。

4.3 石英管：外径64 mm，内径56 mm，长900 mm。

4.4 自动控温仪：控制温度±2℃。

4.5 气体流量计：0 L/min～5 L/min。

4.6 鼓风机：风量能达到2 L/min。

4.7 氮气：纯度99.99%以上。

4.8 铂丝：ϕ0.3 mm。

4.9 烘箱：室温～200℃。

4.10 氧化性测定装置(见图1)。

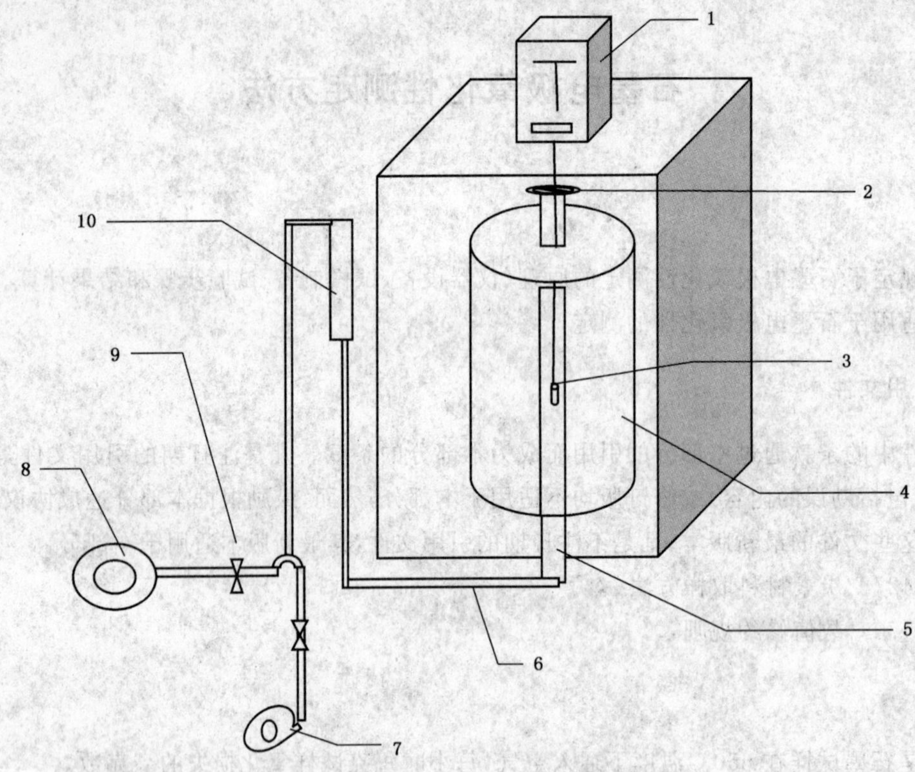

1——天平；
2——石墨盖；
3——铂丝和试样；
4——加热炉；
5——石英管；
6——气体导管；
7——鼓风机；
8——氮气；
9——阀门；
10——气体流量计。

图 1　氧化性测定装置示意图

5　试样

5.1　试样的采取按 GB/T 1427 规定进行。

5.2　取样位置：分别在被测电极端部的中心，取平行于挤压方向的直径 80 mm，长度 150 mm 试样，将外端去掉 70 mm，用剩下的圆柱体截断分成二等份。

5.3　尺寸：加工成直径 25 mm，长 50 mm 的圆柱体试样，加工精度为±0.5 mm。

5.4　要求：在距离试样一端 8 mm 处，沿垂直挤压方向钻成直径为 1 mm 的孔作为吊试样用。试样要在 120℃～130℃的烘箱中烘干后放入干燥器中供测定用。

5.5　数量：每次取 2 个试样。

6　试验步骤

6.1　用 ϕ0.3 mm 的铂丝将烘干后的试样悬吊在石英管的恒温区中，上端悬吊在天平下端的挂钩上。

6.2　将热电偶测试端放在试样侧面中间位置，紧靠石英管内壁，石英管上端盖上石墨盖，测定前要检查试样不能和石墨盖、热电偶相碰，然后才能送电。

6.3 炉温升到400℃时，开始从石英管下端通入氮气，流量为0.5 L/min。继续升温至炉内温度达到650℃±2℃时恒温，停止通氮气，改换通入空气，流量为2 L/min，通入空气2 min～3 min后称取试样质量，记录试样质量并开始计时。

6.4 每隔1 h记录一次试样质量并检查炉温和空气流量是否正常，待试样恒温氧化4 h后即可停电和停止通入空气，取出试样。

7 结果计算

试样氧化性按下式计算，计算结果保留小数点后一位，数值修约按GB/T 8170规定。

$$\text{氧化性}=\frac{G-W}{G\cdot t}\times 10^{3}$$

式中：

氧化性——试样每小时每克氧化损失的毫克数，单位为毫克/克·小时，mg/(g·h)；

G——试样在650℃±2℃通入空气时的质量，单位为克，g；

W——试样在650℃±2℃恒温通入空气4 h后的质量，单位为克，g；

t——氧化时间4 h，单位为小时，h。

8 试验误差

两次平行试验的误差不得超过1.5 mg/(g·h)。

9 试验报告

试验报告包括下列内容：

a) 试样名称；
b) 试样编号；
c) 委托单位；
d) 试验结果；
e) 试验单位；
f) 试验人员；
g) 试验日期。

ICS 77.040.10
H 22

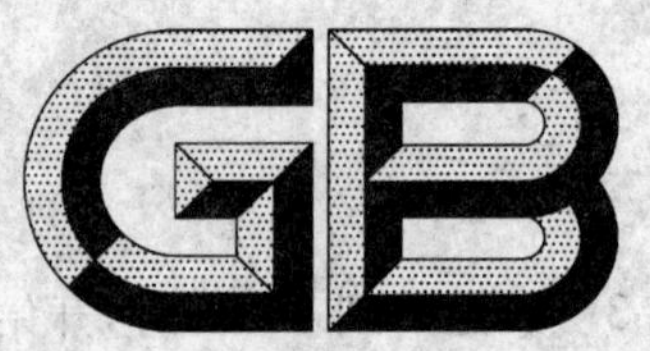

中华人民共和国国家标准

GB/T 3075—2008
代替 GB/T 3075—1982

金属材料　疲劳试验 轴向力控制方法

Metallic materials—Fatigue testing—
Axial-force-controlled method

(ISO 1099:2006,MOD)

2008-08-05 发布　　2009-04-01 实施

中华人民共和国国家质量监督检验检疫总局
中国国家标准化管理委员会　发布

前　言

本标准修改采用 ISO 1099:2006《金属材料　疲劳试验　轴向力控制方法》(英文版)。

本标准根据 ISO 1099:2006(E)起草,主要技术内容与之相同,标准框架有较大的修改。为了方便比较,在附录 A 中列出了本标准章节编号与 ISO 1099:2006(E)章节编号的对照一览表。考虑到我国实际情况,本标准在采用 ISO 1099:2006(E)国际标准时进行了修改,有关技术差异已编入正文中所涉及的条款,并在相应的条款的页边空白处用垂直单线标识。在附录 B 中给出了技术性差异及其原因的一览表以供参考。

本标准代替 GB/T 3075—1982《金属轴向疲劳试验方法》。本标准与 GB/T 3075—1982 相比,内容有较大的修改,编写结构不完全对应。

本标准与 GB/T 3075—1982 在以下方面的技术内容进行了较大修改和补充:

——名词术语由 12 个增加至 15 个;

——结构内容增加范围、规范性引用文件、试验计划,删去了原标准的试样的符号及名称、附录 A 和附录 B,并将原附录 A 的试样加工要求编入正文;

——试样形状中删去了缺口型试样,增加了试样温度测量的要求;

——试验装置中增加了同轴度检查的要求,同时删去原标准的附录 B 电阻应变片测定轴向疲劳试验机上试样弯曲百分率方法;

——删去了条件疲劳极限和 *S-N* 曲线的测定。

本标准的附录 A 和附录 B 为资料性附录。

本标准由中国钢铁工业协会提出。

本标准由全国钢标准化技术委员会归口。

本标准起草单位:钢铁研究总院、济南试金集团公司、北京航空材料研究院、深圳市新三思材料检测公司、武汉钢铁(集团)公司、上海材料研究所。

本标准主要起草人:张海龙、高怡斐、耿秀英、朱亦钢、安建平、李荣锋、王滨。

本标准于 1982 年首次发布。

引　言

本标准旨在为金属材料试样轴向等幅力控制的循环疲劳试验提供疲劳寿命数据(例如,应力对失效的循环数)的指导。

将公称尺寸上相同的试样装夹在轴向力疲劳试验机上,并对试样施加如图 1 所示的任一种类型的循环应力。除非另有规定,试验波形应是等幅的正弦曲线。

施加的力应沿着试样的纵轴方向,并通过每一试样横截面的轴心。

试验一直持续到试样失效或者直到超过一个预先设定的应力循环周次(见第 4 章和第 7 章)。

试验一般在室温(10 ℃～35 ℃)下进行。高温和低温试验可参照此标准。

注:疲劳试验的结果可能受大气条件的影响,因此要求按照 ISO 554:1976 标准的 2.1 控制要求的试验条件。

金属材料　疲劳试验
轴向力控制方法

1　范围

本标准规定了室温下金属材料试样(没有引入应力集中)轴向等幅力控制疲劳试验的条件。提供给定材料在不同应力比下,施加应力和失效循环周次之间的关系。

本标准适用于圆形和矩形横截面试样的轴向力控制疲劳试验,产品构件和其他特殊形状试样的检测不包括在内。

注:由于缺口试样的形状和尺寸没有标准化,因此本标准不包含缺口试样的疲劳试验。但是,本标准中描述的疲劳试验过程可应用于缺口试样的疲劳试验。

2　规范性引用文件

下列文件中的条款通过本标准的引用而成为本标准的条款。凡是注日期的引用文件,其随后所有的修改单(不包括勘误的内容)或修订版均不适用于本标准,然而,鼓励根据本标准达成协议的各方研究是否可使用这些文件的最新版本。凡是不注日期的引用文件,其最新版本适用于本标准。

GB/T 3505　产品几何技术规范　表面结构　轮廓法　表面结构的术语、定义及参数

GB/T 10610　产品几何技术规范　表面结构　轮廓法评定表面结构的规则和方法

GB/T 16825.1　静力单轴试验机的检验　第1部分:拉力和(或)压力试验机测力系统的检验与校准(GB/T 16825.1—2002,ISO 7500-1:1999,IDT)

JB/T 9397　拉压疲劳试验机技术条件

ISO 554　试验大气条件说明

3　术语和定义

本标准采用以下术语和定义。

3.1

测试直径　test diameter

d

试样或试件最大应力处直径(见图3)。

3.2

测试横截面厚度　thickness of test section

a

矩形横截面试样或试件的厚度。

3.3

测试横截面宽度　width of test section

b

矩形横截面试样或试件的宽度(见图4)。

3.4

平行长度　parallel length

L_c

具有相同测试直径或测试宽度的试样或试件标距部分的长度(见图3和图4)。

3.5

半径 radius

r

从测试直径(d)或者测试宽度(b)到夹持端直径(D)或宽度(B)的测试横截面端的曲率;或者试样或者试件夹持端之间的连续半径。

注:该曲率不一定要求是整个横跨测试横截面的端部和扩大部分开始端之间的真正圆弧,见图3a和图4a。

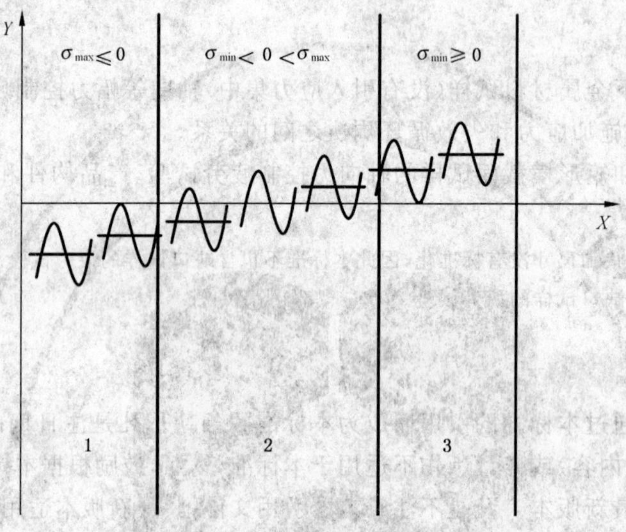

X——时间;
Y——应力。
1——脉动压缩;
2——反向拉压;
3——脉动拉伸。

图1 循环应力的类型

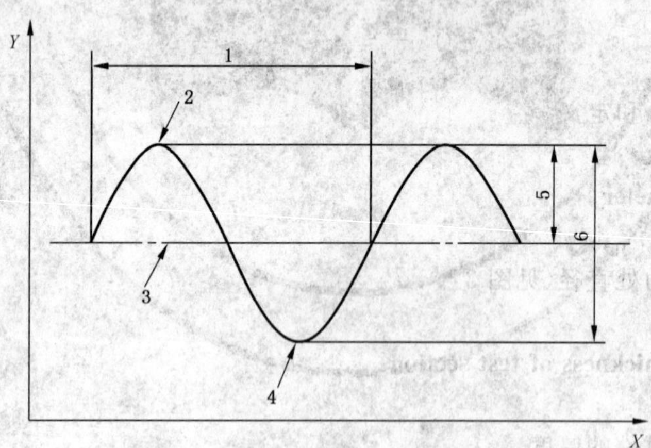

X——时间;
Y——应力。
1——一个应力循环;
2——最大应力,σ_{max},S_{max},N/mm²;
3——平均应力,σ_m,S_m,N/mm²;
4——最小应力,σ_{min},S_{min},N/mm²;
5——应力幅,σ_a,N/mm²;
6——应力范围,$\triangle\sigma$,$\triangle S$,N/mm²。

图2 疲劳应力循环

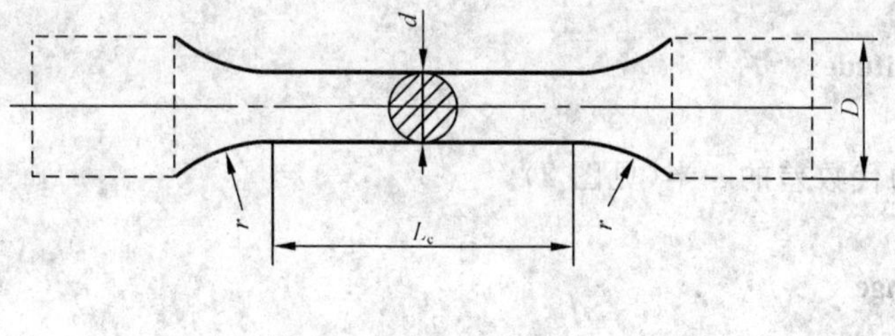

a)

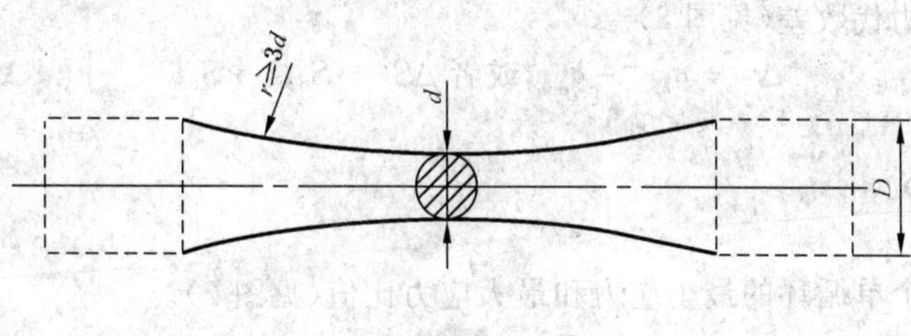

b)

图 3　圆形横截面试样

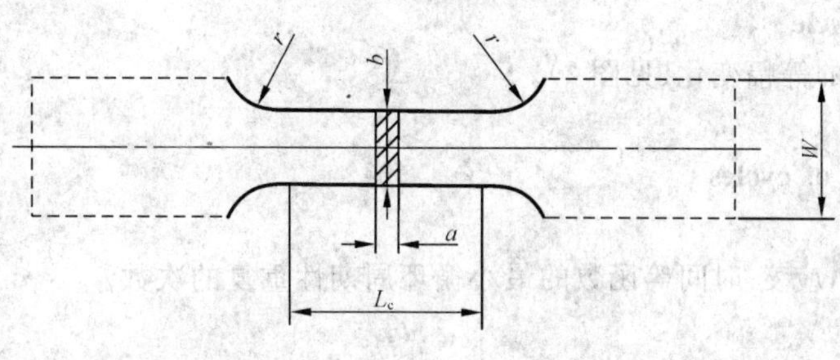

a)

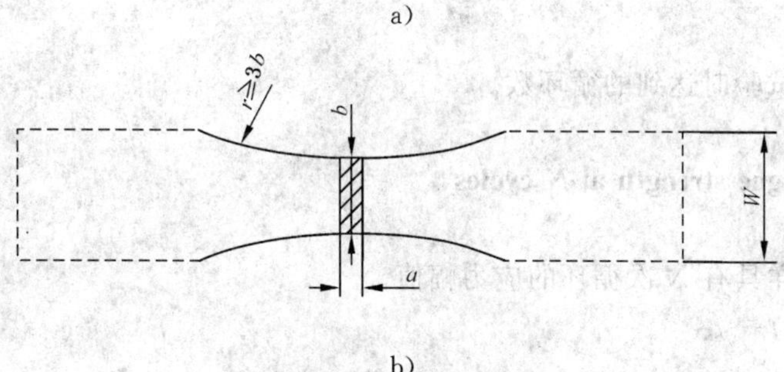

b)

图 4　矩形横截面试样

3.6

最大应力　maximum stress

σ_{max}, S_{max}

在应力循环中具有最大代数值的应力(见图 2)。

3.7

平均应力　mean stress

σ_m, S_m

最大应力和最小应力的代数平均值(见图 2)。

3.8

最小应力　minimum stress

σ_{min}, S_{min}

一个应力循环内的最小代数值的应力(见图 2)。

3.9

应力幅　stress amplitude

σ_a，S_a

最大应力和最小应力代数差的一半(见图 2)。

3.10

应力范围　stress range

$\triangle\sigma$，$\triangle S$

最大应力和最小应力代数差(见图 2)。

$$\Delta\sigma = \sigma_{max} - \sigma_{min} \text{ 或者 } \Delta S = S_{max} - S_{min}$$

3.11

应力比　stress ratio

R

在疲劳试验中任一个单循环的最小应力和最大应力比值(见图 2)。

$$R = \sigma_{min}/\sigma_{max}$$

3.12

应力循环　stress cycle

应力随时间周期性的等幅变化(见图 2)。

3.13

循环次数　number of cycles

N

力-时间，应力-时间，应变-时间等函数的最小循环周期性重复的次数。

3.14

疲劳寿命、持续时间　fatigue life，endurance

N_f

按规定的失效准则试验时达到的循环数。

3.15

条件疲劳强度　fatigue strength at *N* cycles

σ_N

在规定应力比下试样具有 N 次循环的应力幅值。

4　试验计划

4.1　总则

在开始试验之前，除非在相关的产品标准中另有规定，供需双方应在以下方面达成一致：

a）试样的形状(见 5.1)；

b）应力比；

c）要求确定下列测试目标：

——规定应力幅下的疲劳寿命；

——规定持续时间内的疲劳强度；

——整条 S-N 曲线；

d）被检测试样号和试验顺序；

e）试验中未失效试样终止试验时的循环数；

f）与 5.4 要求不同的试验温度。

一般使用"持续时间"，例如结构钢的 10^7 周次和其他钢种以及有色金属及合金的 10^8 周次。但是从最近研究的角度，有必要说明金属材料本质上一般不显示"持续时间极限"或"疲劳极限"，也就是说，金属会在一个应力下持续"无限的循环周次"。通常应力寿命的"平台"就是指传统意义上的"疲劳极限”，但是低于这种应力水平的失效也有发生。

4.2　疲劳结果的说明

根据试验大纲选择合适的结果表述方式。疲劳试验的结果通常用图形方法表达。在报告疲劳数据时，应该清楚地说明试验条件。除了图形表述方法外，也可采用表格法。

4.2.1　***S-N* 曲线**

最通用的结果图形法是以失效时的循环次数作为横坐标，以应力幅值或者依赖于应力循环的其他应力值作为纵坐标绘图。穿越试验数据点近似中线绘画的平滑曲线称为 *S-N* 曲线。循环周次采用对数坐标，应力坐标轴采用线性或者对数坐标。对于每一应力比的每组试验结果绘制一条曲线。试验结果通常在同一图形中绘制。图 5 给出了一个图形报告的例子，其中应力坐标轴采用线性坐标。

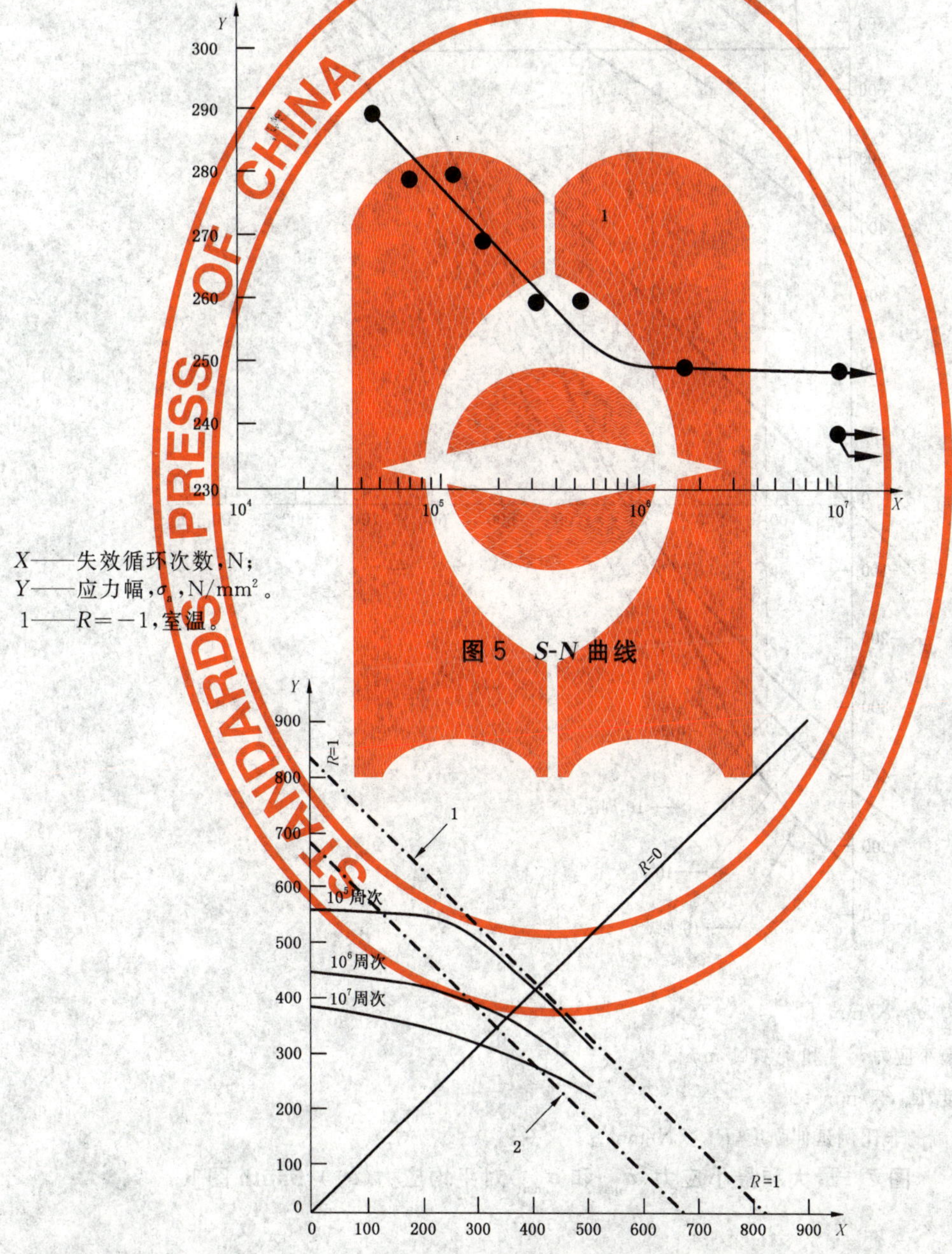

X——失效循环次数，N；
Y——应力幅，σ_a，N/mm²。
1——$R=-1$，室温。

图 5　*S-N* 曲线

X——平均应力，σ_m，N/mm²；
Y——应力幅，σ_a，N/mm²。
1——拉伸强度，R_m，N/mm²；
2——0.2%偏置的非比例延伸强度，$R_{p0.2}$，N/mm²。

图 6　应力幅($\boldsymbol{\sigma}_a$)对平均应力($\boldsymbol{\sigma}_m$)[Haigh 图]

4.2.2 平均应力图

从 S-N 曲线导出的疲劳强度绘制在疲劳强度图表上。结果可以直接通过图形方式报告，对于详细的“持续时间”，图 6 给出了应力幅对平均应力图；或如图 7 绘制最大、最小应力对平均应力图；或者如图 8绘制最大应力对最小应力图。试验结果可以绘制在同一图形中。

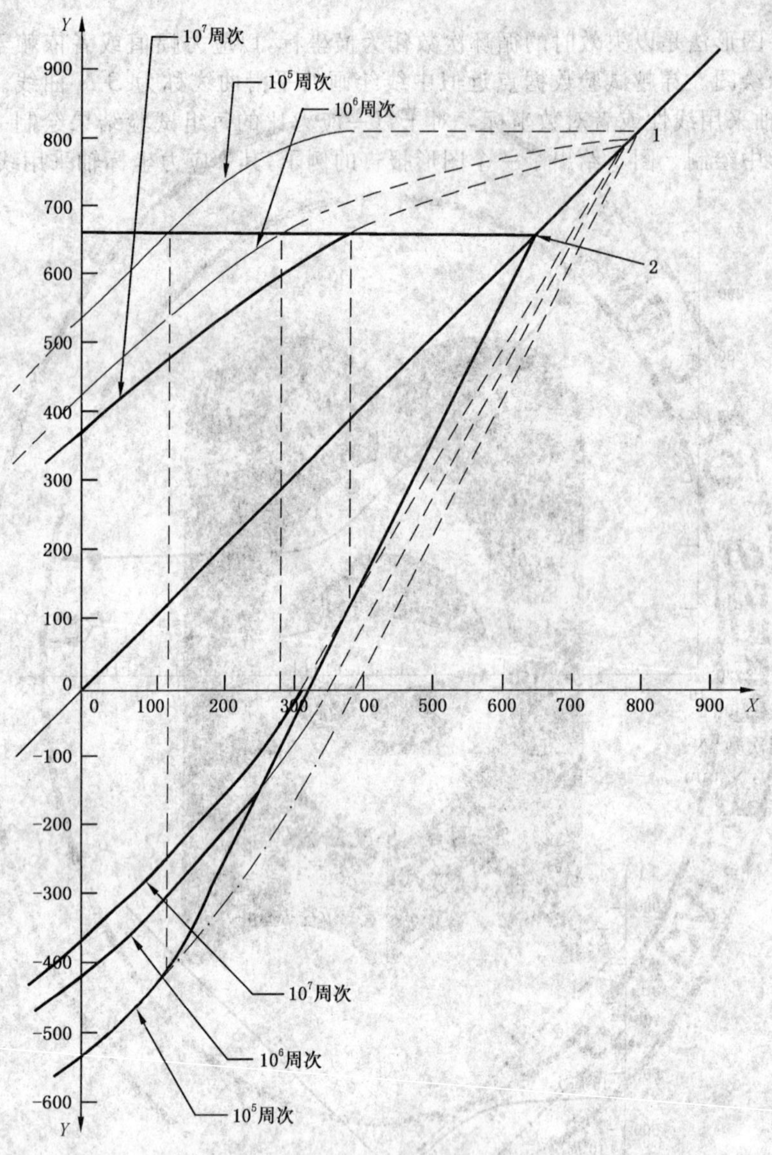

X——平均应力，σ_m，N/mm^2；

Y——最大和最小应力，σ_{max} 和 σ_{min}，N/mm^2。

1——拉伸强度，R_m，N/mm^2；

2——0.2%偏置的非比例延伸强度，$R_{p0.2}$，N/mm^2。

图 7 最大和最小应力($\boldsymbol{\sigma}_{max}$ 和 $\boldsymbol{\sigma}_{min}$)对平均应力($\boldsymbol{\sigma}_m$)[Smith 图]

4.2.3 同轴度

应该使用校准试样进行同轴度检查。图 9 中的同轴度校准试样应该与被检测试样具有类似的几何形状。建议同轴度校准试样采用强化热处理钢，或者总弹性应变至少等于 0.4%或在试验序列中符合最大应变的施加在试样上的力的近似材料制成。

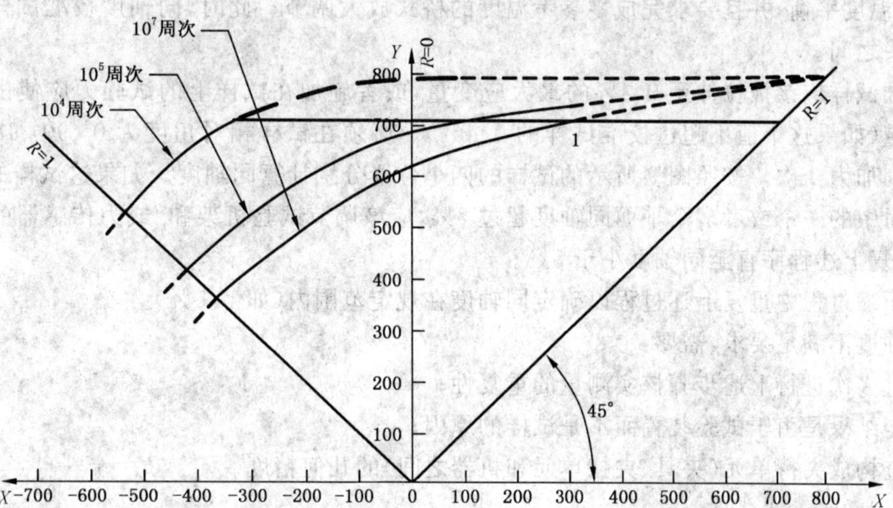

X——最小应力，σ_{min}，N/mm²；

Y——最大应力，σ_{max}，N/mm²。

1——0.2%偏置的非比例延伸强度，$R_{p0.2}$，N/mm²。

图8　最大应力（σ_{max}）对最小应力（σ_{min}）［Ros图］

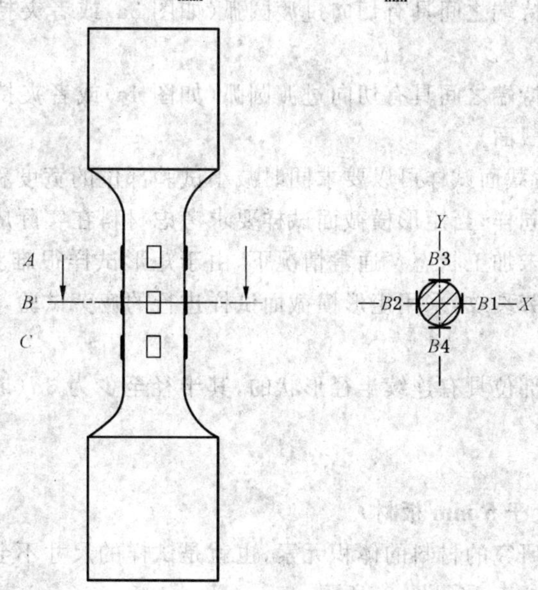

弯曲 X—X：　$\frac{\varepsilon_{A2}-\varepsilon_{A1}}{\varepsilon_{A2}+\varepsilon_{A1}}\times 100=\%A_{X-X}$

弯曲 Y—Y：　$\frac{\varepsilon_{A3}-\varepsilon_{A4}}{\varepsilon_{A3}+\varepsilon_{A4}}\times 100=\%A_{Y-Y}$

弯曲 A 平面：　$\sqrt{(\%A_{X-X})^2+(\%A_{Y-Y})^2}<5\%$

必须选择在 C 平面和 B 平面重复测量。

每一个平面都不允许弯曲大于5%。

ε应变：由于力引起的在试样尺寸和形状上的单位改变量。每一个脚注指的是试样上的应变量测量位置。

图9　同轴度示意图

为了检查由于角度偏差、横向偏差和/或加力链偏差引起的不同轴，如图9所示在同轴度校准试样A、B和C位置粘贴电阻应变片。当上部或者下部（不是同时）粘有应变片的试样在夹持装置当中时，要求调节温度平衡，并且要求完成零参考温度的桥式放大调节。此时，同轴度校准试样应该被夹持在上下两夹头之间。

随后校准试样应该被拉伸至0.4%的最大应变量，或者施加在试样上的试验力应使试样具有相应的最大应变量（如果这个值不超过校准试样的0.4%）。必须在试样相对角度为0°、90°、180°、270°时对校准试样分别加力4次。按照图9所示的试样的四个位置分别计算同轴度。如果这试样的四个位置的三个测量平面中的一个或者多个平面同轴度超过5%，应该调节试验机架和/或力传感器的传动和紧固装置，然后重复上述程序直至同轴度小于5%。

要求在压缩过程中重复上述过程以确定同轴度在规定范围内（如 ≤5%）。

如果同轴度不满足要求，需要：

——通过多次进行上述步骤核实测量的重复性；

——确定结果是由于试验装置而不是试样的原因；

——检查构成夹持单元（夹具、夹持单元和机器之间）的几何精度。

5 试样

5.1 试样形状

通常试样采用如图3或者图4所示具有完全加工横截面的类型。

试样可以如下所示：

——在平行部位和夹持端之间具有切向过渡圆弧（如图3a）或者夹持端间连续半径（如图3b）的圆形横截面；

——在平行部位和夹持端之间具有切向过渡圆弧（如图4a）或者夹持端间连续半径（如图4b）的均匀厚度的矩形横截面。

值得注意的是，矩形横截面试样可以要求同时减小试验部位的宽度和厚度。如果这样，在宽度和厚度方向均要求过渡圆弧。同样，当矩形横截面试样要求考虑材料在实际应用时的表面条件时，试样至少要求试验部位的一面保持未加工状态。通常情况下，由于矩形试样很难获得较小的粗糙度或者在矩形横截面的拐角提前萌发疲劳裂纹，采用矩形横截面试样进行的疲劳试验，其结果一般与圆形横截面试样没有可比性。

其他形状的试样试验部位具有连续半径形状的，其半径至少为$3d$（或$3b$），试验报告中要求包括弹性应力集中系数。

5.2 试样尺寸

5.2.1 产品（棒材，厚度大于5 mm板材）

试样的测量部分代表研究的材料的体积元素，也就是试样的尺寸不会影响结果的使用。

推荐试样的几何尺寸如表1（见图3）所示。

表1 试样的几何尺寸

参　数	尺　寸
圆柱形测量部分的直径	$d \geqslant 3$ mm
过渡弧（从平行部分到夹持端）	$r \geqslant 2d$
外部直径（夹持端）	$D \geqslant 2d$
减缩部分长度	$L_C \leqslant 8d$

其他几何形状的横截面和测量长度也可以使用，试样的公差要满足下述三个要求：

——平行度　//　$\leqslant 0.005d$

——同轴度　◎　$\leqslant 0.005d$

——垂直度　⊥　$\leqslant 0.005d$

(这些要求表示为相对轴心或者参考平面。)

注:图 3、图 4 中试样的端面也应有足够的平行度,至少进行机械加工。

5.2.2 **厚度小于或等于 5 mm 板材**

一般,在 5.2.1 中讨论的因素也适用于这类试样。

由于一般施加较小的力,需要用更灵敏的力传感器。

通常,试样的宽度在测量部分减缩以避免在夹持部位失效。在一些应用中,有必要给夹持端增加衬板,提高夹持力和增加试样夹持部位的厚度(图 10)。

1——圆弧形端部加强板;

2——弯曲端部加强板以防止夹块锯齿压在夹持部位。也可以用环氧树脂代替。

图 10 板材试样的夹持示意图

试样准确的同轴度应该使用校准试样从以下方面进行仔细的核查:

——夹头的平行度和同轴度;

——试样加力轴的同轴度。

应该尽可能采用与需要进行测试的试样几何尺寸相近的双面装有应变片的试样进行同轴度校准。在一些场合中,试样需要采用抗弯曲约束装置。图 11 给出了一种抗弯曲约束装置。不过,通常不鼓励使用抗弯曲约束装置。

1——聚四氟乙烯;

2——试样。

图 11 板材试样的抗屈曲的约束装置

5.3 试样的准备

一个根据材料本身特性的特点设计的疲劳试验程序中，试样的准备遵守下列建议是很重要的。如果试验目的是为了检查不符合这些建议的规定因素(表面处理，氧化等)的影响，允许有一些偏差。不管什么情况，试验报告中需要注明这些差异。

5.3.1 取样和样品标识

试验时，从半成品或者构件的被测材料上的取样方式是影响结果的主要因素。因此取样时有必要了解取样部位的全部信息。在试验报告中附上取样图，并清晰地标明：

——每件试样的取样位置；

——半成品的特征方向(轧制，挤压以及其他方向)；

——每件试样的标记/标识符。

在每一个试样准备的不同阶段，试样都需要一个标识符号。这样的标识符号可以采用可靠的方法标记在一些机加工过程中不容易丢失或者不影响试样数据的表面上。

5.3.2 试样加工流程

5.3.2.1 总则

加工会在试样表面产生残余应力，从而影响试验结果。在机加工阶段通过热梯度联合材料的变形和微结构改变会诱发应力。在高温试验时，诱发的残余应力可能部分或者全部释放，因此影响很小。然而，选择合适的机加工流程(特别是在最后的抛光阶段前)残余应力会被减小。

对于较硬材料，磨削优于工具加工(车削或者铣削)，随后进行抛光：

——磨削：从离最终直径的 0.1 mm 开始，以每转不超过 0.005 mm 的速率进行；

——抛光：用逐次变细的砂布或砂纸处理掉最后的 0.025 mm。建议最后的抛光方向沿着试样的轴向。

5.3.2.2 材料微观结构的改变

加工过程中温度的升高和机加工引发的应变硬化会导致材料微观结构的改变。这可能是相改变或者更多的是由于表面再结晶造成的。由于被测试材料不再是初始材料，其直接影响就是试验无效。因此必须采取预防措施以避免这类情况。

5.3.2.3 污染物的影响

当某一元素或者化合物在材料中存在时，其力学性能会降低。就像氯在钢和钛合金中一样。因此要避免在切削液之类的产品中含有这类元素。因此建议试样在储藏前先清洗和去除油污。

5.3.3 试样的表面状态

试样的表面状态对试验结果有影响。这类影响一般都和以下一个或者两个因素相关：

——试样的表面粗糙度；

——残余应力的存在；

——材料微观结构改变；

——杂质的引入。

以下的建议会让上述影响减至最小。

表面状态通常采用平均粗糙度或者类似的指标进行量化。这些参数对所得结果的影响很大程度在于试验条件，而且由于试样的表面腐蚀或者塑性变形可以减小上述因素的影响。因此无论试验条件如何，都选择规定平均表面粗糙度小于或等于 $Ra0.2\ \mu m$，见 GB/T 3505 和 GB/T 10610。

另一个不能被平均表面粗糙度所掩盖的重要参数是局部的机加工刮伤的存在。圆形试样的最后工序应该消除在车削工序中产生的圆周方向上划痕。特别建议在磨削之后进行纵向的抛光，抛光后再进行低倍(大约 20 倍)检查，试样测试长度内不应有圆周方向的划痕。

如果试样在粗加工后要进行热处理，最好在热处理后进行最终的抛光处理。否则热处理最好在真空或惰性气体中进行，以防试样氧化。热处理不应改变所研究材料的微观结构特性。热处理条件要求与试验结果一起报告。

5.3.4 尺寸检查

要求在最终机加工阶段用测量方法完成尺寸的测量以便不改变试样的表面状态。

5.3.5 样品的保存和处置

试样要求妥善保存以防止任何的损伤(接触划痕,氧化等)。建议采用带有弹簧盖的单独盒子保存试样。在某些情况下,需要存放在真空容器或放有硅胶的干燥器中。

传递样品时,应尽可能减少接触样品。

5.4 试样温度测量

试验通常在室温(10 ℃～35 ℃)下进行。在高温和低温试验中,试样的温度可以使用接触试样表面的热电偶进行测量,或使用精度在±2 ℃以内的其他测温装置。如果试验过程中发生超出温度范围情况,必须在试验报告中注明。

6 试验装置

6.1 试验机

试验应在拉压试验机上进行,试验过零时平滑稳定。试验机应有较好的侧向刚度和同轴度。

完整的试验机加力系统(包括力传感器,夹具和试样)应该具有较好的侧向刚度,并且具备施加要求波形循环时的控制和测量力的能力。

6.1.1 力传感器

力传感器应具有侧向和轴向刚度。它的量程和等级应适合试验时施加的力。在自动化系统中计算机输出设备上显示并记录的力,或者在其他非自动化系统中最终的输出力应该在规定的真实力的允许变化范围内。力测量装置的量程应该足以覆盖试验力值的范围,并且准确度应优于1%。力传感器应能够进行温度补偿并且没有大的零漂,温度灵敏度变化每摄氏度不大于满量程的0.002%。

6.1.2 试样的夹持

夹持装置要求沿着纵轴方向平稳传递循环力到试样。夹持端之间的距离要求尽可能小,以避免造成试样屈曲。夹持装置应确保6.1.3规定要求的同轴度;因此有必要限制组成夹持装置的部件数量,把机械连接的数量减至最少。

夹持装置应保证试样的装夹是可再现的。该装置应有足够的面保证试样的同轴度,同时保证在试验过程中能平稳的传递拉伸和压缩力。

6.1.3 同轴度检查

在刚性系统中不同轴造成的弯曲通常由以下因素引起:

a) 试样夹具的角度偏移;

b) 在理想刚性系统中的加力杆(或者试样夹具)的侧向偏移;

c) 非刚性系统的加力链装配的偏移;

d) 液压伺服试验机中,作动器在轴承中的跑偏。

在每一组试验前或者任何时候加力链的更换都要求检查同轴度。由于试验机的不同轴产生的弯曲应变应不大于5%的轴向变形或者50 $\mu\varepsilon$的较大值。图9给出了应变片同轴度校准试样的一个推荐例子。也有其他一些测量同轴度的技术可以满足这个要求。

6.2 试验监测仪器

6.2.1 记录系统

以下系统满足数据记录的最低要求:

测量峰值力与时间的装置。例如示波器或数字存储装置。当相对于记录器最大速率,所采集信号的频率过高时,上述装置尤为必要。这种装置可以将信号永久保存,随后以较低速率再现。上述系统可以用具有采集和处理数据信号功能的计算机系统代替。

6.2.2 循环计数器

循环计数器是记录循环次数所必需的。

6.3 检定和校准

试验机和所用的控制和测量系统应该定期检定。

尤其是,每一传感器和与之相连的电子设备经常要求作为一个整体检定。

——试验机的力值检测系统应按照 GB/T 16825.1 进行一级精度静态检定。同时保证递增的动态力测量误差不超过要求力值范围的±1%。

注:认识到由于力传感器单元和测试试样的质量引起的动态(惯性力)误差的重要性是非常重要的。惯性力等于夹持质量乘上它的局部加速度。表示为力范围百分数的惯性力误差,可以认为是随频率的平方变化的,并且受试样柔度的影响很大。试验机(刚体)随机架的共振是显著的误差源。

——用于动态试验配备专门的力传感器、夹具和连接副的试验机,和应变片试样或者和检测试样具有相近柔度的动态测力计,要求在各个相关的频率范围进行动态力值的校准。

注:为了避免动态力误差大于力值范围的±1%,有必要建立一个误差表来纠正试验机的动态力范围。

——试验机要求配置精度 1%的循环计数器系统,并且具有误差保护以便当试样失效时关闭试验机。

——温度测量系统应该根据相关的 ISO 或者国家标准进行校准。

7 试验程序

7.1 试样的装夹

要求仔细安装以保证试样定位在上、下夹头间以便轴向加力,同时可以施加预定应力模式。对于矩形横截面试样,保证力均匀分布在试样横截面上。夹具设计要保证圆形横截面试样在两端螺纹连接时不会由于锁紧螺母的紧固而产生的扭转应力施加在试样上。在一些场合使用螺纹试样,配合平面和同轴面上的一部分力沿着螺纹分布能减小夹紧扭矩。

7.2 试验频率

力循环的频率取决于所使用的试验机类型,在许多情况下取决于试样的刚度。

频率的选择取决于材料、试件和试验机组合。如果频率取决于试样和试验机组合的动态特性,就有必要在试验前测量试样的刚度。

注:轴向力控制疲劳试验机一般使用的频率范围大约为 5 Hz 到 300 Hz。

在高频率时,试样会产生较大热量,从而影响疲劳寿命和疲劳强度的试验结果。如果试样发热,建议降低试验频率。如果试样温度超过 35 ℃,应在报告中注明。

注:如果环境影响显著,试验结果可能依赖于频率。

7.3 力的施加

一组试样中的每个试样加力程序应保持一致。平均力和力值范围应该保持在力值范围的±1%内,优于 GB/T 16825.1 规定的静态误差。见 6.3。

7.4 温湿度记录

在试验过程中,应记录每天的最大和最小空气温度和湿度。

7.5 失效判据和试验终止

7.5.1 失效判据

除非另有协议,失效判据应该是试样断裂或达到额定的循环周次。

注:在一些特殊应用中,其他的判据,例如,可见的疲劳裂纹的出现,试样的塑性变形或者裂纹的传播速率,都可以采用。

7.5.2 试验终止

当供需双方协商的条件满足(试样失效或达到预定的循环周次)时,终止试验。

8 试验报告

试验报告应包括以下信息：

a) 本国家标准编号；

b) 被测材料的冶金特性，拉伸性能和热处理制度；

c) 试样在母材上的位置；

d) 试样的形状和公称尺寸；

e) 试样的表面状态。

对于每支试样，试验报告应包括下列信息：

1) 横截面尺寸；

2) 施加的最大和最小力；

3) 施加的应力条件；

4) 频率和疲劳寿命；

5) 所用试验机的类型，序列号，试验力单元和序列号，标号和加力链描述；

6) 试样温度，如对试样加热(例如大于 35 ℃)；

7) 最大和最小的空气温度和相对湿度(经协商决定)；

8) 试验结束的判据，持续时间(例如，10^7 次)，或试样失效，或其他判据；

9) 任何特殊的观测现象或者所要求试验条件的偏差。

另外，试验结果可以图形方式表达。

附　录　A
（资料性附录）
本标准章节编号与 ISO 1099:2006(E)章节编号对照一览表

表 A.1 给出了本标准章节编号与 ISO 1099:2006(E)章节编号对照一览表。

表 A.1　本标准章节编号与 ISO 1099:2006(E)章节编号对照表

本标准的章节编号	对应的 ISO 标准章节编号
5	5、6
6	7、8
7	9、10、11、12、13
8	14
附录 A	—
附录 B	—
注：表中章条以外的本标准其他章节编号与 ISO 1099:2006(E)的章节编号均相同且内容相对应。	

附 录 B
（资料性附录）
本标准与 ISO 1099:2006(E)技术性差异及其原因

表 B.1 给出了本标准与 ISO 1099:2006(E)技术性差异及其原因的一览表。

表 B.1 本标准与 ISO 1099:2006(E)技术性差异及其原因

本标准的章节编号	技术性差异	原 因
图 1	第三区脉动拉伸的区域应力改为 $\sigma_{min} \geqslant 0$	根据该图波形实际应力值特征
2	增加了引用 JB/T 9397	增加对动态力示值波动度的检定要求
图 2	修改了应力幅和应力范围的指示	根据该图实际所指示的应力特征值
图 4	增加图 4 的试样宽度指示	对应图 3,明确指示
3.11	应力比符号改为 R	与相应的国家术语标准 GB/T 10623 对应
5.2.1	增加对试样端面的加工精度要求	根据实际试验情况增加要求
6.3	合并原 7.3 及 8 之后,删去重复内容	在引用文件中已体现相应的重复要求
8(7)	增加“经协商决定”	根据各试验室的实际条件

ICS 77.140.20
H 40

中华人民共和国国家标准

GB/T 3078—2008
代替 GB/T 3078—1994

优质结构钢冷拉钢材

Quality structural steel cold drawn bars

2008-05-13 发布　　　　2008-11-01 实施

中华人民共和国国家质量监督检验检疫总局
中国国家标准化管理委员会　发布

前　言

本标准代替 GB/T 3078—1994《优质结构钢冷拉钢材技术条件》。

本标准与 GB/T 3078—1994 相比，主要变化如下：

——标准名称由《优质结构钢冷拉钢材技术条件》修改为《优质结构钢冷拉钢材》；

——取消分类中非切削加工用钢；

——增加了“订货内容”；

——取消了冷顶锻用钢的化学成分的规定；

——增加了“冶炼方法”的规定；

——增加冷拉磨光交货状态的规定；

——调整了冷拉状态交货的 38CrSi、38CrMoAlA 的硬度值；

——取消了退火状态交货的冷顶锻用钢材力学性能的规定；

——增加了顶锻后试样表面的规定；

——取消了“经需方同意，磨光钢材一边总脱碳层深度可不大于 1.0%D”的规定；

——取消了非切削加工用钢表面质量规定。

本标准由中国钢铁工业协会提出。

本标准由全国钢标准化技术委员会归口。

本标准主要起草单位：重庆东华特殊钢有限责任公司、冶金工业信息标准研究院。

本标准主要起草人：李庆艳、刘宝石、戴强、栾燕。

本标准所代替标准的历次版本发布情况为：

——GB 3078—1982，GB/T 3078—1994。

优质结构钢冷拉钢材

1 范围

本标准规定了结构钢冷拉和磨光钢材的分类、订货内容、尺寸、外形及允许偏差、技术要求、试验方法、检验规则、包装、标志及质量证明书。

本标准适用于优质碳素结构钢和合金结构钢(圆钢、方钢和六角形钢)冷拉钢棒。

2 规范性引用文件

下列文件中的条款通过本标准的引用而成为本标准的条款。凡是注日期的引用文件,其随后所有的修改单(不包括勘误的内容)或修订版均不适用于本标准,然而,鼓励根据本标准达成协议的各方研究是否可使用这些文件的最新版本。凡是不注日期的引用文件,其最新版本适用于本标准。

GB/T 222 钢的成品化学成分允许偏差

GB/T 223.3 钢铁及合金化学分析方法 二安替比林甲烷磷钼酸重量法测定磷量

GB/T 223.4 钢铁及合金化学分析方法 硝酸铵氧化容量法测定锰量

GB/T 223.5 钢铁及合金化学分析方法 还原型硅钼酸盐光度法测定酸溶硅含量

GB/T 223.8 钢铁及合金化学分析方法 氟化钠分离-EDTA容量法测定铝量

GB/T 223.9 钢铁及合金化学分析方法 铬天青S光度法测定铝量

GB/T 223.11 钢铁及合金化学分析方法 过硫酸铵氧化容量法测定铬量

GB/T 223.12 钢铁及合金化学分析方法 碳酸钠分离-二苯碳酰二肼光度法测定铬量

GB/T 223.13 钢铁及合金化学分析方法 硫酸亚铁铵容量法测定钒量

GB/T 223.14 钢铁及合金化学分析方法 钽试剂萃取光度法测定钒量

GB/T 223.16 钢铁及合金化学分析方法 变色酸光度法测定钛量

GB/T 223.17 钢铁及合金化学分析方法 二安替比林甲烷光度法测定钛量

GB/T 223.18 钢铁及合金化学分析方法 硫代硫酸钠分离-碘量法测定铜量

GB/T 223.19 钢铁及合金化学分析方法 新亚铜灵-三氯甲烷萃取光度法测定铜量

GB/T 223.23 钢铁及合金化学分析方法 丁二铜肟分光光度法测定镍量

GB/T 223.24 钢铁及合金化学分析方法 萃取分离-丁二酮肟分光光度法测定镍量

GB/T 223.25 钢铁及合金化学分析方法 丁二酮肟重量法测定镍量

GB/T 223.26 钢铁及合金化学分析方法 硫氰酸盐直接光度法测定钼量

GB/T 223.43 钢铁及合金化学分析方法 钨量的测定

GB/T 223.49 钢铁及合金化学分析方法 萃取分离-偶氮氯膦mA分光光度法测定稀土总量

GB/T 223.54 钢铁及合金化学分析方法 火焰原子吸收分光度法测定镍量

GB/T 223.58 钢铁及合金化学分析方法 亚砷酸钠-亚硝酸钠滴定法测定锰量

GB/T 223.59 钢铁及合金化学分析方法 锑磷钼蓝光度法测定磷量

GB/T 223.60 钢铁及合金化学分析方法 高氯酸脱水重量法测定硅含量

GB/T 223.61 钢铁及合金化学分析方法 磷酸铵容量法测定磷量

GB/T 223.62 钢铁及合金化学分析方法 乙酸丁酯萃取光度法测定磷量

GB/T 223.63 钢铁及合金化学分析方法 高碘酸钠(钾)光度法测定锰量

GB/T 223.64 钢铁及合金化学分析方法 火焰原子吸收光谱法测定锰量

GB/T 223.66 钢铁及合金化学分析方法 硫氰酸盐-盐酸氯丙嗪-三氯甲烷萃取光度法测定钨量

GB/T 223.67 钢铁及合金化学分析方法 还原蒸馏-次甲基蓝光度法测定硫量

GB/T 223.68 钢铁及合金化学分析方法 管式炉内燃烧后碘酸钾滴定法测定硫含量

GB/T 223.69 钢铁及合金化学分析方法 管式炉内燃烧后气体容量法测定碳含量

GB/T 223.71 钢铁及合金化学分析方法 管式炉内燃烧后重量法测定碳含量

GB/T 223.72 钢铁及合金化学分析方法 氧化铝色层分离-硫酸钡重量法测定硫量

GB/T 223.75 钢铁及合金化学分析方法 甲醇蒸馏-姜黄素光度法测定硼量

GB/T 223.76 钢铁及合金化学分析方法 火焰原子吸收光谱法测定钒量

GB/T 224 钢的脱碳层深度测定法

GB/T 225 钢 淬透性的末端淬火试验方法(Jominy 试验)(GB/T 225—2006,ISO 642:1999,IDT)

GB/T 226 钢的低倍组织及缺陷酸蚀检验法

GB/T 228 金属材料 室温拉伸试验方法(GB/T 228—2002,eqv ISO 6892:1998)

GB/T 229 金属夏比摆锤冲击试验方法(GB/T 229—2007,ISO 148-1:2006 ,MOD)

GB/T 231.1 金属布氏硬度试验 第1部分:试验方法(GB/T 231.1—2002,eqv ISO 6506-1:1999)

GB/T 699 优质碳素结构钢

GB/T 905—1994 冷拉圆钢、方钢、六角钢尺寸、外形、重量及允许偏差

GB/T 1031 表面粗糙度 参数及其数值

GB/T 1814 钢材断口检验法

GB/T 1979 结构钢低倍组织缺陷评级图

GB/T 2101 型钢验收、包装、标志及质量证明书的一般规定

GB/T 2975 钢及钢产品 力学性能试验取样位置及试样制备(GB/T 2975—1998,eqv ISO 377:1997)

GB/T 3077 合金结构钢

GB/T 3207—1988 银亮钢

GB/T 4162 锻轧钢棒超声波检验方法

GB/T 6394 金属平均晶粒度测定方法

GB/T 7736 钢的低倍组织及缺陷超声波检验法

GB/T 10561 钢中非金属夹杂物含量的测定 标准评级图显微检验法(GB/T 10561—2005,ISO 4967:1998,IDT)

GB/T 13298 金属显微组织检验方法

GB/T 13299 钢的显微组织评定方法

GB/T 17505 钢及钢产品交货一般技术条件(GB/T 17505—1998,eqv ISO 404:1992)

GB/T 20066 钢和铁化学成分测定用试样的取样和制样方法(GB/T 20066—2006, ISO 14284:1996,IDT)

GB/T 20123 钢铁 总碳硫含量的测定 高频感应炉燃烧后红外吸收法(常规方法)(GB/T 20123—2006,ISO 15350:2000,IDT)

YB/T 5293 金属材料 顶锻试验方法

3 分类

钢材按使用加工用途分为:

a) 压力加工用钢 UP,热压力加工用钢 UHP,冷顶锻用钢 UCF,热顶锻用钢 UHF;

b) 切削加工用钢 UC。

钢材的使用加工用途应在合同中注明。

4 订货内容

按本标准订货的合同或订单应包括以下内容：

a) 产品名称；

b) 牌号；

c) 标准号；

d) 规格；

e) 重量(或数量)；

f) 加工用途；

g) 交货状态；

h) 其他。

5 尺寸、外形及允许偏差

5.1 冷拉钢材的尺寸、外形及允许偏差应符合 GB/T 905—1994 的规定，具体要求应在合同中注明，未注明时按 h11 执行。

5.2 磨光钢材的尺寸、外形及允许偏差应符合 GB/T 3207—1988 的规定，具体要求应在合同中注明，未注明时按 h11 执行。

6 技术要求

6.1 牌号和化学成分

6.1.1 优质碳素结构钢的牌号和化学成分应符合 GB/T 699 的规定，合金结构钢的牌号和化学成分应符合 GB/T 3077 的规定。

6.1.2 成品钢材化学成分允许偏差应符合 GB/T 222 的规定。

6.2 冶炼方法

除非合同中有规定，冶炼方法由生产厂自行选择。

6.3 交货状态

钢材以冷拉、冷拉磨光或冷拉后热处理(退火、光亮退火、正火、高温回火、正火后回火)状态交货。经供需双方协商并在合同中注明，可以其他状态交货。钢材的交货状态应在合同中注明，未注明时以冷拉状态供应。

6.4 硬度

6.4.1 冷拉、冷拉磨光、退火、光亮退火、高温回火或正火后回火交货钢材的硬度值应符合表 1 的规定。根据需方要求，表 1 中未列牌号的硬度值由供需双方协商规定。正火交货钢材的硬度值由供需双方协议规定。

6.4.2 供热压力加工用的冷拉状态交货的钢材，50Mn2、45CrVA、35CrMnSiA、42CrMo、35CrMoVA 的布氏硬度值应符合表 1 的规定；38CrSi、38CrMoAlA 的布氏硬度值应不大于 285HBW；其他牌号交货状态的布氏硬度值应不大于 269HBW。

6.4.3 截面尺寸小于 5 mm 的钢材，不进行硬度试验或由双方协商规定。

6.5 力学性能

根据需方要求，并在合同中注明，钢材可进行力学性能测试，交货状态力学性能应符合表 2 的规定。表 2 中未列入的牌号，用热处理毛坯制成试样测定力学性能，优质碳素结构钢应符合 GB/T 699 的规定，合金结构钢应符合 GB/T 3077 的规定。

表 1

序号	牌号	交货状态硬度/HBW,不大于		序号	牌号	交货状态硬度/HBW,不大于	
		冷拉、冷拉磨光	退火、光亮退火、高温回火或正火后回火			冷拉、冷拉磨光	退火、光亮退火、高温回火或正火后回火
1	10	229	179	39	20CrV	255	217
2	15	229	179	40	40CrVA	269	229
3	20	229	179	41	45CrVA	302	255
4	25	229	179	42	38CrSi	269	255
5	30	229	179	43	20CrMnSiA	255	217
6	35	241	187	44	25CrMnSiA	269	229
7	40	241	207	45	30CrMnSiA	269	229
8	45	255	229	46	35CrMnSiA	285	241
9	50	255	229	47	20CrMnTi	255	207
10	55	269	241	48	15CrMo	229	187
11	60	269	241	49	20CrMo	241	197
12	65	—	255	50	30CrMo	269	229
13	15Mn	207	163	51	35CrMo	269	241
14	20Mn	229	187	52	42CrMo	285	255
15	25Mn	241	197	53	20CrMnMo	269	229
16	30Mn	241	197	54	40CrMnMo	269	241
17	35Mn	255	207	55	35CrMoVA	285	255
18	40Mn	269	217	56	38CrMoAlA	269	229
19	45Mn	269	229	57	15CrA	229	179
20	50Mn	269	229	58	20Cr	229	179
21	60Mn	—	255	59	30Cr	241	187
22	65Mn	—	269	60	35Cr	269	217
23	20Mn2	241	197	61	40Cr	269	217
24	35Mn2	255	207	62	45Cr	269	229
25	40Mn2	269	217	63	20CrNi	255	207
26	45Mn2	269	229	64	40CrNi	—	255
27	50Mn2	285	229	65	45CrNi	—	269
28	27SiMn	255	217	66	12CrNi2A	269	217
29	35SiMn	269	229	67	12CrNi3A	269	229
30	42SiMn	—	241	68	20CrNi3A	269	241
31	20MnV	229	187	69	30CrNi3(A)	—	255
32	40B	241	207	70	37CrNi3A	—	269
33	45B	255	229	71	12Cr2Ni4A	—	255
34	50B	255	229	72	20Cr2Ni4A	—	269
35	40MnB	269	217	73	40CrNiMoA	—	269
36	45MnB	269	229	74	45CrNiMoVA	—	269
37	40MnVB	269	217	75	18Cr2Ni4WA	—	269
38	20SiMnVB	269	217	76	25Cr2Ni4WA	—	269

表 2

序号	牌号	冷拉			退火		
		抗拉强度 R_m/ N/mm²	断后伸长率 A/ %	断面收缩率 Z/ %	抗拉强度 R_m/ N/mm²	断后伸长率 A/ %	断面收缩率 Z/ %
		不小于			不小于		
1	10	440	8	50	295	26	55
2	15	470	8	45	345	28	55
3	20	510	7.5	40	390	21	50
4	25	540	7	40	410	19	50
5	30	560	7	35	440	17	45
6	35	590	6.5	35	470	15	45
7	40	610	6	35	510	14	40
8	45	635	6	30	540	13	40
9	50	655	6	30	560	12	40
10	15Mn	490	7.5	40	390	21	50
11	50Mn	685	5.5	30	590	10	35
12	50Mn2	735	5	25	635	9	30

6.6 顶锻

6.6.1 冷或热顶锻用钢(订货合同中注明),应进行冷或热顶锻试验。冷顶锻试验锻至试样原高度的二分之一,热顶锻试验锻至试样原高度的三分之一,顶锻后的试样表面不应有裂口和裂缝。

6.7 低倍组织

6.7.1 钢材的横截面酸浸低倍组织试片上,不得有目视可见的缩孔、气泡、裂纹、翻皮、夹渣和白点。

6.7.2 酸浸低倍组织级别应符合表 3 的规定。

表 3

钢类	一般疏松	中心疏松	锭型偏析[a]
	级别,不大于		
优质钢	3	3	3
高级优质钢	2	2	2
特级优质钢	1	1	1

[a] 20CrMnSiA、25CrMnSiA、30CrMnSiA 和 35CrMnSiA 钢的锭型偏析应不大于 2.5 级。

6.7.2.1 38CrMoAl 和 38CrMoAlA 的一般点状偏析和边缘点状偏析应不超过 2 级。

6.7.3 切削加工用钢材,允许有不超过表面缺陷允许深度的皮下气泡和皮下夹杂等缺陷存在。

6.7.4 如供方能保证低倍检验合格,可采用超声波检验法或其他无损探伤法代替酸浸低倍检验。

6.8 脱碳

6.8.1 根据需方要求,碳含量不小于 0.30%的冷拉圆钢和冷拉退火圆钢可进行脱碳检验,一边总脱碳层(铁素体+过渡层)深度应符合表 4 的规定。硅含量不小于 0.90%或铝含量不小于 0.70%的钢材,脱碳层深度由双方协议规定。直径小于 6.50 mm 的冷拉圆钢,一边总脱碳层深度应不大于 0.10 mm。

6.8.2 根据需方要求，碳含量不小于0.30％的冷拉方钢、六角钢、正火交货的圆钢可检验脱碳层，脱碳层深度由供需双方协商。

6.8.3 磨光交货的钢材不允许有脱碳层。

表 4

组别[a]	一边总脱碳层深度/ mm 不大于	
	冷拉、光亮退火	退火、高温回火或正火后回火
一组	1.0％D	1.5％D
二组	1.5％D	双方协议
[a] 要求一组时应在合同中注明，未注明时按二组规定。		
注：D 为钢材公称直径。		

6.9 **表面质量**

6.9.1 钢材表面应洁净、光滑、不允许有裂纹、折迭、结疤、夹杂、拉裂和氧化皮；经热处理的冷拉钢材表面允许有氧化色。

6.9.2 切削加工用钢材，表面允许有深度不超过从实际尺寸算起该公称尺寸公差的麻点、刮伤、拉痕、黑斑、凹面、清理斜痕、润滑剂痕迹和深度为公差之半的个别小发纹。

6.9.3 热压力加工用钢和冷(热)顶锻用钢，表面允许有深度不超过从实际尺寸算起该公称尺寸公差的个别划伤、拉痕、黑斑、凹面、麻点及清理斜痕。根据需方要求，上述缺陷可不超过公差之半。

6.9.4 磨光交货的钢材，表面质量应符合GB/T 3207的规定。

6.9.5 经斜辊矫直的钢材，表面允许有螺纹状辊印。

6.9.6 冷拉方钢、六角钢表面质量按切削加工用钢材的规定。

6.10 **特殊要求**

根据需方要求，经供需双方协议，可供应下列特殊要求的钢材，合格标准由供需双方协商规定。

a) 缩小化学成分范围；

b) 钢材交货状态下的冲击吸收功；

c) 规定力学性能上下限；

d) 层状断口；

e) 显微组织；

f) 晶粒度；

g) 淬透性；

h) 非金属夹杂物；

i) 表面粗糙度；

j) 无损检验；

k) 其他。

7 试验方法

每批钢材的检验项目、取样数量、取样部位及试验方法应符合表5的规定。

表 5

序号	检验项目	取样数量		取样部位	试验方法
		电弧炉钢	电渣钢		
1	化学成分	1/炉	1/炉	GB/T 20066	GB/T 223、GB/T 20123
2	硬度	3	3	不同支钢材	GB/T 231.1
3	拉伸	2	1	GB/T 2975 不同支钢材	GB/T 228
4	冲击	2	1	GB/T 2975 不同支钢材	GB/T 229
5	顶锻	2	1	不同支钢材	YB/T 5293
6	低倍组织	2	1	相当于钢锭头部的 不同支钢材	GB/T 226、GB/T 7736、 GB/T 1979
7	断口	2	1	不同支钢材	GB/T 1814
8	脱碳层	2	1	不同支钢材	GB/T 224
9	显微组织	2	1	不同支钢材	GB/T 13298、GB/T 13299
10	晶粒度	1	1	任一支钢材	GB/T 6394
11	淬透性	1	1	任一支钢材	GB/T 225
12	非金属夹杂物	2	1	不同支钢材	GB/T 10561
13	超声波探伤	逐支		整根材上	GB/T 4162
14	尺寸	逐支		整根材上	卡尺、千分尺
15	表面	逐支		整根材上	目视
16	粗糙度	1		任一支钢材	GB/T 1031
注：母炉组批时，取样数量、取样部位、试验方法同电弧炉钢。					

8 检验规则

8.1 检查和验收

8.1.1 钢材出厂的检查和验收由供方质量技术监督部门进行。

8.1.2 供方必须保证交货的钢材符合本标准或合同的规定，必要时，需方有权对本标准或合同所规定的任一检验项目进行检查和验收。

8.2 组批规则

钢材按批进行检查和验收，每批钢材应由同一牌号、同一炉号、同一加工方法、同一尺寸、同一交货状态、同一热处理炉次的钢材组成。采用电渣重熔冶炼的钢，在工艺稳定且能保证本标准各项要求的条件下，允许以自耗电极的熔炼母炉号组批交货，但含铝钢只按电渣炉组批。

8.3 取样数量及取样部位

8.3.1 每批钢材的取样数量及取样部位应符合表 5 的规定。

8.3.2 电渣钢按熔炼母炉号组批时，每个电渣炉化学成分合格时，任取一个电渣锭化学成分报出，代表整个母炉化学成分（含铝钢除外），其他项目取样数量和取样部位按表 5 规定。

8.4 复验与判定规则

8.4.1 钢材的复验与判定规则应符合 GB/T 17505 的规定。

8.4.2 供方若能保证钢材合格时，对同一炉号的钢材或钢坯的力学性能、低倍组织、非金属夹杂的检验结果，允许以坯代材，以大代小。

9 包装、标志和质量证明书

钢材的包装、标志和质量证明书应符合 GB/T 2101 的规定。

ICS 77.140.65
H 49

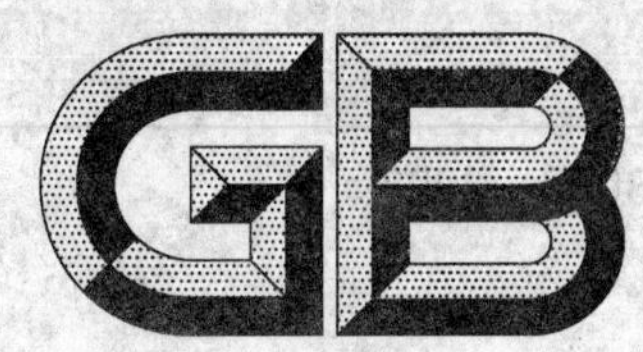

中华人民共和国国家标准

GB/T 3082—2008
代替 GB/T 3082—1984

铠装电缆用热镀锌或热镀锌-5%铝-混合稀土合金镀层低碳钢丝

Galvanized or zinc-5% aluminum-mixed mischmetal alloy-coated low carbon steel wire for armouring cables

2008-08-19 发布　　2009-04-01 实施

中华人民共和国国家质量监督检验检疫总局
中国国家标准化管理委员会　发布

前　言

本标准修改采用 ASTM A411:2003《铠装电缆用镀锌钢丝》(英文版)。

本标准根据 ASTM A 411:2003 重新起草。与 ASTM A411:2003 相比,主要差异如下:

——钢丝的镀层增加了锌-5%铝-混合稀土合金镀层内容,增加了镀层级别;

——加严了钢丝的直径尺寸偏差;

——扩大了钢丝的直径范围,增加了细规格内容;

——钢丝的力学性能中增加了韧性试验。

本标准代替 GB/T 3082—1984《铠装电缆用镀锌低碳钢丝》,与 GB/T 3082—1984 标准相比主要差异如下:

——钢丝的镀层增加了锌-5%铝-混合稀土合金镀层内容。

——钢丝的直径范围中增加了细规格内容。

——钢丝力学性能略有调整,增加了缠绕试验要求。

——取消了最低交货重量要求。

——取消了镀层钝化内容。

——取消了硫酸铜试验内容。

——订货内容、试验方法、包装、标志、质量证明书按照我国的国情做了较详细的规定。

本标准的附录 A 为规范性附录。

本标准由中国钢铁工业协会提出。

本标准由全国钢标准化技术委员会归口。

本标准主要起草单位:天津冶金集团环钟钢丝有限责任公司、天津华源线材制品有限公司、冶金工业信息标准研究院。

本标准主要起草人:张建国、高飞、郦伟光、程树茂、王玲君、戴石锋。

本标准所代替标准的历次版本发布情况为:

——GB 3082—1982、GB/T 3082—1984。

铠装电缆用热镀锌或热镀锌-5%铝-混合稀土合金镀层低碳钢丝

1 范围

本标准规定了铠装电缆用热镀锌或热镀锌-5%铝-混合稀土合金镀层低碳钢丝(以下简称钢丝)的分类、订货内容、技术要求、试验方法、检验规则、包装、标识和质量保证书。

本标准适用于通讯、自控或电力用的海底和地下电缆防损害的铠装电缆用热镀锌低碳钢丝或为提高镀层耐蚀性而采用热镀锌-5%铝-混合稀土合金镀层钢丝。

2 规范性引用文件

下列文件中的条款通过本标准的引用而成为本标准的条款。凡是注日期的引用文件其随后所有的修改单(不包括勘误的内容)或修订版不适用于本标准,然而鼓励根据标准达成协议的各方研究是否可使用这些文件的最新版本。凡是不注明日期的引用文件,其最新版本适用本标准。

GB/T 228　金属材料　室温拉伸试验方法(GB/T 228—2002,eqv ISO 6892:1998)

GB/T 239　金属线材扭转试验方法(GB/T 239—1999,eqv ISO 7800:1984、ISO 9649:1990)

GB/T 470—1997　锌锭

GB/T 701　低碳钢热轧圆盘条

GB/T 2103—1988　钢丝验收、包装、标志及质量证明书的一般规定

GB/T 1839　钢产品镀锌层质量试验方法(GB/T 1839—2003,ISO 1460:1992,MOD)

GB/T 2976　金属材料　线材　缠绕试验方法(GB/T 2976—2004,ISO 7802:1983,IDT)

GB/T 8170　数值修约规则

YS/T 310—1995　热镀用锌合金锭

3 分类

3.1　镀层类别分为两类:一类为镀锌层;一类为镀锌-5%铝-混合稀土合金镀层。镀层类别应在合同中注明,未注明时为锌镀层类。

3.2　钢丝镀层级别按镀层重量分为两组:Ⅰ组、Ⅱ组。

3.3　标记示例:

铠装电缆用镀锌低碳钢用镀层类别、镀层直径、镀层级别和本标准标识。

例1:直径为4.0 mm的Ⅰ组铠装电缆用镀锌钢丝其标记为:

铠装镀锌钢丝 4-Ⅰ-GB/T 3082—2008。

例2:直径为2.5 mm的Ⅰ组铠装电缆用镀锌-5%铝-混合稀土合金镀层钢丝其标记为:

铠装镀锌-5%铝-混合稀土合金镀层钢丝 2.5-Ⅰ-GB/T 3082—2008。

4 订货内容

按本标准订立的合同应包括以下内容:

a)　本标准号;

b)　产品名称;

c) 镀层类别；

d) 公称直径；

e) 镀层级别；

f) 数量(长度)；

g) 其他要求。

5 技术要求

5.1 材料

5.1.1 钢丝用盘条应符合 GB/T 701 的规定，牌号由生产厂选择。

5.1.2 热镀用锌锭应符合 GB/T 470—1997 中的 Zn99.995、Zn99.99 的规定。

5.1.3 热镀用锌-5%铝-混合稀土合金锭的化学成分应符合 YS/T 310—1995 的规定。

5.2 接头

5.2.1 钢丝交货盘卷应由一根钢丝组成。钢丝在最后一道拉拔前允许焊接。

5.2.2 有镀层的成品钢丝不应有任何类型的接头。

5.3 尺寸、重量及允许偏差

5.3.1 公称直径及允许偏差

钢丝的公称直径及允许偏差应符合表 1 的规定，若供需双方另有协议，按协议规定执行。

表 1 钢丝公称直径及允许偏差

单位为毫米

公称直径	允许偏差
>0.8～1.2	±0.04
>1.2～1.6	±0.05
>1.6～2.5	±0.05
>2.5～3.2	±0.08
>3.2～4.2	±0.10
>4.2～6.0	±0.13
>6.0～8.0	±0.15

5.3.2 长度及允许偏差

钢丝长度根据需方要求确定，其允许偏差为长度的 0%～2%，若供需双方另有协议，按协议规定执行。

5.3.3 不圆度

钢丝的不圆度不应大于直径公差之半。

5.3.4 重量

每盘钢丝由一根钢丝组成，钢丝按实际重量交货。

5.4 力学性能

5.4.1 钢丝的抗拉强度、伸长率和扭转次数、缠绕圈数(韧性试验)应符合表 2 的规定。

5.4.2 钢丝按表 2 规定进行扭转和缠绕试验后试样不得断裂。

5.5 镀层

5.5.1 钢丝的镀层重量、缠绕试验(镀层附着性试验)应符合表 3 规定。

表 2 钢丝力学及工艺性能

公称直径/mm	抗拉强度 R_m (N/mm²)	断后伸长率		扭转		缠绕	
		% 不小于	标距/ mm	次数/360° 不小于	标距/ mm	芯棒直径与钢丝公称直径之比	缠绕圈数
>0.8～1.2	345～495	10	250	24	150	—	—
>1.2～1.6		10		22		1	8
>1.6～2.5		10		20			
>2.5～3.2		10		19			
>3.2～4.2		10		15			
>4.2～6.0		10		10			
>6.0～8.0		9		7			

表 3 钢丝镀层重量及缠绕试验

公称直径/mm	Ⅰ组			Ⅱ组		
	镀层重量/(g/mm²) 不小于	缠绕试验 芯棒直径为钢丝直径的倍数	缠绕试验 缠绕圈数	镀层重量/(g/mm²) 不小于	缠绕试验 芯棒直径为钢丝公称直径的倍数	缠绕试验 缠绕圈数
0.9	112	2	6	150	2	6
1.2	150			200		
1.6	150	4		220	4	
2.0	190			240		
2.5	210			260		
3.2	240			275		
4.0	270	5		290	5	
5.0						
6.0				300		
7.0	280					
8.0						

5.5.2 中间尺寸的钢丝，按相邻较大钢丝直径的规定值。

5.5.3 镀层应附着牢固，按表 3 规定进行附着性试验后，镀层不能开裂或起层到能用裸手指擦拭掉的程度。

5.5.4 锌-5%铝-混合稀土合金镀层钢丝的镀层中铝的含量不小于 4.2%。

5.5.5 表面质量

5.5.5.1 钢丝表面应镀有均匀、连续的镀层，不得有裂纹、斑疤和漏镀的地方。

5.5.5.2 下列表面情况应视为合格：

——镀层表面色泽不一致，存在局部斑点及闪点。

——个别镀层堆积，但不致使钢丝直径增大值超过其公差的 1.5 倍。

——去掉白色薄膜后仍能承受锌层重量试验者(供需双方商定)。

6 试验方法

6.1 钢丝的试验方法应符合表 4 的规定。

表 4 钢丝的试验方法

<table>
<tr><th rowspan="2">序号</th><th rowspan="2">试验项目</th><th colspan="2">取 样</th><th rowspan="2">试验方法</th></tr>
<tr><th>取样数量</th><th>部位</th></tr>
<tr><td>1</td><td>抗拉强度、伸长率</td><td>10%(盘)</td><td>一端</td><td>GB/T 228
(横截面积按公称直径计算)</td></tr>
<tr><td>2</td><td>扭转</td><td>10%(盘)</td><td>一端</td><td>GB/T 239</td></tr>
<tr><td>3</td><td>缠绕(韧性试验)</td><td>10%(盘)</td><td>一端</td><td>GB/T 2976</td></tr>
<tr><td>4</td><td>镀层重量</td><td>5%(盘)</td><td>一端</td><td>GB/T 1839</td></tr>
<tr><td>5</td><td>尺寸</td><td colspan="2" rowspan="2">逐盘</td><td>分度值为 0.01 mm 的千分尺</td></tr>
<tr><td>6</td><td>表面质量</td><td>目测</td></tr>
<tr><td>7</td><td>镀层附着性</td><td>10%(盘)</td><td>一端</td><td>GB/T 2976</td></tr>
</table>

6.2 热镀锌-5%铝-混合稀土合金镀层钢丝镀层中铝含量测定方法见附录 A“钢丝镀层中铝含量的测定方法”。

6.3 钢丝直径

在同截面互成 90°的方向上各测量一次,取两次测量的平均值作为钢丝的直径。

6.4 不圆度

同一横截面上最大直径与最小直径的差值。

6.5 缠绕试验(韧性试验)

钢丝以不超过 15 r/min 的速度在表 2 规定的芯棒上紧密卷绕 8 圈钢丝不应断裂。

6.6 镀层附着性试验

钢丝以不超过 15 r/min 的速度在表 3 规定的直径芯棒上紧密螺旋缠绕至少 6 圈,镀层不能开裂或起层到能用裸手指擦拭掉的程度。

6.7 数值修约

数值修约按 GB/T 8170 进行。

7 钢丝的检验规则

7.1 检查与验收

除供需双方另有协议外,所有试验应在供方的场所进行。

7.2 组批规则

除供需双方另有协议外,钢丝应按批验收,每批应由同一镀层类别、同一镀层重量级别、同一直径和同一长度的钢丝组成。

7.3 取样数量

钢丝的取样数量按盘数应符合表 4 的规定,不足 1 盘的按 1 盘计。

7.4 复验

钢丝的复验与判定规则按 GB/T 2103 的规定进行。

8 包装、标志和质量证明书

8.1 钢丝的标志和质量证明书应符合 GB/T 2103 的规定；锌-5%铝-混合稀土合金镀层钢丝应增加钢丝镀层铝含量的内容。

8.2 需方无特别要求时钢丝包装应符合 GB/T 2103—1988 中的ⅡC类的规定。

附 录 A
（规范性附录）
钢丝镀层中铝含量的测定方法

A.1 方法提要

在微酸性溶液中加入过量的EDTA标准溶液，使铁、锌、铜等元素与之形成络合物，然后在乙酸存在下，煮沸使铝也全部形成络合物，以二甲酚橙为指示剂，用硝酸铅标准溶液回滴过量的EDTA。加入氟化物使Al-EDTA解蔽，释放出与铝等量的EDTA，再用硝酸铅标准滴定溶液滴定，由此计算铝的重量百分含量。

A.2 试验溶液

A.2.1 氟化钾($KF \cdot 2H_2O$)。

A.2.2 去镀层盐酸缓蚀液：HCl(1+1)与六次甲基四胺(3%)等体积混合。

A.2.3 盐酸(1+1)。

A.2.4 氨水(1+1)。

A.2.5 乙酸铵溶液(50%)。

A.2.6 乙酸-乙酸钠缓冲溶液(pH=5.5)：称取200 g乙酸钠(含3个结晶水)，用水溶解，加入9 mL冰乙酸，然后以水稀至1 000 mL。

A.2.7 EDTA标准溶液，c(EDTA)=0.05 mol/L：称取19 g EDTA(含2个结晶水)于500 mL烧杯中，加水溶解后，移入1 000 mL容量瓶中，以水稀至刻度。

A.2.8 硝酸铅标准滴定溶液，$c[Pb(NO_3)_2]$=0.025 mol/L：称取硝酸铅8.3 g，以水溶解，移至1 000 mL容量瓶中，稀至刻度，标定。

A.2.9 刚果红试纸

A.2.10 二甲酚橙指示剂(0.25%)。

A.3 分析步骤

A.3.1 试样溶解

取6根5 cm长试样，表面先用汽油擦净晾干，再用无水乙醇擦净晾干，放入烘箱内以105 ℃烘30 min，放在干燥器内冷却30 min。称重得g_1，随后放入100 mL去镀层液(A.2.2)中去除镀层，用蒸馏水洗净试样，再用无水乙醇擦净试样用电热风吹干，称重得g_2，合金重量g_1-g_2，随后把去镀层液移入200 mL容量瓶中，以水稀至刻度，摇匀备用。

A.3.2 移取25.00 mL试液(A.3.1)于250 mL锥形瓶中，加入一小块刚果红试纸，滴加氨水(A.2.4)至试纸变红，再滴加盐酸(A.2.3)至试纸变蓝，然后加入25 mL EDTA标准溶液(A.2.7)，摇匀。加3 mL乙酸铵溶液(A.2.5)，煮沸3 min，冷却，加10 mL缓冲溶液(A.2.6)，4～5滴二甲酚橙指示剂(A.2.10)，以硝酸铅标准滴定溶液(A.2.8)滴定至溶液恰呈红色(不计数，但不能过量)。加入1 g氟化钾(A.2.1)，煮沸2 min～3 min，冷后补加一滴二甲酚橙指示剂(A.2.10)，用硝酸铅标准滴定溶液(A.2.8)滴定至红色为终点。

A.4 分析结果的计算

按式(A.1)计算铝的质量分数(%)w(Al)：

$$w(\mathrm{Al})=\frac{c\cdot V\times 0.026\ 98}{\Delta G\times 25/200}\times 100 \quad \cdots\cdots\cdots\cdots(\mathrm{A}.1)$$

式中：

c——硝酸铅标准滴定溶液(A.2.8)的实际浓度，单位为摩尔/升；

V——滴定释放出的 EDTA 消耗硝酸铅标准滴定溶液(A2.8)的体积，单位为毫升；

ΔG——合金的重量，单位为克；

0.026 98——与 1.00 mL 硝酸铅标准滴定溶液{$c[\mathrm{Pb(NO_3)_2}]$=1.00 mol/L}相当的铝的重量，单位为克；

25/200——分液率。

注：ΔG 为 g_1-g_2 并扣除掉退镀时带入的铁后的数值。

$$w(\text{Al}) = \frac{c \cdot V \times 0.026\ 98}{\Delta G \times 25/200} \times 100 \quad \cdots\cdots\cdots\cdots(\text{A.1})$$

式中：

c——硝酸铅标准滴定溶液（A.2.8）的实际浓度，单位为摩尔/升；

V——滴定释放出的 EDTA 消耗硝酸铅标准滴定溶液（A2.8）的体积，单位为毫升；

ΔG——合金的重量，单位为克；

0.026 98——与 1.00 mL 硝酸铅标准滴定溶液{$c[Pb(NO_3)_2]=1.00$ mol/L}相当的铝的重量，单位为克；

25/200——分液率。

注：ΔG 为 g_1-g_2 并扣除掉退镀时带入的铁后的数值。